UN ENTRAMADO DE ISLAS

PERSONA, MEDIO AMBIENTE Y CAMBIO CLIMÁTICO EN EL PACÍFICO OCCIDENTAL

CENTRO DE ESTUDIOS DE ASIA Y ÁFRICA

UN ENTRAMADO DE ISLAS

PERSONA, MEDIO AMBIENTE Y CAMBIO CLIMÁTICO EN EL PACÍFICO OCCIDENTAL

Carlos Mondragón

EL COLEGIO DE MÉXICO

305.89595
M7418u

Mondragón Carlos
Un entramado de islas : persona, medio ambiente y cambio climático en el Pacífico occidental / Carlos Mondragón ; traducción al español de algunos capítulos por María Capetillo - - 1a. ed. - - México, D.F. : El Colegio de México, Centro de Estudios de Asia y África, 2015.
469 p. il. ; 21 cm.

ISBN 978-607-462-690-2

1. Etnología - - Oceanía. 2. Medio ambiente - - Oceanía. 3. Cambio climático - - Oceanía. 4. Etnología - - Vanuatu. I. t. II. Capetillo, María, tr.

Traducción al español de los capítulos 2, 3, 4, 5, 8 y 10, de María Capetillo

Primera edición, 2015

ISBN: 978-607-462-690-2

Impreso en México

ÍNDICE

PARTE III

TRANSFORMACIONES HUMANO-AMBIENTALES

AGRADECIMIENTOS

Las deudas que acumula un esfuerzo de investigación de larga duración suelen ser tan numerosas e inesperadas que resulta inadecuado tratar de reducirlas a unas cuantas líneas o párrafos de agradecimiento. Tal es el caso del presente libro, cuya totalidad de influencias formativas tendré que guardarme en aras de no ensanchar aún más el listado siguiente. Cabe, sin embargo, comenzar y terminar haciendo hincapié en aquellas personas sujeto del presente estudio: sin sus extraordinarias cualidades humanas hubiese sido imposible este trabajo.

En términos de apoyos, este libro se basa en un trabajo de campo etnográfico dilatado, el cual contó con el sustento de diversas instituciones en diferentes momentos. El mismo comenzó en 1999-2000, durante una primera estancia continua de 18 meses en Islas Torres (24 meses en Vanuatu), la cual fue posible gracias a una beca de investigación de posgrado (núm. 111214) otorgada por el Consejo Nacional de Ciencia y Tecnología (Conacyt) de México, así como a una beca del William Wyse Fund for Anthropological Fieldwork que fue otorgada, por concurso, por el Trinity College y el Departamento de Antropología Social de la Universidad de Cambridge. Posteriormente he regresado a Islas Torres durante periodos de uno a seis meses en los años 2004, 2006, 2008, 2010 y 2012, de manera que el tiempo total acumulado de trabajo de campo suma ya poco menos de 40 meses en aquellas islas. Resulta imposible ennumerar todos los apoyos que recibí durante ese tiempo, pero es importante mencionar a Casa Asia (Barcelona) y su programa de becas Ruy de Clavijo, el cual me permitió regresar para realizar una estancia de seis meses en 2004. Asimismo a El Colegio de México, cuyos recursos y flexibilidad calendárica me han permitido solventar parcialmente varias de las visitas posteriores. También agradezco al equipo de Climate Frontlines y del programa Linking Indigenous Knowledge Systems (LinKS) de la UNESCO sus diversos apoyos, tanto económicos como de interlocución internacional, los cuales han dado sustancia a mi ambición de dar un giro aplicado a mis investigaciones.

Estoy en deuda particular y continua con el Centro Cultural de Vanuatu, su respectivo *staff* y sus tres directores, dos previos, uno actual —los señores Kirk Huffman, Ralph Regenvanu y Marcellin Abong, respectivamente—, por su incalculable apoyo, solidaridad e interés en este trabajo, así como por haberme abierto las puertas a una de las comunidades de colaboración indígena-antropológica más extraordinarias del mundo.

Debo agradecer a Stephen Hugh-Jones su asesoría y seguimiento de mi trabajo, así como a la profesora Marilyn Strathern por haberme originalmente invitado a incorporarme al doctorado en la Universidad de Cambridge, y por haber apoyado sin reservas mi trabajo hasta la conclusión de la tesis y el proceso de examen profesional, aun cuando desde el principio me advirtió que lo suyo no eran los calendarios estacionales y el conocimiento ambiental. Fue ella quien me acercó al trabajo del profesor Frederick H. Damon en relación con calendarios austronesios. Al profesor Damon mismo agradezco su lectura crítica de varios de los materiales aquí expuestos, así como por una década de colaboración sumamente fructífera.

También agradezco a Mme. Sophie Caillon (CREDO, Francia), a Thorgeir Storesund Kolshus (Universidad de Oslo), a Óscar Aguirre Mandujano (Universidad de Washington) y a Paul D'Arcy por sus valiosas lecturas, críticas y sugerencias a diversas partes de este libro.

A Diana Muñoz y Adriana Herrera, diseñadoras gráficas, les debo la sobresaliente calidad de las imagenes cartográficas que acompañan este estudio.

William Collins, de Lunharigi, isla de Lo. (Foto: C. Mondragón, 2012)

El presente libro tuvo sus orígenes en mi tesis doctoral para la Universidad de Cambridge. La traducción original de aquel texto la emprendió María Capetillo, con su habitual excelencia y en tiempo récord. El producto final ha sido un libro casi el doble de largo del original en inglés, razón por la cual no figura como la traductora en la portada, pero su labor fue extraordinaria e indispensable para la realización de este trabajo.

Mi agradecimiento a Cynthia Godoy por su esmero y profesionalismo en el cuidado de la edición.

Una labor de quince años es impensable sin el apoyo e influencia personales de una estela de personas. Baste aquí mencionar a mis padres, Carlos y Susana, a mi hermano Daniel, y a Ana Díaz, por todo.

Como dije al principio, la mayor deuda de gratitud la tengo con la gente de las islas Torres, especialmente el *jif kastom* Pita Wotekwo y su esposa, el anciano Philip Tagaro (muerto en 2004; *nëgarong mat pah*), Fred Vava, *olfala* Benjamin Ara'Ana, *jif kastom* Eldon de Litëo (Kwurengretakwë, Toga), *paramaon jif* Isak Ronroriu, la señora Me-

Diana May, de Lunharigi, isla de Lo. (Foto: C. Mondragón, 2010)

bel Ramevëtang de Hiw, Bretin Wokmagene Mweiu, David Hunt, David Andrew, Joseph Merelëte, e incontables personas más.

Merecen una mención especial tres personas: mi *tawi* William Collin, su esposa Diana May, y el señor Titus Joel, quienes fungen como trabajadores de campo del Centro Cultural de Vanuatu. Durante quince años ellos han departido y compartido libremente conmigo sus conocimientos, experiencias y emociones. Su labor en relación con el estudio, la reflexión y la reanimación de prácticas tradicionales e ideales neotradicionales en Islas Torres es innumerable; sin su apoyo y presencia este estudio nunca hubiese llegado a buen puerto.

Resultaría no solamente degradante sino erróneo categorizar a las anteriores personas simplemente con la etiqueta de "informantes", categoría que me parece profundamente inapropiada en el contexto del trabajo etnográfico de larga duración. Más que "interlocutores" o "amigos" los habitantes de Islas Torres se han convertido, desde hace tiempo y de manera formal, en mis parientes. Esta relación, con todas sus implicaciones, me honra, y constituye parte inseparable de mi particular fractalidad en relación con el mundo austronesio y más allá.

Titus Joel, de Toga. (Foto: C. Mondragón, 2006)

entramado:
conjunto complejo
de cosas relacionadas
entre sí

INTRODUCCIÓN

EL ESTUDIO DE LAS RELACIONES HUMANO-AMBIENTALES EN ASIA-PACÍFICO

EL CONTEXTO HISTÓRICO, GEOGRÁFICO Y CULTURAL DEL MUNDO AUSTRONESIO

Los grandes archipiélagos del Pacífico occidental que comprenden la Melanesia y el Sureste de Asia insular consisten en innumerables encadenamientos de tierras y mares que albergan a más de dos mil diferentes comunidades lingüísticas. La mayoría de estas sociedades pertenecen al mundo austronesio, el cual se caracteriza por una asombrosa heterogeneidad cultural y extensión geográfica.[1] Los orígenes de esta macrorregión de comunidades marítimas y de litoral se remonta a la época en que comenzaron a adentrarse los primeros pobladores humanos hacia la región insular de Papúa Nueva Guinea, casi treinta milenios antes del presente (AP).[2]

[1] La sola región de Melanesia, la cual comprende las islas y sociedades objeto de este estudio, es la zona lingüística y culturalmente más diversa del mundo, con la mayor densidad de lenguas per cápita de nuestro planeta y una pluralidad enorme de expresiones artísticas, estéticas y cosmológicas. *Cf.* P. Sillitoe, *An Introduction to the Anthropology of Melanesia. Culture and Tradition*, Cambridge, Cambridge University Press, 1998.

[2] Estos primeros grupos no pertenecían a la familia austronesia, sino a los antecesores de las centenares de comunidades lingüísticas australianas y papúes que hoy residen sobre el territorio de Australia y el interior de Nueva Guinea. Cabe sin embargo advertir que las comunidades papúes y austronesias han coexistido durante

Mucho tiempo después, aproximadamente seis mil años AP, comenzó la llamada expansión austronesia que se originó en el sur de Taiwán y se fue extendiendo por todo el sureste de Asia insular, el litoral del Índico y el Pacífico occidental. Fue esta dispersión la que propició la configuración del complejo cultural Lapita en las islas y mares próximos a Nueva Guinea, el cual propició las condiciones culturales, tecnológicas y demográficas para continuar la colonización humana del Pacífico. Fue así que a lo largo de los últimos seis milenios se poblaron, por los antecesores de los actuales melanesios insulares, los archipiélagos de Islas Salomón, Vanuatu, Kanaky (Nueva Caledonia) y Fiji.[3] Esta expansión sentó las bases originales del enorme tejido sociocultural que hoy caracteriza esta macrorre-

---

tanto tiempo en los mismos territorios que resulta un sinsentido querer adscribir fronteras estrictas sociogeográficas o de pureza etnolingüística entre ambas genealogías lingüísticas. Véase sobre todo la obra de J. Allen y J.F. O'Connell, "The long and short of it: archaeological approaches to determining when humans first colonized Australia and New Guinea", *Australian Archaeology, Shaping the Future Pasts: Papers in Honour of J. Peter White*, vol. 57 [número especial], diciembre de 2003, pp. 5-19; J.F. O'Connell y J. Allen, "Dating the colonization of Sahul (Pleistocene Australia–New Guinea): a review of recent research", *Journal of Archaeological Science*, vol. 31, núm. 6, junio de 2004, pp. 835-853; J. Allen y J.F. O'Connell, "Getting from Sunda to Sahul", en G. Clark, F. Leach y S. O'Connor (eds.), *Islands of Inquiry. Colonisation, seafaring and the archaeology of maritime landscapes*, Canberra, Australian National University E-Press, 2008, pp. 31-46; véase también J.B. Birdsell, "The recalibration of a paradigm for the first peopling of greater Australia", en J. Allen, J. Golson y R. Jones (eds.), *Sunda and Sahul: Prehistoric Studies in Southeast Asia, Melanesia and Australia*, Londres, Academic Press, 1977, pp. 113-167; J. Chappell, "Late Pleistocene coasts and human migrations in the Austral region", en Matthew Spriggs *et al.* (eds.), *A Community of Culture. The People and Prehistory of the Pacific,* Canberra, Australian National University-Department of Prehistory-Research School of Pacific Studies, 1993 (Occasional Papers in Prehistory 21), pp. 43-48.

[3] P. V. Kirch, *The Lapita Peoples: Ancestors of the Oceanic World*, Oxford, Wiley-Blackwell, 1997; M. Spriggs, *The Island Melanesians*, Oxford, Wiley-Blackwell, 1997; G. Irwin, "Pacific Seascapes, Canoe Performance, and a Review of Lapita Voyaging with Regard to Theories of Migration", *Asian Perspectives*, vol. 47, núm. 1, 2008, pp. 12-27.

gión marítima de Oceanía Cercana, dentro de la cual se ubica el contexto etnográfico a discusión en este estudio. A su vez, la migración lapita estableció los fundamentos culturales y territoriales en los archipiélagos del Pacífico centro-occidental (Tonga, Samoa, Fiji) de la llamada Hawaiki, la tierra de origen ancestral de los actuales pueblos polinesios del Pacífico central y oriental.[4]

La extensión geográfica de la familia austronesia de lenguas es, hoy día, la más dilatada de nuestro planeta. Desde hace mil años, cuando llegó a sus límites la dispersión austronesia original, tiene presencia desde el interior de Madagascar, en el Índico occidental, hasta la pequeña comunidad de Rapa Nui (Isla de Pascua), en el Pacífico oriental, pasando por la casi totalidad de las comunidades lingüísticas que residen en Indonesia, Malasia, Filipinas y las demás islas del Pacífico, inclusive Aotearoa/Nueva Zelanda. Más recientemente, en nuestros tiempos, una nueva diáspora austronesia se ha detonado a partir de procesos coloniales y poscoloniales propiciatorios de la migración económica y política, de manera que existen decenas de comunidades lingüísticas austronesias residentes en las grandes ciudades de la Cuenca del Pacífico, notablemente Sydney, Auckland y Los Ángeles. La excepción notable a esta expansión son las sociedades papúes del interior de Nueva Guinea, cuyos representantes son los descendientes directos de las primeras migraciones humanas que llegaron al Pacífico occidental hace más de treinta milenios.[5]

[4] G. Irwin, *The Prehistoric Exploration and Colonisation of the Pacific*, Cambridge, Cambridge University Press, 1992; P. V. Kirch y R. Green, *Hawaiki. Ancestral Polynesia. An Essay in Historical Anthropology*, Cambridge, Cambridge University Press, 2001; P.V. Kirch, *On the Road of the Winds: An Archaeological History of the Pacific Islands before European Contact*, Berkeley, University of California Press, 2002.

[5] El mundo austronesio actualmente comprende 386 millones de personas y reúne más de veinte lenguas oficiales propias de Asia-Pacífico (región que comprende Este de Asia, Sureste de Asia e Islas del Pacífico), entre las cuales se cuentan catorce lenguajes con más de 4 millones de parlantes nativos. Entre las lenguas austronesias más prominentes se incluyen el bahasa malasia, el bahasa indonesia, el

No debe sorprendernos, por tanto, que desde hace tiempo se haya venido señalando que la experiencia humana de los paisajes austronesios no es la de sociedades aisladas, pequeñas, por antonomasia "primitivas". Asimismo, las islas del Pacífico, región en donde se ubica el cosmos humano sujeto de este libro, no consisten en comunidades separadas unas de otras por un medio marítimo hostil, a la manera de una constelación de "islas en el mar", tanto como representan el "mar de islas" acerca del cual habló tan elocuentemente el famoso historiador e intelectual océanico Epeli Hau'ofa:

> Hay una gran diferencia entre mirar al Pacífico como una serie de "islas en un mar lejano" y verlo como un "mar de islas". La primera perspectiva enfatiza la idea de superficies terrestres sobre un océano vasto y lejano de los centros de poder mundial. Tal visión subraya la condición pequeña y remota de las islas. En contraste, la segunda constituye una perspectiva más holística, que permite observar las cosas a partir de la totalidad de sus relaciones.[6]

Al margen de los atavismos euroamericanos a partir de los cuales se ha tendido a caracterizar al mar como un medio esencialmente pe-

---

javanés, el tagalo, el sundanés, el cebuano, el malagasi, el ilocano, el balinés, el māori, el hawaiano y el malayo de Sri Lanka. Las lenguas austronesias que competen al presente estudio pertenecen a dos comunidades humanas de muy pequeña escala demográfica: son el lo-toga, que cuenta con poco menos de 1 000 hablantes nativos, y, de manera secundaria, el hiu, que apenas contará con unos 400 hablantes nativos. Ambas pertenecen al subgrupo austronesio de lenguas oceánicas propias del norte de Vanuatu. Cabe destacar que ninguna de estas dos lenguas ha sido hasta ahora sujeto de un estudio gramatical experto (véase "Nota sobre convenciones lingüísticas" al final de esta Introducción). Asimismo, utilizo el bislama como lengua de referencia y apoyo adicional; el bislama es una lengua neomelanesia de Oceanía y el lenguaje oficial de la República de Vanuatu. Para mayores referencias véase T. Crowley, *Beach-la-Mar to Bislama: The Emergence of a National Language in Vanuatu*, Oxford, Clarendon Press, 1990 (Oxford Studies in Language Contact).

[6] E. Hau'ofa, "Our Sea of Islands", en E. Hau'ofa *et al.*, *A New Oceania. Rediscovering Our Sea of Islands*, Fiji, University of the South Pacific, 1993, p. 7.

ligroso y misterioso, las sociedades marítimas de Oceanía y del Sureste de Asia insular siempre se han sabido parte constitutiva de grandes entramados de territorios humanos unidos por multitud de espacios acuáticos.[7] Lejos de separar, el medio marítimo ha facilitado la comunicación, la interpenetración y el enriquecimiento transcultural de estos entramados socioambientales a través de un sinfín de rutas de desplazamiento. Hasta la fecha, esas conexiones sustentan la movilidad, la diversidad y la continuidad de aquellas innumerables sociedades —muchas de las cuales con frecuencia son mal llamadas minoritarias— constitutivas del tejido humano de Asia-Pacífico.

Dinámicas socioambientales de arraigo e incertidumbre

Desde sus inicios los estudios antropológicos sobre el Pacífico occidental han resaltado el papel que en esta región juegan el intercambio, el parentesco y las complejas fórmulas de relación y acción social que caracterizan a las sociedades austronesias.[8] Más recientemente, la antropología dedicada al mundo austronesio ha hecho énfasis en la manera en que estos sofisticados mecanismos de organización social son inseparables de las transformaciones mutuas entre personas y medio ambiente, fenómeno que se cifra en el carácter profundamente antropogénico de los paisajes oceánicos. A estas experiencias humano-ambientales se suman los actos y efectos de multitud de presencias ancestrales y espirituales que, en la visión

[7] Por lo que toca a la imbricada historia de las sociedades oceánicas con su medio marítimo, véase la excepcional historia ambiental de P. D'Arcy, *The People of the Sea. Environment and society in the Pacific*, Honolulu, University of Hawai'i Press, 2006.

[8] Me refiero sobre todo a los estudios clásicos de Bronislaw Malinowski y Raymond Firth (B. Malinowski, *Los argonautas del Pacífico Occidental: un estudio sobre comercio y aventura entre los indígenas de los archipiélagos de la Nueva Guinea melanésica*, Barcelona, Península, 1975; R. Firth, *We the Tikopa. A sociological study of kinship in primitive Polynesia*, Boston, Beacon Press, 1957).

del mundo de la mayoría de las sociedades austronesias, cohabitan y actúan de manera cotidiana sobre su cosmos circundante.[9]

Estas interacciones entre humanos, animales, paisajes y entidades diversas dan lugar a patrones asombrosos de acción, creación y movimiento, es decir, a formas extraordinarias de entender y generar el espacio y el tiempo que en nada se corresponden con el estereotipo común de sociedades pequeñas, aisladas y atemporales que sigue entorpeciendo la representación popular del océano Pacífico en otras latitudes.[10]

[9] Algunos ejemplos de la literatura regional sobre medio ambiente y sociedades austronesias en Oceanía y Sureste de Asia insular en los cuales se inspira y con los cuales se comunica mi estudio son: R.E. Johannes, *Words of the Lagoon. Fishing and Marine Lore in the Palau District of Micronesia*, Berkeley, University of California Press, 1981; E. Hviding, *Guardians of Marovo Lagoon. Practice, Place and Politics in Maritime Melanesia*, Honolulu, University of Hawai'i Press, 1996; R. Ellen, "Forest Knowledge, Forest Transformation: Political Contingency, Historical Ecology, and the Renegotiation of Nature in Central Seram", en T.M. Li (ed.), *Transforming the Indonesian Uplands: Marginality, Power and Production*, Singapur, Harwood Academic Publishers, 1999, pp. 131-157; E. Hviding y T. Bayliss-Smith, *Islands of Rainforest. Agroforestry, Logging and Eco-tourism in Solomon Islands*, Aldershot, Ashgate, 2000; S. Kirsch, *Reverse Anthropology. Indigenous Analysis of Social and Environmental Relations in New Guinea*, Stanford, Stanford University Press, 2006; P.J. Brosius, "Endangered Forest, Endangered People: Environmentalist Representations of Indigenous Knowledge", *Human Ecology*, vol. 25, núm. 1, 1997, pp. 47-69; M.R. Dove *et al.* (eds.), *Beyond the Sacred Forest. Complicating Conservation in Southeast Asia*, Durham, Duke University Press, 2011.

[10] Visión que, por lo demás, sigue estando fuertemente arraigada en los países de habla hispana, toda vez que hasta la fecha en Iberoamérica no ha existido una tradición de estudios antropológicos sobre el Pacífico insular, ni una iniciativa seria de divulgación y acercamiento a las sociedades de esta región (aunque véase C. Mondragón *et al.*, *Moana: culturas de las islas del Pacífico*, México, Instituto Nacional de Antropología e Historia, 2010). Esta lejanía resulta particularmente paradójica en el caso de Chile, dada la autoridad a distancia que sigue ejerciendo aquel Estado sudamericano, aunque de manera cada vez más controvertida, sobre el pueblo rapanui de Isla de Pascua. Por otra parte, en contadas instituciones de España y México existen los denominados "Estudios del Pacífico", pero éstos suelen concentrarse casi exclusivamente en la historia compartida (hispánica y colonial) de Filipinas y el litoral del Pacífico Americano, *id est*, la Nueva España y el Perú.

En particular, en el contexto de los estudios oceánicos ha sido una constante el tema de la identidad territorial. En consecuencia, existe una creciente literatura etnográfica dedicada al estudio de la sofisticación de formas que toman el espacio y el tiempo en distintas ontologías austronesias.[11] Sin embargo en gran parte de esta literatura se ha tendido a dar por hecho que el medio ambiente es una constante, un telón de fondo importante pero secundario, por tanto cuasi estático, en relación con la movilidad e inestabilidad propias de las sociedades insulares que sobre él habitan.

Como argumento a lo largo del presente estudio, esta manera de concebir al medio ambiente resulta problemática toda vez que ignora las complicadas formas de inestabilidad que caracterizan a las ecologías antropogénicas y a los diversos regímenes climáticos de Oceanía. Esta inestabilidad humano-ambiental se ha vuelto de particular urgencia en la época actual, en la medida en que ha crecido nuestra conciencia y conocimiento acerca de los efectos que está comenzando a tener el cambio climático antropogénico a nivel planetario. En particular, a lo largo de la pasada década las transformaciones más dramáticas generadas por el cambio climático se han observado en las llamadas "líneas del frente" del calentamiento global, a saber, las regiones "frías" (esencialmente las regiones circunpolares y de alta montaña, como el Tibet y la región andina) y las islas del Pacífico.

Lo anterior es especialmente relevante en relación con el Pacífico occidental, la región marítima en donde se ubica la comunidad austronesia sujeto del presente libro, toda vez que los grandes archi-

[11] Véase por ejemplo J. Weiner, *The Heart of the Pearlshell. The Mythological Dimensions of Foi Sociality*, Berkeley, University of California Press, 1988; D. Battaglia, *On the Bones of the Serpent. Person, memory and mortality in Sabarl Island Society*, Chicago, Chicago University Press, 1990; E. Hviding, *Islands of Rainforest..., op. cit.*; S. Kirsch, *Reverse Anthropology..., op. cit.* J. Leach, *Creative Land: Place and Procreation on the Rai Coast of Papua New Guinea*, Oxford, Berghahn, 2003; K. Schneider, *Saltwater Sociality. An Ethnography of a Pororan Island, Bougainville, Papua New Guinea*, Oxford, Berghahn, 2012.

piélagos melanesios están situados en una zona ecuatorial directamente expuesta a la acción constante de desplazamientos tectónicos y volcánicos de gran violencia, así como a la acción regular de huracanes y de una meteorología estacional sumamente dinámica. En conjunción con la constante actividad transformativa del ser humano, todas estas fuerzas han imprimido un profundo carácter de inestabilidad al complejo paisaje físico y cultural del Pacífico occidental. Pero a la fecha siguen haciendo falta enfoques analíticos que, desde la antropología ambiental, puedan dar cuenta de la manera en que se enredan la actividad y las percepciones austronesias del mundo con las fluctuaciones físicas que dan forma a esta gran región marítima de Asia-Pacífico.

Es justamente hacia esta problemática que están dirigidos los materiales y el análisis del presente libro.

Contexto, objetivos y enfoque analítico del presente estudio

El propósito de este libro es atender los temas arriba mencionados mediante una exploración etnográfica pormenorizada sobre la producción espaciotemporal en una comunidad isleña de Melanesia marítima. La comunidad en cuestión es la de Islas Torres, compuesta por poco más de un millar de personas poseedoras de dos lenguas austronesias distintivas y residentes sobre un singular grupo de altos montículos calcáreos ubicados en la dilatada frontera marítima que separa a los archipiélagos de Vanuatu e Islas Salomón (véanse mapas 2 y 3). El objetivo de los primeros siete capítulos de este estudio es ofrecer una semblanza detallada de los valores y sitios fundamentales de arraigo e inestabilidad existencial mediante los cuales los habitantes de Islas Torres se organizan y entienden su cosmos circundante. Esto se traduce en una exploración sobre la noción de persona, de grupo, de territorio y de pertenencia, es decir, de espacio y de tiempo, a partir de los cuales se definen a sí mismos y a su mundo estos isleños. Estos temas, tan esenciales para la antropología ambiental, se abordan a partir de una discusión pormenorizada de los paisajes, los sitios ancestrales, los espacios cotidianos y los sistemas de parentesco a partir de los cuales se da forma a la "red de nexos" de personas y territorios que definen a esta comunidad.[12]

Hasta este punto, los materiales y datos que ofrezco en este libro se podrían sumar a la emergente producción etnográfica que sobre persona, espacio y ritualidad se ha venido generando acerca de Vanuatu a lo largo de los últimos diez años.[13] Dado el desconocimiento de Vanuatu, de Melanesia y de la tradición antropológica de esta región en México y el mundo hispanoparlante, conviene detenerse un momento para poner en contexto el trasfondo político y cultural desde el cual surgió el presente trabajo.

El corpus académico de Vanuatu es aún jóven, con poco menos de una veintena de monografías etnográficas relativas a las más de cien comunidades sociolingüísticas que habitan a lo largo y ancho de este dilatado archipiélago. Esta situación es resultado de la reciente apertura de aquel país a la actividad de científicos sociales, en 1996.

[12] Este concepto lo desarrollo a lo largo del presente estudio, y lo sintentizo y pongo en contexto analítico con el resto de mis argumentos en el capítulo 1 del mismo. Véase también C. Mondragón, "A Weft of Nexus: Changing notions of 'space' and geographical identity in Vanuatu, Oceania", en P. Kirby (ed.), *Boundless Worlds: An anthropological approach to movement,* Oxford, Berghahn Books, 2009, pp. 115-134, para una definición inicial del concepto de "red de nexos" con un análisis histórico antropológico del mismo.

[13] Me refiero a la publicación de monografías, no de artículos arbitrados ni capítulos de libros. Entre las monografías propias de la nueva generación de académicos dedicados a Vanuatu destacan la de K. Rio, *The Power of Perspective: Social Ontology and Agency in Ambrym, Vanuatu*, Oxford, Berghahn, 2007; A. Eriksen, *Gender, Christianity and Change in Vanuatu: an analysis of social movements in North Ambrym*, Aldershot, Ashgate, 2008; J.P. Taylor, *The Other Side. Ways of Being and Place in Vanuatu*, Honolulu, University of Hawai'i Press, 2008; y S. Hess, *Person and Place. Ideas, Ideals and the Practice of Sociality on Vanua Lava, Vanuatu*, Oxford, Berghahn Books, 2009.

Previamente, Vanuatu había permanecido totalmente cerrado a la actividad antropológica debido a la enorme desconfianza que llegó a predominar entre su gente en relación con la actividad de antropólogos y diversos agentes coloniales que llegaron a llevar a cabo los primeros estudios sociales sobre esta nación insular. Esta desconfianza no fue casual, ni producto de alguna idiosincrasia cultural peculiar, sino de los frustrantes enredos de la gente local con los diversos intrusos que definieron las relaciones interculturales de la historia cuasi colonial de las islas de Vanuatu desde su incorporación al llamado Condominio franco-británico de las Nuevas Hébridas.[14] Estas relaciones se caracterizaron por un creciente sentido de resentimiento local en contra de quienes se percibía como fuereños ansiosos de obtener acceso al conocimiento tradicional —cifrado tanto en la exégesis oral como en los productos de la cultura material— de las decenas de regiones culturales del archipiélago.

La consecuencia de estos resentimientos fue la implementación de una veda sobre los estudios sociales a partir de la independencia de Vanuatu en 1980. La lógica de dicha prohibición fue darles tiempo a las incipientes autoridades culturales del archipiélago para diseñar una estrategia de gestión íntegra de la investigación social. El principal producto de este esfuerzo fue un Acuerdo de Investigación —actualmente vigente— que especifica una serie de reglas estrictas de colaboración entre investigadores y comunidades locales. El sello distintivo de este acuerdo es el énfasis sobre el consenso de las comunidades locales en relación con cualquier investigación de corte

[14] En sentido estricto Vanuatu, conocido como las Nuevas Hébridas antes de su independencia en 1980, nunca fue colonia, sino un "condominio" entre autoridades paralelas británicas y francesas, con un juez supremo mediador elegido por el rey de España (!). No sorprenderá que la entelequia del Condominio, formalizada en 1906, fuese coloquialmente conocida como el "Pandemonio". *Cf.* Fr. W. Lini, *Beyond Pandemonium: From the New Hebrides to Vanuatu*, Wellington y Suva, Asia Pacific Books, 1980; y J. MacClancy, *To Kill a Bird with Two Stones. A Short History of Vanuatu*, 3ª ed., Puerto Vila, Vanuatu Kaljoral Senta, 2002.

cultural, incluyendo arqueología, historia, lingüística y antropología. La institución creada para facilitar la implementación de dicho acuerdo es el Consejo Cultural Nacional, el cual tiene autoridad sobre asuntos de investigación y difusión desde la Biblioteca y el Museo nacionales de Vanuatu, instancias que desde 1996 se han convertido en un ejemplo mundial de gestión indígena de recursos culturales.

En suma, los antecedentes de los estudios culturales contemporáneos en Vanuatu y el subsecuente desarrollo de mecanismos internos para resolver las relaciones entre investigadores extranjeros, instituciones culturales y comunidades locales, son excepcionales en relación con cualquier otro país del mundo y han sido un caso ejemplar para el establecimiento de instituciones culturales de punta en otros continentes.[15] En este contexto, el presente libro podría caracterizarse como un estudio de interés etnográfico puntual, toda vez que es producto de la primera generación de antropólogos poscoloniales que hemos podido trabajar con las otrora inaccesibles comunidades que habitan este extenso archipiélago. A su vez, mi investigación surge de una dilatada experiencia de campo, la cual suma casi 40 meses de trabajo en Islas Torres a lo largo de los últimos 15 años (1998-2012).

[15] Véase L. Bolton, "Introduction", *Oceania, Special Issue. Fieldwork, Fieldworkers: Developments in Vanuatu Research*, vol. 70, núm. 1, 1999, pp. 1-8; L. Bolton, "The museum as cultural agent: the Vanuatu Cultural Centre extension worker program", en C. Healy y A. Witcomb (eds.), *South Pacific Museums: Experiments in Culture*, Melbourne, Monash University ePress, 2006; y L. Bolton, "Resourcing Change: Fieldworkers, the Women's Culture Project and the Vanuatu Cultural Centre", en N. Stanley (ed.), *The Future of Indigenous Museums. Perspectives from the Southwest Pacific*, Oxford, Berghahn, 2007, pp. 23-37; R. Regenvanu, "Afterword: Vanuatu Perspectives on Research", *Oceania, Special Issue,* vol. 70, núm. 1, 1999, pp. 98-101; D. Tryon, "Ni-Vanuatu Research and Researchers", *Oceania, Special Issue*, vol. 70, núm. 1, 1999, pp. 9-15; y K. Huffman, "The fieldworkers of the Vanuatu Cultural Centre and their contributions to the audiovisual collections", en J. Bonnemaison *et al.* (eds.), *Arts of Vanuatu*, Bathurst, Australia, Crawford House Publishing, 1996, pp. 290-294.

Sin embargo, la originalidad del presente estudio no descansa en sus peculiaridades coyunturales —a saber, el estudio prolongado de una comunidad de melanesios que nunca antes había sido sujeto de la investigación etnográfica—. Estas peculiaridades no dejan de ser relevantes por lo que se refiere al contexto formal en el cual se desarrolló la investigación, el cual corresponde a una región de Oceanía que apenas comienza a ser caracterizada por antropólogos y arqueólogos. Finalmente son particularidades anecdóticas por lo que toca a la perspectiva y la calidad del análisis sobre el cual se sustenta este trabajo.

El objetivo principal de este estudio es desarrollar una antropología ambiental novedosa sobre las relaciones entre seres humanos y su medio circundante en una comunidad melanesia del Pacífico occidental. Este tema se explora en relación con las formas en las cuales los habitantes de Islas Torres, en Vanuatu, perciben y producen sus espacios y tiempos, entendidos en el más amplio sentido de la palabra. Mi entendimiento de producción aquí se cifra en los principios existenciales a partir de los cuales esta comunidad isleña organiza y genera su mundo social, y, por extensión, medioambiental. En ese sentido son palabras clave la producción, la creación y la creatividad, términos que irán desarrollándose a lo largo de este texto.

La aportación que busco mediante este análisis es redefinir el concepto mismo de "medio ambiente" a partir de una exploración minuciosa de las diversas esferas —sociales, físicas, espirituales y climáticas— que componen el cosmos de Islas Torres. Aquí por cosmos entiendo todo aquello que reconocemos (los observadores fuereños) como "medio ambiente", pero también muchas cosas que no reconoceríamos como pertenecientes a la "naturaleza", toda vez que resultarían inertes o bien incluso imaginarias desde una perspectiva empiricista del mundo. Así, mi objetivo de redefinir "medio ambiente" de manera radical, con base en los principios de existencia de los interlocutores melanesios a discusión, resultará de interés no solamente para especialistas regionales, sino para la comunidad más general de antropólogos interesados en perspectivas medioambientales.

Con el fin de llegar a la caracterización anterior, es decir la del medio ambiente en tanto cosmos total, he adoptado una perspectiva propia del llamado "multinaturalismo" en la antropología. Como bien saben quienes están familiarizados con debates recientes en torno al multinaturalismo, este enfoque nos obliga a abandonar la dicotomía entre naturaleza y cultura.[16] Con esto en mente, he desarrollado una discusión pormenorizada de los procesos de producción y transformación que subyacen los actos y las percepciones de los isleños en relación con su mundo, nuevamente, entendiendo por mundo no solamente la esfera humana de lo social, sino las relaciones entre personas (humanas y no humanas) en todo tipo de ámbitos de su existencia. Una parte importante del argumento que desarrollo es que las relaciones humano-ambientales se organizan de acuerdo con pro-

[16] Conviene subrayar que los principios críticos que sustentan el concepto de multinaturalismo no son nuevos. Dos de las obras esenciales que desde diferentes perspectivas y épocas han servido de semillero para el desarrollo de propuestas multinaturalistas son, R. Wagner, *The Invention of Culture*, Chicago, University of Chicago Press, 1975, y el volumen colectivo organizado por P. Descola y G. Pálsson (eds.), *Nature and Society. Anthropological Perspectives*, Londres, Routledge, 1996. Otros autores prominentes que recogen la crítica al naturalismo empiricista son B. Latour, véase en particular *We Have Never Been Modern*, Cambridge, Harvard University Press, 1993, y *Reassembling the Social: An Introduction to Actor-Network Theory*, Oxford, Oxford University Press, 2005; y E. Viveiros de Castro, "Perspectivismo y multinaturalismo en la América indígena", en M. Cañedo Rodríguez (ed.), *Cosmopolíticas. Perspectivas antropológicas*, Madrid, Trotta, 2013, pp. 417-456. En una línea más aplicada de antropología ambiental me he basado en las ideas contenidas en textos como los de C.L. Crumley, *Historical Ecology: Cultural Knowledge and Changing Landscapes*, Santa Fe, School of American Research Press, 1993; P. J. Brosius, "What counts as local knowledge in global environmental assessments and conventions?", en W.V. Reid *et al.* (eds.), *Bridging Scales and Knowledge Systems*, Washington, Island Press, 2006, pp. 129-144; y H. Diemberger *et al.*, "Communicating Climate Knowledge: Proxies, Processes, Politics", *Current Anthropology*, vol. 53, núm. 2, 2012, pp. 226-244.

cesos generativos derivados del concepto de persona, y de interacción entre personas, de esta comunidad.

Como es bien sabido, la condición de la persona en muchas partes de Melanesia no está limitada al ser humano. Esto significa que prácticamente toda entidad perteneciente al todo que llamamos "medio ambiente" —árboles, piedras, animales, fenómenos meteorológicos, cultivos agrícolas— puede llegar a manifestarse como una entidad con cualidades de persona.[17] Siendo esta proliferación de personificaciones en el mundo una condición básica para la interacción humano-ambiental, se puede empezar a entender el porqué de mi interés por el multinaturalismo como marco básico de análisis.

En términos de mi propia solución al tema de los procesos relacionales humano-ambientales, se puede distinguir mi utilización del término autopoiesis, el cual nos obliga a atender a la producción del mundo como un fenómeno de autotransformación, y no solamente de intervenciones humanas sobre una naturaleza separada de lo social. Estos procesos de autotransformación (mismos que se pueden decir también de autoproducción) son constantes en la medida en que son abiertos a la creatividad generativa que practican los isleños sobre sí mismos y sobre su cosmos circundante.

Otro elemento que distingue mi aproximación a las relaciones humano-ambientales es mi interés por los ideales de arraigo e incertidumbre en torno a los cuales se suele organizar gran parte de la actividad de las personas en su cosmos relacional. En particular, el

[17] Esta asombrosa proliferación de la condición de la persona no tiene nada de nuevo ni exótico: como nos lo recuerda Marilyn Strathern en un pequeño ensayo (*The Relation*), ha sido documentada de manera constante desde las primeras exploraciones etnográficas del Pacífico occidental; por ejemplo: G. Bateson, *Naven: A Survey of the Problems Suggested by a Composite Picture of the Culture of a New Guinea Tribe Drawn from Three Points of View*, 2ª ed., Stanford, California University Press, 1958, p. 127; R. Fortune, *Sorcerers of Dobu: The Social Anthropology of the Dobu Islanders of the Western Pacific*, 2ª ed., Londres, Routledge, 1963, pp. 107-109; S. Gudeman, *Economics as Culture: Models and Metaphors*, Londres, Routledge, 1986, p. 141.

tema de la incertidumbre me ha servido de concepto rector en la medida en que constituye el estado necesario para motivar la actividad generativa. La incertidumbre es propia de un mundo en el cual no existe un modelo fijo de reglas empíricas, sino que hay actos creativos y transformativos constantes que actúan sobre un campo de entidades en interlocución productiva. Esto no es un simple capricho filosófico: como se verá, la condición geofísica misma de estas islas ofrece elementos que, desde la perspectiva propia del empiricismo naturalista, apuntalan la noción melanesia de que el medio ambiente es algo dinámico.

En este sentido no me interesa caracterizar el conocimiento ambiental de los isleños como un corpus tradicional o coherente, a la manera de la antropología ecológica pasada y presente, en donde las relaciones humano-ambientales se pueden reducir a la categoría de una versión "nativa" de la ciencia naturalista y empírica del mundo "real". Los principios epistémicos de Islas Torres y de Melanesia no ofrecen analogías indígenas para una ciencia universal del hombre y de la naturaleza. Por eso, he abordado el tema del conocimiento a partir de términos como "proceso" e "invención", en el sentido en que los utilizan autores como Roy Wagner y James Leach.[18] De tal suerte que el conocimiento es un fenómeno en estado constante de emergencia; más aún, se fundamenta en actos creativos y generativos que responden a nociones de arraigo y movimiento. El conocimiento es, en fin, producto de un entramado de acciones y de percepciones a partir del cual se relacionan los isleños con su mundo circundante.

En suma, en este estudio persona y mundo circundante representan interlocutores múltiples y mutuamente constituidos. Se trata de un análisis que busca subrayar la inseparabilidad de personas y pai-

[18] R. Wagner, *The Invention of Culture, op. cit.*; J. Leach, "Modes of Creativity", en E. Hirsch y M. Strathern (eds.), *Transactions and Creations: New Economic Forms and the Stimulus of Melanesia*, Oxford, Berghahn, 2006.

sajes, así como de las entidades diversas —tanto tangibles como intangibles, vivas y muertas— que lo constituyen. Por esta razón uno de los argumentos recurrentes de este libro es que tanto persona como paisaje son agentes activos engarzados dentro de series de relaciones cuyo potencial transformativo es abierto e infinito.

Las palabras clave de esta empresa, si hubiera que reducirla a unos cuantos términos, giran en torno a la noción de transformación, de proceso y de la manifestación generativa-destructiva del cosmos relacional isleño. Dentro de este campo conceptual, me he centrado en la producción del mundo a partir de ideales opuestos de arraigo e incertidumbre, desde los cuales giran y se resuelven las tensiones derivadas del sentido de pertenencia de las personas en un paisaje dado.

Con base en las lecciones y entendimientos locales que me brindan estos argumentos y materiales, los cuales ocupan las primeras dos partes de este libro, procedo a la parte final del mismo, a saber, la que se concentra sobre el tema del cambio climático. Este tema representa una parte clave de mi argumentación en torno a las consecuencias de reimaginar el medio ambiente como un cosmos relacional total.

Cambio climático y conocimiento tradicional

El enfoque analítico de este libro no se limita a una discusión clásicamente antropológica acerca de las ontologías austronesias. Con este estudio sobre el carácter mutuamente constituido de personas y paisajes también pretendo aportar nuevas ideas a la etnografía y discusión actuales en torno al proceso de cambio climático antropogénico que ya se empieza a observar en las vastas regiones insulares de Asia-Pacífico. Además de ofrecer un comentario valioso al tema de las relaciones humano-ambientales, el tema del cambio climático ayuda a resaltar la relevancia de considerar las percepciones y experiencias locales del medio ambiente en relación con el diseño de políticas climáticas internacionales, mismas que apenas comienzan a diseñarse en relación con la crisis climática a la que nos enfrentamos en este siglo. Parte de mi interés por incluir esta temática surge tanto de mis experiencias recientes en campo, como de conversaciones que desde hace algunos años mantengo con diversas agencias internacionales involucradas en el diseño de política ambiental para Asia, el Pacífico y las Américas.[19]

Un objetivo importante de mi argumento sobre las dimensiones locales del cambio climático es trascender la noción estándar, técnica (a menudo tecnocrática) y naturalista del clima y de la adaptación humana con la cual la casi totalidad de las agencias y organizaciones internacionales miden y responden a la capacidad de los habitantes de Islas del Pacífico para hacer frente a los efectos del calentamiento global antropogénico.[20] En contraste, mi estrategia es presentar (a partir del capítulo 7) ejemplos relevantes de la adaptación existente en Islas Torres con base en los conocimientos y experiencias ambientales de sus habitantes. En especial, busco subrayar la importancia de com-

[19] En el transcurso de la investigación para este libro he entrado en discusión y colaboración activa con diversas agencias a cargo de diseñar e implementar políticas ambientales a lo largo de Asia-Pacífico, incluso la UNESCO, el Departamento Meteorológico de Nueva Zelanda, la Commonwealth Scientific and Research Organization de Australia, la Universidad Nacional de Australia, AusAID (la agencia australiana de cooperación internacional) y el Center for Biodiversity and Conservation del American Museum of Natural History en Nueva York.

[20] Véase H. Diemberger *et al.*, "Climate Knowledges: Proxies, Processes, Politics", *Current Anthropology*, vol. 53, núm. 2, 2012, pp. 226-244; M. Finucane, *Why Science Alone Won't Solve the Climate Crisis: Managing Climate Risks in the Pacific*, Honolulu, East-West Center, 2009 (Analysis from the East-West Center, 89). P. Nadasdy, "The anti-politics of TEK: the institutionalization of commanagement discourse and practice", *Anthropologica,* vol. 47, núm. 2, 2005, pp. 215-232. La literatura procedente de organizaciones internacionales dedicadas al Pacífico en relación con la adaptación al cambio climático suele concentrarse en el tema de generar conciencia del problema, mientras que son escasos los estudios dedicados a aproximaciones serias al conocimiento ambiental en relación con el diseño de políticas ambientales; es decir, aproximaciones que no lo traten simplemente como "complemento nativo" del conocimiento científico, sino como una teoría y práctica total.

prender la larga duración de los procesos de transformación humano-ambiental que han dado lugar a los medios antropogénicos que constituyen estas islas. La intención de esta exposición, en el sentido de que está diseñada sobre principios de antropología aplicada, es llamar la atención a la necesidad de abordar el conocimiento tradicional como parte de un complejo más amplio de entendimientos y transformaciones locales del mundo, de manera que se puedan evitar políticas inadecuadas o sencillamente ignorantes de la manera en que los isleños entienden y se relacionan con su medio ambiente.

En concreto, destaco tres temas en relación con el cambio climático: *1)* Cómo durante mucho tiempo las transformaciones humano-ambientales en Islas Torres han sido parte de la experiencia y el mundo social de los isleños, al grado de estar entrelazados los procesos ambientales con la manera en que se desenvuelven las relaciones de parentesco y la reproducción intergeneracional de personas y territorios. Es en este contexto que debe colocarse el tema de los paisajes terrestres y marinos antropogénicos. *2)* También demuestro cómo las relaciones humano-ambientales están enmarcadas y en parte determinadas por fluctuaciones estacionales y no estacionales, algunas irregulares y de larga duración; para este fin describo el ejemplo más dramático de estos entrelazamientos, a saber, el de la manera en que los ciclos rituales más importantes de las islas están sincronizados con la ciclicidad irregular del fenómeno conocido como la Oscilación del Sur El Niño. *3)* Finalmente, en el capítulo 9, como a lo largo del libro, subrayo que el conocimiento tradicional no es un fenómeno fijo ni fácilmente cuantificable, y que cualquier intento de cuantificarlo e "incorporarlo" a los diseños de políticas ambientales (con fines de "inclusividad" y "consulta" con comunidades locales, según el argot de moda entre ONG y otras instancias) exige que los valores culturales y los contextos físicos de las poblaciones locales sean tomados en serio. Con lo cual me refiero a que el conocimiento tradicional exige ser abordado, no como un elemento secundario o suplementario al paradigma naturalista del medio ambiente y de la adaptación climática, sino como un corpus complejo, cambiante e igualmente válido que el científico en lo que se refiere al pragmatismo de sus intervenciones humano-ambientales.

Es necesario aclarar de una vez, en relación con el tercer punto arriba señalado, que no se trata de idealizar prácticas tradicionales en contraposición con paradigmas naturalistas dominantes. Al discutir la incorporación del conocimiento ecológico tradicional, es importante recordar que "[éste] abarca un sentido de lugar y una cosmovisión que pueden verse cuestionados por el cambio climático, pueden mejorar la capacidad de adaptación a los cambios ambientales, o pueden ajustarse de forma inadecuada a las tasas actuales del cambio ambiental".[21]

A las experiencias y sabiduría acumuladas de los isleños se les puede llamar "tradicionales" en la medida en que se inspiran en la generación de valores sociales respecto de códigos de producción, comprensión y relación con el mundo. Pero hay que tener en cuenta que la tradición rara vez se compone de un corpus único o inmutable de conocimientos ancestrales; más bien consiste en percepciones activas y fragmentadas, en intervenciones empíricas y en transformaciones humano-ambientales constantes en relación con el mundo físico, las cuales, dicho sea de paso, incluyen aquellos aspectos de las prácticas y valores exógenos que desde siempre, y de manera siempre parcial, han incorporado como suyos los isleños.

Con esto en mente, ha resultado particularmente fértil el tema de los paisajes humanizados como punto de partida para mis comentarios sobre el clima, dado que ayudan a enfatizar que "la comprensión [de las dimensiones humanas] del cambio climático siempre se ve auxiliada por una perspectiva temporal más profunda".[22] Esta perspectiva también nos ayuda a recordar que los mundos físicos de Melanesia insular son todo menos "naturales", y que las conexiones

[21] H. Lazarus, "Sea Change: Island Communities and Climate Change", *Annual Review of Anthropology*, vol. 41, 2012, p. 290.

[22] *Ibid.*, p. 288.

múltiples que conjuntan a las comunidades humanas de esa región con su flora, fauna y contextos físicos inmediatos tienen siempre que ser el aspecto más relevante de cualquier intento de abordar los temas de "adaptación" o "resiliencia".[23]

Por último, en el capítulo décimo se reúnen todas las claves existenciales humanas y medioambientales que han sido discutidas a lo largo del libro con el fin de llegar a una visión panorámica, totalizadora, del cosmos relacional. Este bosquejo final lo persigo mediante un análisis de las relaciones ritualizadas entre humanos y espíritus primordiales, es decir, no humanos, en la medida en que proceden de una era previa a la aparición de los primeros ancestros. En ese capítulo la acción ritual toma precedencia sobre los actos cotidianos de los capítulos anteriores, y el resultado es una imagen ambigua y moralmente complicada de un cosmos dual, de un mundo especular, el mundo de los espíritus, con el cual también nos relacionamos toda vez que ellos también guardan la condición de persona, es decir de interlocutores generativos. Este mundo especular es el mundo "otro", que se erige como la imagen ideal de lo que debería de ser, pero nunca ha sido, nuestro propio mundo. La imagen final que ofrezco es, pues, la del medio ambiente y la persona como un cosmos de relaciones cuya complejidad y escala trascienden por mucho el ámbito de la "organización social" o de la "naturaleza" como campos exógenos a lo humano, e incluso a lo no humano.

El objetivo de este libro es, pues, explorar y discutir la naturaleza múltiple, procesual e histórica de las experiencias, interacciones y

[23] Como se verá en el capítulo 9, también conviene recordar que los medios ambientes del Pacífico occidental no son todos iguales, como no lo son los propios contextos físicos de otras partes del Pacífico insular, como Micronesia y Polinesia; mientras que los territorios propios de aquellas regiones consisten principalmente en atolones e islas volcánicas, algunas de las cuales son especialmente vulnerables al alza del nivel del mar que ya está sufriendo nuestro planeta; la geomorfología de Melanesia tiende a estar dominada por grandes masas terrestres que se elevan muy por encima del agua, y más aún están bendecidas con una multitud de tipos de suelo fértil y de recursos forestales y marítimos.

transformaciones mutuas de los habitantes de Islas Torres en relación con su cosmos circundante. En el siguiente capítulo ofrezco una primera aproximación a Vanuatu, a Islas Torres y a los temas principales a partir de los cuales se han desarrollado los ejes rectores de este trabajo.

NOTA ACERCA DE LAS CONVENCIONES LINGÜÍSTICAS UTILIZADAS EN ESTE LIBRO

Durante la primera temporada de trabajo de campo etnográfico que emprendí en las islas Torres me vi obligado a conocer y explorar la lengua materna de mis interlocutores desde cero. En ese momento la lengua en cuestión era casi desconocida; en la primera clasificación general de los grupos lingüísticos de Vanuatu, producida por Darrell Tryon hacia 1996, a esta lengua se le identificaba simplemente como toga. El toga representaba el lenguaje primario de los habitantes de la pequeña isla de Toga, la más densamente poblada de las islas Torres. Junto con la lengua llamada hiw, al toga se le conocía como una de las dos lenguas locales propias de aquel microarchipiélago. Hasta el momento de mi primera estancia prolongada en Islas Torres, que comenzó a principios de 1999, ninguna de aquellas dos comunidades lingüísticas había sido sujeto de una investigación pormenorizada, y por lo tanto me vi en la necesidad de improvisar una escritura alfabética que permitiese generar un registro escrito tentativo en el lenguaje materno de mis interlocutores.

Desde entonces el nombre formal de toga ha sido recategorizado como lo-toga, mientras que su lengua vecina se conoce como hiu, así con un cambio de la letra "w" a la letra "u". Con esta nueva convención buscamos precisar el hecho de que el lo-toga constituye la lengua principal no solamente de los habitantes de Toga, sino también de sus vecinos de las islas de Lo, Linua, Tegua y Metoma.

Esta recategorización se debe en gran parte a los trabajos que desde 2003 ha realizado sobre el lo-toga y el hiu el lingüista Alexandre François, con quien llevo una productiva amistad y relación de trabajo y entre cuyos estudios emergentes sobre estas lenguas se pueden señalar: "Pragmatic demotion and clause dependency: On two atypical subordinating strategies in Lo-Toga and Hiw (Torres, Vanuatu)", en Isabelle Bril (ed.), *Clause Hierarchy and Clause Linking: The Syntax and Pragmatics interface*, Amsterdam, Benjamins, 2010, pp. 499-548, y "The dynamics of linguistic diversity: egalitarian multilingualism and power imbalance among northern Vanuatu languages", *International Journal of the Sociology of Language*, vol. 2012, núm. 214, 2012, pp. 85-110.

Algunas de las convenciones gráficas que he seguido en las transcripciones del lo-toga en este trabajo se han beneficiado de la labor de François, aunque al final he optado por una grafía simplificada, dado que el lo-toga presenta cuando menos 13 variantes vocales, cuyas sutiles distinciones requerirían de un alfabeto y un estudio aparte. En general he evitado la utilización de diéresis para indicar cambios sutiles en la pronunciación de los sonidos vocales "e" y "ë", así como "a"y "ä". Sin embargo en general se llega a utilizar el segundo de los dos sonidos si la vocal aparece por segunda ocasión o al final de una palabra dada, por ejemplo en la expresión *vavëletë* la diéresis recae en la primera "e" dado que es el segundo sonido vocal de la expresión (en realidad es la vocal final de la raíz *vavë*, pero en este caso aquel término se conjunta con el de *letë*). Asimismo la primera "e" no lleva diéresis mientras que la última sí lo lleva. Cabe reiterar que esta notación es la excepción y en general he tratado de evitar la notación detallada de cada una de las trece variantes vocales, sobre todo cuando se trata de palabras que aparecen con poca frecuencia, con la finalidad de simplificar la pronunciación para el lector. En todos los casos en los cuales aparece un asterisco *, denota el pronominal oceánico.

Por otra parte, a lo largo del libro aparecen numerosas traducciones de palabras y términos en dos lenguas, a saber, el lo-toga y el bislama. La convención que he utilizado para indicar la lengua de la cual se trata es la abreviación LT para lo-toga y B para bislama.

De acuerdo con mis propios censos de campo —realizados en los años 2000, 2004, 2010 y 2012— la población de quienes reconocen actualmente el lo-toga como su lengua materna llega a poco más de 700 personas. Sin embargo existen pequeñas variantes subdialectales en la pronunciación del lo-toga que se habla en Lo y Metoma, las cuales resultan relevantes toda vez que forman parte de una serie más amplia de marcadores culturales a partir de los cuales los residentes de aquellas dos islas generan un sentido de distinción y pertenencia microterritorial en contraste con las de los pobladores de Tegua y Toga.[1]

[1] Por lo demás, esta distinción refleja la propia cercanía filial que existe entre Lo y Metoma en comparación con Toga y Tegua, de manera que no consiste en una diferenciación simplemente ficticia.

Mapa 1: El Pacífico occidental

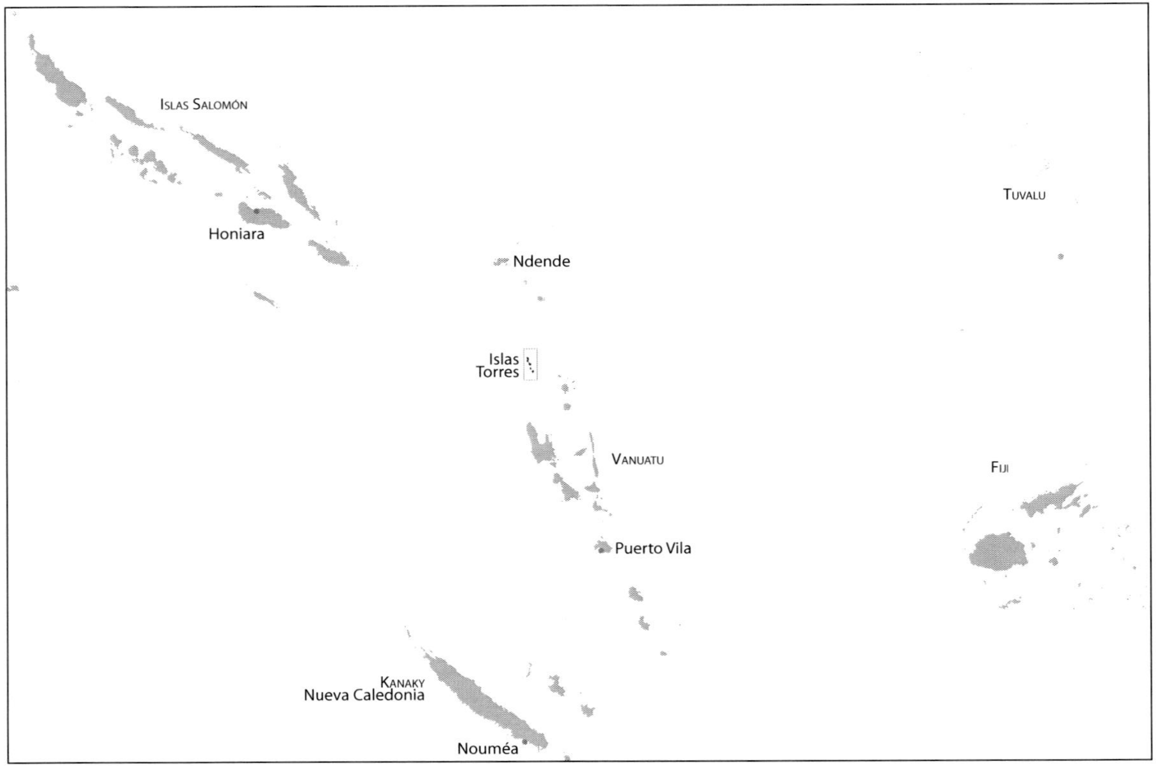

Mapa 2: Melanesia insular

Parte I

Los fundamentos del espacio-tiempo

CAPÍTULO 1

VAVË, 'CRECIMIENTO VITAL'

> La Tierra es un vientre, sus hijos, los hombres. En contraste, el espacio es un océano, un valor "flotante" sin profundidad ni duración. Lo que el hombre considera valioso es la calidad de sus raíces, es decir, sus lugares de origen, [que son] como puntos fijos en un patrón de olas en movimiento. [...]
>
> Si este espacio reticulado es una estructura entretejida en un sistema fluido, una "trama de nexos", no puede poseer un centro. Sin embargo, conoce sus "cimientos", que son los únicos lugares que representan, quizás, realidades estables en este universo flotante. Las rutas melanesias convergen hacia coyunturas que se entretejen con otras, pero tienen continuidad con los sitios fundacionales que han sido suyos desde sus inicios. Los puntos de fuga contienen en sí mismos los principios fundamentales de origen.
>
> JOËL BONNEMAISON[1]

[1] Extractos traducidos del inglés de J. Bonnemaison, *The Tree and the Canoe. History and Ethnogeography of Tanna*, Honolulu, University of Hawai'i Press, 1994, p. 234, y J. Bonnemaison, "The Metaphor of the Tree and the Canoe", en J. Bonnemaison *et al.* (eds.), *Arts of Vanuatu*, Bathurst, Australia, Crawford House Publishing, 1996, p. 37.

Topogenia y medio ambiente en el Pacífico occidental

En el archipiélago de Vanuatu la manera más común de hacer referencia a la identidad geográfica es mediante términos compuestos que equiparan a personas con territorios ancestrales y con los linajes asociados a esos territorios.[2] En la expresión bislama *manples*, 'persona-lugar', se cifra la naturaleza imbricada de isla y territorio de origen, a la manera de una escala expansiva de pertenencias.[3]

Como se explicará con mayor detenimiento a lo largo de este libro, los múltiples emplazamientos mediante los cuales los habitantes de Islas Torres ubican su sitio de arraigo dentro de la red de "personas-lugar" que constituyen su entorno, encuentran su punto de origen y de arraigo básico en los lazos de consustancialidad que unen a los vivos con el suelo de sus huertos matrilineales. Esto significa que el cuerpo de la persona se considera una extensión del conjunto de cultivos que dentro del suelo ancestral crecen, y de la materia del primer ancestro del linaje, que está mezclada con la sustancia misma del suelo del huerto. Esta concatenación existencial de sitios, entidades y materia se extiende, a su vez, hacia el resto de los miembros del lina-

[2] Algunos ejemplos relevantes del estudio de formas espaciotemporales en Vanuatu son: D. Tryon, "Dialect Chaining and the Use of Geographical Space", en J. Bonnemaison *et al.* (eds), *Arts of Vanuatu, op. cit.*, pp. 170-181; J. Bonnemaison, *Les Gens des lieux: histoire et géosymboles d'une société enrancinée: Tanna. Vol. II: Les Fondements géographiques d'une idéntité: Essai de géographie culturelle*, París, Éditions de l'ORSTOM, 1997; L. Bolton, "Women, Place and Practice in Vanuatu: A View from Ambae", *Oceania*, vol. 70, 1999, pp. 43-55; M. Jolly, "Another Time, Another Place", *Oceania*, vol. 69, 1999, pp. 282-299; J.P. Taylor, *The Other Side: Ways of Being and Place in Vanuatu*, Honolulu, University of Hawai'i Press, 2008; S. Hess, *Person and Place: Ideas, Ideals and the Practice of Sociality in Vanua Lava, Vanuatu*, Londres, Berghahn, 2009.

[3] Véase C. Mondragón, "Personas partibles, sociedades fractales. Reflexiones sobre escala y complejidad en Vanuatu", en B. Alcántara Rojas y F. Navarrete Linares (coords.), *Sociedades amerindias, más allá del Estado*, México, UNAM-Instituto de Investigaciones Históricas, 2011, pp. 145-168.

je que se alimentan de los productos del huerto, formando un conjunto múltiple pero unitario a la vez.

Esta forma de organizar la identidad geográfica se suele concentrar en torno a series de topónimos sobre el paisaje local que sirven de referentes mnemónicos y cotidianos para la sedimentación de sustancias y presencias ancestrales en el suelo de origen de cada matrilinaje local (cuya estructura y dinámicas organizativas se explican en extenso en los siguientes dos capítulos). Por lo demás, esta organización toponímica de personas y paisajes no es distintiva de Islas Torres ni de Vanuatu; en efecto, consiste en una manera idiosincrásicamente austronesia de manifestar la identidad territorial en casi todo el Pacífico occidental y los archipiélagos del Sureste de Asia insular. De este fenómeno surgió hace algún tiempo el concepto antropológico de 'topogenia', un término propuesto por James Fox para subrayar la naturaleza imbricada de la topografía y la genealogía en las sociedades austronesias del Pacífico.[4]

En Vanuatu, escribió alguna vez el geógrafo francés Joël Bonnemaison, "No existe un grupo de parentesco sin un lugar o una red de lugares y piedras dentro de su territorio en el cual pueda ubicarse directa o indirectamente el origen de su pertenencia". Dado el carácter predominantemente marítimo de este ámbito, Bonnemaison planteó que la pertenencia territorial se conceptualiza de manera óptima como una suerte de "identidad geográfica". Así, en el contexto del extenso archipiélago de Vanuatu existe un término muy común, *stamba* (B: 'base del tronco', indicando fundamento o cimiento existencial), que nos refiere a la poderosa unidad existencial entre persona y lugar que trasciende el concepto simple de "sentido de pertenencia" dado que se fundamenta en formas topogénicas de arraigo y consustancialidad ontogénica.[5] Sin embargo, al ser sujeto de transac-

[4] J.J. Fox (ed.), *The Poetic Power of Place. Comparative Perspectives on Austronesian Ideas of Locality*, Canberra, Australian National University, 1997, pp. 91-102.

[5] Véase J. Bonnemaison, *Les gens des lieux... op. cit.*, pp. 11-12. Por su parte, Lamont Lindstrom ha afirmado que los sentidos de apego territorial en la isla de

ciones en el tiempo entre matrilinajes (a partir del intercambio ritual, principalmente ceremonial), la tierra y sus productos son también un fenómeno dinámico. En otras palabras, las cualidades generativas del suelo permiten la generación de ñames, los cuales a su vez alimentan a las personas que los cultivan. Todos estos productos —personas, ñames, suelo productivo— son el resultado emergente, es decir, continuo, de la acción generativa que está determinada por patrones constantes de trabajo y movimiento, de personas, de objetos (ñames, huertos que se transfieren de un matrilinaje a otro a partir de alianzas matrimoniales) y de las entidades (ancestros, espíritus primordiales) que sobre ellos actúan y que, en conjunto, dan lugar a estas formas locales de espacio y tiempo.

En vista de lo dicho, en lugar de definir los entornos marítimos e insulares de Vanuatu simplemente como un paisaje —categoría que, al igual que la expresión "identidad territorial", conlleva un problemático sesgo terrestre y continental—, tiendo a la utilización de términos como identidad geográfica y, aún más, a topogenia, mediante los cuales busco reconocer al mundo melanesio como una entidad viviente, un complejo entramado de parajes terrestres y marítimos indisociables de la persona.

El componente estable de la identidad geográfica en Melanesia, a saber, el territorio, representa el lugar de arraigo del binomio "persona-lugar". Pero ¿cómo se manifiestan las cualidades emergentes, inestables, de la topogenia?, ¿cuál es el rol del movimiento en este contexto? A lo largo de éste y los siguientes capítulos exploro varias de las formas mediante las cuales la gente del norte de Vanuatu entiende la inestabilidad de su medio circundante, entra las cuales destacan tres: la primera se relaciona con los procesos de "crecimiento vital" contenidos en conceptos locales de "tierra/territorio", la segun-

---

Tanna (en el sur de Vanuatu) constituyen una "subjetividad geográfica" arraigada en una red de senderos que unen a las personas-lugar de esa isla (L. Lindstrom, *Knowledge and Power in a South Pacific Society*, Washington, D.C., Smithsonian Institution Press, 1990, pp. 77-81).

da nos refiere al rol generativo de los desplazamientos cotidianos sobre el paisaje, y la tercera consiste en las fluctuaciones ecológicas dentro de las cuales se desarrollan los anteriores fenómenos.

En una mayoría de las 112 comunidades lingüísticas que habitan sobre las 82 islas de Vanuatu el vocablo austronesio *vanua* funciona como sinónimo general de "tierra".[6] Sobre todo, *vanua* tiende a evocar la relación entre sitios y personas significativos. En Islas Torres, los sitios significativos más cercanos a este término son lugares como los huertos (LT: *lëte*, 'huerto'; que también suele ser un *tëtot*, o huerto ancestral/fundacional), las casas o villorrios familiares (LT: *lengwe*), y los espacios rituales (LT: *hara*) que incluyen las casas rituales (LT: *g'mel*, *gëmel*) reservadas para los actos rituales de hombres de alto rango. Las conexiones productivas que entrelazan a estos sitios arrojan una manera muy especial de percibir aquello que comprendemos como "isla" o "tierra", cuyo concepto es algo diferente de la imagen común de un punto de tierra aislado por el mar. Para mejor explicar la manera en que se entiende el concepto de *vanua* en relación con las cualidades emergentes, inestables, de la topogenia, resulta ilustrativa una discusión que sostuve sobre la isla de Lo con uno de los viejos más respetados de aquel paraje.

Crecimiento vital

Cuando se le observa desde arriba, a una distancia considerable por encima del interminable azul marino que la circunda, la isla de Lo presenta un contorno curváceo de verde brillante y arbóreo en forma de "S", o de signo de interrogación. Pero esa perspectiva elevada y distante no le es familiar a las poco más de trescientas personas que residen en esta pequeña isla; es una imagen producto de la mirada externa, cons-

[6] Véase M. Rodman y M. Allen, en L. Bolton, "Women, Place and Practice...", *op. cit.*, pp. 45-46, para ejemplos de algunas variaciones menores del término *vanua* en diferentes islas de Vanuatu.

truida a partir de la fotografía aérea y satelital, decantada en mapas y visiones digitales que ofrecen el espejismo de la inmediatez global.[7]

Lo es una isla verde con una superficie menor a los 12 kilómetros cuadrados, cubierta por un denso bosque tropical y circunscrita por una costa irregular, rocosa y coralina. La población actual de Lo es de aproximadamente 150 personas que comparten un idioma propio (lo-toga) y se dividen en seis *mëtaviv*, los núcleos exogámicos que representan las unidades fundamentales de la organización matrilineal, la vivienda y la tenencia de la tierra en Islas Torres.

Los habitantes contemporáneos de Lo desconocen el origen o significado del nombre de su isla, y es poco probable que alguna vez le hayan dado un apelativo en particular a la isla entera.[8] Una vez le pregunté al jefe tradicional (B: *kastom jif*) de Lo, el jefe Peter Wotegwo, cómo llamaban a su isla, explicando que me refería a su totalidad, y no solamente a un sitio específico dentro de la misma. No pudo producir un término equivalente a "isla" en lengua lo-toga. Entonces le pregunté si utilizaría el vocablo *ples* (B: 'lugar') en vez de isla y contestó, "No, esa palabra no funciona, no es directa/correcta", y con sus brazos hizo un movimiento de arriba hacia abajo para indicar *stamba*, arraigo. "La isla", dijo finalmente, "no tiene nombre, pero en el pasado algunas de las personas de Ureparapara y de las Banks [los grupos isleños más cercanos a las Torres, a 80 kilómetros hacia el sureste] llamaban *vavë* a nuestras islas".

En lo-toga, *vavë* parece ser una palabra arcaica que, aunque no es desconocida, ya no se utiliza en contextos cotidianos. Numerosas conversaciones con los isleños de Lo han revelado que *vavë* se traduce como 'crecimiento vital' o 'crecimiento vivo', que funciona como

[7] Esta es una perspectiva casi desconocida para sus habitantes, quienes no tienen familiaridad con el concepto de fotos satelitales, y cuya experiencia de sus islas desde una avioneta es limitada y cuasi horizontal.

[8] Véase H. van Trease, *The Politics of Land in Vanuatu: From Colony to Independence*, Suva, University of the South Pacific, 1987, en donde se comenta sobre el fenómeno de otras islas de Vanuatu que no poseían nominativos generales en épocas previas a los primeros contactos con el mundo euroamericano.

El norte de la isla de Lo vista desde el cerro Luwovinie. Se observan la bahía Nekwereng y la isla de Linua. Junto a la playa de arena blanca se ubica la aldea de Lunharigi. En el fondo (hacia el norte) se divisa la silueta de Tegua. (Foto: C. Mondragón, 2010)

una metonimia para el acto de desmalezar y limpiar el terreno ancestral en preparación para el sembrado de nuevos huertos.[9] Lo que es más importante, de acuerdo con todos los informantes que han ofrecido interpretaciones sobre esta palabra, *vavë* parece guardar una relación peculiar con *vanuë*, que es la variante local de *vanua*.

En efecto, *vanuë* se refiere a la tierra que se vuelve significativa a través del esfuerzo humano productivo, y por eso suele evocar el suelo ancestral (LT: *tëtot*) que provee a cada matrilinaje de raíces territoriales, de alimento, y, por lo tanto, de continuidad existencial. Tanto *vanuë* como *vavë* evocan la consustancialidad topogénica que enlaza

[9] Existen términos provenientes de Islas Salomón hermanados con esta expresión; véase M. Ross, A. Pawely y M. Osmond, *The Lexicon of Proto-Oceanic: The Culture and Environment of Ancestral Oceanic Society,* vol. 1: *Material Culture*, Canberra, Research School of Pacific and Asian Studies/Australian National University, 1998, p. 122.

lugares específicos con grupos de personas que se alimentan y reproducen —"crecen", en términos del imaginario de las islas Torres— en el tiempo y el espacio. Estos significados se confirman en una expresión relacionada con la labor hortícola cotidiana: *vavë lëte*, que significa 'hacer surgir un huerto', 'hacerlo crecer o florecer'. En cualquier caso, *vavë* parece constituir una forma activa de la categoría *vanuë*, y además de referir a la limpieza del huerto, evoca el "crecimiento vivo" que lo caracteriza.

A lo largo de este libro iré desarrollando una discusión pormenorizada, desde diferentes ángulos y contextos, sobre la manera en que se manifiestan y entienden los conceptos de eficacia y poder mediante los cuales se explica la lógica generativa de personas y cultivos en Islas Torres. Conviene precisar que *vavë* está determinado, en parte, por el *mena* (LT: 'eficacia generativa', 'poder creativo-destructivo') de la persona y del cosmos mismo; es decir, por la capacidad de la persona para evocar el crecimiento vivo en relación con diferentes entidades y fuerzas cósmicas —siendo los tubérculos y las personas dos ejemplos relevantes de las mismas—.[10] En consecuencia, *vavë* también se asocia con la eficacia de la persona en tanto generador, o destructor, de vida.

[10] El concepto de *mena* es amplísimo, y se extiende tanto a la acción productiva como destructiva sobre el mundo y las entidades que lo habitan. En términos teóricos, la noción de *mena* recuerda lo que Aletta Biersack define como el trabajo autopoiético (en tanto que autoproductivo) de la práctica hortícola en Melanesia. A. Biersack, "Histories in the Making: Paiela and Historical Anthropology", *History and Anthropology*, vol. 5, p. 67. Véase también C. Mondragón, "Of Winds, Worms and *Mena*: The traditional calendar of the Torres Islands, Vanuatu", *Oceania*, vol. 74, núm. 4, 2004, pp. 289-308, para una discusión sobre el concepto de *mena* en el contexto de los rituales ecológicos de las islas Torres. Para una discusión de conceptos similares, en relación con el "cultivo" de personas como metáfora para el crecimiento, la generación de vida y la transmisión genealógica en Papúa Nueva Guinea, véase R. Fortune, *Sorcerers of Dobu: The Social Anthropology of the Dobu Islanders of the Western Pacific*, 2ª ed., Londres, Routledge, 1963, pp. 107-109; T. Crook, *Anthropological Knowledge, Secrecy and Bolivip, Papua New Guinea: Exchanging Skin*, Oxford, Oxford University Press, 2007.

El crecimiento vivo es, pues, un principio de los valores nutricios y productores de vida que ocurren tanto mediante el esfuerzo cotidiano del horticultor como durante rituales complejos de transformación, los cuales describo al detalle en el capítulo décimo de este libro. Por lo pronto, basta con registrar que el crecimiento vital se relaciona con los escenarios reproductivos básicos de los isleños, que se cifran en la producción y el flujo controlado de personas y cosas sobre el paisaje, los cuales dotan de sentido dinámico a la experiencia topogénica del espacio y el tiempo.

Vavë nos refiere, en suma, a imágenes de crecimiento y fertilidad vegetativos en relación con una amplia gama de entidades y fuerzas vitales. Es por esto que hacia el final de nuestra conversación, *jif* Peter concluyó que "las islas Torres son *vavë* porque son de un verde brillante. Florecen. ¿Te das cuenta?", y señaló el exuberante bosque que brillaba bajo el resplandor del sol a orillas del cercano islote de Linua. "El crecimiento de la vegetación sólo se detiene por el agua que la rodea."

Autopoiesis y medio ambiente

La visión fragmentada del mundo viviente que surge de los contextos arriba descritos explica la ausencia de un concepto equivalente a la noción euroamericana de "ínsula" en esta comunidad de Melanesia. Esto no significa que los isleños no sean conscientes de las diferencias físicas básicas entre tierra y agua, pero sí nos advierte sobre el hecho de que estas diferencias no constituyen, para ellos, una frontera, un espacio liminal básico, entre uno y otro medio. En contraste, sus entornos marítimos y terrestres se visualizan como medios interconectados, a través de un encaje de senderos por los cuales la eficacia productiva o destructiva de diversas entidades se registra y transforma como consecuencia de la circulación y producción continua de personas y de cosas (estos senderos, y su relevancia para la manera en que se autoproducen las personas y los lugares en Islas Torres, los abordo en el capítulo 7).

La noción de topogenia nos invita a reflexionar sobre la percepción local del mundo viviente —es decir, del mundo circundante, emergente y cambiante, pleno de seres tangibles e intangibles— como un contexto inseparable de la persona y su capacidad productiva. En el caso a discusión, el movimiento y el paisaje están ligados a cualidades como *vavë*, o 'crecimiento viviente', y el valor asociado de *mena*, 'eficacia generativa', en torno a los cuales se organizan procesos cotidianos y excepcionales de creación, destrucción y reproducción.

Por último, el sesgo ontológico de este ejercicio analítico busca confrontar propuestas que interpretan al paisaje con base en idearios fenomenológicos o simbólicos; aproximaciones que abordan el medio ambiente como un contexto diferenciable de los procesos constitutivos de la persona y de las inestabilidades propias del mundo físico y de la acción social (*id est*, de la agencia, en tanto una concatenación de actos y efectos). Con sus respectivos matices y diferencias, diversos autores se siguen expresando sobre el espacio como si fuese un medio al cual se le confiere e imprime significado a través de actos humanos fundamentalmente externos, trátese de "simbolización",[11] de "percepción",[12] de "habitación"[13] o de "representación y apropiación".[14] En contraste, mi intención en este trabajo es partir de enten-

[11] A.M. Barabas (coord.), *Diálogos con el territorio. Simbolizaciones sobre el espacio en las culturas indígenas de México*, México, Instituto Nacional de Antropología e Historia/Conaculta, 2003.

[12] S. Feld y K. Basso (eds.), *Senses of Place*, Santa Fe, NM, School of American Research Press, 1997.

[13] T. Ingold, *The Perception of the Environment: Essays in Livelihood, Dwelling and Skill*, Londres, Routledge, 2000.

[14] O. Hoffmann y F.I. Salmerón Castro, "Introducción. Entre representación y apropiación, las formas de ver y hablar del espacio", en O. Hoffmann y F.I. Salmerón y Castro (coords.), *Nueve estudios sobre el espacio. Representación y formas de apropiación*, México, Centro de Investigaciones y Estudios Superiores en Antropología Social, 1997, pp. 13-30.

dimientos locales que nos obligan a una consideración del espacio como un fenómeno múltiple, fractal, en tanto extensión de la persona, a la vez que como un conjunto de entidades actuando sobre un cosmos contingente. Es esta una noción de espacio arraigado en "la praxis, y no solamente en el significado",[15] pero más aún, nos refiere a un cosmos compuesto de relaciones a todas las escalas posibles, en el cual se entrelazan factores ecológicos movedizos con grandes redes relacionales de entidades y de sitios afectados continuamente por actos humanos de autopoiesis.

El movimiento se convierte, desde esta perspectiva, en una forma particularmente relevante de acción transformativa, en tanto opera a través y a partir de un conglomerado de geografías, fluctuaciones, presencias y entidades —inclusive cosas tan inesperadas pero activas como las piedras los tubérculos, las montañas y los mares. A lo largo de los siguientes capítulos analizaré el cosmos relacional de Islas Torres como un cosmos en movimiento, y por lo tanto contingente e inestable, pero sobre todo generativo.

[15] A. Biersack, "Histories in the making: Paiela and historical anthropology", *History and Anthropology*, vol. 5, 1990, pp. 63-85.

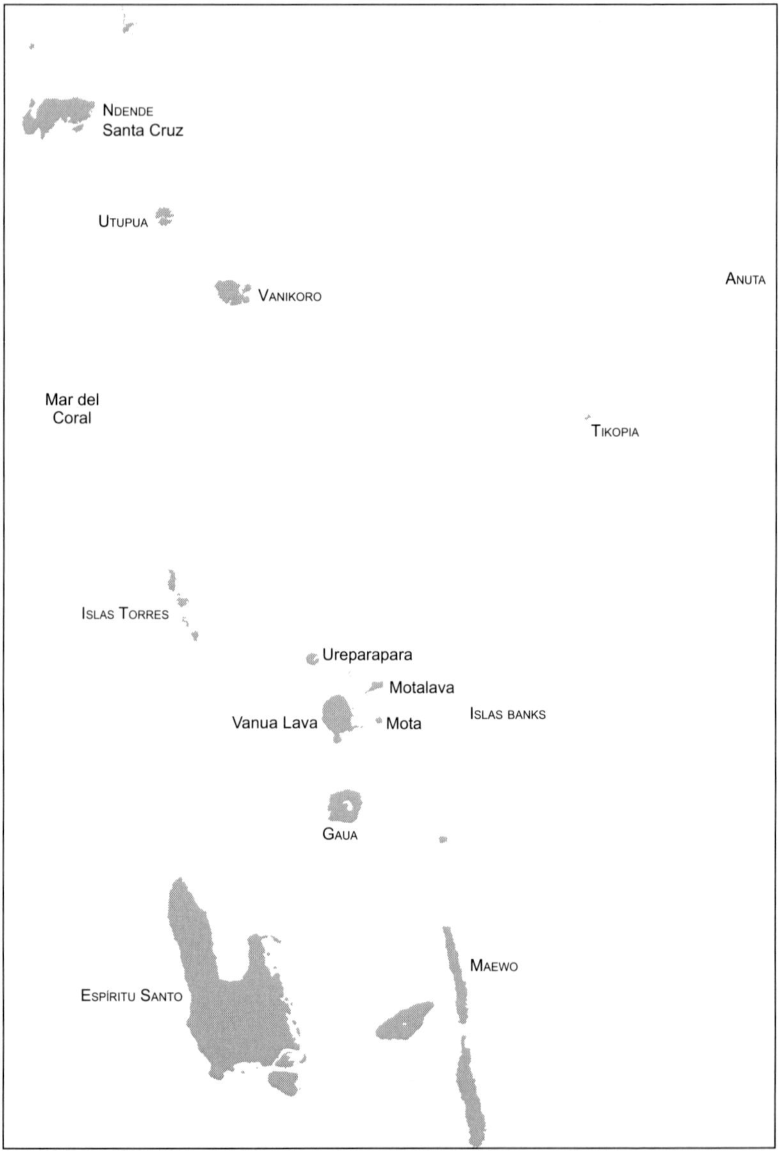

Mapa 3: La región del norte de Vanuatu y sureste de Islas Salomón

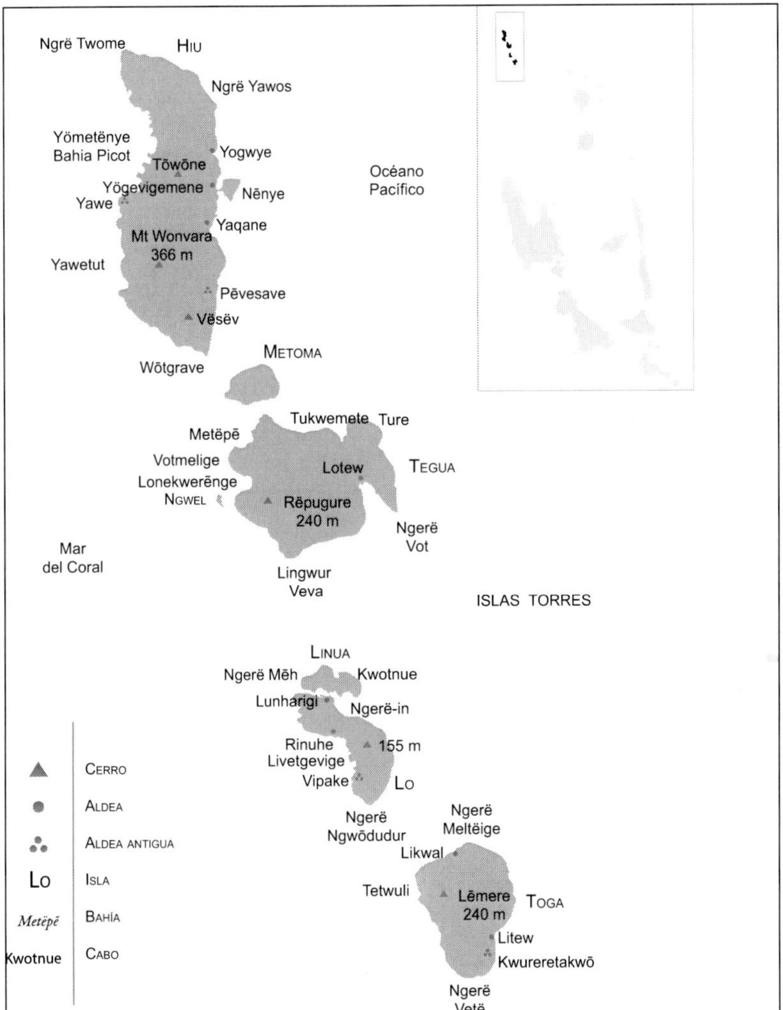

Mapa 4: Las Islas Torres. (Cartografía cortesía de Alexandre François)

Capítulo 2

MOVIMIENTO Y ARRAIGO

Los sitios y los ritmos de lo cotidiano

La mayoría de los habitantes de Lo, alrededor de 170 personas, viven en la aldea de Lunharigi, que se ubica resguardada por una gran bahía circular —conocida simplemente por el topónimo Nekwereng ('la cavidad'/'el agujero')— que domina la costa noreste de aquella isla. Otros treinta y tantos isleños habitan en el pequeño caserío de Rinua (que también se pronuncia Rinuha/Rinuhe), que se ubica a sotavento, en el lado occidental de Lo. Dos o tres familias más viven en pequeños caseríos dispersos en diferentes claros del bosque que cubre a esta isla. Uno de estos claros es Telakwlakw, en donde vive el hombre más anciano de Lo, a la sombra del cerro conocido como Luwovinie. El otro claro, el cual se erigió hace unos años cerca de Rinua, es conocido como Lungvie; en él vive uno de los jefes principales de las islas con su familia, apartado del resto de los caseríos.[1]

[1] Lungvie está casi adyacente a la escuela primaria "Robin", cuyo nombre recuerda al primer misionero europeo que residió en Islas Torres hacia finales del siglo XIX (véase capítulo 3). Esta primaria fue inaugurada en 1997, a partir de la construcción de dos pequeños salones de clase, construidos con materiales locales (bambú y techo de palmera), desde los cuales se impartían primero y segundo de primaria. Desde entonces ha ido creciendo de manera robusta y sostenida. Actualmente la escuela "Robin" cuenta con dos grandes salones de clase y oficinas administrativas alojadas en un largo edificio de concreto, el cual además cuenta con un tanque de almacenamiento de agua de lluvia potable; asimismo, la escuela cuenta

La aldea de Lunharigi. (Foto: C. Mondragón, 2008)

Esto significa que los dos principales centros de actividad humana de Lo, las aldeas de Lunharigi y Rinua, se ubican en lados opuestos de la isla. Esta separación ha dado lugar a una distinción coloquial entre los pobladores de Lunharigi, quienes al describir su situación geográfica en términos coloquiales dicen ser "de este lado" (B: *saed i stap ia*), es decir del lado oriental, de barlovento, en contraste con aquellos que residen "del otro lado" (B: *narasaed*), el lado occidental, de sotavento. Esta distinción espacial no consiste en una categoría

con una casa de concreto y techo de aluminio corrugado para alojar al director y su familia, con una cancha de futbol *soccer* y con otros dos salones de clase construidos con materiales locales. Gracias a esta expansión, así como al incremento presupuestal para mantener a más de un maestro permanente, en estas estructuras se imparten los seis años de primaria y los primeros dos de secundaria. En consecuencia, hoy día "Robin" representa la escuela (internado) más grande de Islas Torres y constituye la plataforma desde la cual más alumnos locales están pudiendo aspirar, en condiciones ligeramente mejores, a un lugar en las secundarias (internado) de Islas Banks y otras partes del centro-norte de Vanuatu. Actualmente, durante el periodo ordinario de clases, la escuela "Robin" es el hogar de unos cuarenta alumnos, más de la mitad de los cuales provienen de islas vecinas.

culturalmente significativa, es decir indicativa de algun tipo de cualidad cosmológica esotérica o trascendental. Sencillamente representa una de las maneras cotidianas mediante las cuales los pobladores de un asentamiento se diferencian de otro. Pero mientras que este contraste entre barlovento-sotavento es relativamente banal, producto de la separación históricamente reciente de ambas aldeas, también pone de manifiesto procesos históricamente más largos de desplazamiento humano sobre la superficie de la isla. Estos procesos delatan un constante ir y venir de asentamientos en la historia social de aquélla y muchas otras comunidades propias del mundo austronesio, y específicamente de la geografía insular del Pacífico occidental.[2]

La movilidad constante de espacios residenciales y hortícolas sobre la superficie de las islas es significativo en relación con los temas principales de este estudio, en tanto contradice la ficción primordialista que sustenta las historias de origen que se observan en una gran parte del mundo austronesio. Me refiero a la ficción que da lugar a conceptos de arraigo, profundo, inmemorial, que se suelen invocar en relación con un espacio ancestral dado. Estos son espacios ontogénicos que representan el o los sitios de origen de la totalidad genealógica —generalmente la cadena matri o patrilineal— a la cual pertenece cualquier persona dada. En Islas Torres estos sitios son propios de cada uno de los múltiples *metaviv*, las familias subcláni-

[2] Véase por ejemplo: D. Battaglia, *On the Bones of the Serpent. Person, Memory and Mortality in Sabarl Island Society*, Chicago, University of Chicago Press, 1990; J. Bonnemaison, *La dernière île,* París, Arlea-ORSTOM, 1986; M. Patterson, "Moving histories: an analysis of the dynamics of place in North Ambrym, Vanuatu", *The Australian Journal of Anthropology*, vol. 13, núm. 2, agosto de 2002, pp. 200-219; M. Rodman, *Masters of Tradition: Consequences of Customary Land Tenure in Longana, Vanuatu*, Vancouver, University of British Columbia Press, 1987, y "Empowering Place: Multilocality and Multivocality", *American Anthropologist*, New Series, vol. 94, núm. 3, septiembre de 1992, pp. 640-656; R. Rubinstein, *Placing the Self on Malo: An Account of the Culture of Malo Island, New Hebrides*, tesis de doctorado, Departamento de Antropología, Bryn Mawr College, 1978; J. Weiner, *The Empty Place*, Bloomington, Indiana University Press, 1991.

cas asociadas a uno de los tres *tutumwa*, o matrilinajes principales, de donde provienen todas las personas locales (ambos fenómenos se analizan al detalle en el capítulo 4).

En tanto imagen primordialista, la noción de que una línea de personas dadas habita en un territorio ancestral ahistórico, inamovible desde sus orígenes, toma forma, en la ontogenia de Islas Torres, en los sitios llamados *tetot*, de donde surgió la primera ancestra creadora de cada *metaviv*;[3] estos casi siempre se ubican en el interior del bosque, aunque en casos excepcionales también pueden situarse en algún lugar indefinido del mar abierto. Es el caso de un *metaviv* actual, asociado con los delfines, los cuales son tomados por los ancestros originarios de aquel linaje, cuyo nombre, **kwuria* (LT: delfín) refleja su conexión ontogénica humano-animal.

Pero la mayoría de los *tetot*, en tanto espacios ontogénicos, son terrestres y se identifican específicamente como sitios en donde se cultivaron los huertos primordiales, los suelos en donde la ancestra o ancestro de origen del linaje cultivó por primera vez la tierra fértil. Dada la constante reconfiguración que caracteriza los espacios residenciales (caseríos, aldeas) sobre el paisaje local de Islas Torres, hoy día los *tetot* se ubican en diversas partes deshabitadas del bosque. Pero no es su habitación continua, sino su existencia como un sitio concreto de origen la que resulta de importancia cardinal para el sentido de pertenencia sociocósmica de cada isleño.

En capítulos subsecuentes se vuelven a abordar estos espacios clave, los *tetot*, en relación con el paisaje cultural y el concepto de persona. En este caso los he evocado con la finalidad de poner de manifiesto el contraste fundamental entre movilidad, en tanto praxis histórica y biográfica, e inamovilidad, en tanto ideal primordialista. En efecto, los *tetot* constituyen una parte clave de los ejes sobre los cuales se susten-

[3] Las criaturas fundadoras de cada *metaviv* son siempre descritas como seres portadores de signo de género femenino, aun cuando hayan interactuado de manera procreativa con seres de género indistinto en relación con sus actos fundacionales de las genealogías humanas.

ta el sentido de arraigo ontogénico de la persona. En torno a una discusión de estos ejes se estructura el resto del presente capítulo.

Bosquejo de la topografía local

Rinua y Lunharigi se sitúan en tierras bajas costeñas y tienen acceso al agua potable mediante pozos naturales que atraviesan las capas superficiales de piedra caliza de la isla, ofreciendo acceso a la frágil napa freática de agua dulce que yace a la manera de una lente atrapada por el subsuelo de la isla. Dado que son producto de la filtración constante del agua salada que se cuela a través de los cimientos calcáreos de las islas, los niveles de estas lentes de agua dulce fluctúan a la par de las mareas diarias (su relevancia se pone en contexto socio-ambiental más amplio en los capítulos 6 y 8). Las tierras bajas se caracterizan por tener tipos de suelo excepcionalmente fértiles, probablemente dominados por la presencia de rendzinas y cambisoles cálcicos, y por lo tanto dan sustento a los huertos más productivos de Islas Torres.[4] Estos huertos representan los espacios principales del esfuerzo cotidiano y de la producción de alimentos básicos que conforman los sistemas de autosubsistencia de las islas. Las tierras bajas también se caracterizan por la presencia de bosque secundario, cuya vegetación no es densa sino abierta, debido a que desde hace casi dos milenios existe en simbiosis antropogénica con las principales inter-

[4] La afirmación de que sea probable que existan rendzinas y cambisoles cálcicos se debe a que no existen aún trabajos edafológicos puntuales sobre Islas Torres, de manera que la composición de sus suelos se infiere a partir de estudios realizados en otras partes del archipiélago. Véase P. Quantin, *Archipel des Nouvelles Hébrides. Atlas des sols et quelques données du milieu naturel*, París, ORSTOM, 1981; CSIRO, *The Environments of Vanuatu. A classification and atlas of the natural resources of Vanuatu and their current use as determined from VANRIS*, Brisbane, Commonwealth Scientific and Industrial Research Organisation (CSIRO Brisbane)/Australian Department of Primary Industries Forest Service, 1992, p. 10; B. Weightman, *Agriculture in Vanuatu. A Historical Review*, Cheam, Surrey, The British Friends of Vanuatu, 1989, pp. 9-12.

venciones humanas a los suelos, la vegetación y la fauna de las islas (véase capítulos 4, 5, 6 y 7).

En contraste, existen huertos más extensos situados sobre la cima y las terrazas calcáreas de Luwovinie y Lungvie, las dos colinas que dominan la topografía de Lo. Estos terrenos se caracterizan por cultivos mixtos, en contraste con los huertos de ñame y otros tubérculos propios del sembradío de litoral. En estas áreas elevadas los suelos también son fértiles, razón por la cual sus productos dan lugar a una forma de "plusvalía hortícola" que, además de producir alimentación cotidiana, genera reservas sustanciales de cultivos diversos destinados al intercambio ceremonial. El bosque de estas tierras elevadas se compone de árboles altos, principalmente de hojas anchas, y vegetación perenne más cerrada, cuya concentración se debe a una relación un poco menos intensa con la actividad transformativa de los isleños.[5] Por su parte, las regiones a sotavento, norte y noroeste de Lo son más secas y rocosas; presentan vegetación de dispersión más abierta, dominada por árboles y arbustos semideciduos y resistentes al fuego. Por último, las planicies costeras al oeste de Wedü y Luwovinie están dominadas por las plantaciones de cocotero y una concentración menor de huertos pequeños de ñame y mandioca.

A lo largo de toda la costa norte, una angosta laguna de manglares, cuya profundidad relativa se eleva o desciende cuando menos dos veces al día por efecto de las mareas, rebosa de peces, cangrejos y aves de numerosas especies. Esta zona lacustre separa a Lo de Linua, un islote vecino de superficie plana y densa vegetación cuya altura está casi a ras del mar y yació deshabitado durante casi todo el siglo XX.[6]

[5] Weightman, *Agriculture in Vanuatu...*, *op. cit.*, p. 5; J.C. Galipaud, "Recherches archéologiques aux îles Torres", *Journal de la Société des Océanistes*, vol. 107, núm. 2, 1998, p. 159.

[6] Hacia el año 2004 una familia de isleños se mudó hacia la orilla de la laguna del lado de Linua con el propósito de construir y administrar un pequeño núcleo de chozas para turistas visitantes. Este desplazamiento, con la apropiación explícita

A excepción de los montículos de arrecife y los llanos arenosos que caracterizan la desembocadura oriental de la laguna de manglar, tanto Lo como Linua están completamente rodeadas de arrecifes de coral cuyas siluetas multiformes se hunden hacia las profundidades fantasmales que conforman el abismo oceánico circundante, el cual consiste en una hendidura tectónica sumamente activa, de más de 4 000 metros de profundidad, desde la cual se elevan las islas Torres.

Autoridad política y patrones de dispersión

Regresando al tema de las transformaciones recientes de los paisajes humanizados de Islas Torres, conviene señalar que la actual separación entre quienes residen en un lado y otro de esta isla es producto de pequeñas escisiones políticas y de parentesco que se han dado durante el transcurso de los últimos 30 años, y por lo tanto ofrecen un referente más —en este caso desde conceptos locales de poder, de tradición y de parentesco— para la comprensión de la producción cotidiana del espacio social. En concreto, la fundación de Rinua como reunión de caseríos separados de Lunharigi se dio hacia la década de 1980 en respuesta a una controversia que se suscitó durante la selección de uno de los seis o siete patriarcas familiares (es decir, cabezas de *metaviv*) al puesto de 'jefe supremo' (B: *paramaon jif*) del Consejo de Jefes Tradicionales de Islas Torres.

Esta controversia resulta interesante toda vez que tiene sus orígenes en las reformas institucionales que se implantaron poco después de la independencia de Vanuatu, en la década de 1980, en este caso en relación con los métodos de organización de "jefes tradicionales".

---

de territorio que implicó la construcción de las chozas, ha proporcionado otro dato más para la larga lista de agravios percibidos por los miembros de otros matrilinajes que reclaman como suyo el territorio de Linua.

Este procedimiento se complicó toda vez que, tal y como sucedió en muchos otros contextos coloniales afroasiáticos, la figura de "jefe" fue un constructo propio de regímenes administrativos exógenos, los cuales necesitaban poder contar con contrapartes políticas locales en casi cada una de las 112 comunidades lingüísticas que componen el hoy archipiélago de Vanuatu. Después de la independencia esta figura de líder tradicional comunitario se vio institucionalizada y dotada de funciones y poderes específicos mediante la creación del *Malvatumauri*, el Consejo Nacional de Jefes de Vanuatu. Fue a partir de esta coyuntura que los habitantes de Islas Torres se vieron obligados a formalizar la figura de "jefe" en un contexto en el cual nunca había existido. Este proceso se resolvió creando un número variable —actualmente ocho— de puestos para los llamados "jefes" comunitarios, así como el de "jefes asistentes" y un "jefe vocal" del Consejo Local de Jefes. Este último representa a Islas Torres en el *Malvatumauri*, mientras que existe también un "jefe supremo" del Consejo Local cuya autoridad, basada en su antigüedad y sabiduría tradicional percibida, se extiende sobre la de todos los demás jefes locales.[7]

En el caso de Lo, la controversia sobre quién sería "jefe supremo" se concentró en torno a dos de los cabezas de familia (*metaviv*) de Lunharigi, y sumió a tres de los cinco *metaviv* locales en una confrontación constante y latente por asegurarse el poder político tradicional sobre las demás familias del archipiélago. Lo que deseo resaltar aquí es que el nombramiento de jefes ha sido un nuevo factor determinante de las configuraciones que actualmente toman los patrones de asentamiento en Islas Torres. Pero la separación entre Lunharigi y Rinua representa sólo una de las más recientes iteraciones de los factores —en este caso micropolíticos— que han dado lugar a la continuidad de patrones más largos de desplazamiento y reemplazamiento de los *metaviv* y *tutumwa*.

[7] Véase G. White y L. Lindstrom (eds.), *Chiefs Today. Traditional Pacific Leadership and the Postcolonial State*, Stanford, Stanford University Press, 1997.

Isak Ronroriu, jefe supremo de Islas Torres, en la aldea de Rinua. (Foto: C. Mondragón, 2008)

Habiendo descrito los ejes de arraigo ontogénico de los linajes de Islas Torres, los *tetot*, así como algunos de los patrones ejemplares de movilidad residencial en relación con el paisaje físico y político de la isla de Lo, paso ahora a una descripción pormenorizada de lo que son los ritmos y espacios cotidianos de la aldea de Lunharigi. Siempre bajo el entendido de que estos últimos dos lugares —la isla de Lo y su aldea principal, Lunharigi— me sirven como ejemplos etnográficos puntuales de los ritmos que caracterizan el paisaje humano de la totalidad de personas y territorios que constituyen el cosmos relacional de este microarchipiélago.

LUNHARIGI, 'LA REUNIÓN DE ESPACIOS RITUALES'

La aldea de Lunharigi se anida en la esquina de una gran bahía a la cual se conoce simplemente como *nokwereng* (LT: 'el agujero') por su forma casi circular y la profundidad de sus aguas. Desde esta ubicación, Lunharigi goza del privilegio único de ser el asentamiento más cercano en Islas Torres a la pista de aterrizaje en la cercana Linua y también posee anclajes seguros en el estuario de agua de mar y la laguna de manglar que separa a ambas islas.

Durante una mitad del año solar, en la llamada estación seca que corre desde mayo hasta octubre, Lunharigi disfruta de toda la fuerza de los vientos alisios que soplan directamente sobre *nökwereng* del sureste, creando interminables olas de cresta blanca y brindando una brisa constante a la mayor parte de la aldea. La otra mitad del año, que es la estación húmeda o de ciclones, se caracteriza por un calor pesado, sin viento, y de extrema humedad. En esta época los vientos amainan y el océano se convierte en un espejo; ocasionalmente soplan vientos irregulares desde el norte o el oeste, a veces acompañado de poderosas nubes de tormenta. Durante estos meses de vientos erráticos y calmas ecuatoriales la gente se mantiene muy alerta ante signos de huracán.

La vida diaria en Lunharigi comienza mucho antes del amanecer, con el ubicuo canto de los gallos y el sonido de una concha con la que se convoca a la gente al servicio religioso matutino. Este se lleva a cabo en la iglesia de la aldea, una casa grande situada sobre un claro de tierra compactada que se alza hacia el fondo de la comunidad, sobre terreno ligeramente elevado desde el cual se obtiene una panorámica amplia del asentamiento. En la década de 1980, la primera etapa de esta construcción consistió en una choza pequeña, elaborada con materiales locales: bambú y techambre de hoja de palmera. Desde entonces ha crecido a la par de la creciente población de las islas. Hoy, la iglesia consiste en una estructura espaciosa, de muros elaborados con largas tablas de corteza de palmera y un techo improvisado

El horizonte marítimo de Lunharigi. Al fondo, la isla de Linua.
(Foto: C. Mondragón, 2010)

con planchas viejas y nuevas de aluminio corrugado, material escaso, incluso considerado de cierto lujo entre los isleños. En términos de su relevancia dentro de la vida social de las islas, la iglesia refleja la presencia dominante de la misión anglicana en este rincón de Vanuatu.

Durante el periodo oficial de clases en la escuela "Robin", la mayoría de los niños de Lunharigi despierta antes del amanecer, para luego cruzar al "otro lado", para asistir a clases y actividades escolares durante casi todo el día. El desayuno se toma temprano y consiste en té (con azúcar si hay, aunque generalmente no es así) y ñame asado o sobras de la *kakae* (B: 'comida') de la noche anterior. En ciertas ocasiones el té puede acompañarse con pan hecho en casa.

A diferencia de la mayoría de las zonas rurales de Vanuatu, las islas Torres no gozan de acceso ni al pan recién horneado, ni a la harina o el azúcar. Durante el primer periodo en el que viví en Lo había dos "tiendas" abiertas en la aldea, pero sólo vendían insumos básicos durante las dos o tres semanas inmediatamente posteriores a la visita de los barcos que recogen copra y venden diversos bienes de consumo. Debido a que tales visitas son poco frecuentes, aproximadamente cuatro veces al año, los anaqueles de ambas tiendas yacen casi completamente vacíos la mayor parte del tiempo. Por tanto, cuando algún pariente o amigo tiene planeado volar desde Sola (Islas Banks) o Luganville hacia Lo, los isleños con frecuencia intentan procurarse *baguettes* frescas, sacos de azúcar, arroz y harina, así como la ocasional caja de fideos instantáneos o de raíz de kava fresca obtenida en el mercado callejero de Luganville (esto debido a que la kava de la isla de Santo es más potente que las variedades locales). Pero en general los productos de consumo son escasos, y por tanto, caros y relativamente inaccesibles.

De finales de agosto a diciembre, entre el amanecer y la media mañana, la mayoría de los miembros de cada hogar —los cuales constituyen núcleos familiares de tipo euroamericano, con padre, madre e hijos, pero frecuentemente aumentados con la adopción o inclusión de miembros del linaje extenso— se mantienen ocupados preparando y plantando huertos nuevos (véase el capítulo 7). Por contraste, durante la temporada de huracanes, entre enero y mediados de mayo, ocasionalmente se lleva a cabo trabajo en el huerto, pero la mayoría de la gente permanece cerca de casa mientras madura la siembra principal de tubérculos en huertos nuevos, la cual debe de ser realizada hacia el periodo entre octubre y diciembre para poder madurar entre enero y marzo. En esos meses de verano austral, durante los cuales el calor es feroz y obstaculiza el trabajo hortícola, las mujeres suelen dedicarse a labores más domésticas, como el tejido de petates para el hogar y para el intercambio ritual. Durante ese tiempo también se dedican de manera más intensiva a la pesca con anzuelo y sedal en la laguna de manglar y en el arrecife; esta actividad generalmente se realiza de noche, cuando hay luna llena y ciertos peces se acercan más a la orilla. A su vez, los hombres dedican más tiempo a pescar en el arrecife, a reparar o reconstruir las casas, a recolectar nueces de variedad local (principalmente *navele y nangaria*) y a trabajar huertos se-

El *MV Keidi* cargando copra sobre la costa norte de Toga. Las islas de Lo y Tegua, respectivamente, se asoman sobre el horizonte de fondo. (Foto: C. Mondragón, 2004)

cundarios con el fin de seguir procurando tubérculos "secundarios", en tanto se cultivan fuera de temporada, casi exclusivamente para complementar el consumo diario en lo que maduran los huertos principales.

Esta época representa el verano en pleno, el *taem blong spel* (B: periodo de descanso), durante el cual los huertos maduran lentamente, la temperatura es mucho más elevada, los vientos alisios se detienen y las actividades diarias se reducen. Por contraste, la época de cosechas primarias cae entre junio y septiembre, cuando se recogen los principales cultivos de ñame, los huertos viejos se dejan descansar y se limpian nuevos huertos en preparación para el siguiente ciclo hortícola.

A media mañana la mayor parte de las familias se congrega en torno a sus chozas de cocina para compartir un "desayuno tardío" más sustancioso. A partir de entonces no se preparan más alimentos sólidos, sino hasta la noche. Por las mañanas y las noches la mayoría de los isleños se encuentra en las inmediaciones de la aldea, pero

Collins, el administrador único de una tienda de abarrotes en Lunharigi, días después de la visita semestral de un barco de carga. (Foto: C. Mondragón, 2012)

hacia el mediodía Lunharigi, como todas las demás comunidades de este microarchipiélago, suele lucir casi despoblada, mientras sus habitantes asisten a clases, acuden a sus huertos, o bien se ocupan de otras tareas productivas dentro del bosque o los arrecifes y el mar.

Hacia el final de la tarde la vida en la aldea comienza a reanimarse. La mayor parte de las labores del huerto habrá terminado y las mujeres, a veces con la ayuda de los hombres, comenzarán a preparar la comida para la noche. Cocinar es un emprendimiento que requiere mucho tiempo, normalmente cuatro o cinco horas de trabajo, durante las cuales hay que pelar, rayar y triturar los ñames y tubérculos selectos. Un proceso prácticamente diario es la preparación de un horno de piedra (LT: **gwa*), dentro del cual se coloca la masa almidonada de los tubérculos (generalmente ñames) una vez envuelta cuidadosamente con grandes hojas de plátano, envoltorio que luego se deja

Preparando el horno de piedras. (Foto: C. Mondragón, 1999)

cocer a fuego lento, bajo suelo, durante varias horas. Entre tanto, otras personas se dedican a rayar cocos sobre un banco de madera pequeño con la finalidad de espolvorear el coco sobre los alimentos cocidos. Si hay kava disponible, los hombres y jóvenes comenzarán a prepararla para su consumo antes de cenar (en el capítulo 4 ofrezco una discusión más detallada sobre la ritualidad del kava y su relación con conceptos actuales de *kastom*, 'lo tradicional').

En gran parte del archipiélago de Vanuatu la preparación de kava se inicia más o menos una hora antes de la puesta de sol, mientras que en las islas Torres normalmente se deja hasta justo después de la misma. Dos o tres horas después del ocaso la mayoría de los isleños se habrá ido a dormir (a excepción de aquellos que beben kava) y la isla se queda en silencio, mismo que dura hasta alrededor de las cuatro de la mañana, cuando los gallos invariablemente inician su coro, previo al amanecer. Durante la noche, cuando la quietud es total, el

Rayando coco. (Foto: C. Mondragón, 2012)

vaivén de las olas sobre la playa cercana se percibe con mayor claridad y llega a dominar el paisaje sonoro de la isla.

En las noches previas a la visita semanal de la avioneta que da servicio a las islas Torres, es posible encontrar a hombres y mujeres que suben al cerro para poner trampas a los cangrejos cocoteros (*Birgus latro*; LT: **gehuh*).[8] Asimismo, dependiendo del estado del tiempo, pequeños grupos de hombres van al arrecife armados con

[8] Durante mis primeras dos jornadas de trabajo de campo en las islas Torres, entre los años de 1999 y 2004, los vuelos regulares a las islas Torres desde Puerto Vila ocurrían únicamente los viernes, una vez por semana. A partir del 2006, sin embargo, ha tendido a haber dos vuelos semanales, los días martes y viernes. Sin embargo estos horarios siguen siendo variables: en ocasiones se cancelan los vuelos si es que las plazas disponibles en la avioneta están ocupadas por viajeros a otras partes del archipiélago, mientras que otras veces se llega a añadir un vuelo adicional al itinerario semanal si se hace necesario por razones extraordinarias.

Preparación de kava masticada. (Foto: C. Mondragón, 2012)

delgadas varillas de metal y linternas a prueba de agua para cazar langosta (B: *naura*). Esta actividad se lleva a cabo alrededor de la media noche si la marea está alta y la mar en calma, y está marcada por el brillo fantasmal de las luces bajo el agua, a cierta distancia de la costa.

La captura del cangrejo y la pesca de *naura* para su exportación viva hacia los restaurantes urbanos de Luganville y Puerto Vila actualmente representa la única fuente semirregular de ingresos en efectivo para las familias de las islas Torres. Por ende, son actividades que responden principalmente a motivos de necesidad monetaria. Pero cabe subrayar que, como otros de los procesos de transformación del medio ambiente que he descrito hasta ahora, la exportación de estos artrópodos hacia los mercados de consumo turístico es un fenómeno reciente. Este particular proceso se fue generando unos años después de la apertura, en 1983, de la pequeña aeropista que conecta a las islas Torres de manera más expedita con el resto del archipiélago, toda vez que esta conectividad permitió, por vez primera, exportar animales vivos hacia los restaurantes de lujo de Puerto Vila. Previo a este proceso de explotación acelerada (cada semana suelen salir entre 400 y 600 kilos de cangrejo cocotero como cargamento en la avioneta) el *Birgus* y la *naura* rara vez se habían capturado de manera masiva para su consumo local. Esto contradice uno de los principales estereotipos populares en Vanuatu mediante el cual se representa a la gente de las islas Torres como consumidores privilegiados de animales presumiblemente "deliciosos" (la cual nunca fue una categoría local, sino que representa una noción directamente apropiada de la publicidad generada por los restaurantes de la capital) por lo demás escasos y caros. La realidad es que el cangrejo cocotero es un animal en peligro de extinción debido a su dilatado ciclo de vida, el cual requiere de 14 años para llegar a la mínima edad reproductiva.[9] En vista de la desaparición gradual, pero visible, del cangrejo a lo largo de los últimos años, es probable que en el futuro cercano esta vía de ingresos se vuelva inviable. Dado que las islas Torres son el último rincón de Vanuatu en donde aún se observan poblaciones importantes del *Birgus latro*, este proceso de degradación ambiental ofrece un indicador claro de uno de los límites de explotación de recursos naturales a los que se enfrenta la población humana de Islas Torres en su milenaria relación con la flora y fauna circundantes.

La disposición espacial de Lunharigi es comparable con la de asentamientos costeños similares en otras partes de Vanuatu. En primer lugar, es un asentamiento producto del desplazamiento y la concentración, por parte de misioneros y autoridades coloniales, de familias otrora residentes en pequeños claros distribuidos en diferentes

[9] Véase I.W. Brown y D.R. Fielder (eds.), *The Coconut Crab. Aspects of* Birgus latro *biology and ecology in Vanuatu*, Canberra, Australian Centre for International Agricultural Research, 1991.

Cangrejo cocotero. (Foto: C. Mondragón, 1999)

partes del interior. Por otra parte, Lunharigi tiene la ventaja de contar con una playa de arena y una ensenada cercanas, lo cual facilita el ir y venir de lanchas y canoas. Al igual que muchas otras aldeas ni-Vanuatu, también incorpora una iglesia construida con una combinación de materiales "tradicionales", es decir, perecederos, en combinación con materiales exógenos como los clavos y el aluminio corrugado, que son más duraderos.

La conceptualización de Lunharigi como un asentamiento diferente en comparación con lo que fueron los caseríos dispersos del pasado preeuropeo, se puede adivinar a partir de su nombre mismo: Lunharigi es un espacio de residencia y acción humanas cuya fundación se conceptualizó como la congregación de claros rituales, conocidos como **hara* en la lengua lo-toga, otrora separados. Sobre todo, los *hara* representan la imagen idiosincrática del espacio social, en cuanto asiento de residencia y transformaciones diarias, pero también ritual, toda vez que son los sitios en donde se llevan a cabo los entrelazamientos controlados más importantes entre entidades humanas y no-humanas (es decir, espíritus no-ancestrales, propios del cosmos primordial o animal; sobre los entrelazamientos rituales entre humanos y no humanos se discute a detalle en el capítulo 10). Los *hara* no son exclusivos del complejo cultural de las islas Torres; son la manifestación local de un complejo cultural-espacial comúnmente conocido como *nasara* (en Bislama) que se extiende por la mayor parte de las islas de Vanuatu. Siguiendo la lógica relacional y de transformaciones rituales que encapsula la idea del *nasara*, Lunharigi puede describirse como un conjunto espacialmente denso de caseríos (*g'mel*) y espacios rituales (*hara*) otrora distantes uno del otro. En efecto, el nombre "Lunharigi" significa 'muchos *haras* en donde se consume kava' (LT: *lun*, cosas del mismo tipo agrupadas [suele emplearse para designar un grupo de árboles del mismo tipo] + *hara*, claro ritual + *gi*, kava), y refleja la unión de diferentes *metaviv* (familias extensas, cons sus respectivos *g'mel* y *hara* particulares).

Cada caserío de Lunharigi corresponde a la zona de residencia de grupos de familias nucleares que se identifican con un *metaviv* en particular. Los caseríos se conforman por grupos de casas rodeadas por pequeños claros; cada uno de estos espacios se denomina 'terreno familiar' (B: *famle eria*) de un *metaviv*. En estas áreas la gente planta árboles frutales y de nueces (árbol del pan, papaya, *navele*, etc.) e hileras prolijas de plantas y arbustos medicinales y de ornato, mismos que suelen usarse para fines médicos y rituales (los más comunes son el *Hibiscus* y el *Cordyline*). Bajo los árboles más grandes las familias construyen plataformas bajas con placas de corteza de palmera de sago, que en bislama se conoce como *natanggora*, sobre las que pueden disfrutar de un poco de sombra y aire fresco durante momentos de descanso y reuniones casuales. Cada cuatro o cinco años la apariencia y la ubicación de los caseríos, y, por extensión, la propia ubicación de Lunharigi, se reconfiguran dada la transitoriedad de los materiales de construcción, la corta vida de las casas de estilo

Los abuelos de uno de los *metaviv* de Lunharigi, con su hija y sus nietos. (Foto: C. Mondragón, 2010)

tradicional y la "movilidad" que caracteriza los patrones ni-Vanuatu de residencia y la tenencia de la tierra.[10]

Actualmente Lunharigi se compone de cinco *metaviv* diferentes, cada uno de los cuales ocupa su propio "espacio de caserío" particular. Los diversos nombres de estos *metaviv* ofrecen pistas acerca de la naturaleza de su sitio y ancestro originario. Salpicadas dentro y entre las zonas residenciales de cada *metaviv* hay otras construcciones, árboles, senderos y áreas de tierra que emplea el conjunto de la comunidad de Lunharigi. En la práctica, estos sitios son "comunales", pero los derechos de uso de suelo en el que se encuentran pertenecen en última instancia a *metaviv* específicos (los árboles son propiedad de quien los planta, sin importar en qué terreno estén).

Algunos espacios "públicos" importantes en Lunharigi, además de la iglesia, incluyen un puesto de primeros auxilios y un cobertizo

[10] Véase M. Rodman, *Masters of Tradition...*, *op. cit.*, y H. van Trease, *The Politics of Land in Vanuatu: From colony to independence*, Suva, Fiji, University of the South Pacific, 1987, p. 7.

con techo de lámina construido sobre una base de concreto que sirve como sitio de reuniones públicas para la aldea. Estos tres sitios son localidades clave para la interacción social cotidiana de los aldeanos, toda vez que su presencia concentrada en Lunharigi ha convertido a esta otrora pequeña aldea en el centro administrativo desde el cual se gestionan todos los servicios básicos que llegan al resto de las comunidades componentes de Islas Torres.

Un sitio de reunión

El cobertizo fue una donación del Alto Comisionado de Nueva Zelanda hacia 1997, como parte de un proyecto para "empoderar" a las mujeres de la localidad. En un inicio se le conoció como el "mercado para mujeres", dado que fue erigido con base en el mismo diseño y principio que los de los mercados públicos techados que fueron construidos, poco después de 1980, en los centros de Luganville y Puerto Vila (es decir, grandes estructuras techadas, abiertas a los cuatro rumbos, en donde se congregan, casi a diario, pequeños comerciantes provenientes de aldeas cercanas). En este sentido su función, tal y como la idearon los interventores neozelandeses, era ofrecer un espacio de oportunidad para la superación microeconómica de las mujeres de Lunharigi, específicamente mediante el incentivo de que se convirtieran en "microempresarias" de su propio excedente hortícola. Este objetivo se vio completamente rebasado por la realidad social de los isleños, cuya distribución de excedentes alimenticios rara vez se ha resuelto mediante los valores monetarios y los esquemas organizativos propios de los pequeños mercados callejeros comunes a los ámbitos urbanos de la capital del archipiélago.[11] En cambio, a fuerza de su apropiación

[11] Con esto no quiero decir que no existan transacciones monetarias cuando se trata de generar ingresos a partir de la venta local de excedentes agrícolas. Sin embargo, estas transacciones suelen ocurrir de manera improvisada, ad hoc y general-

por parte de los isleños, el cobertizo se fue convirtiendo en un sitio idóneo para las asambleas de la aldea y otras reuniones formales e informales, función que sigue vigente hasta el día de hoy.

Un sitio para la curación

El dispensario de Lunharigi fue construido a mediados de la década de 1990, también a partir de la asistencia parcial de contratistas neozelandeses financiados por el Alto Comisionado de aquel país en Vanuatu. Siendo originalmente un *Aid Post* (término prestado del inglés al bislama), es decir, un puesto de asistencia médica, lo cual representaba la unidad más simple de servicio médico con que contaban entonces las islas bajo el organigrama del Ministerio de Salud nacional, en sus inicios este sitio contaba únicamente con una estructura de concreto rectangular dividida en dos habitaciones: una de ellas hacía las veces de oficina y la otra servía como sala de consulta y de comunicaciones por teleradio. Poco tiempo después de haber sido inaugurada la estructura original, el Alto Comisionado de Nueva Zelanda mandó construir una casa de madera con techo de lámina que hacía las veces de residencia para el enfermero de oficio.

Con el transcurso del tiempo, este conjunto de estructuras ha sido objeto de pequeñas ampliaciones, tanto de forma como de función. En el 2003 se le dotó de un cuarto adicional en donde, desde entonces, se llevan a cabo partos e intervenciones quirúrgicas esenciales, mientras que en el 2009 se le añadió un pequeño anexo en el

mente por encargo: por ejemplo, el mismo día que un vecino le pide a otro venderle una mano de kava, o bien un ñame, ese vecino se dirige a su huerto y procura el alimento en cuestión para luego venderlo en corto. El punto es que, por diversas razones, no existe una tradición que predisponga a los isleños, de manera automática, a convertirse en microempresarios a partir de la erección de espacios dedicados al comercio monetario.

cual se ubican herramientas básicas para la inspección preliminar de frotis malariales bajo microscopio.[12] A partir de estas ampliaciones, así como de pequeños aumentos en el presupuesto gubernamental, introducidos de manera coordinada y complementaria con las ayudas internacionales, se han podido ampliar los servicios de salud en comunidades remotas de Islas Torres. En consecuencia, desde el 2004 el puesto de ayuda de Lunharigi fue recategorizado, pasando entonces a llamarse "dispensario" (*dispensary*, término también directamente transferido del inglés al bislama). Esto se tradujo en un salario mayor para el enfermero de guardia, así como en una plaza permanente adicional, destinada a un individuo dedicado de tiempo completo a darle seguimiento a los programas antimalariales del Ministerio de Salud. Asimismo, se ampliaron las tareas del enfermero para incluir una colaboración más estrecha con parteras locales, a las cuales se les facilitarían los recursos del dispensario para su trabajo. Finalmente, esta ampliación también significó que pudieran establecerse otros dos "puestos de ayuda" primaria directamente en las islas de Toga y Hiu, de tal modo que la gente de Islas Torres finalmente comenzó a observar los beneficios directos del crecimiento presupuestal estatal dirigido a su remoto rincón del país.

En términos de su presencia como espacio de sociabilidad cotidiana, el dispensario de Lunharigi se distingue por ser una de sólo tres construcciones erigidas con materiales duraderos: notablemente, el cemento y la lámina. Junto con la ruina de cemento que fungió como primera escuela primaria de Lo, y una dilapidada estructura de concreto que sirve de "oficina de gobierno", ubicadas en un vado pantanoso a las afueras de la aldea, el dispensario y la residencia del enfermero constituyen las estructuras más prominentes den-

[12] Esta última ampliación fue resultado de los apoyos de la Cruz Roja y de la Fundación Gates, cuya creciente misión filantrópica a lo largo de la última década a nivel internacional se concretó, en Vanuatu, en una iniciativa para dotar de instrumentos básicos de prevención, detección y tratamiento antimalarial a diversas regiones rurales, otrora marginales.

tro del conjunto de más de veinte chozas "tradicionales" que lo rodean.[13]

Igual que muchos otros dispensarios rurales en Vanuatu, cuenta con un abastecimiento muy magro de medicamentos, la mayor parte de los cuales llegan pasados de su fecha de caducidad. La mayoría de los medicamentos básicos que se distribuyen a los puestos de ayuda y dispensarios rurales de Vanuatu, como a otras regiones rurales de Asia, África y Oceanía, consisten en "donativos" por parte de farmacéuticas transnacionales que sirven para descontar impuestos equivalentes al valor de lo "donado". Está administrado por enfermeros solteros que la Secretaría de Salud envía a las islas Torres en periodos de servicio de dos años. De conformidad con las directrices del gobierno nacional, un "Representante de Salud" elegido localmente funge como mediador entre el enfermero gubernamental y la comu-

[13] En el año 2010 se añadió una estructura más a este conjunto, a saber, un cuartel de policía que hasta la fecha no ha sido ocupado dado el estado de casi completo abandono en el que siguen estando Islas Torres en relación con el Ministerio de Justicia de Vanuatu. Tal y como sucedió con el dispensario, la escuela primaria original (la de Lunharigi) y la eufemísticamente denominada "oficina de gobierno", esta estación policiaca ha sido producto de las ayudas internacionales, en este caso del gobierno australiano a través de su programa AusAID. Como suele ser la norma, estas ayudas no han sido fortuitas, sino producto de coyunturas políticas regionales: en este caso, desde hace unos años el gobierno australiano ha incrementado la presencia de su policía federal en las tres naciones principales de Melanesia (Papúa Nueva Guinea, Islas Salomón y Vanuatu), a las cuales se considera focos de inestabilidad potencial y por lo tanto necesitadas de formas intervencionistas más robustas, en este caso en relación con la necesidad percibida de mayor vigilancia policiaca (esto, independientemente de que el crimen en Islas Torres jamás ha sido considerado un problema mayor, dado el cercano parentesco de todos los isleños entre sí y sobre todo de sus muy eficientes formas tradicionales de resolución de conflictos). En el caso de Vanuatu, estas formas de intervención han incluido el establecimiento de un contingente permanente de policías e investigadores federales australianos en Puerto Vila, con fines de "entrenamiento y capacitación", que se han traducido, como en el caso de Islas Torres, en la estrategia semiutópica de extender la presencia policiaca del Estado (de Vanuatu pero por extensión también de Australia) directamente hacia todos los rincones del archipiélago.

Dispensario de Lo. (Foto: C. Mondragón, 2012)

nidad local (hay otros puestos semioficialistas similares, como el de Representante de las Mujeres, Representante para la Juventud y los Deportes y Representante de Educación, quienes sirven de enlace con los diversos representantes del gobierno provincial de Torba, bajo cuya jurisdicción caen las islas Torres).

En cuanto a la realidad cotidiana en torno al dispensario, no obstante su gradual ampliación, tanto el enfermero como el encargado del programa antimalarial quedan con poco por hacer dada la falta de recursos, de financiamiento y de motivación que caracterizan la gestión de un puesto rural de primeros auxilios. Eso, cuando no quedan completamente rebasados por los retos de diagnóstico y tratamiento que llegan a presentar algunos de los pacientes con cuadros más complicados que el de un simple dolor de cabeza. El Panadol (paracetamol) es con frecuencia la única medicina fácilmente disponible en los dispensarios, y es por eso que se ha convertido, en casi todo el territorio de Vanuatu, en el medicamento idiosincrácticamente "del hombre blanco" en contraste con la medicina local, la cual casi toda está basada en la herbolaria, mezclada con diversos grados de práctica ritual y conocimiento esotérico del mundo no-humano, inclusive el de los espíritus. Consecuentemente, el paracetamol lo piden y utilizan los isleños para curar casi cualquier enfermedad o herida. Ante las limitantes del medicamento "del hombre blanco", terminan apostando a una combinación de consulta en el dispensario con consultas a quienes poseen diversos grados de conocimiento medicinal "tradicional".

Un sitio para la comunión

El tercer espacio comunitario sobresaliente de Lunharigi es la cabecera parroquial anglicana, la cual representa uno de los sitios más importantes para la interacción social no sólo de esta comunidad sino de todos los habitantes de Islas Torres. El alcance de este trabajo no permite un comentario detallado sobre las manifestaciones de "cristiandad melanesia" propia de estas islas, pero resultan relevantes algunos comentarios generales dada la importancia de la presencia y práctica eclesiástica dentro de la resignificación y formas de obtención de rango ritual que se han ido desarrollando en las islas Torres en el transcurso del último medio siglo.[14]

Las islas Torres posiblemente son únicas en Vanuatu en tanto que desde la llegada de los primeros misioneros al norte de Vanautu han estado bajo la influencia de una sola denominación religiosa, la Iglesia Anglicana de Melanesia, formalmente conocida como la Church of Melanesia o Melanesian Mission, desde su fundación a mediados del siglo XIX. A lo largo de los últimos veinte años, la mayoría de las comunidades en Vanuatu, inclusive las catorce comunidades lingüísticas vecinas en el archipiélago de las islas Banks, han atestiguado una fragmentación de la filiación eclesiástica conforme han apareci-

[14] Véase C. Mondragón, "Notes on (the Anglican history of) the Torres Islands: The revival of customary authority and ritual agency in North Vanuatu", manuscrito actualmente aceptado y en formación para su publicación en un número especial de *The Journal of Pacific History* ed. por Thorgeir Storesund Kolshus y Michael Scott.

do nuevos movimientos religiosos que han desplazado a congregaciones de vieja data, especialmente la misión católica francófona, la Iglesia presbiteriana anglófona (la iglesia dominante del país), y la Iglesia anglicana, cuya primera área de influencia y extensión se centró en el norte-centro de Vanuatu.[15] Estas escisiones han surgido como resultado de divisiones intracomunitarias de carácter casi siempre secular (riñas entre jefes; disputas territoriales entre linajes; intereses comerciales que se pueden ver beneficiados a partir de donativos estratégicos por parte de las nuevas iglesias), aunque también suelen ser producto de un fenómeno bien documentado de creatividad y efervescencia utópica propias de la vida espiritual de las sociedades austronesias del Pacífico occidental.[16]

En contraste, la vida religiosa en Islas Torres se ha visto libre de aquellas rivalidades, en buena medida debido al pequeño tamaño de su población y a la consecuente solidaridad familiar entre linajes, la cual resulta un elemento crítico para resolver disputas intracomunitarias antes de que pasen a mayores. Sin importar la homogeneidad denominacional, las expresiones sociales de la "vida eclesiástica" en las islas Torres giran en torno a reuniones comunales y actividades como la recaudación de fondos, la práctica coral (cantos neoanglicanos por parte de grupos de jóvenes) y los eventos deportivos, principalmente el voleibol, y, a partir de la enorme penetración que tuvo a lo largo el mundial de 1998, el futbol *soccer*.[17] En este sentido, las

[15] D. Hilliard, *God's Gentlemen. A History of the Melanesian Mission, 1849-1942*, St. Lucia, University of Queensland Press, 1978.

[16] H. Jebens (ed.), *Cargo, Cult & Culture Critique*, Honolulu, University of Hawai'i Press, 2004; P. Lawrence, *Road Belong Cargo. A Study of the Cargo Movement in the Southern Madang District, New Guinea*, Manchester, Manchester University Press, 1964; L. Lindstrom, *Cargo Cult. Strange Stories of Desire from Melanesia and Beyond*, Honolulu, University of Hawai'i Press, 1993; M. Tabani y M. Abong (eds.), *Kago, Kastom and Kalja: The Study of Indigenous Movements in Melanesia Today*, Marsella, Pacific-Credo Publications, 2013 (Cahiers du Credo).

[17] Esta influencia fue fuertemente gestionada y coordinada por la embajada de Francia y la Alianza Francesa en Puerto Vila, de manera que no fue un fenómeno

El altar de la iglesia de Lunharigi. (Foto: C. Mondragón, 2008)

nociones de pertenencia y las prácticas cotidianas de los isleños en cuanto a la vida religiosa son muy similares a las de otras comunidades ni-Vanuatu.[18] Con cierta frecuencia, algún no conformista genera discursos religiosos alternativos e introduce innovaciones particulares en la alabanza e incluso el estilo de vida.

En términos formales, existe una pequeña red de iglesias con pastores residentes en los tres principales asentamientos de Islas Torres: Lunharigi (Lo), Kwurengrëtakwë (Toga) y Gavigëmenë (Hiu).

---

espontáneo, sino parte de la multiforme estrategia de competencia por aclanzar mayor penetración cultural, y por ende influencia diplomática, de las representaciones diplomáticas angloparlante y francoparlante de Vanautu; principalmente, las embajadas de Francia, Nueva Zelanda y Australia.

[18] Véase L. Hume, "Church and Kastom on Maewo, Vanuatu", *Oceania*, vol. 56, 1986, pp. 304-312; A. Eriksen, *Gender, Christianity and Change in Vanuatu: An Analysis of Social Movements in North Ambrym*, Aldershot, Ashgate, 2008.

La de Lunharigi es la iglesia distrital, y, por tanto, la Diócesis Anglicana de Vanuatu (la autoridad administrativa regional de la Misión Melanesia, cuya sede se encuentra en las Islas Banks) regularmente envía a Lunharigi a un sacerdote ordenado para supervisar la gestión diaria de los asuntos de la comunidad anglicana local. Los sacerdotes de distrito que se nombran normalmente son oriundos de las vecinas Islas Banks. Esta tendencia representa parte del largo proceso de dominación de las Islas Banks en la jerarquía de la Iglesia Anglicana de la Melanesia, y se debe fundamentalmente al rol crítico que tuvo la pequeña isla de Mota (Banks) en tanto primer y más importante cuartel de operaciones de los primeros misioneros anglicanos en esta región, entre finales del siglo XIX y primera mitad del XX. No obstante, de vez en cuando ha sido nombrado un sacerdote procedente de Islas Salomón. Asimismo, el número de sacerdotes ordenados procedentes de las propias Islas Torres ha ido gradualmente creciendo a lo largo de las últimas dos décadas, por lo cual es cada vez más común encontrarse a sacerdotes propios de estas islas encargados de las iglesias de sus propias comunidades de origen. Esta tendencia hacia mayor número de sacerdotes locales ordenados como *Senior Priest* responde a la manera en que los isleños han ido entrelazando la noción de poder (**mëne*) de los hombres de alto rango tradicional con el prestigio asociado a la membresía anglicana en tanto vehículo para el acceso privilegiado hacia conocimientos de tipo esotérico —a saber, bíblicos y teológicos— cuyo ejercicio es también demostración de la eficacia y la capacidad agentiva del hombre de rango sobre el mundo humano y no-humano.

En todos los casos, los sacerdotes ordenados tendrán que haber llevado a buen término una serie de capacitaciones en la escuela teológica de Islas Banks, o bien en la academia anglicana ubicada en la isla de Ambae (centro de Vanuatu), y, en última instancia, un periodo de entrenamiento indispensable, de cuando menos dos años de duración, en la escuela de la Misión Melanesia en Tabalia, sobre la isla de Guadalcanal en Islas Salomón. Esta progresión de entrenamiento y

Adams, de la aldea de Lunharigi, catequista. (Foto: C. Mondragón, 2010)

reclusión constituye parte importante de la valoración del conocimiento teológico como algo exclusivo de personas con enorme disciplina, capaces de apartarse de la vida familiar durante largos periodos, y sobre todo capaces de comprender y practicar las enseñanzas religiosas propias de la institución espiritual y temporal más poderosa del horizonte sociopolítico del norte de Vanuatu.

Las tres comunidades más pequeñas de las islas Torres, Likwal en Toga, Rinua en Lo y Yokwana en Hiu, tienen iglesias en donde "lectores" (*readers*, jóvenes bajo entrenamiento del sacerdote comunitario) y voluntarios (B: *men blong jioj*) locales llevan a cabo parte de los servicios religiosos diarios. Para mantener el contacto con estas comunidades, los tres pastores permanentes de las islas Torres planean de forma escalonada servicios dominicales que ofician cada dos semanas en las iglesias de las comunidades más pequeñas.

La regularidad de los servicios religiosos en Lo es idiosincrásica de las prácticas religiosas más generales en Vanuatu. Todos los días a las seis de la mañana, uno de los asistentes jóvenes de la iglesia sopla un caparazón (B: *bubu sel*) o hace repicar la "campana de la iglesia" (un tanque de oxígeno para buceo vacío, colgado de una cuerda). Aunque se espera que toda la comunidad asista al servicio de la mañana, sólo acude normalmente menos de una tercera parte de los adultos de la aldea, la mayoría de quienes ya superaron la edad mediana, y con frecuencia son un poco más mujeres que hombres. Comúnmente se realiza un segundo servicio por la noche, con la misma proporción de personas. Durante la semana este ausentismo se considera normal y no constituye una falta a los valores religiosos, pero el servicio del domingo comúnmente atrae a toda la población de la isla. El servicio como tal sólo involucra a toda la congregación, en tanto que frecuentemente se cantan himnos, pues todos participan y prácticamente todos los isleños se entrenan para ello desde la infancia. El otro acto clave es escuchar lecturas de la Biblia y el sermón, pero la comprensión y la interpretación esotérica de sus contenidos se apropia de muy diversas maneras en respuesta a las ansiedades, valores y metáforas de la vida local.

Un sitio para la comunicación

En términos del día a día, algunos aldeanos frecuentan el dispensario en parte por la sombra que proporciona su veranda, pero también porque desde ese lugar es posible escuchar (y ocasionalmente utilizar) la teleradio propiedad del Ministerio de Salud, la cual ofrece enlaces de variable calidad con la red de teleradios esparcidos a lo largo del norte-centro de Vanuatu. En este sentido, más que un punto exclusivamente reservado para las intervenciones médicas primarias, esta estructura de concreto representa un espacio de sociabilidad diversa y de ocasional comunicación a distancia con otros operadores de teleradio. Cabe describir brevemente la presencia y desarrollo que ha tenido el aparato de radio en la historia social reciente de la isla.

Durante la década y media que transcurrió entre la instalación de la primera unidad de comunicación por radio en la choza que hacía las veces de cuarto de control para la aeropista de Linua, y el final del siglo XX, las teleradios fueron el primer y único medio de comunicación remota que conectó a estas islas con otras partes de Vanuatu. Este medio no es ideal, debido a que su señal no suele llegar más lejos que el receptor del aeropuerto de Luganville, a unos 300 km de distancia en la isla de Santo, pero constituyó una revolución en cuanto a la posibilidad de comunicaciones directas con el exterior.[19]

Aquella situación cambió de manera radical en el año 2000, cuando se estableció la primera conexión telefónica pública en una de las pequeñas tiendas caseras de Lunharigi. La subsecuente transformación en la facilidad de comunicación, el pedido, los pagos, y la entrega de productos de consumo, así como los flujos de información formal e informal se hizo evidente de inmediato. Durante los poco menos de ocho años en los que Telecom Vanuatu (la compañía nacional única de provisión de servicios de teléfono fijo) mantuvo la viabilidad de los repetidores de microondas en Islas Torres, el teléfono provocó cambios importantes en la conciencia de los isleños en relación con sus parientes lejanos y el contacto con personas de otras partes del país. Sin embargo, con la entrada de compañías privadas de telefonía celular a Vanuatu, a partir del 2006, las líneas fijas en áreas rurales empezaron a caer en desuso. Telecom Vanuatu decidió invertir en el mercado celular, y dejó de dar servicio a su red anterior de repetidores.

Como resultado de todo lo anterior, en algún momento entre el 2009 y el 2010 dejó de funcionar de manera definitiva la antena parabólica que se había colocado en medio de la aldea de Lunharigi.

[19] Los aparatos de comunicación por teleradio son similares a los aparatos de banda corta.

El teléfono de Lunharigi, durante la década en la cual funcionó. (Foto: C. Mondragón, 2006)

Este aparato proporcionaba el necesario enlace de microondas que mantenía conectados a los teléfonos públicos locales con el resto del archipiélago. Este artefacto de aspecto futurista, que durante una década ofreció un referente material y metafórico para la conectividad hacia el exterior, comenzó a oxidarse y a ser devorado por la vegetación circundante. Mientras tanto, la principal compañía de telefonía privada, DigiCel, así como Telecom Vanuatu, decidieron que no valía la pena invertir en la instalación de una torre de transmisión celular en Islas Torres, dado el bajo número de clientes potenciales que arroja el conjunto de ocho aldeas de este microarchipiélago. Desde entonces, mientras todo el resto del archipiélago —con excepción de ciertas áreas rurales de difícil topografía en islas grandes como Santo

El repetidor de microoondas, ya inservible y rodeado de vegetación.
(Foto: C. Mondragón, 2012)

y Malekula— ha experimentado una revolución social a partir de la telefonía celular, que incluso ofrece conexiones internacionales inmediatas, las islas Torres han quedado relegadas de nueva cuenta a la limitada y azarosa comunicación del teleradio propia de finales del siglo pasado.

En términos estrictamente socioeconómicos, este proceso de exclusión comunicativa ha comenzado a generar una desigualdad notable en términos de facilidad de acceso a los mercados de Vanuatu. Concretamente, en los últimos tres años los isleños resintieron de manera inmediata la dramática disminución de su capacidad de pedidos, pagos y gestión de ingreso a distancia, las cuales, entre otras cosas, habían ofrecido los principios de una diversificación de fuentes de ingreso más allá de la exportación del cangrejo cocotero y la langosta. En consecuencia, hace tiempo que las dos tiendas caseras de Lunharigi cerraron sus puertas definitivamente ante la imposibilidad de mantener vigentes sus cadenas de abastecimiento y gestión financiera.

En términos de las nuevas prácticas de sociabilidad e imaginación sociogeográfica que acompañaron a la primera etapa de la comunicación directa a distancia, las consecuencias de la desaparición del teléfono son difíciles de precisar. Por un lado existe una conciencia clara de la reintensificación del distanciamiento que ha desatado el colapso de los enlaces directos y públicos con el resto del archipiélago y el mundo. En particular ha sido notable la desventaja en la que se perciben a sí mismos los isleños, que habían podido comenzar a gestionar diversas formas de actividad económica a partir de la comunicación personalizada que brindaba el teléfono. En definitiva, se han percatado de la enorme desventaja que la nueva descomunicación les ha supuesto en relación con el desarrollo socioeconómico que ha desatado la telefonía celular en el resto de Vanuatu. Acaso por esta razón desde hace unos años se ha comenzado a observar que algunas de las nuevas generaciones de jóvenes en Islas Torres, sobre todo aquellos recién casados que transitan ahora mismo hacia una etapa de vida plenamente adulta, entre los 25 y 35 años, se han volcado hacia las actividades hortícolas diarias como la opción más deseable ante la falta de oportunidades que les ofrece la reducida conectividad de su situación actual. Dado que la producción hortícola está íntimamente ligada a formas diversas de conocimiento y valores tradicionalistas, este vuelco ha detonado una considerable reanimación de *kastom*, con todo lo que ello significa en términos de oposición a los valores propios del mercado y el Estado neoliberal en los albores del siglo XXI.

Devenir horticultor: autosuficiencia y valores neotradicionales

A la luz de las implacables presiones político-económicas a las cuales diversas instancias —principalmente el Banco Asiático de Desarrollo y el Banco Mundial— y potencias internacionales —principalmente Australia y Nueva Zelanda, con China y los Estados Unidos en un cercano segundo lugar— han sometido a Vanuatu a lo largo del último medio siglo, resulta imposible subestimar la relevancia del actual proceso de reanimación de *kastom* en Islas Torres. En concreto, desde mediados de la década de 1990 se han suscitado esfuerzos concertados por obligar a Vanuatu a adoptar la vía del desarrollo a partir de reformas estructurales y su adhesión plena a regímenes de libre mercado. Pero tal y como ha sucedido en muchas otras naciones de Asia y Pacífico, las particularidades culturales, ambientales y demográficas de esta nación oceánica no se prestan fácilmente para la noción del desarrollo por vía del crecimiento capitalista de consumo. Como ha observado recientemente la antropóloga australiana Mary Patterson: "Con una población urbana relativamente pequeña pero cada vez más desarraigada y criollizada, Vanuatu sigue siendo predominantemente rural y joven".[20]

En este escenario, la alternativa tradicionalista más común en Vanuatu ante la difícil posibilidad de asegurarse una fuente segura de ingresos monetarios es el proceso de *kam fama* (B: "convertirse en agricultor"). En efecto, el uso del suelo para actividades de autosubsistencia en una nación en donde la mayoría de las familias rurales cuentan fácilmente con su propio usufructo de la tierra representa una opción mucho más atractiva que la de engrosar las filas de los nuevos proletarios periurbanos de Puerto Vila y Luganville. Mientras que parte de la frase *kam fama* invoca un contraste maniqueo entre el tra-

[20] M. Patterson, "Enchanted economies in the Pacific and beyond", en M. Patterson y M. Macintyre (eds.), *Managing Modernity in the Western Pacific*, Queensland, University of Queensland Press, 2011, p. 81.

bajo de autosubsistencia rural y el trabajo asalariado en la ciudad, en años recientes ha adquirido una particular resonancia para las generaciones emergentes de isleños jóvenes residentes en sitios alejados de los centros actuales de poder y dinero. En este contexto, *kastom* en Islas Torres se ha convertido no solamente en una mera alternativa de supervivencia sino en un verdadero sistema de valores y de vida, el cual hace eco del creciente hartazgo de los ni-Vanuatu con las magras perspectivas de marginación y dependencia socioeconómica que le ofrecen las instituciones y potencias internacionales.

Con su carga de orgullo tradicionalista y de la moralidad positiva que transmite, el proceso de *kam fama* hace eco de los esfuerzos recientes de Vanuatu por revivir el concepto de la "economía tradicional" (*kastom ikonomi*).[21] En este contexto se puede comprender mejor por qué, mientras la gente de Islas Torres se enfrenta con algo de resignación a su situación de marginación contemporánea, lo hace con un enorme sentido de orgullo propio y de confianza en la promesa que sigue guardando su existencia en tanto productores rurales de autosubsistencia. Como bien dicen muchos de ellos, "el trabajo en la ciudad no tiene sentido: trabajas para ganar dinero, y luego te lo comes. Te quedas sin nada". A sus ojos, el contraste con las prácticas hortícolas, las cuales son generativas no solamente en términos alimenticios sino en relación directa con la producción de personas, en términos de que posibilitan la crianza, la sociabilidad y la continuidad misma de linajes y territorios, no tiene comparación.

Como se verá a lo largo de los siguientes capítulos, este sentimiento de autosuficiencia resulta clave en términos de la capacidad

[21] "El año de 2007 fue declarado por Vanuatu como el Año de la Economía Tradicional. A partir de su largo compromiso para oponer el *kastom* [la tradición] a toda clase de esquemas desarrollistas, el Centro Cultural de Vanuatu, cuyo director [previo, el ahora miembro del parlamento y ministro de Tierras, Ralph Regenvanu] posee una maestría en desarrollo [por parte de la Universidad Nacional de Australia], tiene su propia perspectiva sobre la anacrónica idea de que lo 'tradicional' y la cultura impiden el desarrollo humano." Patterson, *Managing Modernity in the Western Pacific, op. cit.*, p. 81.

percibida de los habitantes de Islas Torres para seguir ordenando sus vidas bajo sus propios términos, y no como una simple respuesta a las enormes fuerzas exógenas que hoy día se aparecen con mayor frecuencia dentro de los límites de su horizonte local (como bien observa Mary Patterson, "el ser clasificado por el centro como un 'área atrasada' no implica que no puedan ser alcanzados por diversos tipos de flujos globales").[22] Es por eso fundamental que las formas de autopoiesis que describo en este libro no pueden ser imaginadas como la manifestación de una simple continuidad de la "tradición", ni tampoco como una expresión moribunda de prácticas y sistemas rituales exóticos en el contexto de un mundo amenazado por la homogeneización cultural del capitalismo rampante. En cambio, constituyen parte de un sofisticado complejo de decisiones que están tomando los habitantes contemporáneos de Islas Torres en tanto agentes plenos de sus propios destinos.

La finalidad de estas manifestaciones de agencia no es otra que la de poder seguir gestionando, inventando y modificando sus vidas tal y como lo han hecho a lo largo de tres mil años en función de sus propios valores creativos y sus experiencias del mundo. El objeto de este libro se puede definir como la exploración de los principios que apuntalan dicho *ethos* isleño de acción social, el cual se cifra en la producción de personas, de paisajes y de cosas en concatenaciones que dan lugar al singular cosmos relacional, marítimo e insular pero de ninguna manera remoto ni desprovisto de agentividad, de esta extraordinaria comunidad humana.

[22] *Ibid.*, p. 80.

Capítulo 3

PASADO Y PRESENTE DE ISLAS TORRES

Hasta ese momento sabíamos de la existencia de sólo seis islas: Maewo, Aoba, Marina, Vava (Torres), Vanikoro y Tikopia.
Estas eran las islas más lejanas del mundo, y no había más.

George Sarawia,
habitante de Islas Banks y primer melanesio ordenado sacerdote anglicano, que escribió en 1868 acerca de la llegada de los hombres blancos a su comunidad.[1]

Las formas del tiempo isleño

Habida cuenta que resulta imposible representar el pasado de Islas Torres tal y como sus habitantes actuales se lo imaginan y experimentan por sí mismos, en los siguientes párrafos intento generar una imagen, a manera de bosquejo espaciotemporal, de la "red de nexos" que caracterizó el mapa humano de estas islas poco antes y después de la llegada de los europeos.[2]

[1] G. Sarawia, *They came to my island: The beginning of the mission in the Banks Islands*, Taroaniara, Islas Salomón, Diocese of Melanesia Press, 1968 [1868], p. 13, paréntesis en el original.

[2] La expresión "red de nexos" la presento y discuto en un texto anterior:

Tal y como lo comprobé durante diversas conversaciones con interlocutores de Lo, este ejercicio no tendría sentido para los isleños, pues excluye el dinamismo implícito en las redes relacionales que constituyen su experiencia cotidiana del mundo social y físico circundante, es decir, del pasado en el presente. Para ellos, una imagen análoga a la que aquí ofrezco necesariamente tendría que dar cuenta del fenómeno vivo, cambiante y relacional, inestable por definición, de las continuidades temporales de la red de nexos que conforma a las islas Torres. Esta red está compuesta de agentes y de horizontes espaciotemporales múltiples, de presencias ancestrales (los muertos) que no existen en un "más allá" trascendental y lejano, sino que persisten en un mundo especular sobrepuesto y contemporáneo con el nuestro. En esta visión del mundo, las presencias del pasado no están sepultadas por la distancia temporal ni espacial, sino que son susceptibles de manifestarse y evocarse en relación con procesos y personas actuales.[3]

Este modo de comprender la temporalidad no responde, claro está, a la manera abstracta en que los euroamericanos solemos reflexionar sobre el pasado, es decir, al concepto de historia en función de un conjunto coherente, distante e irrepetible de personas y hechos pretéritos. En contraste, el tiempo anterior se piensa en función de sus lazos y continuidades, de su relevancia concreta, en relación con contextos contemporáneos. Esta es una manera de imaginar el pasado como una concatenación de espacios y entidades ligadas a los vivos de maneras múltiples y activas, y por lo demás es consistente

---

C. Mondragón, "A Weft of Nexus: Changing notions of 'space' and geographical identity in Vanuatu, Oceania", en P. Kirby (ed.), *Boundless Worlds: An Anthropological Approach to Movement,* Oxford, Berghahn Books, 2009, pp. 115-134.

[3] En otros trabajos he abundado acerca de las formas en que diversos pueblos oceánicos (de extracción austronesia) conceptualizan el pasado en relación con el presente. *Cf.* C. Mondragón, "Las percepciones oceánicas durante los primeros encuentros entre europeos y melanesios", serie *Cuadernos de Trabajo del Centro de Estudios de Asia y África,* México, El Colegio de México-Centro de Estudios de Asia y África, 2006, pp. 17-20.

con la noción de un cosmos relacional dinámico y temporalmente plurivalente.

Con lo anterior en mente, se podrá comprender por qué con la imagen que genero en este capítulo sobre las islas Torres de antaño no aspiro a "traducir" de manera directa los conceptos isleños del pasado. ¿Cuál, entonces, es el propósito del presente capítulo? En esencia, mi reconstrucción histórica responde al interés por generar un bosquejo de las formas que anteriormente adquirió el patrón de personas-lugar de Islas Torres, con la finalidad de poder entender mejor las diversas transformaciones que la misma ha sufrido en el tiempo. Es esta una manera de presentar la topogenia isleña en el tiempo, y de exponer algunas de las claves del cambio social desde una perspectiva que se inspira en las formas isleñas del tiempo.

Con todo, la organización de este capítulo es también, necesariamente, un ejercicio de carácter histórico, es decir producto de la intencionalidad y las herramientas analíticas que poseo en relación con el pasado y su organización a partir del rescate y el ordenamiento de ciertos hechos y ciertas fuentes, por lo demás distantes de mi experiencia inmediata. El resultado es un bosquejo híbrido, una representación exógena de un pasado endógeno "congelado" (*id est*, poco dinámico), con la cual busco dar cuenta de dinámicas de movilidad y arraigo tal y como se pudieron haber manifestado entre el final del siglo XVIII y principios del XIX, es decir, justo antes y después de la aparición de los primeros intrusos euroamericanos dentro de los horizontes locales de este paraje oceánico.[4]

Resumiendo, con esta imagen pretendo condensar, de manera necesariamente incompleta, algo de las historias de los lugares y de

[4] Los mismos llegaron a bordo de barcos balleneros que iban de paso por este archipiélago, entonces no registrado en las cartas de marear, hacia 1823 o 1824. Es decir, unos 35 años antes de la llegada de la London Missionary Society y la implantación de la misión anglicana, en 1860. Este dato lo obtuve a partir de una consulta de itinerarios de balleneros preservada en microfilm en la Biblioteca Hamilton de la Universidad de Hawai'i en Manoa.

las personas anteriores tal y como las relatan hoy día multitud de interlocutores isleños al evocar el pasado y hacerlo presente. Estos fragmentos deben ser entendidos como una representación incompleta de la manera variable, parcial y creativa en la cual los vivos experimentan la presencia de su pasado en el presente. Sólo en la medida en que estos sedimentos, estas acumulaciones de lo ancestral, se hacen presentes y se relacionan con el aquí y en el ahora es que adquieren realidad en las perspectivas de los vivos actuales y futuros.

La red de nexos del ayer

Los dos principales polos del horizonte marítimo y terrestre que comprendía el cosmos relacional de Islas Torres hace 200 años eran Toga, al sur, y Hiu, al norte, es decir las dos islas que se encuentran en los extremos geográficos de este microarchipiélago.[5] Los dos asentamientos humanos más grandes de esos sitios hoy día son las aldeas costeñas de Kwerengrëtakwe (Toga) y Gavigëmenë (Hiu). Pero en tiempos preeuropeos no hubieran existido ni estos ni otros asentamientos junto al mar debido a que las aldeas del pasado consistían en caseríos pequeños constituidos por casas grandes (*g'mel*), casas residenciales (*lengwe*) y espacios rituales (*hara*), propios de diferentes *metaviv*; de tal modo que cada conjunto yacía esparcido sobre diferentes partes de la cima de colinas, en suelos alejados de la costa. Los sitios a los que nos refieren estos topónimos (**kwereng* = "cavidad",

[5] Los límites remotos de este periodo del pasado son arbitrarios, pero se fundamentan en dos referentes: primero, que nunca he obtenido relatos orales que ofrezcan un anclaje cronológico (es decir histórico en términos euroamericanos) claramente anterior de ese tiempo, y segundo, que nuestras reconstrucciones arqueológicas y etnohistóricas indican que durante los siglos XV y XVI hubo grandes trastornos regionales —el estallido del volcán de Kuwae en 1453; el contacto indirecto con expediciones españolas en islas vecinas entre 1595 y 1606— que indican la posibilidad de condiciones de vida sustancialmente diferentes a las que resumo en la descripción que aquí ofrezco.

"pasaje"; y *gavige* = "árbol del nagaviga"; *mene* = "poderoso" [?]) no hubieran sido más que sitios de paso que ofrecían acceso hacia los caseríos dispersos en el interior boscoso.

Los espacios intermedios, acuáticos tanto como terrestres, sobre los que se entrelazaban, y en algunos casos chocaban, las respectivas esferas de influencia de Hiu y de Toga, correspondían al área comprendida por las islas de Metoma, Tegua y Lo. La gente de Lo se encontraba entonces bajo la poderosa influencia de Toga, aunque esta manera de comprender las relaciones pasadas entre ambas islas contrasta con las descripciones que de su pasado ofrecen hoy día los isleños de Lo.[6] Lo que resulta incontrovertible para las personas de Lo es la larga adscripción matrilineal de sus *metaviv* con los matrilinajes (*tutumwa*) originarios de Toga mediante intrincados vínculos de alianza y matrimonio. En virtud de esta continuidad de intercambios se puede imaginar a las comunidades de ambas islas en términos de un cuerpo colectivo en dos partes, a veces opuestas, a veces aliadas, pero siempre ligadas por cuenta de su ancestría matrilineal común.

Recomponiendo y contrastando algunos datos genealógicos contemporáneos, se puede especular que en algún momento del periodo en cuestión —finales del XVIII, principios del XIX— hubo una serie de prolongados conflictos territoriales entre familias de Toga y Hiu asentadas en la isla de Tegua. Estos conflictos habrían sido resultado del desplazamiento, con fines de recolonización o bien expansión coyuntural (recuérdese que las islas Torres habían sido habitadas de manera constante desde hacía 3 000 años), de dos o más de los *metaviv* de Toga hacia las islas vecinas de Lo y Tegua. Los detalles de este desplazamiento probablemente nunca se sabrán; en comparación con

[6] Al conversar sobre su pasado, éstos reiteran un sentimiento de autosuficiencia y autonomía identitaria en relación con su isla vecina, inclusive llegando a veces a describir su lengua no en términos de la variante dialectal del lo-toga con la que hoy se les categoriza (con base en criterios lingüísticos formales que ellos en ocasiones perciben como inferiorizantes), sino en términos de una lengua plenamente separada de la de Toga.

islas vecinas mucho más grandes, como Vanikoro, Ureparapara o Vanua Lava, las islas Torres no representan un sitio de interés particular para las exploraciones arqueológicas de gran envergadura. Pero parece haber cierta claridad en cuanto a que, hacia mediados del siglo XIX, los principales subclanes matrilineales de Toga y Lo, es decir sus diversos *metaviv*, habían llegado a establecer una presencia semipermanente, a través de la extensión territorial de *metaviv* particulares, sobre Lo y parte del sur y quizás del interior mismo de Tegua. Entre tanto, la pequeña isla de Metoma, y quizás partes de la costa norte y noroeste de Tegua, estaban habitadas por personas procedentes del complejo lingüístico y cultural de Hiu.

Hoy día, Tegua cuenta con una población de menos de 70 personas según cuentas realizadas en 2012, la cual contrasta con una población estimada hasta en 800 personas por los primeros misioneros anglicanos que visitaron Tegua a finales del XIX. Estas personas trazan sus orígenes de linaje directamente hacia Toga, no Hiu (a partir de esta adscripción, la mayoría de ellos se sabe con derechos de uso y herencia de suelo en Toga misma). Al recontar su propia historia, los actuales habitantes de Tegua hablan de una "alianza" reciente entre los *metaviv* de Lo y de Toga, en la que Lo proporcionó el poder adicional que resultó crucial para que las diversas *metaviv* de Toga lograran prevalecer sobre las personas de Hiu asentadas en Tegua. Hoy día, los *men Tegua* hablan lengua lo-toga, una variante dialectal propia de Toga, y sus vínculos más cercanos son con ésta, su "isla de origen", más que con Lo. Cabe subrayar que los desplazamientos que aquí reconstruyo representan únicamente la más reciente de una serie de avances, retrocesos e iteraciones en la constante reconfiguración demográfica de Islas Torres.

Por lo que toca a los patrones de asentamiento de antaño, en la época precolonial los habitantes de Islas Torres vivían en caseríos dispersos sobre las laderas y cimas de los cerros, es decir en el interior boscoso. A decir de la mayoría de los isleños contemporáneos, los asentamientos costeros no tenían sentido, entre otras cosas porque los frecuentes huracanes y las marejadas cataclísmicas siempre han representado peligros potencialmente desastrosos.[7] Los caseríos del pasado, como las aldeas de hoy, se conectaban entre sí por una tracería de caminos terrestres, así como también se vinculaban con otras islas, cercanas y lejanas, por medio de rutas oceánicas bien conocidas, y con frecuencia adscritas —tal como ocurre con los huertos y zonas terrestres— a *metaviv* y *tutumwa* específicos. En consecuencia, los diversos *metaviv* de Islas Torres siguen poseyendo ciertos derechos de uso sobre pasajes arrecifales y rutas transmarítimas.

Asimismo, en el pasado preeuropeo las rutas marítimas se atravesaban a bordo de enormes barcas de bambú equipadas con vela y timón conocidas como *nekü*.[8] De estas pesadas embarcaciones de bambú se dice que podían transportar enormes cantidades de carga y pasajeros, pero sólo eran aptas para los viajes cortos. Algunos de los isleños más ancianos dicen que las *nekü* a veces se cargaban tanto que se hundían parcialmente en el agua, y había que remar con gran esfuerzo de una isla a la otra. Casi nunca se llegaban a hundir, pues poseían una robusta propiedad de flotación, y en eso residía su valor como vehículos fundamentalmente destinados a la transferencia de carga pesada. En este sentido, las islas Torres se diferenciaron de manera notable de casi todas las demás sociedades marítimas vecinas, pues al parecer abandonaron hace mucho tiempo la construcción y el uso de embarcaciones oceánicas de tipo *waka*, es decir sofisticadas canoas de viaje compuestas de una o dos quillas con balancín y vela, cuya función básica era desplazarse eficazmente por distancias muy

[7] Este ha sido el caso durante la última década, en la que tanto Tegua como Hiu han tenido que reconstruir sus aldeas costeras después de que oleajes catastróficos las anegaran por completo; en el capítulo 9 de este trabajo se retoma a detalle el tema de los peligros meteorológicos y marítimos recurrentes, y las diversas maneras en que los isleños han aprendido a adaptarse e incluso a prosperar al margen de los mismos.

[8] Véase J. Neyret, *Pirogues océannienes. Tome I (Première partie: Mélanésie)*, París, Association des Amis des Musées de la Marine, 1959, p. 179.

largas sobre el mar abierto. En relación con el uso de tales naves, todas las comunidades de Islas Torres solían tener puntos geográficos de ventaja, generalmente sobre la cumbre de los acantilados más altos, desde los cuales podían vigilar el desplazamiento de *nekü* sobre el paisaje marítmo regional. Según cuentan los isleños de hoy, estos puntos de vigía se utilizaban también para encender enormes fuegos con el fin de comunicarse entre las islas, entre otras cosas para poder avisar con anticipación —tanto en situaciones de cordialidad como de peligro— sobre la aproximación de una *nekü*.

En el siglo anterior a la llegada de los europeos el pueblo de Toga parece haber tenido una participación especialmente intensa dentro de los amplios ciclos de intercambio que unían a Islas Torres con comunidades vecinas, como Ureparapara y Mota Lava. Los isleños de hoy recuerdan a sus ancestros próximos como grandes dadores y receptores de mujeres y objetos de intercambio. Por su parte, Lo se convirtió en un sitio de importantes migraciones desde y hacia el norte de Vanua Lava y Rewa, hoy conocidas como las islas Reef, las cuales desde la década de 1950 están deshabitadas, a causa de un huracán que las hizo inviables y provocó una evacuación masiva por parte de las autoridades coloniales franco-británicas de aquel tiempo. Hay evidencia que sugiere que en algún momento de los últimos siglos estos contactos pudieron haberse extendido hasta las Islas de la Lealtad, que yacen próximas a la Grande Tèrre, la isla grande de Kanaky (Nueva Caledonia), a más de mil kilómetros al sur.[9] En contraste, las manifestaciones rituales de los habitantes de Hiu indican casi sin duda que mantuvo vínculos cercanos con cuando menos uno de los tres o cuatro grupos lingüísticos propios de la isla de Vanikoro, unos 150 kilómetros hacia el norte, dentro de la actual provincia de

[9] Véase M.-J. Dubois, "Vanuatu seen from Maré", en J. Bonnemaison *et al.* (eds.), *Arts of Vanuatu*, Bathurst, Australia, Crawford House Publishing, 1996, pp. 79-82, y notas de campo personales que sugieren prácticas rituales compartidas y lazos de parentesco entre los isleños de Lo y de Maré, en el grupo de las Islas de la Lealtad.

Temotu, en el sureste de Islas Salomón. Por este motivo la gente de Islas Torres aún describe la cultura material y las prácticas esotéricas propias de Hiu como "un poco raras", y aseveran que: "La gente de Hiu es casi como la de Salomón. Son otra cosa. Son de las islas Torres, pero no por completo".

Tras la llegada de los primeros balleneros y barcos mercantes euroamericanos, seguidos por misioneros ingleses, las islas Torres fueron expuestas a las enfermedades mortales de los fuereños. Pero la despoblación más grave ocurrió a causa de la extracción forzada de hombres y jóvenes isleños a manos de reclutadores de mano de obra (*blackbirders*) australianos, la cual comenzó a darse desde la década de 1860.[10] Los vínculos marítimos regionales de antaño se colapsaron en el espacio de unos cuantos años a causa de la enorme mortandad que azotó a estas y muchas otras comunidades del Pacífico occidental en ese periodo.[11]

DESCUBRIENDO A LOS EUROPEOS: LA LLEGADA DE LA MISIÓN ANGLICANA

La historia formal de la Misión Melanesia en Islas Torres comienza en 1878, cuando se reporta que el obispo John Selwyn visitó por primera vez la isla de Lo. Charles E. Fox, un distinguido miembro de la misión anglicana y cronista de la misma hacia la segunda mitad del siglo XX, recuenta algunos de los pensamientos de Selwyn sobre

[10] D. Shineberg, *The People Trade. Pacific Island Laborers and New Caledonia, 1865-1930*, Honolulu, University of Hawai'i Press, 1999; W. Wawn, *The South Sea Islanders and the Queensland Labour Trade*, Peter Corris (ed. e intr.), Honolulu, University of Hawai'i Press, 1973.

[11] Según los registros de la Misión de Melanesia en Islas Banks, entre 1890 y 1930 la población de Islas Torres se extinguió casi por completo, habiendo descendido de cuando menos 1 500 habitantes en 1893 a solamente 56 individuos en 1933. W.H.R. Rivers (ed.), *Essays on the Depopulation of Melanesia*, Cambridge, Cambridge University Press, 1922.

el momento de aquel primer contacto: "Hoy [...] debe haber sido como muchos de los días de antaño, pues hemos estado en un terreno enteramente nuevo".[12] Mientras que esta caracterización de la entrada a un territorio sin explorar era congruente con un estilo de descripción que iba dirigido a las percepciones públicas europeas de la obra misionera heroica en una frontera de sociedades que anteriormente se encontraban aisladas, Selwyn estaba bien consciente de que la ubicación de su llegada, así como la composición de su delegación, distaban mucho de ser espontáneas.

En efecto, la Misión había estado muy activa en las vecinas Islas Banks al menos durante una década antes del arribo de Selwyn. Además, fuentes de la Misión aluden al hecho de que algunos isleños de las Torres ya habían estado en contacto directo con misioneros europeos en las Banks y en otras partes de la región vecina, incluyendo Fiji. Asimismo, el grupo de las Torres había recibido visitas de buques balleneros, mercantes y de reclutamiento de mano de obra, posiblemente incluso ya desde la década de 1820. Para el momento de la llegada de Selwyn, algunos hombres de las Torres habían participado activamente en viajes redondos de gran alcance a sitios tan lejanos como Fiji, las Salomón, Nueva Caledonia y probablemente incluso a Queensland, por no mencionar a otros grupos de islas en las Nuevas Hébridas. Así, los isleños de las Torres habían tenido diversos grados de experiencia previa con la marea creciente de intrusos euroamericanos que se aventuraron al Pacífico occidental a lo largo del siglo XIX, por lo cual habían comenzado a desarrollar estrategias para explotar las variopintas oportunidades de viaje y creación cultural que brindaban los navegantes forasteros.

No sorprende que al llegar a las islas Torres, el obispo Selwyn "encontrara a algunos *kanakas*, que habían vuelto de Fiji. Tuvo una calurosa recepción y había tropeles de niños". El término *kanaka* se

[12] Ch.E. Fox, *Lord of the Southern Isles. Being the story of the Anglican Mission in Melanesia 1849-1949*, Londres, A.R. Mowbray & Co., 1958, p. 146.

emplea para referirse a los habitantes nativos, pero el punto es que la identificación de estos lugareños no era casual, sino que se había establecido previamente y se le había utilizado estratégicamente con la inclusión en la delegación visitante de Edward Wogale, "el diácono de Mota, que había entablado amistad con un isleño de las Torres mientras daba clases en Fiji, [lo cual] lo llevó a convertirse en el primer misionero para los isleños de las Torres".[13]

Un punto importante aquí es que el contacto de Wogale en Fiji probablemente fuera con un hombre oriundo de la isla de Lo. Esta conexión explicaría por qué el obispo eligió ese sitio para su primera aproximación a las Torres. Más adelante quedaría de manifiesto que esta coincidencia fue decisiva, pues determinó la isla y el territorio matrilineal específico en el que la Misión establecería el terreno fundacional y las filiaciones sociales locales a partir de las cuales se habrían de extender sus interacciones con todas las demás comunidades de Islas Torres. La importancia de este posicionamiento dentro de aquella "red de nexos" hace que valga la pena reflexionar sobre la forma del paisaje social en el cual irrumpieron los primeros anglicanos.

He señalado que existieron los dos polos de anclaje de autoridad política y densidad poblacional durante el siglo XIX en Islas Torres: Toga, en el sur, y Hiu, en el norte. En ese entonces, la superficie de Toga se subdividía en dos ámbitos de autoridad sociocósmica y distribución demográfica. La mayor de estas áreas se conocía genéricamente como Tukje o Tukie y abarcaba los extensos bajíos del sur de Toga, en donde se ubica hoy día la aldea de Kwurengrëtakwe.[14] La otra esfera de actividad social en Toga se extendió a lo largo de la angosta franja de tierra en el norte de la isla que estaba, y sigue estando, centrada en la pequeña aldea de Likwal.

[13] *Idem.*

[14] El nombre Tukie probablemente se derive de un gran campo ceremonial (*hara*) y el asentamiento asociado con el mismo, que se utilizaban en ese momento, pero que quedaron abandonados desde entonces.

Las notas del misionero Leonard Robin indican que con el tiempo se "bautizó" a algunos de los habitantes de Likwal, o a todos ellos, cosa que nunca llegaría a ocurrir con la gente de Tukie.[15] Esto fue crucial para la supervivencia de instituciones y prácticas tradicionales clave (como el *Hukwe*, acerca del cual se discute en extenso en el capítulo 10 de este libro), y ayuda a explicar por qué los hombres de alto rango del sur de Toga actualmente se describen a sí mismos como los herederos resueltos y los guardianes orgullosos del *kastom* de Islas Torres.

No existe una manera de calcular acertadamente cuál era la población de Toga en ese momento, pero las fuentes orales del presente y pruebas documentales indirectas apuntan que probablemente estaba habitada por no menos de 600 a 700 personas, distribuidas quizás entre diez o doce *metaviv*. Durante la segunda mitad del siglo XIX la isla de Lo pudo haber tenido una población de 200 habitantes distribuidos entre al menos seis *metaviv* cuyos espacios rituales (*hara*) y casas residenciales (*lengwe*) se encontraban salpicadas principalmente en las cumbres de las colinas. Vipake y Taratawe son zonas costeras que entraban en las reivindicaciones territoriales y los ámbitos de influencia de al menos dos *metaviv* de Lo. En todo caso tanto las fuentes de la Misión como mis propias pesquisas entre los isleños contemporáneos corroboran que fueron los miembros de los *metaviv* asociados a Vipake quienes recibieron el bautizo primero, mientras que la gente del *metaviv* asociado con Taratawe entraron a la grey anglicana varios años después, tras un largo proceso de contención y eventual aceptación del bautismo formal.

[15] "Toga (the Southern Island) is coming round. The people on the Northern half are keen for a school. I hope to start one next year. But the Southern Tribe are still very unfriendly and have been threatening many things"; Leonard Robin, que escribió en 1894; extracto de notas impresas bajo el título de "Torres Island", en J.R. Selwyn (ed.), *Christmas 1894. Occasional Paper of the Melanesian Mission*, Ludlow, C.A. Partridge, 1894 [versión contemporánea transcrita por el rev. Terry Brown, obispo de Malaita, 2007].

Por último está la isla de Tegua, que llegó a representar el único otro sitio en donde la Misión pudo establecer una iglesia brevemente, aunque su principal párroco, W.J. Durrad, la abandonó en los primeros años del siglo XX tras un escándalo moral que permanece grabado en los recuerdos de la gente de Islas Torres hasta el día de hoy.

Un aspecto relevante del paisaje social de las islas Torres con el que se enfrentó la Misión fue la forma, o mejor dicho la falta de forma, que tenía la autoridad política entre sus habitantes. Como en muchas otras sociedades de la Melanesia insular, nunca hubo un concepto particular de "jefe" entre la gente de Islas Torres. El patrón de *metaviv* dispersos, cada uno en su *hara* y su *lengwe* particulares, impedía cualquier posibilidad de que existiera una figura política abarcadora formal, con autoridad directa sobre grandes asambleas de personas. El análogo más cercano a una figura de mando supra*metaviv* habrían sido los *sa ngwil*, 'grandes hombres', y los *temet rong*, 'caminantes de espíritus' (literalmente 'aquellos que perciben a los espíritus'), cuyo *mena* o potencia eficaz era reconocida como poderosa en relación con su capacidad de producir relaciones generativas tanto en el mundo de los vivos (LT: *neMëremë*) como en el de los muertos (LT: *nePene*). Esta forma de eficacia y autoridad moral dispersa y altamente personalizada no era muy adecuada para las expectativas de la Misión de encontrar poderosos interlocutores políticos a través de quienes pudieran ejercer su influencia sobre un gran número de isleños paganos.

Entonces como ahora, el *Hukwe* era la institución clave a partir de la cual los *sa ngwil* y los *temet rong* obtenían y acumulaban rango ritual. Más aún, como se explica en el capítulo 10 de este libro, el *Hukwe* y su principal ciclo ceremonial, conocido como *nevetge*, es el escenario clave a partir del cual se posibilita que los espíritus primordiales reciban presencia tangible y ofrezcan a los vivos la posibilidad de entrar, por un instante breve pero asombroso, en poderosas formas de reciprocidad y reconocimiento existencial con el mundo de los muertos.

Es por ello que resulta poco probable que la *Hukwe* se eliminara o se olvidara por completo, al menos no sin un programa sostenido de intervenciones y coerción por parte de la Misión. Lo que nos revela un seguimiento de las fuentes de los primeros misioneros es que este tipo de proceso nunca pudo darse en el contexto de Islas Torres, en vista de los exiguos recursos humanos que poseía la Iglesia en relación con esta comunidad relativamente pequeña y alejada de otros centros de trabajo misionero. Para comprender los detalles de estas limitaciones, conviene regresar al desarrollo de la fase inicial de contactos entre la gente de Lo y sus primeros misioneros residentes.

Volviendo al momento de primer contacto entre los isleños y Selwyn, Charles Fox nos dice que "El obispo llevó a un hombre y a un niño [locales] a la isla de Norfolk, mientras que Wogale y su esposa, y dos muchachos de Mota se establecieron en Lo, pues encontraron que la lengua era muy similar a la suya. Tenían una escuela de doce".[16] En vista de todo lo que se ha dicho hasta ahora, es posible afirmar que el "hombre y el niño" en cuestión muy probablemente pertenecían al mismo grupo de parentesco que ofreció el territorio de Vipake a la Misión. Ciertamente, los *metaviv* arraigados en torno al suelo de Vipake gozaron del privilegio de incorporar las nuevas tecnologías espirituales y sociopolíticas de los recién llegados europeos a su horizonte local de reciprocidad. Esto es lo que se traduce al leer sobre la permisividad de los habitantes de Vipake al haberles permitido a los anglicanos establecer esa primera "escuela de doce" en su territorio ancestral.

Tras la partida de Selwyn, Wogale inició el proceso de establecerse en su nuevo hogar en Vipake. Desde este particular punto de ventaja en el nexo más amplio de relaciones genealógicas y territoriales de Islas Torres, habría iniciado el trabajo de tratar de consolidar y expandir su congregación de "alumnos" regulares, cuyo rol principal se definía por su compromiso de asistir a los servicios diarios y semanales que el isleño de las Banks ofrecía en inglés y posiblemente en motés (la lengua de la isla de Mota). Pero si bien tenía

[16] C.E. Fox, *Lord of the Southern Isles... op. cit.*

una ubicación conveniente cerca de un pasaje arrecifal donde los botes anglicanos visitantes podían embarcar y desembarcar, Wogale se encontraba relativamente lejos de los principales huertos en las cimas de las colinas en los que los miembros de mayor edad de los *metaviv* concentraban la mayor parte de su energía diaria (según mi propia experiencia, el trayecto desde Vipake al sendero del monte más cercano toma al menos dos horas). Es decir, para la mayoría de los isleños de Lo habría resultado simplemente imposible visitar Vipake diariamente, en detrimento de sus actividades productivas.[17]

Esta situación no fue pasajera. Al día de hoy los habitantes de Lunharigi se identifican con los *metaviv* recalcitrantes, aquellos que habitaban en las laderas y la cima del cerro Luwovinie, quienes no terminaron de integrarse ni de integrar de manera completa los valores, las prácticas y las nuevas tecnologías sociales que ofrecían los anglicanos. En contraste, la gente de Rinua se dice heredera de los primeros cristianos de Vipake, mientras que la gente de Lunharigi se enaltece de pertencer a quienes resistieron la posibilidad de que les cambiaran su *kastom* por el del hombre blanco.

El periodo de Wogale llegó efectivamente a su fin en 1883. Otro hombre proveniente de Mota que se ordenó como ministro, el diácono Robert Pantuntun, uno de los "muchachos de Mota" que habían acompañado a Wogale desde 1878, sustituyó a éste y representaría a la Misión en Lo hasta 1893, cuando su mala salud también lo obligó a regresar a Mota, junto con una mujer de las Torres a quien desposó en 1884.[18] En suma, a lo largo de trece años de presencia constante, los ministros melanesios de la isla de Mota lograron establecer importantes vínculos nuevos con los isleños de Lo, y por extensión, con otras varias comunidades de las Torres, en gran medida bajo condi-

17 "...the older people cannot come to school except on Sundays, owing to the great distance that their cultivations are from the villages..." L. Robin, "Torres Island", *op. cit.*

18 La primera esposa de Pantuntun, una mujer de la isla de Mota bautizada con el nombre de Emily, murió en su isla natal, en 1882, durante un huracán.

Los restos de la pila bautismal de Vipake. (Foto: C. Mondragón, 2000)

ciones que siguieron las convenciones regionales de socialidad de los isleños, cuyo objetivo principal era el establecimiento —y el control— de relaciones productivas con los fuereños.

Durante este tiempo, una proporción creciente de la población de Lo gozó de la posibilidad de experimentar en directo el novedoso conjunto de actos y tecnologías espirituales, rituales y cotidianas, que portaban los anglicanos. Estas tecnologías sociales prometían interesantes maneras para mejorar, mediante la acción creativa y la innovación ritual, las expresiones existentes de autoridad y potencia eficaz (*mena*) de los isleños. Esta es una manera de decir que, lejos de significar la "erosión" de valores y prácticas tradicionales, esta etapa inicial de anglicanismo en Lo probablemente haya facilitado las percepciones de los isleños sobre su capacidad como agentes privilegiados en la apropiación y la monopolización selectiva de nuevos cuerpos de conocimiento ritual y performativo por vía de poderosos agentes extralocales. Este fue, en verdad, un proceso de descubrimiento del europeo, más que viceversa.

La pequeña iglesia de Rinua, la cual ofrece una idea de la forma que pudieron haber tenido las primeras iglesias de Islas Torres hacia el final del siglo XIX. (Foto: C. Mondragón, 2012)

Lo anterior no responde simplemente a una retórica reivindicadora de los isleños: cabe subrayar que, del lado de la Misión, esta primera experiencia de los valores y las prácticas anglicanas estuvo mediada fundamentalmente por las habilidades lingüísticas y culturales no de agentes europeos, sino de dos melanesios (Wogale y Pantuntun) provenientes de un grupo bien conocido de islas vecinas, las Banks, con cuyas comunidades la gente de Islas Torres tenía una dilatada historia de intercambios y vínculos de parentesco.[19]

[19] Uno de los principales resultados de estos involucramientos iniciales fue la aparición de oportunidades concretas para que ciertos hombres de las islas Torres obtuvieran una posición formal dentro de la Iglesia. Uno de ellos fue William Wulineu, probablemente un isleño de Lo que se convirtió en "maestro principal" de la escuela de Vipake, donde enseñó desde 1887 hasta su muerte en 1897. Fox llegó a

Estos matices y complicaciones relativas a las filiaciones microterritoriales y de *metaviv* desde los cuales la gente de Islas Torres se posicionó en relación con la Misión parecen haber sido difíciles de comprender para Leonard Robin, el primer misionero europeo que residió y actuó de manera más o menos sistemática en este rincón de Vanuatu. Robin fue designado en 1891 como sucesor de la Misión en las islas Torres poco después de la partida definitiva de Wogale y de Pantuntun. A sus ojos, la situación del cristianismo después de aquella primera etapa de trece años en Vipake era prácticamente tan desesperada como lo había sido al momento de la visita inicial del obispo Selwyn, en 1878. Específicamente, le decepcionaba que sus predecesores moteses no lograran desarrollar dos de las estructuras que la Misión consideraba esenciales para asegurar un régimen de práctica anglicana diaria, a saber: *1)* la construcción de una iglesia en la que pudieran llevarse a cabo servicios regulares para los isleños que se habían bautizado formalmente, con la cual podía presumirse que estaban comprometidos, y *2)* la traducción de oraciones anglicanas básicas a lo-toga, la lengua materna de los isleños de Lo, de Toga y de Tegua.

Esta falta de progreso inicial podría atribuirse parcialmente a los problemas de salud que Wogale y Pantuntun parecen haber sufrido desde el inicio,[20] pero yo plantearía que esto equivale a evaluarlos con la misma medida que más adelante utilizaron sus contrapartes europeos, es decir, como un fracaso porque no se siguieron las convenciones reconocibles de la Misión. Una interpretación que probablemente

escribir que Wulineu fue "el mejor maestro [misionero] oriundo de Islas Torres" ["the best Torres Islander teacher"]. Por su parte, poco después de la muerte de Wulineu el misionero Robin lo describiría como el "espinazo de la labor en las Torres... no hay quien pueda llenar sus zapatos" (the "backbone of Torres work [...] there is no one who can fill his place..."). Robin, "Torres Island", *op. cit.*

[20] "Next year [1879,] Wogale who was ill went back to Mota for a change, and a Mota teacher named Pelham carried on. The Bishop brought away nine boys and three girls [to Norfolk Island]", Fox, *Lord of the Southern Isles... op. cit*, p. 147.

se acerca más a la verdad es que los misioneros de Islas Banks no cumplieron con las expectativas de la Misión porque retomaron, al parecer, muchas de las convenciones propias de su mundo, es decir, el de los isleños melanesios. Lejos de comportarse como autoridades únicas y superiores en relación con sus congéneres, todo indica que se comportaron como dos miembros más del cosmos relacional existente, si acaso más amplio, que abarcaba los grupos de parentesco tanto de las islas Torres como de las Banks.

La forma en que se desarrolló la residencia de Robin, de manera fragmentada y errática, durante cuatro visitas que realizó entre 1890 y1896, no ofrecería condiciones para que mejorase sustancialmente la capacidad de la Misión para consolidarse en Islas Torres. En un inicio, Robin se estableció en Lo, muy probablemente en la estación principal de Vipake, durante varias semanas en 1890, y de nuevo durante su visita de 1892, cuando asumió la autoridad formal de manos de Pantuntun. Expresó entonces su decepción al descubrir que las prácticas rituales propias del *Hukwe* se encontraban en su apogeo ("incluso más fuertes en las Torres que en las Banks", escribió), y estaba particularmente alarmado por el consumo de kava en el contexto de la casa ritual de los hombres, el *g'mel*.[21]

En sus escritos durante su visita de 1894, Robin brinda importantes pistas sobre el estado de las relaciones entre la Misión y diferentes aldeas e islas. Asimismo, revela una mezcla de desengaño y optimismo, sobre todo en relación con la supuesta estabilidad de los isleños que se habían "bautizado" previamente:

> Mi estancia en las islas Torres fue muy corta este año. Volví de Inglaterra, tras una ausencia de casi dos años, justo a tiempo para embarcarme

[21] Desde su nombramiento en 1892 se propuso hacer que los isleños de Lo prometieran dejar de tomar kava. Aunque percibió que estas promesas habían sido efectivas, resulta revelador que diez años después su sucesor, Durrad, lograra describir en detalle el consumo de kava a partir de numerosas observaciones de estos rituales según se llevaban a cabo en Lo.

> en la *Southern Cross* en la isla de Norfolk cuando hizo una escala en septiembre de camino a la Isla para su segundo viaje, que este año sería el último. Por tanto, sólo pude estar en tierra durante el tiempo en que la nave visitó los Grupos del Norte. En este caso, debido al atroz clima que imperó a su vuelta, sólo tuve cinco semanas y media.
>
> Tras una ausencia tan larga, aunque necesaria, uno naturalmente estaba muy ansioso por ver cómo estaba todo. [...] *Siempre es difícil juzgar el estado de las cosas pues la gente normalmente se comporta lo mejor posible durante la visita de uno*; pero por lo que pude ver, ciertamente se cumplió la promesa justa de dos años antes [de dejar de tomar kava], y en ciertos sentidos había signos definitivos de progreso. [...] La escuela de montaña de Taratawe está llena de vida y luz. Vipaka, la estación principal, tiende al estancamiento. La disposición de la gente de las partes bajas de la isla parece mucho más perezosa que la de los nativos de la montaña.[22]

Robin procede a describir que sus esfuerzos iniciales habían dado lugar a una población supuesta de 480 "alumnos" regulares de la Misión en Lo y en Tegua. Por supuesto, el número real de isleños que podían etiquetarse como "conversos" seguros está abierto a especulación; su comentario sobre la "pereza" de la congregación de Vipake insinúa que los atributos de al menos algunos de los isleños "bautizados" seguían siendo ambivalentes. Otro extracto de su viaje de 1894 ofrece mayores detalles sobre dicha ambivalencia entre los isleños de Lo residentes en el cerro de Luwovinie, quienes, a pesar de guardar lazos de parentesco con algunos de los estudiantes "bautizados" de la Misión en Vipake, se habían seguido resistiendo a aspectos importantes de la práctica anglicana:

> Tenía motivos para temer que algunos de estos impíos que asistían a los servicios no lo hacían con tanta frecuencia en mi ausencia y solamente iban para complacerme; ahora tendrían tiempo suficiente para decidir si

[22] L. Robin, "Torres Island", *op. cit.* Énfasis añadido.

estarían a nuestro favor o en nuestra contra. Algunos de ellos dijeron específicamente que jamás se ofrecerían a bautizarse, por lo que consideré que había llegado el momento de procurar el cumplimiento de la costumbre de la Iglesia. Se anunció que a partir de ese momento, sólo los cristianos, los catecúmenos, los oyentes y los alumnos regulares de la escuela tendrían permitido asistir a la Iglesia. Hubo muchos murmullos entre aquellos a quienes se les prohibió acudir y hubo de pasar cierto tiempo para hacerlos entender el motivo de la nueva regla y lo burlesco que resultaba que continuaran viniendo a la Iglesia si no tenían la intención de convertirse en cristianos. Todos estuvieron enfadados durante dos domingos y no vinieron a la escuela dominical, pero cuando partí habían comenzado a entrar en razón y me parece que me despidieron con mayor cordialidad de la normal.[23]

Hacia su cuarta y última visita a Islas Torres, en 1896, las notas de Robin dejan entrever que en esos años la Misión había llegado a sus límites máximos. Lo se reportaba como enteramente bautizada, mientras que las aldeas del sur de Tegua parecían progresar, aunque Robin no ofrece mayores detalles. La gente de Likwal, en la costa norte de Toga, parecía también haber finalmente abrazado el "bautizo", y con ello la membresía presumiblemente incondicional de los preceptos espirituales anglicanos. Sin embargo la mayor parte de la población de Toga, en el sur de aquella isla, así como la población entera de Hiu, se resistía de manera radical y hostil a la presencia anglicana. Por lo que toca a Hiu, Robin escribió que su gente "permanece amistosa pero decididamente en contra de dejarnos poner pie [en su isla]. Como suele suceder [en otras islas melanesias], los líderes están en nuestra contra. Los jóvenes felizmente nos harían caso. Intentaré de nuevo el año entrante".[24]

[23] *Idem.*

[24] "Hiw is friendly but resolute in refusing us a footing there as yet. As usual, the head men are against us. All the younger ones would gladly hear us. I shall try again next year", Robin, *ibid.*

Pero no habría de haber "año entrante"; después de esa visita diversos asuntos personales y profesionales significaron que Robin no volvería a visitar Islas Torres. Su sucesor, W. J. Durrad, residiría durante cinco años en aquellas islas, aproximadamente entre 1900 y 1905, pero a decir de Fox y de los propios documentos de la Misión, su labor no pudo más que significar una continuidad precaria de la presencia anglicana en aquel rincón del archipiélago. Esto no significa que la entrada del anglicanismo haya fracasado: después de la partida de Durrad los isleños de Lo y Tegua se encargarían de mantener vivos ciertos símbolos y algunos rituales asociados con la práctica diaria de la Misión. Sin embargo, no sería sino hasta la década de 1930 que tanto la Misión como los isleños volverían a renovar sus relaciones generativas: en esa década los hombres de rango del sur de Toga —aquellos recalcitrantes defensores del *kastom* de Islas Torres— decidirían adoptar el anglicanismo como uno de sus mecanismos de estatus espiritual y social, junto con el *Hukwe*. Fue entonces que se llegó a ordenar Adams Towia, el primer oriundo de Islas Torres en alcanzar el título de sacerdote de la Iglesia de Melanesia. En vista de mi argumento de que fueron los isleños los que terminaron incorporando a su manera a los europeos, resulta significativo que Towia fuese, precisamente, un hombre de alto rango del territorio previamente "pagano" del sur de Toga.

Desplazamientos rituales y espaciales

Actualmente existe consenso sobre el hecho de que son los expertos rituales y jefes de Toga los custodios más poderosos del *kastom* (conocimiento "tradicional") de las islas Torres. Los hombres con rango ritual, miembros del *Hukwe* en Toga, no tienen empacho en afirmar con orgullo y cierta arrogancia que son ellos quienes guardan y conocen los valores tradicionales más fuertes en estas islas. En un archipiélago en el cual el vocablo *kastom* evoca una multiplicidad de fenómenos relacionados con el arraigo ancestral, el poder social, y la jerarquía política y ritual, estas manifestaciones de orgullo no son poca cosa. Sin embargo, esta percepción de sí mismos es también producto de procesos históricos relativamente recientes, más que de la preservación consciente, intergeneracional, de conocimientos y prácticas esotéricas, coherentes, arraigadas en patrones milenarios de continuidad social. Pero la descripción que de sí mismos generan los hombres de Toga es persuasiva toda vez que se corresponde con el hecho de que fueron sus jefes y ancianos los que revivieron el *Hukwe*, el *lehtemet*, y los ciclos de obtención de rango ritual en el transcurso de los últimos treinta años.

Los habitantes de la isla de Hiu también son custodios de formas de *kastom* propias de su pasado y su particular complejo lingüístico-cosmológico, el cual, aunque es indisociable del conjunto cultural de Islas Torres, contiene ciertas variantes y minucias que le distinguen como propio de esa isla y ninguna más. Más aún, a partir de la reanimación reciente del *lehtemet* en Toga, en la década de 1990 las mujeres de Hiu tuvieron la iniciativa de promover la rehabilitación de sus propias danzas y ciclos de obtención de rango, así como el tejido de esteras tradicionales, las cuales se perciben como otra manifestación importante de la continuidad del *kastom*.[25]

En suma, parecería que entre ambas, las islas de Toga y Hiu, han concentrado en siglos recientes la mayor parte de las dinámicas demográficas de Islas Torres. En la actualidad la extensión territorial de estas dos islas sigue brindando a sus habitantes mayores oportunidades para desarrollar actividades propias de la economía mixta, de mercado y de subsistencia, que domina la vida productiva de Vanuatu. Así, en Toga se concentra la mayor parte de la plantación y exportación de copra, mientras que las operaciones ganaderas a pequeña escala son propias de una familia de Hiu. A su vez, Hiu cuenta con

[25] Véase. L. Bolton, *Unfolding the Moon. Enacting women's* kastom *in Vanuatu*, Honolulu, University of Hawai'i Press, 2003.

Mama Jimmy Tiuiyoi, de Hiu. Sacerdote ordenado de la Iglesia Anglicana de Melanesia (el título *mama* se deriva de la lengua de Mota, Islas Banks, en donde significa "padre"). (Foto: C. Mondragón, 2006)

los más altos grados de migración circular de Islas Torres. Poco menos de la mitad de su población actual de 250 habitantes reside en el pueblo de Luganville (isla de Espíritu Santo), en donde realizan diversos trabajos de carácter estacional con el fin de generar remesas. Mientras tanto, sus parientes en Hiu mantienen activos y generativos los huertos de sus *metaviv*, de modo que no puedan ocurrir invasiones o reclamos territoriales espurios en torno a los mismos ante la ausencia de sus herederos legítimos.[26]

[26] La familiaridad de los habitantes de Hiu con el trabajo pagado y con la economía de mercado no es algo novedoso; durante la década de 1980-1990 llegaron a beneficiarse de la explotación maderera limitada que llevó a cabo una pequeña em-

Mebel Ramevetang, la mujer de mayor rango tradicional de Hiu.
(Foto: C. Mondragón, 1999)

A partir de la independencia de Vanuatu, la influencia históricamente dominante tanto de Toga como de Hiu se vio gradualmente eclipsada por el ascenso de la pequeña isla vecina de Lo, que se fue consolidando como el nexo definitivo de actividad humana y contacto extrarregional contemporáneo de Islas Torres.

Las transformaciones que dieron lugar a este ascenso se detonaron con el establecimiento de una pequeña aeropista en el vecino islote de Linua, cuya geografía horizontal fue especialmente fortuita para la construcción de dicha vía de acceso aéreo en 1983. A su vez,

presa extranjera —propiedad de un tahitiano emigrado a Vanuatu— que supo exprimir ganancias a partir de las reservas limitadas pero valiosas de maderas preciosas, principalmente pequeñas concentraciones de sándalo y kauri, que crecían en la parte norte de aquella isla pero que desaparecieron en el transcurso de aquel periodo.

la ensenada que divide a Lo de Linua se presentó como un sitio de anclaje privilegiado para la descarga, por vía marítima, de los materiales necesarios para establecer las casas administrativa y escolar del Consejo Regional de Torres en el centro de la aldea de Lunharigi. Por eso la escuela primaria hoy conocida como "Robin" originalmente fue construida a finales de la década de 1980 en aquella aldea, y sólo en 1997 fue transferida a su sitio actual, cerca de Rinua, como consecuencia de los pleitos políticos descritos anteriormente.

Los desplazamientos de los ejes pasados de relevancia política, económica y social de Islas Torres —desde Toga y Hiu hacia Lo y Linua—, subrayan la conveniencia de retomar la caracterización de estas dos últimas islas y de su principal asentamiento, Lunharigi, con la finalidad de ofrecer una reflexión final en relación con los escenarios básicos socioambientales que he venido explorando a lo largo de los últimos tres capítulos.

El presente

La tranquila y casi circular ensenada de *Nökwereng*, que separa a la costa norte de la isla de Lo del pequeño islote de Linua, constituye el nexo más importante de movimiento y comunicación mediante el cual todas las comunidades componentes de las islas Torres deben transitar en sus interacciones con el resto del mundo. En su punto medio, *Nökwereng* está dividida por la boca de un estuario que lleva a una laguna de manglar y un banco de arena intermareal poco profundo que separa a Lo de su hermana pequeña, la isla de Linua. Esta laguna proporciona el anclaje más seguro para pequeñas embarcaciones y varios días a la semana algunas personas provenientes de diversas islas van y vienen a bordo de una de las tres lanchas de motor que suelen dar servicio a los asentamientos costeños de las islas Torres. *Nökwereng* también es la vía de paso necesaria hacia Lo para cualquiera que llegue en avioneta proveniente de la pista de aterrizaje de

Linua. Por último, *Nökwereng* también es el lugar donde una o dos veces al año, si lo permite el oleaje en la bahía, echan anclas los muy esperados barcos de copra de las islas centrales, a lo que sigue un gran alboroto de actividad de isleños que desean vender copra para inmediatamente comprar productos de consumo con el dinero obtenido en la tienda miscelánea convenientemente situada dentro del mismo barco, y así merodear por la cubierta, tomando refrescos, fumando cigarrillos y charlando con la tripulación, o simplemente disfrutando de la euforia semicarnavalesca que ofrece el momento de llegada del barco.

Sin importar la imagen de interacciones frecuentes e intensas que transmite la descripción anterior, el movimiento de personas y bienes a lo largo y ancho de Islas Torres sigue siendo limitado debido a la falta de dinero en efectivo y de combustible, así como a las condiciones marítimas desfavorables que caracterizan a los estrechos que separan a las diversas islas de este grupo.

A lo largo de la última década la gente de Islas Torres ha tenido acceso a sólo tres o cuatro motores fuera de borda en pleno funcionamiento. Además, cada motor es propiedad de personas específicas cuyas necesidades y cálculos no siempre concuerdan con los de la comunidad. Una circunstancia inmediata y limitante para los viajes en lancha de motor es la gran escasez de combustible, derivado de la poca frecuencia de los servicios de envío del mismo al grupo de las islas Torres. En cualquier periodo de doce meses, sólo dos o tres de los barcos de copra que dan servicio regular a las islas centrales de Vanuatu visitan las islas Torres. Esto se debe a que la baja población de este grupo, aunada a su distancia de centros de actividad económica, proporcionan muy pocos incentivos para la venta de carga, la entrega de combustible e insumos y la recolección de copra por parte de los dueños de los barcos dedicados a ese servicio. Por tanto, para viajar en una lancha de motor, primero es necesario conseguir gasolina y pagar una cuota, que puede variar desde los 100 a los 200 VT ($2.20USD) para los lugareños, y de 8 000 a 30 000VT ($88-330USD) para los forasteros ignorantes, por los servicios del capitán y la tripulación. Por último, el clima y las condiciones del océano en particular pueden ser factores limitantes para los viajes interisleños (véanse capítulos 6 y 7).

Con todo, el punto es que en el transcurso de los últimos treinta años Lo se convirtió, por razones fortuitas, en el principal puerto de entrada y salida para personas y bienes que llegan o salen de las islas Torres. Desde que, en 1983, la Oficina de Aviación Civil de Vanuatu construyó la pista de aterrizaje en el islote de Linua, la única línea aérea doméstica de Vanuatu —entonces conocida como Melanesian Connections, hoy Vanair— comenzó a operar un servicio de transporte regular. Mientras que la frecuencia de los vuelos de Melanesian Connections fue durante muchos años quincenal, en los últimos años se ha intensificado la llegada de Twin Otters e Islanders de la flota de Vanair, por lo que ahora la presencia de las avionetas es semanal. Estas visitas aéreas han dado lugar a un patrón regular de congregación de los isleños en torno a la aeropista de Linua, con todo lo que eso significa en términos de intensificación de actividades sociales y productivas.

Los "días de avión", como los isleños de las islas Torres llaman informalmente a estas visitas, se han convertido posiblemente en el evento no-religioso más importante que reúne al pueblo de manera semanal (el otro evento semanal de relevancia es el servicio religioso que se ofrece en las tres pequeñas iglesias anglicanas de las islas). Los isleños que acuden a la aeropista incluyen a mujeres y niños residentes en Linua y Lunharigi, pero son principalmente los hombres quienes vienen de todos los rincones de las islas Torres, viajando en lancha de motor o en canoa de remos con la finalidad de tratar de obtener espacio en la pequeña avioneta para enviar cientos de kilos de cangrejo cocotero y langosta al lejano mercado de turistas de Puerto Vila. Las expectativas de los isleños que desean exportar cangrejo siempre se complican, porque las avionetas normalmente no tienen la capacidad suficiente para transportar tanta carga. Esto da

La llegada de una avioneta a Linua (Foto: C. Mondragón, 2006)

lugar a rebatingas, intentos por hacerse del espacio de carga de algún pasajero a quien le sobren kilos de la cuota permitida, etc. Las más de las veces solamente es exitoso un puñado de personas. No obstante, la posibilidad de obtener pagos en efectivo por el envío de los artrópodos constantemente atrae a una muchedumbre de alrededor de cien isleños a la pista durante los "días de avión".

Además de representar la principal ruta de transporte para las transacciones de negocios, el avión constituye el único transporte directo y regular que permite a la gente de las islas Torres mantener el contacto con parientes y amigos que se encuentran en otros grupos de islas, generalmente en las vecinas islas Banks, pero también en la ciudad de Luganville, y en algunos casos, en lugares tan lejanos como Puerto Vila (actualmente hay un vecindario periurbano pequeño pero en constante crecimiento en Santo, que se conoce como Mango, compuesto de alrededor de setenta isleños de las Banks y varias familias emigrantes de las islas Torres). En consecuencia, casi todos los vuelos llevan consigo alguna caja o bulto de carga, que generalmente consiste en alimentos, pero a veces también productos de consumo, que envían los conocidos de otros lugares. Con menos frecuencia, el avión transporta pasajeros de las Islas Banks en camino al sur, hacia Santo. En esos casos se dan rápidas conversaciones entre vecinos de las Banks y de las islas Torres, que gustan de entregar y llevar mensajes o dádivas antes de que el avión esté listo para despegar de nuevo.

En un mundo en el que las relaciones sociales y el intercambio son primordiales, y las complejidades del movimiento (de personas y de bienes) son marcadores del prestigio y la influencia de un grupo, es significativo que aquellos isleños que deseen conectarse con el mundo allende su comunidad tengan que desplazarse regularmente a un sitio específico —a saber, los pasajes costeros de *Nökwereng* y la pista de aterrizaje de Linua— que pertenece a los *metaviv* propios de Lo, y de ninguna otra comunidad de este microarchipiélago. Por ende no sorprende que la mayoría de los habitantes de las islas Torres consideren que la gente de Lo se ha beneficiado de forma desproporcionada de la ubicación fortuita de la pista de aterrizaje. Por si fuera poco, además de que son dos *metaviv* de Lo los propietarios tradicionales de la tierra sobre la que se encuentra la aeropista, la administración de Aviación Civil de Vanuatu, así como Vanair, contratan y les pagan a personas de Lunharigi para gestionar el sitio.

LAS ISLAS TORRES
EN EL IMAGINARIO EUROAMERICANO

Las islas Torres están situadas en la orilla de una división política imaginaria que separa a Vanuatu de Islas Salomón. Durante miles de años, las aguas que rodean a esta frontera moderna constituyeron una "zona fronteriza" cultural extensa de Oceanía Remota en donde se encontraban y se superponían las influencias de la Melanesia Marítima y la

Polinesia Oriental.[27] La inmensa región oceánica que rodea a las islas Torres está punteada con algunos grupos de islas pequeñas que durante varios siglos fueron escenario de un extenso complejo de intercambios centrado en torno a las islas de Tikopia, Anuta, Vanikoro, Nendö y el grupo de Santa Cruz, Islas Duff, Islas Reef (en las Salomón), Rewa, Ureparapara, Islas Banks y Maewo. Más lejos, los ciclos de intercambio se extendían al norte en la cadena principal de las Salomón, y al sur a través de Vanuatu central, llegando hasta el grupo de las Lealtad y Kanaky.[28] Paradójicamente, los recuentos locales apuntan a que los habitantes de las islas Torres abandonaron la navegación oceánica hace unos doscientos años, lo que causó una contracción de estos vínculos de intercambio regional justo antes del contacto con los euroamericanos más o menos a mediados del siglo XIX.

Los detalles precisos de cómo y cuándo se otorgó el nombre "Torres" al grupo de islas no son claros. El registro más antiguo y mejor conocido de este nombre aparece en el recuento del capitán John Elphinstone Erskine sobre su travesía oceánica por el norte de Vanuatu a bordo del *H.M.S. Havannah*.[29] Pero es posible que el nombre "Torres" haya aparecido previamente en cartas británicas de inicios del siglo XIX (Reece Discombe, comunicación personal). Lo cierto es que el nombre Torres fue otorgado por cartógrafos angloeuropeos del siglo XIX en conmemoración de un navegador ibérico del siglo XVII, Luis Váez de Torres, quien nunca visitó ni supo de las islas que llevan su nombre.

[27] R. Green y M.M. Creswell (eds.), *Southeast Solomon Islands Culture History: A Preliminary Survey*, Wellington, The Royal Society of New Zealand, 1976 (Bulletin, 11); P.J. Sheppard y R. Walter, "A revised model of Solomon Islands culture history", *Journal of the Polynesian Society*, vol. 115, núm. 1, 2006, pp. 47-76.

[28] K. Huffman, "Trading, cultural exchange and copyright: important aspects of Vanuatu arts", en J. Bonnemaison *et al.* (eds.), *Arts of Vanuatu*, *op. cit.*, pp. 182-194; M.J. Dubois, "Vanuatu seen from Maré", en J. Bonnemaison *et al.* (eds.), *Arts of Vanuatu*, *op. cit.*, pp. 79-82.

[29] J. Elphinstone Erskine, *Journal of a Cruise Among the Islands of the Western Pacific*, en *H.M.S. Havannah*, 8 vols., Londres, John Murray, 1853.

En 1606 Torres sirvió como segundo oficial a Pedro Fernández de Quirós durante lo que se convirtió en la primera expedición europea en adentrarse en aguas de Vanuatu. Torres es conocido por haber sido el primer europeo en "descubrir" y atravesar los estrechos que separan a Papúa Nueva Guinea de Australia, pero mientras Quirós navegó cerca de Ureparapara y atracó en Gaua, no hay evidencia que sugiera que él o Torres hayan avistado o se hayan aproximado a la región de las islas Torres, o escuchado nada al respecto.[30] En cualquier caso, es claro que los isleños del pasado y del presente nunca han tenido conocimiento de la historia y el viaje de Váez de Torres. Actualmente, los pocos que aventuran una explicación sobre el origen del nombre de sus islas tienen la idea de que se lo dieron los misioneros Robin y Durrad.

La extensión del cosmos relacional en el transcurso del siglo XX

En los cien años posteriores al primer contacto con pueblos no oceánicos, se dio una rápida sucesión de desplazamientos internos, la mayoría de los cuales implicaron el apiñamiento forzoso, hacia las costas, de los pequeños caseríos que anteriormente se encontraban separados y en el interior, por orden de las autoridades del Condominio y misioneros anglosajones. Al proceso inicial de contacto e incorporación de los fuereños anglicanos arriba descrito se siguieron series de migraciones e involucramientos prolongados con varios

[30] P. Fernández de Quirós, *Historia del descubrimiento de las regiones austriales hecho por el general Pedro Fernández de Quirós*, 3 vols., Justo Zaragoza (ed.), Madrid, 1876-1882; Sir C. Markham, *The Voyages of Pedro Fernandez de Quiros to 1606*, 2 vols. Londres, The Hakluyt Society, 1904; B. Hilder, *El viaje de Torres*, 1990; M. Luque y C. Mondragón, "Faith, Fidelity and Fantasy. Don Pedro Fernández de Quirós and the 'foundation, government and sustenance' of *La Nueba Hierusalem* in 1606", *Journal of Pacific History*, vol. 40, núm. 2, 2005, pp. 133-148.

actores extralocales, los cuales, en algunos casos, siguen vigentes. Estos procesos son comparables con los de muchas otras comunidades de Melanesia e incluyeron: la gradual incorporación de las tecnologías espirituales y rituales de los misioneros europeos, la desastrosa presencia de reclutadores de mano de obra semiesclavizada —los infames *blackbirders*— asociados a la expansión de las plantaciones de caña en Australia y Fiji al final del siglo XIX, y la presencia del ocasional burócrata colonial, todos los cuales obligaron a la gente de las islas Torres a expandir dramáticamente sus contactos y formas de incorporación relacional hacia diversos horizontes lejanos.

A lo largo del siglo XX dos procesos dominaron la interfase entre las interacciones "micro" (léase basadas en las islas Torres) y las "macro" (regionales y mundiales) a partir de la cual los isleños incorporaron a diversas personas y procesos fuereños a sus formas de acción social. El primero de ellos comprende la migración, en gran medida circular, de hombres y mujeres de las islas Torres a varias islas del centro de Vanuatu, especialmente a Espíritu Santo, donde buscaban empleo temporal en plantaciones de copra y a últimas fechas han buscado trabajo en los sectores de servicios modernos que han aparecido con el establecimiento del servicio civil y la industria turística.[31] Sin embargo, en conjunto la migración circular ha sido limitada, principalmente debido a las escasas oportunidades que tiene la gente de Islas Torres para viajar fuera de su mundo inmediato.

El segundo proceso de influencia que ha moldeado la vida diaria en las islas Torres durante el último siglo ha sido más estable, continuo y relativamente menos dramático. Se trata del proceso de "cristianización" y la labor misionera emprendida por varias generacio-

[31] R. Bedford, *New Hebridean Mobility. A study of Circular Migration*, Canberra, Australian National University, 1973, y R. Bedford (ed.), *Population of Vanuatu: Analysis of the 1979 census*, Nouméa, South Pacific Commission, 1989 (Population monograph, 2); J. Bonnemaison, *Système de migration et croissance urbaine a Port-Vila et Luganville (Nouvelles-Hébrides)*, París, ORSTOM, 1977 (Collection Travaux et Documents, 60).

nes de miembros melanesios y extranjeros de la Diócesis Anglicana, cuyos vínculos en el distrito local se extienden al norte desde las Banks y las islas Torres a la provincia de Makira y la sede de la Misión Melanesia cerca de Honiara en las Salomón centrales. Esto ha creado un interés en algunas de las noticias que se originan en el archipiélago vecino, que sigue siendo distante y en gran parte desconocido para el ni-Vanuatu promedio.

Hasta el momento de la independencia de Vanuatu en 1980, la comunicación entre las islas Torres y el resto del mundo fue posible sólo a través del transporte marítimo moderno. Por su naturaleza, la conexión marítima era lenta, desorganizada y poco confiable, de modo que la influencia del mundo exterior llegó lenta y gradualmente al pueblo de las islas Torres. No obstante, durante las últimas dos décadas, con el advenimiento de los vuelos nacionales, la naturaleza de las interacciones entre los isleños y los agentes externos se ha intensificado y una vez más cambia la forma en la que el pueblo de las islas Torres se percibe a sí mismo y al resto del mundo.

Hoy, las nociones isleñas sobre el mundo exterior son considerables, pero indirectas. La mayoría de los hombres tienen libertad para viajar y generalmente lo hacen si surge la oportunidad, lo cual no es frecuente y suele suceder únicamente antes de que se casen. En su juventud, algunos hombres logran encontrar pasaje a bordo de barcos de copra y adquieren experiencia de primera mano sobre los dos principales centros de actividad económica y política en el norte de Vanuatu: Sola, la pequeña sede provincial de Torba (el nombre oficial de la provincia que abarca las islas Banks y las islas Torres) en la vecina isla grande de Vanua Lava, 80 km al sureste, y Luganville, en la isla de Espíritu Santo, a 200 km al sur. Sin embargo, muy pocos hombres de las islas Torres, y prácticamente ninguna mujer, han visitado Puerto Vila, el cual representa un punto de referencia poderoso pero distante en la imaginación local.

Las noticias y las imágenes mentales de Vila se generan principalmente a través de las transmisiones diarias de Radio Vanuatu, la única estación de radio nacional que escuchan ávidamente los ni-Vanuatu de todo el archipiélago. Es interesante que en las islas Torres, Radio Vanuatu suele verse desplazado por Radio Solomons, que se emite desde Honiara con una señal más fuerte, por lo que a veces resulta ser la más popular. Así, la gente de las islas Torres con frecuencia sabe lo mismo sobre los asuntos internos y las habladurías isleñas provenientes de las capitales de ambas naciones. Dos fuentes secundarias de información son los teleradios (hay cinco en todo el grupo de las islas Torres) y algún periódico que se lleva en avión ocasionalmente. Los yates turísticos que pasan a veces también son portadores de habladurías, de revistas y de libros, pero en su mayoría, los vistazos y los sonidos del mundo que trasciende el horizonte permanecen distantes y siguen siendo de difícil acceso.

Desde su llegada a las islas Torres en tiempos antiguos, los pueblos de este grupo de islas mantenían intensas conexiones con el mundo que los rodea. Durante la época prehistórica, el grado y la intensidad de estas conexiones parece haberse contraído y expandido periódicamente. En épocas más recientes, la población local sufrió un colapso catastrófico que, unido a las demandas de las políticas coloniales y poscoloniales y a los centros político-económicos de influencia emergentes basados en ciudades lejanas, han empujado a los habitantes de Islas Torres a las márgenes de la vida contemporánea en Vanuatu. Hoy, los isleños se conectan con el resto del archipiélago a través de una pista de aterrizaje y de las visitas poco frecuentes de barcos de copra. Resulta irónico que mientras los medios modernos de transporte y de telecomunicaciones han aumentado dramáticamente, la naturaleza y el grado de involucramiento de las islas Torres con fenómenos regionales y mundiales, por el alto costo del viaje por aire y la irregularidad de los servicios de transporte marítimo, presentan grandes limitaciones para la movilidad de los propios isleños.

En suma, para la mayoría de los habitantes actuales de las islas Torres, las islas que están más allá de sus horizontes oceánicos inmediatos, y el mundo en general más allá de Vanuatu, se manifiestan a través de una diversidad de imágenes, objetos, personas e ideas, los cuales están siempre presentes pero son casi imposibles de experimentar de primera mano.

De "Primeras Islas" a *las ples*

Las islas Torres estuvieron entre las primeras islas de Vanuatu en elevarse desde el fondo del mar hace 22 millones de años.[32] Asimismo, fueron una de las primeras regiones de Vanuatu en ser pobladas por el ser humano, alrededor de 3 200 años antes del presente (AP) y 1 000 años después del inicio de la última gran ola migratoria de los pueblos de Lapita desde los confines occidentales de Melanesia insular, en los archipiélagos de Bismarck y las Salomón.[33] Desde esta perspectiva de la *longue durée* arqueológica, las islas Torres representan uno de los puntos desde los cuales se expandieron los primeros habitantes de Vanuatu hacia las otras partes de este archipiélago.

Desde hace algunos años, cuando obtuvieron estos datos por parte de diversos arqueólogos visitantes, los habitantes de Islas Torres se apropiaron de ellos para poder orgullosamente describir a su microarchipiélago como las "Primeras Islas" de Vanuatu. El sentido de valor propio contenido en esta caracterización de su lugar en relación con el resto del archipiélago es consistente con el sentimiento de autosuficiencia descrito al final del capítulo anterior. Sin embargo, está en marcado contraste con otras aseveraciones, igualmente surgidas de apropiaciones locales de tropos exógenos sobre la lejanía y la pobreza de islas pequeñas, que tienen que ver con un sentido de lejanía y desempoderamiento en relación con los nuevos centros urbanos

[32] B. Weightman, *Agriculture in Vanuatu: A historical review,* Cheam, Surrey, The British Friends of Vanuatu, 1989, p. 2.

[33] J.-Ch. Galipaud, *Recherches archéologiques aux îles Torres*, Port Vila, ORSTOM, 1996, p. 1; P.V. Kirch, *The Lapita Peoples*, Londres, Routledge, 1997, pp. 61-62; M. Spriggs, *The Island Melanesians*, Londres, Routledge, 1997, p. 70.

de poder que caracterizan la geografía política de la nación de Vanuatu. Estas expresiones de marginación consisten en una recuperación de conceptos modernistas de centro-periferia en los cuales Islas Torres representan definitivamente un lugar "lejano", primitivo y prístino, de tal modo que su repetición en boca de los isleños parecería confirmar las proyecciones primitivistas que las sustentan. Sin embargo, ante el contraste que surge entre aseveraciones de autosuficiencia y aquellas de desempoderamiento, resulta crucial observar que estas últimas suelen presentarse en relación con las descripciones que sobre sí mismos producen los isleños cuando conversan con visitantes fuereños, tanto ni-Vanuatu urbanitas como turistas y visitantes procedentes de otros continentes. Pero la percepción de marginación rara vez se hace presente en el contexto de conversaciones internas, es decir propias del contexto cotidiano que transcurre en su propia lengua, el lo-toga. En última instancia, estas expresiones contrastadas lo que demuestran es la complejidad inherente a la idea que de su lugar en el mundo se han forjado los habitantes de Islas Torres durante el transcurso de sus entrelazamientos recientes con el mundo allende sus horizontes inmediatos.

En resumen, los habitantes contemporáneos de Islas Torres han desarrollado una conciencia de sí mismos en la cual se piensan, al mismo tiempo, una comunidad resiliente y autosuficiente, dotada de *kastom* y de valores edificantes, pero también una comunidad vulnerable que se encuentra en los márgenes del mundo moderno. Mientras que esta última idea se origina en proyecciones primitivistas externas, es indicativa de la complejidad de la percepción que de sí mismos tienen los isleños toda vez que refuerza la contraposición maniquea de *kastom*, en tanto ideal tradicionalista moralmente positivo, y modernidad, en tanto condición exógena inevitable y ultimadamente negativa. Uno de los resultados más singulares de esta extraordinaria retroalimentación de valores cruzados es la noción de que ante el avance de lo "moderno" existe una irrefrenable pérdida de valores sociales y, con ellos, del *kastom* mismo.

Esta pérdida, cabe observar, la piensan en función de sí mismos y no necesariamente de aquellas otras comunidades de Vanuatu, como Ambrym o Malakula, cuya visibilidad como garantes y símbolos nacionales del *kastom* se deriva de la atención que recibieron desde temprano por parte de etnógrafos y folcloristas europeos. Estas distinciones históricas no las registran los habitantes de Islas Torres. Un amigo isleño alguna vez me resumió de la siguiente manera este sofisticado sentimiento de inferioridad relativa y nostalgia neotradicional, es decir, de pérdida de un pasado idealizado en relación con otras comunidades de Vanuatu:

> Hemos perdido mucho de nuestro *kastom* desde la llegada del hombre blanco, pero no hemos obtenido nada a cambio. El pueblo de Malakula o de Tanna [islas de mayor tamaño, cercanas a los centros políticos y económicos de Vanuatu] aún mantienen fuerte su *kastom*, pero incluso si lo perdieran, seguirían pudiendo ganar dinero y desarrollo para sus islas. Aquí en las islas Torres no nos interesa seguir el camino del *kastom*, pero tampoco tenemos desarrollo. En verdad somos el *las ples*, *las aelan*, *las tingting* [B: el último lugar, la última isla, el último pensamiento].[34]

Las ples, *las aelan*, *las tingting* es una frase en bislama que escuché poco después de llegar a las islas Torres. Su pronunciamiento suele evocar varios juegos de palabra y significaciones sobrelapadas, algunas de las cuales guardan una cierta mordacidad, dado que, en relación con jefes y hombres poderosos, la idea de autorrepresentarse como "el último" es una manera de poner en evidencia la humildad de quien en realidad es poderoso, pues entre los principios de rango, poder y respeto que manejan las personas de Islas Torres, la autoridad no se ejerce mediante su despliegue descuidado y banal, sino a partir de cuidadosos y efímeros momentos de revelación pública, los cuales resultan tanto más impresionantes cuando se contrastan con la

[34] Conversación con David Andrew, isla de Lo, mayo de 1999.

invisibilidad cotidiana de quien lo ostenta. Sin embargo, el significado popular de aquella frase para otros ni-Vanuatu suele ser, sobre todo, despectivo, en la medida en que resalta la lejanía y el atraso percibidos de los habitantes de las remotas Islas Torres.

La frase las *ples, las aelan, las tingting* se antoja como particularmente apta para cerrar mi reflexión acerca de las maneras contradictorias —positivas y negativas— mediante las cuales se describen y piensan a sí mismos los isleños en relación con su actual lugar en el mundo. Sin embargo sería un error pensar que con esta exposición de percepciones identitarias encontradas se hubiese llegado a un bosquejo suficientemente representativo de los principios existenciales y de acción social a partir de los cuales generan su mundo los melanesios de este microarchipiélago.

El propósito de los primeros cuatro capítulos de este libro ha sido introducir al lector a la arquitectura básica de Islas Torres. El resultado es el de un bosquejo inicial de los espacios físicos y sociales, así como de los procesos temporales —topogénicos e históricos— que le han dado forma a este paraje austronesio. El objetivo de los siguientes capítulos será adentrarse más allá de esta imagen inicial mediante un análisis pormenorizado de los principios existenciales a partir de los cuales se producen a sí mismos y a su mundo los habitantes de este singular lugar, el último y el primero del archipiélago de Vanuatu. Dicho análisis lo he resuelto a partir de un enfoque disciplinario propio de la antropología ambiental, razón por la cual me aproximo, primero, al espaciotiempo isleño a partir de sus conceptos de persona y de grupo, lo que llamaríamos su sistema y prácticas de parentesco, para después pasar al estudio de las transformaciones socioambientales que emergen en torno a sus principales sistemas productivos. Finalmente, en la tercera parte del libro me concentro en el conocimiento ambiental isleño, y en las relaciones humanas con las fluctuaciones ambientales de gran envergadura pasadas y presentes que caracterizan este mundo, inclusive los efectos iniciales de la crisis climática actual.

Parte II

Personas-lugar

CAPÍTULO 4

UN COSMOS RELACIONAL. DINÁMICAS DE INTERCAMBIO Y PERTENENCIA

El nexo de prescripciones a partir de las cuales se organizan los esfuerzos productivos fundamentales de Islas Torres —a saber, la crianza hortícola y la producción de personas— es el esquema tripartita de 'matrilinajes' (LT: *tutumwa*) dialectalmente opuestos, y sus "subclanes" (LT: *metaviv*), que constituyen el andamiaje esencial de lo que he definido como el cosmos relacional de estas islas. Asimismo, estas prescripciones se manifiestan como una serie de normas de conducta respetuosa que constituyen el eje para las relaciones clave de intercambio de esta comunidad.[1] De acuerdo con estas prescripciones, todas las personas vivas y muertas, inclusive personas no originarias de la isla con las cuales se traban relaciones formales, descienden o adquieren adscripción genealógica dentro de uno de los tres *tutumwa* o linajes de origen de estas islas. En este sentido el cosmos relacional de Islas Torres es extensivo y no tiene límites determinados, peculiaridad a la cual volveré más adelante en este capítulo.

[1] Cabe señalar que muchas otras comunidades ni-Vanuatu tienen dos linajes básicos opuestos entre sí, en lugar de tres, como ocurre en Islas Torres.

La arquitectura del parentesco: los *tutumwa*...

Los tres *tutumwa* son matriclanes exogámicos que derivan su existencia de un ancestro originario de nombre y género no específicos, cuya eficacia o "poder" (LT: *mena*) genera la fuerza de continuidad del *tutumwa*. Esta fuente de poder ancestral no es trascendental ni de otro mundo, sino un tipo de potencia eficaz, de efectividad pragmática, que se relaciona directamente con la capacidad productiva más amplia de toda entidad animada. En este caso se aplica tanto al fundador genealógico como a sus descendientes, inclusive a espíritus ancestrales de quienes encarnaron el cuerpo del linaje en tiempos pasados, es decir, a los muertos.

Cada *tutumwa* comprende, a su vez, diversos subclanes o *metaviv*, cuyo número varía con el tiempo y también según su isla de origen. Pero mientras que los tres *tutumwa* incorporan a todas las concatenaciones de personas vivas y muertas de Islas Torres desde tiempos inmemoriales, los *metaviv* representan líneas vigentes de vivos y muertos, es decir, genealogías con presencia en la actualidad. Cada *metaviv* tiene su *tetot*, o sitio específico de origen ancestral, desde el cual se origina el encadenamiento de huertos cultivables y personas —pasadas y presentes— que pertenecen al *metaviv*.

Según los relatos contemporáneos, los tres *tutumwa* de Islas Torres han existido indefinidamente desde el principio de los tiempos. Por otro lado, se sabe que los diversos *metaviv* tienen un "ciclo de vida" según el cual "nacen" y pueden llegar a "morir", lo cual sucede cuando fallecen todos los miembros de un determinado *metaviv*, es decir, cuando dejan de existir todos sus representantes y no se puede seguir transmitiendo a la siguiente generación la sustancia ancestral específica a esa concatenación de personas-territorio.[2] La acumula-

[2] Como me relató William Bollen, de Ureparapara, el número de "clanes" en esa isla (que es la más cercana en términos geográficos y culturales a Islas Torres) ha fluctuado de manera importante en los últimos doscientos años. Actualmente, Ureparapara aloja veinte "clanes" o "sublinajes", cifra relativamente alta que los isleños

ción de ancestros masculinos y, con menos frecuencia, femeninos (conocidos como *temete*) en cada *metaviv* se conceptualiza como una serie de presencias estratificadas que "residen" en su territorio ancestral, es decir su *tetot*.[3] Esta asociación entre el territorio y las presencias ancestrales 'estratificadas' se pone de manifiesto en la práctica tradicional de colocar los restos de ancestros fallecidos sobre grandes montículos de piedras (LT: *gwör*) cerca de los espacios de danza ritual y la casa ritual de los hombres (LT: *g'mel*) de un *metaviv* en particular.

Los nombres de los dos *tutumwa* más grandes de Islas Torres, G'meltëmetë y G'melset, reflejan el estrecho vínculo que existe entre el *temete* de un *metaviv* y su *g'mel*. El tercer y menor *tutumwa* no tiene un nombre aparente y se le conoce sólo como Tumwar, también pronunciado Tungwar ('tumwar' es la forma pasiva de la palabra *tutumwa*), lo que quizás refleja su posición casi subordinada al lado del G'meltëmetë. La posición relativa de los tres *tutumwa* entre sí se estableció desde el inicio, como consta en sus historias de origen ancestral. Esta narrativa, la cual resumo a continuación a partir de diversas variantes que les he escuchado en diferentes ocasiones a varios ancianos incluyendo a *jif* Peter Wotekwo (Lo), Mabel Ramëvetang (Hiu), *olfala* Sedrak Likwulé (Hiu/Toga) y el padre (anglicano) Jimmy Tiuyoi Votuag'iutua (Hiu), puede resumirse como sigue:

---

atribuyen a la creación repentina de varios "clanes" nuevos como resultado de la entrada de inmigrantes de islas cercanas en los últimos dos o tres siglos. Es posible que algunos de estos migrantes hayan sido exiliados de Tikopia y quizás llegaron en una gran oleada hace aproximadamente 300 años, después de que fueran desterrados permanentemente de ahí (véase R. Firth, *We The Tikopia*, Boston, Beacon Press, 1957 [1936], p. 32).

[3] Véase el artículo temprano y clásico del misionero Walter George Ivens para consultar una discusión sobre los *temete* en las cercanas Islas Banks: W.G. Ivens, "The Place of Vui and Tamate in the Religion of Mota", *The Journal of the Royal Anthropological Institute of Great Britain and Ireland*, vol. 61, núm. 1, 1931, pp. 157-166.

> Había una vez dos jovencitas en la isla de Metoma que estaban buscando cocos recién retoñados y cuando encontraron uno, lo dividieron a la mitad. Estaban a punto de comer su carnoso interior cuando llegó una tercera muchacha y les pidió un poco. Una de ellas, egoísta, se negó, pero la otra chica sí estaba dispuesta a compartir, así que dividió de nuevo su parte y le dio la mitad que contenía el "ojo" del coco (el lugar de donde emerge el brote del cocotero en crecimiento). Así es como iniciaron los tres *tutumwa*. Por eso, los dos *tutumwa* que compartieron el coco, G'meltëmetë y Tumwär, son más cercanos y casi forman uno mismo; sus miembros no pueden casarse entre sí, deben hacerlo con personas del tercer y más grande *mama line*, G'melset, que es independiente.

La separación simbólica que existe entre G'meltëmetë y Tumwär, por un lado, y G'melset por el otro, fue el prerrequisito necesario que hizo posibles todas las relaciones inter-*tutumwa* posteriores. Para la mayoría de los habitantes de Islas Torres, la pertenencia a un *tutumwa* determinado se define matrilinealmente al nacer. Para las personas ajenas, fuereños migrantes que se casan con alguno de estos isleños o incluso los etnógrafos visitantes, la pertenencia se identifica mediante un rasgo físico distintivo: el número de líneas de la mano.[4]

Tras su incorporación a un *tutumwa* la persona puede entablar varios tipos de relaciones prescritas con miembros de los otros *tutumwa*. Dichas prácticas se determinan a través de normas de conducta al nivel del *metaviv*, por medio de las cuales se define la verdadera posición socioterritorial de la persona. Así, las prescripciones de fondo entre *tutumwa* determinan qué conjuntos de *metaviv* son considerados tabú y cuáles serán adecuados para intercambios en el contexto de las alianzas matrimoniales. Aunque los preceptos suelen olvidarse

[4] Una forma de identificación de linaje exactamente igual parece existir entre los usen barok de Nueva Irlanda. Véase R. Wagner, *Asiwinarong: Ethos, Image, and Social Power Among the Usen Barok of New Ireland*, Princeton, Princeton University Press, 1986, p. 50.

en la práxis de la interacción social cotidiana, es importante proveer una descripción básica de los *metaviv* antes de discutir las particularidades y variaciones de la organización social de Islas Torres.

...Y LOS *METAVIV*

En un sentido literal, todo *metaviv* es metonímico del *tetot*, el sitio de origen ancestral del cual surgió la fundadora originaria del *metaviv*. Estos nacimientos se tienen generalmente por extraordinarios: a veces la ancestra fundatriz emerge del interior de una hoja, una planta, un animal, o bien es el producto de una madre humana inseminada por un medio sobrenatural. Por definición, los sitios de origen de los *metaviv* son lugares especiales en los paisajes terrestres y marinos. Dada la importancia de la práctica hortícola en la vida de Islas Torres, no es coincidencia que la mayoría de los sitios de origen primordial de los *metaviv* contemporáneos sean huertos situados en las cumbres de las colinas, sobre lo cual abundaré en el capítulo sexto de este libro. Sin embargo, algunas de las ancestras fundadoras de los *metaviv* tienen su origen en pasajes de arrecifes en la costa; por ejemplo, nacieron mágicamente a partir del efecto seminal de un "padre" anguila sobre una madre humana. Una de ellas, la del *metaviv nekwuria*, es enteramente marítima.[5]

Si bien los datos generales de algunos mitos de origen, como el del *metaviv nekwuria*, son bien conocidos para la mayoría de los isleños, no todos ellos están dispuestos a revelar las historias de su *metaviv*, dado el carácter sumamente sagrado y secreto de algunos de los topónimos y eventos, *i.e.* la topogenia que aquellas comprenden. En general existe una falta básica de vínculos legítimos (genealógicos) entre los lugareños y aquellos fuereños que buscan registrar es-

[5] Esta madre fundadora del *metaviv* nació de un delfín (LT: *kwuria*), y su lugar de origen se "ubica" entre los numerosos grupos de delfines que viven en los alrededores de las islas Torres.

tas narrativas, entre los que se cuentan de manera prominente los etnógrafos. Por ello, los habitantes de Islas Torres me han aclarado en múltiples ocasiones que buscar información sobre una historia ontogénica, o bien sobre la concatenación topogénica de un *metaviv* al cual no pertenece el inquisidor, es un procedimiento fundamentalmente ilógico, toda vez que equivale a estar pidiendo la biografía genealógica de una familia cuya historia y lugar son totalmente ajenos. Por lo demás, es un procedimiento evidentemente transgresivo y generalmente perturbador para el interlocutor isleño.[6]

Con este tema en mente, he decidido transcribir sólo algunos datos breves sobre dos historias de origen, a saber, las que pertenecen al *metaviv litarëvor* (de Toga) y al *metaviv letëluwo* (de Lo). La finalidad es ilustrar algunos aspectos generales de la forma en que se describe a las matriarcas fundadoras y sus actos ontogénicos. Estos fragmentos corresponden exclusivamente a secciones resumidas y "abiertas", es decir, susceptibles de circular como conocimiento del dominio público, de dichas narrativas:

> En Toga había un hombre y una mujer que no podían concebir. Vivían en un lugar llamado Litarëvor y tenían un cerdo que alimentaban con frecuencia, pero se dieron cuenta de que estaba adelgazando. Un día, con la intención de descubrir quién robaba el alimento del cerdo, el hombre se escondió cerca de su jaula y esperó. En ese momento, apareció una niña de entre la vegetación y tomó la comida del animal; el hombre se aproximó a ella y le preguntó si la estaba consumiendo. La niña comenzó a llorar y entonces él le preguntó quién era su madre, a lo que ella respondió que nació de un jabalí intersexuado (genitalmente hermafrodita). Entonces, el hombre llevó a la niña a su villorrio y su

[6] A pesar de la claridad con la que la mayoría de los ni-Vanuatu suelen expresar este recelo, en repetidas ocasiones fui testigo de que los objetivos y las expectativas de los investigadores que trabajaban de manera legítima con el Centro Cultural de Vanuatu, con frecuencia soslayan los problemas que provoca el intento de "evocar" mitos de origen y otras importantes narrativas.

> esposa dijo que deberían adoptarla, dado que no tenían hijos propios. Con el tiempo, la chica se casó y se convirtió en la madre ancestral del *metaviv litarëvor*.[7]

En este recuento destaca la presencia de un jabalí intersexuado como procreador original de la ancestra fundacional del *metaviv*. Los cerdos de este tipo son una rareza en Islas Banks e Islas Torres (yo mismo nunca he visto alguno en Islas Torres) y son muy apreciados debido a su escasez.[8] Por otro lado, se dice que el *metaviv letëluwo* surgió de esta manera:

> Una mujer prendió fuego a un huerto nuevo que estaba limpiando en preparación para sembrarlo. Después fue a casa y regresó por algo de leña para llevar a su hogar. Cuando caminaba de regreso con una tea en la mano, sintió dolor en el vientre y se dio cuenta de que estaba embarazada. Dio a luz a una niña que se convirtió en la primera madre del *metaviv Letëluwo*. Letëluwo significa 'gran huerto'; este lugar se encuentra en la isla de Toga, es el sitio de origen primordial de los miembros de ese *metaviv* y aún se cultiva.

La mayoría de los *metaviv* de Islas Torres se ubican en los dos "polos" históricamente relevantes de prácticas de *kastom*, intercambio y migración, a saber, las islas de Hiu y Toga. Actualmente, los habitantes de esta última concentran al mayor número de *metaviv* de las islas, aunque sus miembros suelen estar dispersos debido a los constantes matrimonios, intercambios y desplazamientos residenciales que caracterizan a las mismas.

[7] *Jif* Peter Wotekwo, de Lo, me relató esta versión, que elegí incluir en este texto porque es más completa que la historia que W.J. Durrad transcribió parcialmente hace más de cien años (véase W.J. Durrad, "Notes on the Torres Islands", *Oceania,* vol. 11, 1940-1941, pp. 75-76).

[8] W. Rodman, "The boars of Bali Ha'i: Pigs in paradise", en J. Bonnemaison *et al.* (eds.), *Arts of Vanuatu*, Bathurst, Australia, Crawford House Publishing, 1996, p. 161.

Según versiones locales que he cotejado con las breves notas provistas por el reverendo W.J. Durrad, la mayoría de los *metaviv* que existían al inicio del siglo XX permanecen aún hasta nuestros días.[9] Resumiendo todo lo dicho hasta aquí, los *tutumwa* y *metaviv* contemporáneos, según los registré en Toga y en Lo (faltan algunos de Hiu) se pueden organizar de la siguiente manera:

Tabla 1. *Tutumwa* y *metaviv* de Islas Torres

Tutumwa	*Metaviv*	*Isla de origen*
Tutumwa nëg'melset (G'melset) Este *tutumwa* es independiente, a diferencia de los dos siguientes	Letëluwo	Toga
	Lemürü	Toga
	Tahar	Hiu (¿Toga?)
	Nïpon (este *metaviv* parece ser nuevo y Durrad no lo registró en 1906)	Hiu
Tutumwa nëtungwar (Tumwar)* El más pequeño de los tres *tutumwa* en cuanto a miembros	Pepükulë	Toga
	Tagalalë	Toga
	Wutintin	Toga
	Taletë	Toga
Tutumwa nëg'meltëmete (G'mëltmetë)	Litarëvor	Toga
	Riwansep	Lo (¿Hiu?)

* Probablemente existen más de cuatro *metaviv* en este *tutumwa*.
FUENTE: Elaborada por C. Mondragón.

9 W.J. Durrad, "Notes on the Torres Islands", *Oceania, op. cit.*, p. 75.

Contrástese esta representación esquemática de la tabla anterior con la siguiente, elaborada por jefes de la isla de Lo hacia finales de la década de 1990:

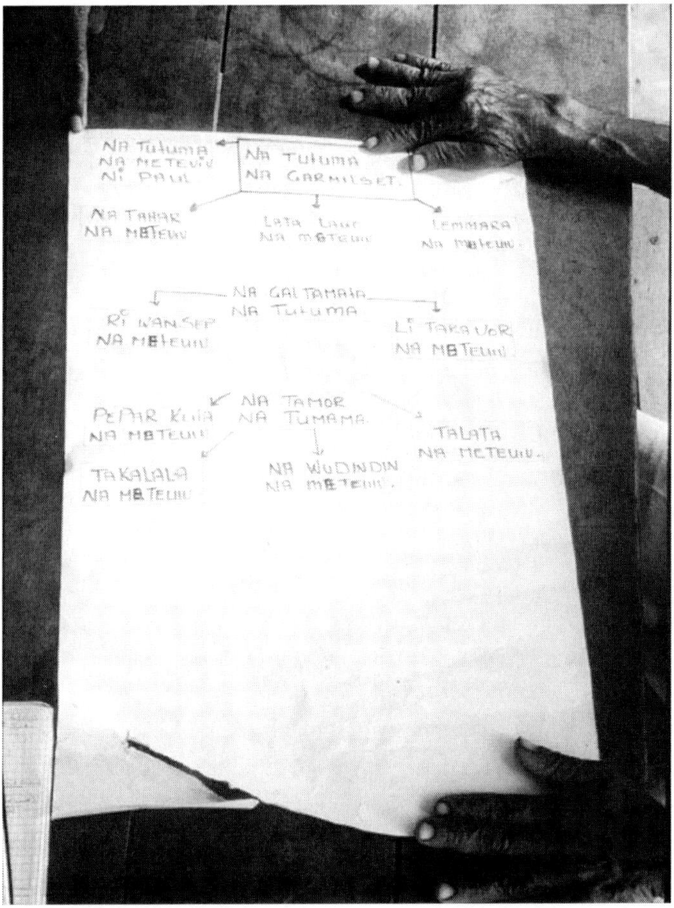

Imagen esquemática de los *tutumwa* y *metaviv* contemporáneos de las islas Torres, elaborada por el *kastom jif* Peter Wotekwo para exhibir durante el Día Nacional de los Jefes de 1997. (Foto: C. Mondragón, 1999)

Las relaciones en la práctica

El villorrio de Rinua, en el lado oeste de la isla de Lo, representa un microcosmos de las relaciones sociales más generales que dan forma a la vida en las islas Torres. Durante varios meses y gracias a mi amistad y relación con los habitantes del mismo, poco a poco observé las maneras en las que los isleños de esta zona imaginaban la identidad social de uno de sus miembros y lo reconocían por términos de parentesco específicos, con base en las prácticas relacionales. En los dos párrafos de narrativa que se presentan a continuación, ofrezco un extracto de mis notas de campo en el cual algunos nombres se han omitido o dejado incompletos por respeto a sus poseedores o enumeradores.

Marsden Bani vive en el villorrio de Rinua y se le conoce como uno de los padres y agricultores más diligentes y responsables de la comunidad. Cada año, Marsden intenta cultivar al menos cuatro de las casi treinta parcelas que le concedió su suegro, el jefe principal de las islas Torres. Con los productos de estas parcelas, Marsden alimenta a su esposa y sus dos hijos, así como a muchos de los miembros del "clan" y el linaje de su esposa, en cuya zona residencial construyó su vivienda. Dicha área colinda con la existencia del *metaviv* al que pertenece el suegro de Marsden, y todos los que viven ahí se relacionan con el mismo de una u otra manera.

Además de realizar su trabajo en el campo, Marsden participa activamente en la crianza de sus hijos y de los hijos de sus parientes políticos cercanos (dos cuñados y una cuñada). A diferencia de muchos otros padres en Lo, Marsden se asegura de que sus niños vayan a la escuela todos los días y que terminen su tarea antes de dedicarse a otros deberes domésticos. De vez en cuando, lleva a su primogénito a dar largas caminatas al arrecife o al monte y lo instruye en las artes de la horticultura y los nombres y las historias relacionados con su linaje ancestral y su herencia territorial que son más secretos. A solicitud de una de las primas de su esposa, que vive en Rinua, Marsden también enseña técnicas agrícolas a los hijos de aquélla.

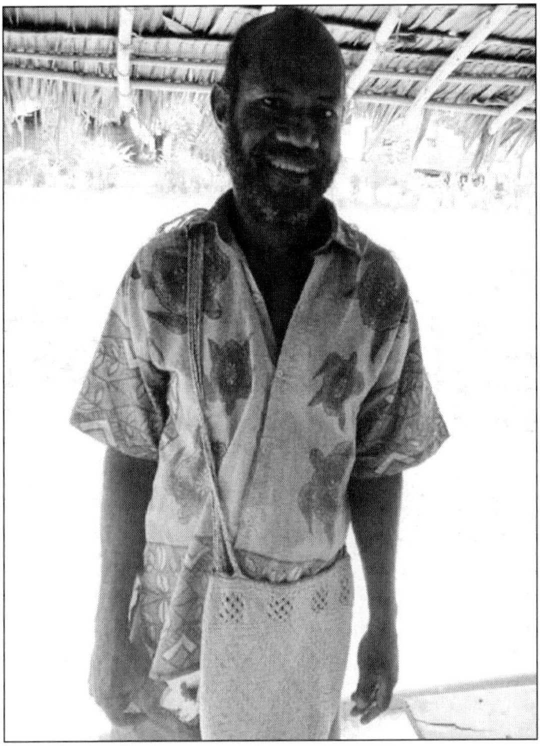

Marsden Bani. (Foto: C. Mondragón, 2010)

Según las categorías prescritas por el intercambio matrimonial, el cuñado mayor de Marsden (y tío materno de sus hijos) le confirió el título recíproco de *wuluk* (LT: tío materno). Aunque así se le registraba oficialmente, en realidad nunca escuché que se refirieran a Marsden con este título; sus parientes políticos le agradecían por los alimentos que les brindaba y por cuidar de sus hijos diciéndole *jï-chak*. El uso de este término me confundió en un inicio, pues me dijeron que significaba "hermano", según se emplea generalmente en las relaciones entre hermanos. Cuando pregunté por este caso en particular, la gente de Rinua me dijo que no sólo significaba hermano de sangre, que algunas familias lo empleaban como 'pequeño padre' (tío paterno) y afirmaron que Marsden se había convertido en eso porque compartía sus alimentos y participaba en el "crecimiento" de la familia extensa de Rinua. Lo que es más importante, cuando pregunté si esta acepción de *jïchak* era simplemente una forma coloquial de expresar cercanía entre parientes, me aseguraron vehementemente que no lo era: "Marsden se volvió *jïchak*. No es un nombre *kiaman* (B: falso), ahora es nuestro *jïchak* por lo que hace".

Después supe que, según las reglas de conducta entre miembros de diferentes *tutumwa* y *metaviv*, el término *jïchak* sólo debe aplicarse a personas que tengan los mismos padres. Sin embargo, cuando le pregunté a Marsden si usaba dicho vocablo para referirse a su hermano menor, que se había casado con una mujer de Rinua, me dijo:

> No, mi hermano menor no trabaja los huertos que mi suegro puede darle porque decidió quedarse en la casa del hermano del padre de su esposa en Lunharigi. Mi hermano no cultiva la misma tierra, y generalmente no come [es decir, no comparte alimentos] con nosotros en Rinua. Algunas veces, cuando se lo pedimos, viene a ayudarnos a limpiar huertos nuevos para sembrarlos. Por esto, a veces mi esposa lo llama *kwailigü* [que comúnmente se traduce como suegro pero a veces se utiliza para referirse a yerno y a cuñado, como en este caso] y él la llama *dövinö* [que dependiendo del contexto, puede significar suegra, tía materna o cuñada]. Yo simplemente le digo *dïgik* [el término genérico para 'hermano', por lo general utilizado entre hermanos varones] pero él no es *jïchak* mío ni de los demás que viven aquí.

Cabe destacar que Marsden agregó: "Si viviéramos juntos en la casa de nuestros padres o cultiváramos la misma tierra, probablemente le llamaría *jïchak*" (a partir de notas de trabajo de campo, énfasis añadidos por el autor).

Gracias a este comentario y a otros similares, comencé a entender que algunas categorías de parentesco importantes se aplicaban con base en la residencia compartida y la cooperación en actividades productivas (principalmente proveer y compartir alimentos, pero también actos como cuidar a los hijos propios o de parientes cercanos y ayudar a limpiar los huertos). Esto era cierto incluso si la categoría en cuestión no parecía aplicarse estrictamente a la persona según las reglas formales de reconocimiento de parentesco.

Según parece, los términos de parentesco en las islas Torres no se emplean de manera uniforme ni continua. En este sentido, surgen básicamente a partir de patrones de relaciones cambiantes. Por ejemplo, después de que una de las cuñadas más jóvenes de Marsden decidiera mudarse a la isla de Hiu, me di cuenta de que su familia inmediata en Rinua (padre, madre, hermanos y hermanas) comenzó a referirse a ella como *dövinö* (el término prescrito para indicar cuñada) en lugar de *tagalëk* (la denominación más común de hermana), como hacían cuando vivía entre ellos. Cuando les pregunté por el uso de estos títulos, me dijeron que *dövinö* no tendría sentido si la mujer estaba presente porque no era familiar política, y que lo usaban porque se encontraba viviendo y trabajando en la tierra de parientes políticos lejanos en Hiu.

La naturaleza procesual y contextual del reconocimiento del parentesco en Islas Torres me pareció aún más compleja cuando me enteré de que, fuera de su círculo de parientes políticos en Rinua, Marsden casi nunca gozaba de reconocimiento como isleño legítimo de Lo (y por tanto, como terrateniente legítimo en la isla) ni como pariente de los *metaviv* de Lo que mantenían relaciones cercanas con los de Rinua. En efecto, la mayoría de los isleños de Lo negaban los vínculos de parentesco de Marsden con personas de ese lugar debido a que nació y se casó en Toga y después se mudó a Lo. Esta falta de reconocimiento no debería ocurrir normalmente, pero se explica con el hecho de que la llegada de Marsden a Lo se dio en un momento en el que el *metaviv* de su suegro había decidido salir de la aldea de Lunharigi tras un desacuerdo político con miembros de otro *metaviv* de dicha aldea.

En términos de reconocimiento de parentesco, esta separación ha generado que la familia del hermano menor del jefe en Lunharigi no

El villorrio de Rinua. (Foto: C. Mondragón, 2012)

acepte a Marsden y a varias otras personas como terratenientes y parientes legítimos. Aunque admiten que Marsden es el esposo *de facto* de la hija del hermano de su padre, ellos no se refieren a él con ninguna de las variaciones del término "tío", sino con el vocablo *sa nok* (LT: ese hombre) o *man Toga*.

Aunque puede parecer que esta manera ofensiva de llamar a alguien escapa al ámbito de las relaciones de parentesco, en realidad es importante para las personas, emparentadas o no, dado que conlleva fuertes implicaciones para el estatus y la legitimidad de Marsden como terrateniente legítimo y para el estatus de parentesco futuro de sus hijos. Como me dijo un aldeano de Lunharigi: "Este tipo de disputa es común entre las familias, pero nunca es buena porque cuando los hijos de Marsden crezcan, se seguirá diciendo que son gente de Toga y se les indicará que deben volver allá con su tío materno (como si fueran huérfanos) para pedir una parcela en la isla de su padre, lo cual sólo provocará una nueva controversia por la tierra". Cuando pregunté si era probable que eso pasara, el mismo hombre de Lo me dijo que no y admitió que esto se debía a que la mayor parte de las personas reconocían que Marsden estaba siguiendo un camino recto y honesto, "Porque traía alimentos y trabajaba los terrenos que le dio su suegro". Al hacer esto, Marsden respetaba el sendero establecido por *kastom*, que era proveer al *metaviv* de su suegro a cambio de la esposa y los terrenos que en virtud del matrimonio se asignaron a su propio *metaviv* (el de Marsden). Por esta razón, Marsden había demostrado ser un hombre digno de respeto y se considera que sus habilidades como horticultor reflejan el poder de crecimiento que pudo obtener de los seres vivos de su territorio.

Residencia y crianza: el parentesco como proceso

La narrativa anterior presenta sólo un fragmento de las complicaciones implícitas en los aspectos prácticos de las relaciones y el reconocimiento de parentesco. En muchos sentidos, para mantener la claridad y brevedad en el presente capítulo, me vi en la necesidad de simplificar los detalles de la historia de Marsden y su familia. A continuación abordo más detalladamente la naturaleza procesal de las relaciones de parentesco en mi discusión sobre los enfoques antropológicos en cuanto a éste. Lo importante es que en este caso, como en muchos otros de las islas Torres, el lugar de residencia y la provisión de crianza son, a ojos de la mayoría de los observadores, los factores determinantes del sitio territorial y social de una persona. Por esta razón, la aparición prescrita de relaciones entre *tutumwa* suele verse obstaculizada y complicada por procesos de innovación e improvisación.

Más allá de los aspectos específicos de tales adaptaciones, hay un tema crucial en la forma en que los habitantes de las islas Torres negocian la interacción entre estructura y proceso, a saber: la manera en que las reglas prescritas sobre las relaciones de parentesco se consideran puntos de referencia necesarios al discutir el estatus de una persona. La imagen básica a la que los isleños recurren para explicar las normas de conducta entre parientes es la de la nutrición mutua y recíproca, la cual se considera valiosa por sobre los acuerdos procesales que caracterizan el parentesco. En los siguientes párrafos ofrezco un breve comentario sobre el funcionamiento del modelo de relaciones en el *tutumwa* valiéndome de las metáforas sobre nutrición recíproca que los habitantes de las islas Torres evocan en sus relatos, y proporciono una descripción sucinta sobre cuatro tipos importantes de relaciones sociales.

Contención y nutrición recíprocas

El carácter de la relación dialéctica pero tripartita entre los *tutumwa* no es tan competitivo ni jerárquico como reproductivo, pues involucra una forma esencialmente simétrica de intercambio según el cual los objetos básicos de transacción, la tierra y la sustancia ancestral, van y vienen entre los *tutumwa* a la manera de un péndulo doble cada segunda generación. Cada vez que se celebra un matrimonio entre un hombre y una mujer provenientes de *tutumwa* opuestos, se crea un nuevo "eslabón" de la cadena continua de intercambios a través de los cuales los *tutumwa* se nutren y se apoyan mutuamente. Por conducto de la esposa (y madre), un *tutumwa* transmite su patrónimo ancestral (poder/espíritu/existencia/sustancia) a los hijos de la pareja, lo que garantiza la perdurabilidad de la identidad ancestral de ese *tutumwa*. Más adelante, las hijas de ese matrimonio, que llevan el nombre de un *tutumwa* materno, se casarán con hombres que lleven el nombre del *tutumwa* opuesto (el *tutumwa* paterno de la novia), con lo que se perpetúa el matronímico ancestral. Al tiempo que la madre hereda el "nombre" ancestral de su *tutumwa*, la tierra como sustancia (generalmente en la forma de huertos que producen alimentos, pero también de espacios funerarios y rituales, pasajes de arrecifes, sitios *tambu*, etc.) del *tutumwa* del padre se asigna a los hijos varones de la pareja. De este modo, la tierra del *tutumwa* del padre "vuelve" al de la madre, desde donde "regresará" una generación después cuando sus hijos contraigan matrimonio.

Este modelo crea un contexto para el intercambio recíproco y reifica un lazo de reproducción mutuamente interdependiente entre los dos matriclanes principales, G'melset y G'meltëmetë. A este nivel general, el intercambio simétrico representa la forma de reciprocidad más fuerte posible entre los *tutumwa* mencionados, pues el uno simplemente no puede subsistir sin el otro y ninguno de ellos puede lógicamente volverse 'dominante' sin comprometer su propia capacidad para crecer o reproducirse. Tal como lo imagina la gente de las islas Torres, cada uno de los tres *tutumwa* funge como un "contenedor y transformador", como el fulcro de la acción reproductiva que es el complemento necesario del crecimiento continuo de los otros *tutumwa,* y, en ocasiones, de su eventual "muerte".

En calidad de "contenedor", el *tutumwa* del marido absorbe a la mujer, que llega a él gracias al personaje mediador del *wuluk* (tío materno). Como "transformador", el *tutumwa* materno, a través de la madre, produce y nutre hijos que preservarán la sustancia ancestral del matrilinaje. El linaje del esposo también ingresa a la producción transformadora por el lugar de residencia de la pareja (el villorrio del padre de la mujer), que permite que el marido evoque crecimiento a partir de la tierra de su suegro.

Como lo demostró la narrativa de Rinua, la competencia y los desequilibrios por los cuales se aplican los términos de parentesco de las islas Torres se ponen de manifiesto en el subnivel de las relaciones específicas en el *metaviv*. De este modo, los vínculos dentro de los villorrios y entre ellos (y con ello, los intereses y las prácticas sobrepuestas de *metaviv* específicos) trascienden y afectan el equilibrio del modelo relacional del *tutumwa*. Algunas de las prácticas relacionales que operan en los *metaviv* y entre ellos e introducen adaptación e innovación en el modelo de las relaciones sociales incluyen:

las negociaciones por vínculos matrimoniales, la elección de residencia particular de hombres y mujeres, y la herencia (a través del tío materno) de tierras productoras de alimento por parte de los hijos adoptivos, lo que incluye la descendencia de las madres solteras en el mismo *metaviv*, a quienes se les asignan los mismos derechos de los hijos ilegítimos, aunque con renuencia.[10]

Relaciones elementales

La socialidad en las islas Torres se define a partir de ciertas relaciones clave, a saber: el matrimonio y los vínculos que existen entre abuelos y nietos y entre yernos y suegros. Un cuarto tipo de relación se destaca porque trasciende las prescripciones de la membresía del *metaviv*: el lazo crucial entre padre e hijo, que generalmente no es público y es el canal fundamental de transmisión del conocimiento especializado entre generaciones. Uno de los aspectos más impresionantes de todas estas relaciones son los códigos de respeto que generalmente imperan en ellas. A continuación propongo comentarios cortos sobre cada tipo de socialidad en relación con el modelo de intercambio recíproco del *tutumwa*.

Matrimonio

En épocas pasadas, el matrimonio se celebraba necesariamente por arreglo y resultaba el corolario lógico (tanto para hombres como para

[10] Esta consecuencia de la adopción en las islas Banks y Torres parece ser similar a una práctica en Fiji según la cual "una mujer mantiene su subjetividad en el matrimonio [al tiempo que] sus derechos en su linaje natal recaerán en sus hijos quienes 'toman lo que quieren sin pedirlo' de los hombres del linaje de su madre"; Ch. Toren, *Mind, Materiality and History: Explorations in Fijian ethnography*, Londres, Routledge, 1999, p. 90.

mujeres) del intercambio equilibrado y recíproco en el *tutumwa*.[11] Sin embargo, actualmente el matrimonio por arreglo es la excepción. Al menos en las últimas tres generaciones, debido en parte al debilitamiento de los lazos de intercambio tradicionales a partir de la introducción de las prácticas cristianas, cada vez más matrimonios se deciden por elección propia (en general, del hombre).[12]

Conforme los isleños han ido desechando las transacciones nupciales vinculantes de conformidad con las cuales interactuaban los diversos villorrios e islas en el pasado preeuropeo, la variedad de acuerdos maritales (y extramaritales) se ha multiplicado. Si bien es probable que hayan existido relaciones poco ortodoxas durante toda la historia de las islas Torres, hoy día se percibe que las acusaciones de inmoralidad debidas a matrimonios incestuosos (o relaciones de este tipo) son especialmente problemáticas, cuando se juzgan en contraste con las reglas prescritas para el vínculo conyugal. Sobre todo los matrimonios irregulares son un argumento de peso cuando se reclama una tierra en controversia, y los factores de este tipo suelen

[11] El misionero Durrad parece haber confundido el principio de intercambio recíproco, de sustancia por tierra, con el mantenimiento de un equilibrio aritmético de personas: "Algunas veces, se acuerda un intercambio de esposas entre dos aldeas para que ninguna quede debilitada en términos numéricos. A ojos de los nativos ésta es una consideración muy importante, pues sienten una arraigada antipatía hacia la pérdida de uno de sus miembros, y aún ahora [hacia 1905] que prevalece el cristianismo, los matrimonios se acuerdan por intercambio" (W.J. Durrad, "Notes on the Torres Islands", *op. cit.*, p. 76). Cuando discutí los textos de Durrad (inclusive éste) con los habitantes de las islas Torres, señalaron varias inconsistencias en nombres/términos y prácticas y llegaron a la conclusión de que los isleños de este grupo entre quienes el misionero vivió durante casi seis años debieron haberle guardado muchos secretos e información general.

[12] En el presente texto evito hacer generalizaciones sobre el "amor", debido a que numerosas discusiones entre hombres de las islas Torres y de Malakula me han convencido de que existen grandes diferencias, casi siempre tácitas, entre las nociones euroamericanas y las ni-Vanuatu sobre aquel concepto, mismo que además no desempeña un papel fundamental en la elección del cónyuge. En el discurso cotidiano, el amor parece indicar ya sea un sentimiento de "empatía/ternura/lástima" hacia una persona o comunidad, o bien ternura y apego hacia la pareja.

orillar a las personas y a familias enteras a ponderar detenidamente a los posibles cónyuges, como me indicó una joven de las islas Torres:

> Todo mundo sabe que si no quieres a un hombre, con el tiempo lo vas a dejar y volverás a tu isla [o sea, a la comunidad de origen]; así era en el pasado, cuando la gente seguía *kastom*, y sigue pasando ahora. La casa de tu familia siempre estará abierta. Pero antes había reglas para permitir esta situación [que la esposa regresara al hogar familiar], porque se pagaba una compensación a la familia del marido. Actualmente en muchas ocasiones se olvida la compensación, esto [abandonar el matrimonio] se considera una insensatez y la mujer puede perder el respeto de la gente por hacerlo.

Padres y abuelos

En su calidad de contenedor reproductivo/transformador, el *tutumwa* se manifiesta en las interacciones diarias entre nietos y abuelos maternos, quienes representan una fuente viviente de poder y sustancia metafísicos (ancestrales) del *tutumwa* materno del nieto. Otro aspecto de la relación entre abuelos y nietos es que el nombre propio del abuelo paterno suele darse al nieto al nacer y esto puede continuar por varias generaciones, aunque generalmente se detiene tras la segunda nominación. En este contexto, no es incidental que el vocablo en Lo, *tukwük,* pueda utilizarse de manera indistinta tanto para "abuelo" como para "nieto".

Durante el trabajo de campo realizado en Lo, la fortaleza del vínculo entre abuelos y nietos se hacía evidente con frecuencia en tres sitios: el villorrio, los senderos y los huertos en los que la gente interactúa. Lo más común es que la abuela o el padre se encarguen del cuidado de los niños muy pequeños (alimentarlos, cargarlos, jugar con ellos) en su propio villorrio. Por ejemplo, en el villorrio vecino al nuestro en Lunharigi, la hija más pequeña de una familia, Solma, generalmente estaba al cuidado de su papá, David Andrew, o de su abuela paterna, Alice, al igual que otro bebé nieto suyo. Casi siempre los otros niños se sientan en torno a sus abuelos o van con ellos a caminar al huerto, como era el caso de *olfala* Philip Tagaro (de Lunharigi), de su hermano Livai y del *jif* Isak Ronroriu (ambos de Rinua), a quienes solía observar enseñando casualmente a sus nietos nombres de plantas, piedras y otros objetos del paisaje cuando iban y venían de las parcelas agrícolas de sus *metaviv* respectivos.

El suegro

El ejemplo más extraordinario de las relaciones respetuosas en las islas Torres son las formas de reverencia sumamente visibles entre un marido y el padre de su mujer (LT: *kwailigü*, suegro), cimentadas en el precepto de que los miembros de un determinado *tutumwa* tienen prohibido decir los nombres de quienes pertenecen al opuesto, todos parientes políticos en potencia. Esta faceta del *rispek*, que yo concibo como un mecanismo que facilita el marco para las relaciones (más que un cuerpo de "restricciones" o "reglas de evitación", como muchos académicos han descrito), se enfatiza con mayor claridad en la relación entre un hombre y su suegro, su *kwailigü*.

La descripción que hace el misionero W.J. Durrad de las limitaciones operantes entre un hombre y su *kwailigü* refleja del mismo modo las actitudes del presente como las de hace cien años,[13] por lo cual me parece que vale la pena citarla completa:

> Los hombres [de la isla de Lo] tratan a su suegro con gran respeto. Si este último se acerca a él cuando está sentado, el yerno se pone de pie antes de responder a cualquier pregunta o comentario que le haga.

[13] A excepción, quizás, de penalizaciones pasadas por contravenciones, que rara vez se imponen hoy en día, aunque prácticamente nunca se necesitan dada la estricta observación de las normas de *rispek* hacia el *kwailigü* por parte de todos los isleños.

> Ambos desvían su camino al pasar frente al otro. Si el suegro se encuentra sentado, su yerno no se aproxima a él ni siquiera para hablarle, sino que lo llama desde lejos, y el suegro no se levanta para contestarle. Si el suegro lleva algo sobre sus hombros y le pide a su yerno que se encargue, este último le pide que primero coloque la carga en el piso. Cuando el suegro está sentado en un espacio reducido, por ejemplo en la *gemel*, y su yerno desea pasar, le solicitará que se levante y le permita hacerlo [...]. Un hombre no debe pronunciar el nombre del padre de su mujer (*kwi'iga*) y si lo hace, debe pagar al pariente agraviado una multa conformada por arcos, flechas, mandíbulas de cerdo o *kava*.[14]

Esta explicación se aplica correctamente a mi observación referente a la interacción entre suegro y yerno. Frecuentemente, ésta ocurría durante la ingestión de kava, cuando el yerno cumplía concienzudamente la deferencia hacia su suegro, pero tal actitud se presentaba casi siempre que se reunían las personas involucradas en esta clase de relación, sin importar si el contexto era formal o informal. Así, la interacción respetuosa parece ser habitual porque se ha introyectado a lo largo de toda una vida de observación y educación tácita.

La relación con el *kwailigü* funge como la imagen de la conducta respetuosa por antonomasia para los habitantes de las islas Torres. Un efecto intencional del conjunto deliberado de "evitaciones" notorias implícitas en esta relación es establecer una separación formal entre los linajes paternos y los maternos. Además, este vínculo subraya las deudas de obligación que el linaje del yerno adquiere por habérsele permitido "atraer" (ésta es la expresión empleada en las islas) a la mujer del matrilinaje en la forma de su esposa. En este nivel de visibilidad deliberada se reifican y se afirman las reglas del juego entre *tutumwa*, así como la forma en que se continúa y se hace recíproco el intercambio de sustancia ancestral y tierra. Empero, la conducta

[14] W.J. Durrad, "Notes on the Torres Islands", *op. cit.*, p. 83.

respetuosa que observan los dos hombres principales en una relación de *kwailigü* no es por sí misma la vía principal para asegurar la continuidad de la herencia ancestral y de la tierra. De hecho, el canal fundamental para la transmisión del conocimiento especializado sobre la tierra y la herencia ancestral radica en una relación diferente y menos visible, en la que la conducta respetuosa es crucial pero no se tiene la intención de exhibirla en público.

Padre e hijo

Además de los vínculos con los *tukwük* y *kwailigü*, existe una cuarta relación altamente *in*visible que trasciende la sucesión de "sustancia" ancestral en un *tutumwa* y puede llegar a afectar la sucesión paterna de tierras. Se trata del nexo entre padre e hijo, la interfase real, pero cuidadosamente resguardada, de la transmisión del conocimiento especializado, con lo cual me refiero, por ejemplo, a toponímicos e historias ancestrales, que son mecanismos legítimos para la reivindicación efectiva de tierra y constituyen una fuente importante de "poder" ancestral. El conocimiento especializado también incluye la capacidad de hacer "magia", practicar la medicina, recitar cánticos secretos y efectuar transacciones con el mundo espiritual. Su importancia radica en que, debido a que no entra en el ámbito de las prácticas cuidadosamente orquestadas y comunales de las relaciones dentro del *tutuwma*, puede desafiar la autoridad del *tutumwa*-como-entidad, oponiendo una autoridad personalizada en la forma del conocedor. En este sentido, guarda cierto parecido con el *Hukwe*, la agrupación de rangos rituales masculinos de Islas Torres (véase el capítulo 10 para mayor discusión al respecto).

Tal como ocurre con otras relaciones críticas en el medio social de las islas, el vínculo entre padre e hijo se construye fundamentalmente mediante actitudes de respeto durante toda una vida. No obstante, a diferencia del contexto del *tukwek* o del *kwailigü*, el registro del *rispek* que opera entre un hijo y su padre prácticamente nunca se presenta en público. El padre (así como otros hombres de alto rango de las sociedades secretas masculinas de las islas) observa y evalúa cuidadosamente dicho registro, por lo que sólo él tiene derecho a dar su opinión al respecto. Ello otorga un enorme poder al personaje del padre y a otros ancianos, quienes pueden juzgar que un hijo es indigno de aprender ciertos aspectos del conocimiento especializado que ellos guardan y llevárselo a la tumba. Es común que tales veredictos sean arbitrarios.

Tal poder sobre la transferencia del conocimiento y la legítima sucesión de tierra y de herencia ancestral ha conservado su importancia entre los isleños contemporáneos. Con frecuencia los jóvenes intentan con gran ahínco rectificar su conducta durante periodos largos para mejorar la opinión que de ellos tienen los ancianos y gozar de su aceptación como dignos recipientes de su sabiduría. En ocasiones no es el padre, sino el tío paterno, quien tiene dichos conocimientos. Según observé en estas islas, una de las formas en la que los jóvenes pueden ganar el favor de los ancianos en estos asuntos es haciendo un esfuerzo genuino y sostenido para cuidar al anciano en cuestión en su vejez, por lo que es común encontrar que hombres jóvenes o en edad mediana que anteriormente tenían fama de irrespetuosos, súbitamente se convierten en los enfermeros más devotos para sus padres o sus tíos. Si bien el poder tradicional de los ancianos de las islas Torres se ha visto menguado por cambios como la introducción de las formas modernas de poder político que no necesariamente incumben al estatus de conocimiento heredado, la relación entre padre e hijo sigue siendo un aspecto clave de la reproducción social y las prácticas relacionales.

Hasta este punto he intentado describir las facetas esenciales del modelo y algunas de las prácticas cruciales de las relaciones de parentesco. A continuación discutiré algunos de los enfoques euroamericanos previos sobre el parentesco en el norte de Vanuatu y subrayaré la función del comportamiento respetuoso, así como algunas de las metáforas con las que el pueblo de las islas Torres imagina sus relaciones con los demás y con el mundo.

LA EXTENSIÓN DEL PARENTESCO Y LAS ACTITUDES DE RESPETO

> La importancia funcional de las características anómalas del sistema de parentesco en Lo podría comprenderse mejor si hubiera más información sobre el comportamiento del parentesco. Infortunadamente, ésta es bastante escasa y sólo aborda la conducta formal de los parientes entre sí.
>
> REV. W.J. DURRAD (hacia 1906)[15]

El primer residente europeo de largo plazo en Islas Torres fue el misionero W.J. Durrad, de la *Melanesian Mission*. Durante una estancia de casi cinco años en estas islas, aproximadamente entre 1900 y 1905, Durrad produjo una serie de notas relativas al sistema de parentesco local en las cuales registró su confusión ante la práctica de "la extensión de la terminología de parentesco [hacia cualquier persona imaginable], sin importar filiación o linaje clánicos, ni descendencia".[16] En particular, le llamó la atención que los términos para designar al hijo varón (*mïno*) y a la madre (*rëme*) eran utilizados con tanta frecuencia como para confundir el ordenamiento y los límites formales que, según las teorías etnológicas de su época, debían presentar los sistemas clasificatorios de Melanesia.[17]

[15] *Ibid.*, p. 80.

[16] *Idem.*

[17] "La hermana del padre y la hermana de la madre son *reme*; los primos directos y los primos cruzados se denominan de la misma manera que los hermanos [*mïno*]. [Además], no se usa ninguna de [las] formas que expresan posesión para distinguir entre los términos en su sentido primario y uno más amplio. [Por lo tanto] *magola mino* [*megola mïno*, mi hijo] se emplea tanto para el hijo del hermano como para el del interlocutor, e incluso para [el esposo de la hija de su hermana]; *reme mino* se utiliza para la hermana de la madre, la esposa del hermano mayor [el tío

Cuando Durrad se quejó por las "características anómalas" del parentesco en Lo, se refería a una aparente paradoja que él y otros europeos[18] habían advertido en torno a los "sistemas de parentesco" de las islas Banks y las islas Torres: "la extensión de términos [de parentesco a toda persona imaginable] sin importar su filiación o su linaje clánicos ni su descendencia".[19] En particular, las extensiones de los términos en lengua Lo para designar a 'niño' (*mïno*) y 'madre' (*rëme*) confundieron las expectativas que Durrad tenía sobre las distinciones clasificatorias. "Infortunadamente", concluyó, "no hay nada que demuestre lo amplia que es la variedad de términos [de parentesco], ya sea que se apliquen a todos los miembros del mismo *metaviu* o incluso del mismo *tutuma*".[20]

Este problema, que también se aprecia en las vecinas islas Banks, después fue retomado por Rodney Needham[21] y Roger Keesing,[22] quienes buscaron, desde puntos de vista ligeramente distintos, analizar el mecanismo de "corte" mediante el cual cesaba la incorporación y podía establecerse una distinción entre los posibles cónyuges y quienes no lo eran. Frente a las pruebas disponibles (modelos generalizadores de sistemas de parentesco bilateral), los principios de

---

materno, hermano de la madre], e incluso por una mujer cuando desea referirse a la esposa del hermano mayor de su marido." Durrad, "Notes on the Torres Islands", *op. cit.*, p. 76, términos correctos en lo-toga —la lengua vigente en Lo—, añadidos entre corchetes por C. Mondragón.

[18] R. Henry Codrington, *The Melanesians*, Oxford, The Clarendon Press, 1890, p. 25; W.H.R. Rivers, *The History of Melanesian Society*, vol. I, Oosterhout, Países Bajos, Anthropological Publications, 1914 [1968], pp. 28-31.

[19] Durrad, "Notes on the Torres Islands", *op. cit.*, p. 79.

[20] *Ibid.*

[21] R. Needham, "Lineal equations in a two-section system: A problem in the social structure of Mota (Banks Islands)", *The Journal of the Polynesian Society,* vol. 69, núm. 1, 1961, pp. 23-30, y "The Mota problem and its lessons", *The Journal of the Polynesian Society,* vol. 73, núm. 3, 1964, pp. 302-314.

[22] R. Keesing, "Mota kinship terminology and marriage: a re-examination", *The Journal of the Polynesian Society,* vol. 73, núm. 3, 1964, pp. 294-301.

la adscripción de roles de parentesco parecían lo suficientemente "aberrantes" para que Needham observara, como Durrad lo había hecho sesenta años antes, que la falta de límites claros probablemente se basaba en las prácticas matrimoniales, la elección individual de residencia y la herencia particulares de los isleños de las Banks, más que en el "sistema" mismo.[23]

En numerosos estudios dedicados a la exploración de la organización social en el mundo melanesio se han señalado diversas formas de indefinición inherente a las terminologías locales de parentesco.[24] Según advirtió Edvard Hviding en fechas recientes, la búsqueda antropológica de "límites sociales" en los sistemas bilaterales fue parte constante del quehacer de los antropólogos, cuyas expectativas iniciales de encontrar sistemas estables y coherentes dieron paso a modelos de interacción basados en "actores" y a estrategias que supusieron que "la mayoría de las personas actúan en referencia a un modelo de linajes".[25]

[23] Needham, "Lineal equations in a two-section system...", *op. cit.*, p. 314. Debe subrayarse que la postura de Needham nunca fue funcionalista (ni estructuralista, formalista o, según sus propias palabras, perteneciente a "otras tendencias en boga de la moda académica", moldeadas por un "hambre de generalidad" teórico-metodológica). Más bien, Needham planteó la necesidad de una "solución radicalmente diferente" al parentesco que tuviera en cuenta la historia, la lengua, los conceptos morales, el afecto y "muchas otras particularidades contingentes", R. Needham, *Rethinking Kinship and Marriage*, Londres, Tavistock, 1971, p. 28.

[24] Véase Hviding, *Guardians of Marovo Lagoon*, Honolulu, University of Hawai'i Press, 1996; R. Keesing, *Step Kin, In-laws, and Ethnoscience*, Pittsburgh, University of Pittsburgh Press, 1968, y Keesing, "*Anthropology* as Interpretative Quest", *Current Anthropology*, vol. 28, núm. 2, 1987, pp. 161-176; R. Lane, "The Melanesians of South Pentecost, New Hebrides", en P. Lawrence y M.J. Meggitt, *Gods, Ghosts and Men in Melanesia*, Oxford, Oxford University Press, 1965; P. Lawrence, *The Garia. An ethnography of a traditional cosmic system in Papua New Guinea*, Manchester, Manchester University Press, 1984; S. McKinnon, *From a Shattered Sun: Hierarchy, Gender, and Alliance in the Tanimbar Islands*, Madison, University of Wisconsin Press, 1991; Toren, *Mind, Materiality and History...*, *op. cit.*, pp. 89-90.

[25] Hviding, *Guardians of Marovo Lagoon*, *op. cit.*, p. 135.

No obstante, como Hviding resume correctamente, este problema no puede reducirse al despliegue de un sistema o un modelo para explicar las variaciones en el comportamiento individual, sino que debe reconocerse la diversidad, la variación, la innovación y la manipulación internas.[26] A este respecto Hviding escribe:

> Cabe la posibilidad de que aparezcan profundas diferencias entre el modelo de parentesco del individuo y el que sostienen los "expertos" locales. [...] Sin embargo, estos últimos, al igual que el antropólogo, pueden tender a describir el parentesco en términos de un modelo de "linajes" estrictamente definido [y evocado] con lazos genealógicos exactos y explícitos. [Pero] los diferentes actores de un "sistema de parentesco" pueden conceptualizar el modelo de manera muy diferente, lo cual a su vez puede encarnar poder político en diversos niveles. [...] Un enfoque de este tipo tiende a soslayar tanto la posible monopolización de conocimiento importante [por ejemplo, las genealogías] en la sociedad como la capacidad de las personas de "hacer historia" en lugar de sólo "registrarla".[27]

Si se toman prestados aspectos de estas ideas y se consideran algunas de las pruebas provistas hasta ahora, es posible argumentar que no existe un conjunto específico de principios de adscripción de roles de parentesco en Islas Torres y que las categorías que resultan evidentes toman forma sólo parcialmente a partir de criterios determinados genealógicamente para distinguir a una persona de otra. De esto se deduce que el problema de las distinciones clasificatorias y las categorías "indefinidas" no son el asunto nuclear. Por tanto, en lugares como el norte de Vanuatu podría parecer que los resultados de la afiliación de parentesco reflejan procesos continuos de transformación, o lo que Aletta Biersack ha llamado "historia en ciernes".[28]

[26] Véase también F. Barth, *Cosmologies in the Making*, Cambridge, Cambridge University Press, 1987.

[27] Hviding, *Guardians of Marovo Lagoon, op. cit.*, p. 135.

[28] Véase A. Biersack, "Histories in the making: Paiela and historical anthropo-

El factor determinante detrás de tales prácticas y negociaciones observadas, en las islas Torres, se basa en lo que Durrad (citado anteriormente) describe como la "conducta formal de los parientes entre sí".

No obstante, aunque Durrad consideró que la "conducta formal" era un capricho del comportamiento de parentesco, yo argumentaría que, según observé en los diversos tipos de relaciones que describí anteriormente, es precisamente la conducta formal de las personas la que desempeña un papel clave en el desarrollo de las prácticas individuales, las negociaciones y la transmisión de conocimiento. Es importante señalar que los isleños generalmente asocian la conducta formal con el *rispek*.

Las actitudes y las muestras de respeto son prevalentes en todo Vanuatu y, aunque en ocasiones puede relacionarse con formas de coerción ocultas, discurso político y poder, en el nivel local el *rispek* parece fungir como un mecanismo tácito que apuntala la gran cantidad de relaciones sociales, desde los acuerdos matrimoniales hasta la residencia negociada y, como expongo en el capítulo 6, el cultivo de la tierra. El presente es un intento por enfatizar la función de la conducta respetuosa no sólo como corolario de la vida social, sino como principio rector de las acciones y las relaciones de las personas entre sí y hacia el ambiente que los rodea.

Para Durrad, la noción de que una mejor comprensión del comportamiento puede ayudar a explicar la clasificación de parentesco en las islas Torres surgió de un impulso proto-estructural-funcionalista por definir los patrones de comportamiento como "instituciones" en torno a las cuales se organizaba la sociedad. La función social del comportamiento brindó cierta perspectiva sobre la política

---

logy", *History and Anthropology*, vol. 5, 1991, pp. 63-85. Gillespie define tales procesos como "parentesco en términos de práctica, discurso y negociación más que… los resultados a largo plazo de decisiones y acciones estratégicas", S. Gillespie, "Beyond kinship: An Introduction", en R. Joyce y S. Gillespie (eds.), *Beyond Kinship: Social and material reproduction in house societies*, Filadelfia, University of Pennsylvania Press, 2000, p. 22.

particular y las costumbres compartidas que regulaban la transmisión de conocimiento y la reproducción social. En parte debido a las arraigadas connotaciones funcionalistas y cognitivistas que aún conlleva el término "comportamiento", he evitado emplear esta palabra para referirme al modo de actuar de la gente, mismo que denominé conducta respetuosa o simplemente *rispek*, dado que constituye una parte crítica del proceso autopoiético para el pueblo de Islas Torres.[29]

Según observé, la conducta respetuosa es una forma de acción considerada indispensable —de acuerdo a las prescripciones relacionales elementales— para facilitar la relacionalidad, es decir los mecanismos de interlocución entre personas que sustentan la producción y transformación continua de concatenaciones de personas, cosas y valores sociales.[30]

El respeto es la forma externa y visible de las actitudes mediante las que la gente afirma o reitera su filiación. Sin embargo, para aclarar el problema de los términos de parentesco "sin límites" que tanto confundió a Durrad y a otros, es necesario olvidarse de la adopción de modelos y sistemas de relaciones de parentesco para concentrarse en dos de las metáforas clave con las cuales los habitantes de Islas Torres comprenden los procesos de relación, producción social y producción de conocimiento. Se trata de las metáforas o imágenes de "atracción" y "extensión" que explico a continuación.

[29] Para una mayor discusión del término autopoiesis como lo utilizo aquí, véase A. Biersack, "Histories in the making", *op. cit.*; véase también Toren, *Mind, Materiality and History...*, *op. cit.*, p. 11.

[30] Véase N. Munn, *The Fame of Gawa. A Symbolic Study of Value Transformation in a Massim (Papua New Guinea) Society*, Cambridge, Cambridge University Press, 1986, p. 7.

"APILAMIENTO" Y "EXTENSIÓN": DOS METÁFORAS RECTORAS DE LA PRAXIS RELACIONAL

Hace algún tiempo, Michael Allen brindó referencias importantes sobre lo "ilimitado" que es el reconocimiento de parentesco en algunas partes del norte y el centro de Vanuatu y sobre las metáforas con las que se explican estas categorías tan "abiertas". En lugar de observar un sistema bilateral desordenado, Allen advirtió que "en las islas Banks y en el norte de las Nuevas Hébridas la existencia de mitades exogámicas reconocidas en toda la zona asegura que los términos de parentesco se aplican a todos los miembros de la comunidad".[31] A partir de algunas observaciones de campo en las Banks, así como de las descripciones de Rivers y Codrington, Allen subrayó que:

> En las mitades existen divisiones denominadas más pequeñas, y aunque en parte se basan en el linaje, [...] se relacionan más cercanamente con las localidades nombradas. [Dentro de estas subdivisiones y localidades] el cambio de membresía es posible y frecuente y [...] no se prohíbe el matrimonio entre primos. [Por tanto], la descendencia, especialmente en el linaje femenino, es el criterio común de membresía, aunque de ninguna manera es el único. El matrimonio con miembros del mismo distrito es común y aunque la residencia tiende a ser avunculo-virilocal, con frecuencia se toman decisiones diferentes al respecto.[32]

Cabe destacar que Allen señaló que la extensión de los términos de parentesco en Ambae Oriental (donde había llevado a cabo la mayor parte de su trabajo de campo) seguía una imagen de movimiento circular en el tiempo genealógico y el espacio relacional que refleja-

[31] M.R. Allen, "Kinship terminology and marriage in Vanua Lava and East Aoba", *The Journal of the Polynesian Society*, vol. 73, núm. 3, 1964, p. 321, énfasis agregado.

[32] *Ibid.*, p. 316.

ba la continuidad de una mitad determinada.[33] Mary Patterson, otra antropóloga especializada en sociedades del centro-norte de Vanuatu, encontró posteriormente expresiones similares de circularidad intergeneracional en Ambrym, donde los hombres sostenían que "las mujeres se van de nuestro lado pero regresan",[34] lo cual se refiere al hecho de que las mujeres que desposaban a hombres no pertenecientes a un villorrio (familia) determinado, "regresarían" como novias varias generaciones después gracias a ciclos de intercambio dilatados pero simétricos.[35]

A diferencia de lo que ocurre en Ambae Occidental, para los isleños de las islas Torres, la noción del "apilamiento" (contención y estratificación) de los patrónimos y las sustancias ancestrales es lo que hace "colapsar" las distinciones en el tiempo y el espacio, como sucede entre nietos y abuelos, o entre las diferentes "hermanas" y "madres" en una misma genealogía.[36] Este proceso de "apilamiento" de los patrónimos ancestrales, así como de reconocimiento como parientes de personas que no lo son, con el cual se abre la posibilidad de relacionarse con ellos, no es tanto una "aberración" de la clasifi-

[33] *Ibid.*, p. 321.

[34] M. Patterson, *Kinship, Marriage and Ritual in North Ambrym,* tesis de doctorado, Department of Anthropology, Sydney, University of Sydney, 1976, p. 198.

[35] Hace unos años Knut Rio ofreció perspectivas más detalladas sobre la metáfora de circularidad en la región norte de Vanuatu central, y esta idea, más que cualquier noción de clasificación de parentesco, refleja bien la impresión de una "terminología de parentesco" indefinida. Rio informa que, en Ambrym Norte "es característico [...] que haya muchas personas pero pocas categorías [de parentesco], pues las relaciones se repiten cada dos generaciones. El padre de mi padre es mi *bataton*, al igual que el hijo de mi hijo, y a ambos les digo *talang* ('hermano') [...] Estas simples clasificaciones dan la impresión de que todas las relaciones de parentesco son circulares y la sensación de que la familia es eterna e invulnerable al paso del tiempo", K. Rio, "Standing Drums in Vanuatu: The cultural biography of a national symbol", tesis de maestría sin publicar, Department of Social Anthropology, Noruega, University of Bergen, 1997, p. 70.

[36] Rio registra nociones similares de patrónimos ancestrales "estratificados" en Ambrym, que, a diferencia del caso de las islas Torres, complementan las metáforas nucleares de circularidad (Rio, "Standing Drums in Vanuatu...", *op. cit.*, p. 103).

cación de parentesco como un reflejo de lo que Munn ha denominado la "extensión relativa del tiempo y el espacio". Así es como los habitantes de Islas Torres logran crear una imagen de continuidad intergeneracional (es decir, temporal) y espacial.[37]

Además de la noción de "apilamiento" que opera para con las personas del propio linaje, los isleños consideran sus relaciones hacia quienes no son sus parientes, incluso hacia las cosas no humanas, como extensiones del parentesco. Como menciono en el capítulo 10, al reconocer al otro (sea humano o no humano, es decir entidad espiritual o incluso cosa personificada, como lo puede ser un ñame o un artefacto poderoso con agencia propia) como pariente, se otorga la condición de persona. Por ello, uno puede relacionarse con el objeto al que se confiere reconocimiento de persona y así entablar una interacción productiva con esa persona o cosa. En conjunto, las imágenes de apilamiento y extensión parecen indicar una "capacidad de desarrollar relaciones espaciotemporales" sobrepasando los límites de la persona y los del grupo de parentesco nuclear.[38]

En el caso de los habitantes de las islas Torres, el desarrollo de relaciones más allá del horizonte representa la extensión del todo social que es el parentesco en estas islas ("todos somos parientes"). Pero en lugar de generar movimientos externos o circulares de bienes o personas, como se ha documentado en Ambrym o en algunas sociedades en la región del Kula, las personas de Islas Torres han creado varias estrategias para "atraer" a aquellas personas o bienes a quienes extienden sus formas de relacionalidad, como explicaré en más detalle en el capítulo 10 y la conclusión de este trabajo.

En las islas Torres, la "extensión" de personas (como parientes y agentes) se media con los aspectos prácticos diarios del "parentesco

[37] Las metáforas de "atracción" (así como de aprehensión, contención y transformación, que he mencionado en relación con las imágenes que en las islas Torres se tienen de los *tutumwa*) son cruciales en las visiones imperantes en relación con la producción de conocimiento, mismas que discuto más detalladamente en los capítulos 8 y 10.

[38] Munn, *The Fame of Gawa*..., *op. cit.*, p. 11.

vivido". Como se mencionó en la primera parte de este capítulo, las elecciones diversas y cambiantes de los isleños en términos de residencia, matrimonio y herencia, así como el cálculo político y (lo que es más importante) los modos de actuar y de producir valor social, determinan en última instancia el uso de términos clasificatorios en la vida social en estas islas.[39]

El punto es que el fenómeno de la extensión de las categorías de parentesco en las islas Torres da lugar a formas de reflejar al menos dos dimensiones (y quizás más) de profundidad y asociación temporales de los linajes básicos, y de crear conexiones generativas entre las personas vivas, y otras personas y cosas en el mundo social y físico circundante.

Los marcadores específicos de estos vínculos se consagran en un sistema de categorías de parentesco prescritas, pero en última instancia se definen mediante procesos de interacción particulares. Todas estas relaciones tienen lugar en la red local de sitios, en el mundo físico y social, que representan lo que los habitantes de las islas Torres y la mayoría de los ni-Vanuatu llaman *ples*, en bislama.

El *ples* es el tejido de sitios en los que se sucede la acción cotidiana; es el complejo de ubicaciones donde transpiran todas las relaciones que dan sentido al arraigo. Los cuatro espacios constitutivos de *ples* en el mundo de las islas Torres son el villorrio, el huerto (LT: *lëte*), el claro ritual (sitio funerario ancestral y de danza LT: *hara*) y la casa donde los hombres ingieren kava de manera ritual (LT: *g'mel*). Habiendo revisado en este capítulo los aspectos básicos de las relaciones de parentesco, los siguientes tres capítulos se orientan a una discusión de esas cuatro localidades, y las acciones diarias mediante las cuales se experimenta el sentido de *ples* en las mismas.

[39] Así, hay ciertos vocablos radicales que se repiten con frecuencia, como *rëme* (madre), y que en realidad se componen de partículas: *rë* (cosa femenina/mujer), que puede agregarse a otros términos de parentesco, tales como *retü* o *rehü*, e incluso a toponímicos o cosas personificadas e incluso paisajes, sean de arrecife o terrenos cultivables. Sucede lo mismo con *tel*, *telü* y *lül* (cosa masculina/hombre).

Capítulo 5

MANPLES: PERSONA-LUGAR

Aproximación a la identidad geográfica

En Vanuatu, escribe Bonnemaison, "no hay un grupo de descendencia que no tenga en su territorio un lugar o una red de lugares y piedras al cual pueda atribuir su pertenencia de manera directa o indirecta".[1] Por su parte, Lamont Lindstrom, en un comentario sobre la transmisión intergeneracional del conocimiento ritual en la isla de Tanna (en el sur de Vanuatu), argumenta que "la fuente [autoridad última] del [conocimiento recibido] es la cadena de nombres ancestrales [es decir, de los ancestros] de la persona, quienes residieron en [el mismo territorio] en donde él reside ahora".[2] Estas asociaciones entre persona y lugar se hacen evidentes, con variaciones locales, a lo largo y ancho del archipiélago, y se suelen resumir de manera general mediante el término bislama *ples*, es decir "sitio" o "lugar de arraigo", que a su vez se extiende mediante la palabra *manples* para indicar "persona-del-lugar".

Ples es una palabra propia del bislama, por lo que su uso cotidiano y significado general es compartido por casi todas las demás comunidades lingüísticas de Vanuatu. Por contraste, en la lengua lo-

[1] J. Bonnemaison, *The Tree and the Canoe*, Honolulu, University of Hawai'i Press, 1994, p. 73.

[2] L. Lindstrom, *Knowledge and Power in a South Pacific Society*, Washington, D.C., Smithsonian Institution Press, 1990, p. 77.

toga de Islas Torres el concepto persona-territorio, entendido desde los referentes propios de esta comunidad, se resume de manera idiosincrática mediante las esferas de existencia configuradas por tres fenómenos mutuamente entrelazados, a saber, *lengwe* ('caserío'), **hara* ('espacio genealógico/ritual'), y **g'mel* ('casa ritual'). Estos tres términos nos refieren a puntos de arraigo que constituyen los horizontes identitarios por excelencia de la persona.

El objetivo de los siguientes dos capítulos es ofrecer una exploración analítica puntual sobre cada uno de esos sitios topogénicos con el propósito de aclarar los fundamentos de la persona y el territorio en Islas Torres.

Personas, territorios y redes de nexos

Hoy, como en el pasado, la gente de Islas Torres, así como casi todas las demás comunidades de Melanesia insular, se interconecta a través de una matriz cambiante de relaciones configuradas por género, lazos de parentesco, filiación territorial y tipos particulares de intercambio y movimiento. Estos flujos relacionales se sostienen y organizan mediante formas de intercambio de personas y de objetos tan diversos como los tejidos (esteras, atuendo tradicional, cestos, etc.), los alimentos, e incluso el dinero en efectivo (debidamente revalorizado como objeto de intercambio ritual y no simplemente monetario), así como de chismes, ideas y proyectos. Estas personas y objetos en movimiento se superponen y se atraviesan en diversos niveles, generando una variedad de perspectivas que hacen imposible invocar una sola imagen estática, singular, del cosmos relacional a discusión.

Las percepciones que los habitantes de Islas Torres tienen de sí mismos se ven muy influidas por el lugar que cada persona ocupa en este "espacio reticulado", esta red de nexos producto de las relaciones entre personas, *metaviv*, territorios, sitios y cosas constitutivas del medio social y físico circundante. A su vez, mientras he puesto énfasis en el movimiento como eje dinámico del flujo de personas y cosas en Islas Torres, en sus percepciones de sí mismos los isleños suelen enfocarse en el *stamba* (B: 'la raíz', 'el cimiento') de su territorio de origen, y en el sentimiento de continuidad y pertenecia existencial que obtienen a partir del mismo.

Uno de los términos más comunes a través de los cuales se "colocan", es decir se sitúan en sus redes de nexos los ni-Vanuatu de todo el archipiélago es el término *manples* (B: 'persona-lugar'), que es indicativo de la isla y la comunidad o territorio de origen. *Manples* funciona a partir de registros múltiples de escala geográfica y demográfica relativa, de manera que se puede decir que un ni-Vanuatu es *manples* de Vanuatu, mientras que de la misma forma se puede decir que un residente de Lo es un *manples* de Lo. El término es, en este sentido, una categoría de uso flexible que busca sobre todo afirmar la pertenencia, sea a una nación, a una isla, a un territorio o a una comunidad dados. El énfasis sobre la pertenencia específica se suele generar a partir de la sustitución de la raíz *ples* (B: 'lugar') por el nombre propio del sitio específico al que se esté refiriendo contextualmente la persona en ese momento.

"Somos personas de Islas Torres pero los *metaviv* de mi padre y de mi madre son ambos de Lo, y yo soy un *man Lunharigi*." Estas palabras de Beretin Wokmagene Mweiu, un viejo de Lo, ejemplifican bien los múltiples emplazamientos que puede comprender, de manera simultánea, el uso del término *manples*, el cual, casi sobra decir, quebranta nociones nítidas, jerárquicas, de escala demográfica, territorial y humana.[3] Al manifestar en una sola frase múltiples formas de pertenencia, Beretin situaba al mismo tiempo, con claridad inequívoca, su *stamba* particular dentro del contexto de las diversas redes superpuestas de "personas-lugar" que componen el ho-

[3] Véase C. Mondragón, "Personas partibles, sociedades fractales. Reflexiones sobre escala y complejidad en Vanuatu", en B. Alcántara y F. Navarrete (eds.), *Sociedades amerindias: más allá del Estado*, México, Instituto de Investigaciones Históricas/Universidad Nacional Autónoma de México, 2011, pp. 145-168.

rizonte relacional del microarchipiélago en el que nació y ha vivido toda su vida.

Manples bien puede ofrecerse como el término ni-Vanuatu que más se acerca, en tanto concepto por analogía, a lo que Roy Wagner ha llamado la "persona fractal" en su esfuerzo por condensar el concepto de la persona (melanesia) múltiple y la multitud de escalas espaciales que la conforman.[4] Sería un error conceptualizarlo simplemente como la agregación de dos conceptos dados, a saber el de persona y el de territorio. Dada la complejidad de valores e ideas que subyacen a ambos conceptos en el ideario ni-Vanuatu, se hace necesario someterlos a una reflexión crítica con la finalidad de arribar a un léxico analítico más apropiado a las formas y principios de realidad a discusión.

De acuerdo con Bonnemaison la identidad territorial en Vanuatu se entiende mejor en tanto identidad geográfica, en la medida en que no existen fronteras claras en las relaciones existenciales que operan entre espacios isleños, espacios marítimos y las concatenaciones genealógicas de personas que sobre ellos habitan y actúan.[5] Por esta razón me parece que identidad geográfica se acerca a las perspectivas que sobre las relaciones humano-ambientales manejo en este trabajo. Pero a la definición original de Bonnemaison resulta conveniente añadir que las formas que adquiere la identidad geográfica consisten en fenómenos procesuales, debido a que son el producto emergente e inestable de negociaciones constantes sobre los límites de aguas, de

[4] R. Wagner, "The fractal person", en M. Godelier y M. Strathern (eds.), *Big Men and Great Men: Personifications of Power in Melanesia*, Cambridge, Cambridge University Press, 1991, pp. 159-73.

[5] J. Bonnemaison, "Les lieux de l'identité: vision du passé et identité culturelle dans les îles du sud et du centre de Vanuatu (Mélanésie)", en E. Bernus, J. Polet y G. Quéchon (eds.), *Autrepart: Empreintes du passé*, París, Éditions de l'Aube, ORSTOM, 1997 (Cahiers des sciences humaines, nouvelle série, 4), pp. 11-12. Por su parte, Lindstrom ha descrito los entrelazamientos de lugares y personas en la isla de Tanna (sur de Vanuatu) como una forma de "subjetividad geográfica", Lindstrom, *Knowledge and Power.., op. cit.*, pp. 77-81.

tierras y de los movimientos de diversas personas miembros de los matrilinajes que reclaman dichos territorios como suyos.

En otras palabras, no obstante sus fundamentos en un concepto primordialista y estático del arraigo territorial (lo que sería el *tetot* de Islas Torres), la identidad geográfica, en tanto producto de la agencia humana, es un fenómeno sujeto a los flujos constantes de personas y territorios, y en esa medida su reiteración es siempre parte de disputas y negociaciones emergentes.

En tanto funciona como registro generalizado para la identidad geográfica, el término *ples* se refiere a un sitio de arraigo que por necesidad es el fundamento y el producto de la labor cotidiana, transformativa y generativa de la persona —y del linaje en su conjunto— sobre un paisaje (marítimo y terrestre) dado. Este sentido es común a la mayoría de los ni-Vanuatu, quienes tienen claro que las localidades tangibles en las cuales están cifrados los valores, los recuerdos y el poder ancestral de su persona y su linaje pueden mudar de acuerdo con las acciones políticas, rituales y generativas que sobre el paisaje ejercen diferentes linajes y agentes a lo largo del tiempo. El hecho de que esta inestabilidad inherente genere ansiedades existenciales es simplemente parte del mismo fenómeno de disputas territoriales que llevan a la reiteración de la identidad geográfica en diferentes foros y en diferentes contextos generacionales: sea en el contexto de una disputa entre dos comunidades vecinas o bien en relación con la enajenación capitalista de la tierra que en años recientes se ha vuelto más y más común en diferentes islas de Vanuatu.[6]

[6] *Cf.* H. van Trease, *The Politics of Land in Vanuatu: From colony to independence*, Suva, Fiji, University of the South Pacific, 1987.

Los horizontes fundamentales del arraigo geográfico en Islas Torres

El presente apartado ofrece una discusión etnográfica sobre dos de los horizontes espaciotemporales que conforman el núcleo de lo que la gente de Islas Torres actualmente entiende por *ples*, es decir, la variante local del concepto de persona-lugar arriba descrita. Estos dos horizontes son: *1)* el *lengwe* o caserío, es decir, las estructuras y el espacio doméstico básico de toda familia extensa; este espacio y sus estructuras son una parte clave de lo que llamaríamos "casa" (*maison*) en términos clásicamente levi-straussianos, y *2)* el *hara*, o espacio ritual y ancestral por excelencia, que suele estar ubicado frente a la fachada principal del *g'mel*, o casa ritual, y siempre cercano al *lengwe*. Como se explica en el siguiente capítulo, hoy día no existen los *g'mel*, en tanto estructuras físicas, en Islas Torres. Sin embargo el término *hara* es utilizado como sinónimo de *ples*, de manera que funciona como registro para indicar el nexo *lengwe-g'mel*, y, por extensión *lete*, o huerto. Es por esta razón que la parte principal de este capítulo se concentra en el fenómeno del *hara*, tanto en el pasado (cuando existía como anexo del *g'mel*) como en el presente, cuando funciona como variante local para el concepto de *ples*.[7]

Por lo que se refiere al *hara* y el *lengwe*, cabe reiterar que son sitios que simultáneamente ofrecen puntos concretos de arraigo sobre la geografía cultural al mismo tiempo que son fenómenos fluidos, que se constituyen y transforman a través de las prácticas cotidianas de las personas en relación con su entorno físico e imaginado. De

[7] Cabe aclarar que estos dos horizontes no son exclusivos de lo que entiendo por *hara*. Existen cuando menos otros dos horizontes espaciotemporales, o topogénicos, relevantes, a saber, el huerto (LT: *lete*) y el *g'mel* mismo. Debido a que ambos son fenómenos considerablemente sofisticados, dedico los siguientes capítulos a discutir estos registros topogénicos *in extenso*, mientras que reservo el presente capítulo para la discusión del *lengwe* y el concepto de *hara*, que debe entenderse como un fenómeno que engloba todos estos registros topogénicos.

acuerdo con estas prácticas, el claro y las chozas que conforman el *lengwe* son un espacio que se puede describir simplemente como "doméstico", pero en la concepción de la persona-lugar también se ven unidos, como imagen y como localidad, al *hara* y a todo lo que éste representa.

A la fecha hay pocos recuentos etnográficos sobre la relevancia social de la casa o, para ser precisos, de las chozas y espacios residenciales aldeanos, lo que aquí llamo caseríos, en Vanuatu.[8] Esto posiblemente se deba a que las "chozas", entendidas así, como meros espacios "dormitorio", no suelen atrapar la mirada del antropólogo de la misma manera que los sitios y estructuras con carga ritual y compleja. En el presente capítulo busco demostrar que esta marginación del espacio doméstico, por cotidiano y presumiblemente banal, es problemática. Acaso el comentario más sofisticado al respecto ha sido el de Margaret Rodman, quien analizó la peculiar movilidad que caracteriza las aldeas y patrones de asentamiento de la isla de Ambae.[9] Sin embargo, la breve vida de las estructuras residenciales (de cuatro a seis años en promedio), la aparente falta de importancia ritual o simbólica que se otorga a la casa en la antropología de Melanesia marítima, y el hecho de que en este espacio no parecen realizarse actividades sobresalientes a lo largo del día, han llevado a la mayoría de los etnógrafos a consideraciones pragmáticas y meramente descriptivas, como el que la casa consista primordialmente en un "cuarto para dormir".[10] En contraste,

[8] El único análisis comparativo de las casas ni-Vanuatu a la fecha se conforma por descripciones de las distintas formas que exhiben las casas en el archipiélago (Ch. Coiffier, "Traditional Housing and Architecture in Vanuatu", en J. Bonnemaison *et al.* (eds.), *Arts of Vanuatu,* Bathurst, Australia, Crawford House Publishing, 1996, pp. 217-225), pero pocos analistas han intentado concentrarse en la casa como marcador de relaciones locales.

[9] Véase también Guiart, *Espiritu Santo (Nouvelles Hébrides)*, París, Librairie Plon, 1958, p. 158.

[10] Ej. Hviding, *Guardians of Marovo Lagoon: Practice, place, and politics in Maritime Melanesia*, Honolulu, University of Hawai'i Press, 1996 (Pacific Islands Monograph Series, 14), p. 45.

los observadores de la arquitectura de estilo tradicional en Vanuatu han tendido a centrar su interés en las particularidades, las acciones rituales y los significados simbólicos asociados con el *nakamal* tradicional.

El *lengwe* de Islas Torres forma, junto con el huerto (*lete*), uno de los dos principales polos de la existencia, desplazamiento y esfuerzo cotidianos de los isleños: hallándose uno en un espacio "domesticado" y residencial, mientras que el otro representa el suelo fértil del bosque, el espacio agreste pero productivo por excelencia. Ambos, a su vez, se hallan en un continuo espacial, temporal y conceptual con el *hara* y el *g'mel*. En virtud de la conexión con estos diversos espacios sagrados y rituales, la casa revela mucho más que un simple espacio para dormir. A su vez, el complejo *hara-g'mel-lengwe-lete* guarda similitudes con los de otros pueblos austronesios.[11] Lo que resulta importante aquí es que no es posible abordar la casa de manera aislada de otros componentes físicos y espirituales del cosmos de Islas Torres. En la sección siguiente describo la forma tradicional que asumía el *hara*, según recuentos actuales, para después pasar a descripciones contemporáneas sobre el mismo, y posteriormente concentrarme en el tema de la casa (*lengwe*).

HARA: EL ESPACIO RITUAL DEL PASADO

En tiempos preeuropeos, el *hara* era el espacio ritual indispensable, siempre adjunto al *g'mel*. Este conjunto fungía como la zona en la cual se llevaban a cabo festines funerarios, danzas importantes, cantos rituales, así como ciertos ritos de tipo iniciático; en suma, funcionaba como el espacio ceremonial por excelencia. Un componente

[11] J.J. Fox (ed.), *The Poetic Power of Place. Comparative Perspectives on Austronesian Ideas of Locality*, Canberra, Australian University Press, 1997; P.V. Kirch y R. Green, *Hawaiki, Ancestral Polynesia*, Cambridge, Cambridge University Press, 2000.

Un *hara* del pasado, con *nëdule*, poderosas presencias ancestrales aún "activas". (Foto: C. Mondragón, 2010)

inherente al *hara* de antaño eran los monolitos pétreos, de forma perfectamente cilíndrica y decorados con bajo relieves geométricos conocidos en lo-toga como *në vot düle*, o simplemente *nëdüle*. Estos objetos constituían, y siguen constituyendo, manifestaciones tangibles de poderosos espíritus ancestrales, y servían de apoyo para un ritual sumamente complejo de exhibición de poder (**mene*) y capacidad de interacción con lo sobrenatural en relación con jóvenes aspirantes a un rango ritual dentro del *Hukwe*.

Hoy día, los *hara* del pasado y sus casas de *g'mel* adjuntas ya no existen más, pero los *nëdüle* perviven. Casi todos los *nëdüle* sobrevivientes se encuentran actualmente dispersos en sitios del bosque relativamente distantes de las aldeas contemporáneas; de tal manera ofrecen, mediante su presencia, un registro espacial tangible, una especie de mapa arqueológico viviente, de aquellos lugares en donde antes hubo *hara* y *g'mel*. Las personas de Islas Torres así los entien-

Un *hara* actual a punto de ser utilizado para una danza ritual (*newet*). (Foto: C. Mondragón, 2000)

den, y los utilizan en el contexto de disputas territoriales y reiteraciones del arraigo ancestral de sus *metaviv* (en el capítulo 10 se vuelven a mencionar los *nëdüle* en relación con el funcionamiento del *Hukwe*).

Sin embargo, desde tiempos preeuropeos el concepto de *hara* también se usaba como referente para el espacio residencial de cada *metaviv*, pues no era separable del espacio ancestral y ritual. Este entrelazamiento de lo cotidiano con lo ritual y ancestral pasa generalmente desapercibido en la literatura académica moderna, que suele mantener separadas de manera arbitraria estas esferas. Parte importante del argumento que aquí esbozo es que a ojos de los isleños actuales la idea de *hara*, en tanto variante local del concepto de *ples* que definí párrafos arriba, sigue evocando la imagen del territorio "tabú" (LT: **tok*; B: *tambu*, 'restringido', 'especial') tanto como del *lengwe*, es decir de la casa. La característica fundamental del *hara*, así entendido, no recae en su relevancia ritual o doméstica, sino en el respeto que exije por parte de cualquier que se aproxime al mismo, sea de manera física, como cuando uno se acerca al espacio residencial o el huerto de otra familia, o bien de manera metafórica, como cuando uno entra en interlocución ritualizada con otro *metaviv* o *tutumwa*.

La continuidad de la asociación entre el espacio residencial (que pervive) y el espacio ritual (que hoy día solamente se genera en momentos de ritualidad comunitaria) se debe, en particular, a que en tiempos premodernos los *lengwe*, los caseríos de Islas Torres, también se situaban dentro de los claros en el bosque comprendidos por el *hara*, el *g'mel* y los *nëdüle*. Es por eso sumamente problemático que pocos investigadores se interesen por el componente "doméstico" de lo que perciben como los sitios de "alta ritualidad", es decir, el *nasara* (*hara*) y el *nakamal* (*g'mel*). Esta marginación de lo "residencial" como una estructura o espacio de poca relevancia cosmo-ontológica es consistente con lo dicho más arriba en relación con la desestimación de la relevancia de las casas, las *lengwe*. Pero su asociación con el *hara*, a ojos de los isleños actuales, nos ofrece la pista clave para acceder a una imagen más completa de la forma que tomaba el *hara* en el pasado y, por lo tanto, de los valores no-tangibles con los que sigue identificándose en el presente.

De acuerdo con descripciones tanto históricas como contemporáneas, el *hara* de antaño siempre fue entendido como la totalidad del claro dentro del cual se situaban las actividades rituales, las cuales comprendían la estructura del *g'mel*, con sus *nëdüle* adyacentes, junto con las *lengwe*, los caseríos "residenciales" de cada *metaviv*. Estas estructuras, en su conjunto, daban forma singular, visible y tangible a las presencias de los espíritus ancestrales de cada *metaviv*, pero en contraste con la aglomeración de *lengwe* que caracterizan a las aldeas actuales, los *hara* entonces se hallaban dispersos en el bosque, dentro de grandes claros construidos en forma de triángulo más o menos equilátero. Esta separación era indispensable para poder mantener la necesaria distancia espacial entre un *metaviv* y otro, de modo que no hubiera una confluencia problemática, e incluso peligrosa, de entidades vivas y muertas.

Cada uno de los lados de estos *hara* triangulares medía varias decenas de metros de largo, y constituían los límites para la distribución organizada de los componentes mencionados: así, las chozas representativas del *lengwe* se situaban en la "base" del triángulo, mientras que el *g'mel* se situaba en el extremo opuesto, en el "ápice" del claro, de manera que las presencias y poderes asociados con las actividades del mismo estuviesen lo más alejado posible de las casas residenciales, sin quedar fuera de los límites del *hara* mismo. Los *nëdüle* se ubicaban en una hilera sencilla de cinco monolitos, o bien en una hilera doble de diez (cinco y cinco), de frente al *g'mel*. En el espacio intermedio entre el *g'mel* y las chozas componentes del *lengwe*, es decir en el centro mismo del triángulo, se situaba el claro ceremonial, el *hara* en sentido estricto, en tanto espacio ritual, junto con la pila de piedras funerarias reservada para las personas importantes o poderosas, la cual era conocida como **gwe*.

En suma, cada uno de estos claros triangulares representaba la zona residencial y el territorio ritual de cada *metaviv* particular.

Por lo que toca a la isla de Lo, la reconstrucción topogénica de su historia indica que se habrían distribuido un máximo de diez *hara* —correspondientes a los *metaviv* de los residentes de esta pequeña isla— a lo largo de los dos espacios cerriles de la misma, a saber, las colinas de Wedü y Luwovinie. De conformidad con las reglas de residencia matrilineal pasadas y presentes, solamente los miembros de un único *metaviv* podían vivir en el claro que les correspondía, pero es probable que, como ocurre en la actualidad, hubiera excepciones y variaciones a esta regla y que siguieran patrones particulares de movimiento a través del matrimonio y las negociaciones individuales. Los residentes de las chozas componentes del *lengwe* generalmente eran parientes cercanos, agrupados en torno a una figura de autoridad masculina que en ocasiones podía tener más de una "esposa". Como regla general, las mujeres y los niños siempre dormían en las chozas del *lengwe* y se mantenían exclusivamente en la zona circundante a la misma. En contraste, los isleños contemporáneos tienen por cierto que con frecuencia los hombres del *metaviv* llevaban a cabo reuniones nocturnas frecuentes para beber kava y que se quedaban a dormir en el *g'mel* mismo, cuyo interior estaba proscrito para las mujeres y los jóvenes sin rango ritual.

La estructura propia de la casa que fungía como *g'mel* no era como la reservada para una choza residencial. Mientras que estas últimas tendían a ser cuadrangulares, debido a la importancia de poseer poste central y postes secundarios en sus ángulos cuadriláteros, la estructura del *g'mel* seguía un patrón alargado y ovalado, a veces de más de diez metros de largo, con una techumbre de paja que se extendía hasta el piso alrededor de la edificación, de manera que se asemejaba a la quilla de una embarcación o a un cerro isleño visto desde el mar.[12] En el pasado, la gente de Islas Torres parece haber dividido el interior de su *g'mel* en nueve espacios, cada uno de los cuales contenía las hogueras sagradas (B: *tambu faea*) de los nueve rangos en los que se organizaba la jerarquía de los miembros del *Hukwe*, el sistema local de alteración de estatus ritual masculino (véase capítulo 10).

La anterior imagen de un *hara* "tradicional" de las islas Torres se deriva de recuentos orales contemporáneos, pero como ya se ha dicho, la manifestación triangular y exclusiva de cada *metaviv* no persiste hasta nuestros días. Actualmente el concepto del *hara* evoca una imagen más bien abstracta e inmóvil del territorio ritual y residencial propio de cada *metaviv*. En tanto ahistórica, esta imagen no hace justicia a la movilidad física y metafórica que tanto en el pasado

[12] Esta asociación visual no existe hoy día en Islas Torres, pero la metáfora del *nakamal* entendido como una isla o una embarcación existe en varias otras partes de Vanuatu, notablemente en las islas de Tanna (Bonnemaison, Lindstrom) y de Ambae (Rodman), y no es inconcebible que estas asociaciones también contasen con alguna variante local en Islas Torres.

como en el presente ha caracterizado a los claros representativos de las zonas de residencia y ceremonialidad de Islas Torres. Entendida así, como un constructo abstracto, intemporal, la idea del *hara*, y aún más del *nasara* en términos de la evocación de la persona-lugar a lo largo de Vanuatu, no da cuenta apropiada de las variaciones y las negociaciones individuales que son constitutivas de los caseríos y que con frecuencia comprenden espacios de *metaviv* mixtos. No obstante, la imagen del *hara* triangular como la manifestación ideal, preeuropea, del *metaviv*, sigue siendo poderosa, toda vez que nos refiere a nociones prístinas de "lo tradicional". La percepción de lo tradicional como la raíz del poder y la presencia de la persona, su genealogía, y su geografía cultural, no se han visto afectadas por la transformación radical que sobre los patrones residenciales han tenido la historia colonial y poscolonial del último siglo y medio en la vida aldeana, rural, de Vanuatu.

Manifestaciones metonímicas de la persona-lugar

Tim Curtis ha apuntado que en la isla de Malakula "*nasara* es [de acuerdo con el uso contemporáneo] un término que se utiliza para designar una aldea de origen para cristianos que viven sobre la costa. Cualquier aldea cristiana centrada en torno a una iglesia y no a una *nasara* se llama *stesen*, sin importar si hay alguna misión o presencia administrativa ahí".[13] En mi experiencia tanto en las islas Torres como en Malakula, este no era el caso: *vilej* (B: 'aldea') era el término que se aplicaba a los asentamientos costeros asociados con estilos de vida cristianos, mientras que *stesen* se emplea para designar cualquier pequeño caserío o asentamiento del tamaño de una casa, sin

[13] T. Curtis, "Tom's tambu house: spacing, status and sacredness in South Malakula", *Oceania*, vol. 70, 1999, p. 60.

importar si era cristiano o no cristiano, si estaba en la costa o en el interior. Por tanto, en la isla de Lo, Lunharigi se clasifica como *vilej*, mientras que Rinua se llama *stesen*.

En un proceso similar al que he descrito en el apartado anterior para el *hara* de Islas Torres, en la actualidad el término *nasara*, en bislama, es un sonido mediante el cual los ni-Vanuatu de muchas partes del archipiélago se refieren a territorios ancestrales, incorporando áreas de vivienda, en un sentido amplio. Al mismo tiempo, el término *nasara* se aplica de manera estrecha —en parte por los propios académicos que estudian estos fenómenos— a zonas rituales dedicadas a los enterramientos, a la danza y al consumo de kava, que generalmente eran adyacentes a la "casa de los hombres" o *nakamal*. Utilizado de esta manera, *nasara* en Vanuatu es casi sinónimo de *ples*, en tanto nos refiere a los espacios nucleares de la persona-lugar. Entendido como tal, en un sentido contemporáneo y análogo al *nasara*, en las islas Torres el término *hara* también nos refiere a los espacios quintaesenciales del concepto *ples*. Una y otra vez, cuando se expresan en bislama, los hombres de Islas Torres hacen eco de esta asociación y declaran inequívocamente que su *ples* es su *nasara*. Ni el caserío (*lengwe*), ni la *stesen*, ni la *vilej* (asentamientos contemporáneos, en ambos casos) ni el *nakamal* (expresado en lo-toga como *g'mel*) contienen o representan la sustancia ancestral del *metaviv* y *tutumwa* de la persona como lo hace el *nasara* (LT: *hara*).

Empero, el concepto de *hara* en Islas Torres no evoca de manera prioritaria la imagen pretérita del claro triangular, complejo y multivalente, que he descrito en el anterior apartado. Mientras que retiene aspectos de esa imagen de antaño sin desdibujarla del todo, se presenta como un fenómeno que ha sido transformado de maneras importantes por los desplazamientos del último siglo y medio. Así, lo que emerge en primera instancia cuando una persona de Islas Torres habla del *hara* es la idea del terreno funerario tradicional de los ancestros varones de alto rango, es decir, el *tetot*, en tanto sitio que concentra la sustancia y la memoria de los ancestros acumulados del *metaviv*.

Habida cuenta de su naturaleza multivalente, incluso multisémica, es posible afirmar que el *hara* es, en un sentido en el que ningún otro concepto, espacio o imagen puede serlo, la manifestación por excelencia de la identidad espaciotemporal de la persona. Es el *ples* en la expresión *man-ples* (B: 'hombre del lugar'). Por esta razón también es el objeto hacia el cual la persona dirige sus sentimientos y expresiones de respeto en el contexto del reconocimiento de la existencia de otros interlocutores, es decir, de otros *metaviv*, de otros *tutumwa*, de otros interlocutores inmersos en la red de intercambios que constituye el cosmos relacional. En un sentido muy concreto, el reconocimiento mutuo del que hablo aquí no debe ser pensado tanto como un acto entre personas, entre individuos, sino entre *nasaras* mismos, pues representa el reconocimiento de la existencia, y por lo tanto de la validez, del *ples*, de la identidad territorial, de la presencia presente y pasada, de un grupo, de un linaje, de un territorio. Representa el reconocimiento de la posición de ambas partes en una relación significativa.

Como describí en el capítulo anterior, los tres principales *tutumwa* de las islas Torres tienen su origen en una ancestra originaria femenina. Los patrones de matrimonio residencial, y por extensión los patrones de distribución de la tierra, responden a una institución matrilineal mediada, por un lado, por el tío materno (LT: *wuluk*), quien acuerda las transacciones matrimoniales, y por el otro, por el padre de la esposa/madre (es decir, el suegro del marido), quien está a cargo de repartir la tierra a su yerno y su hija casada. Así, lo que Jean Guiart comentó hace más de medio siglo sobre Santo también es aún cierto en el caso de Islas Torres, a saber, que

> [...] la tradición matrilineal local, que gobierna las relaciones entre individuos, provoca que uno se sienta unido principalmente al grupo de

> la madre, y el lugar en donde vive la gente tiende a reflejar esto. [...] Por tanto, las cabezas de familia [es decir, autoridades masculinas/paternas] casi siempre viven en una tierra que no les pertenece.[14]

Aun cuando la reproducción de los nombres de familia y del conocimiento especializado de poder y magia siguen una línea de transmisión paterna, tras el matrimonio la residencia se arraiga en el área residencial y el territorio del padre de la madre. Es decir, de acuerdo con las reglas prescritas del parentesco, la residencia debe ser matrilocal uxorilocal, a pesar de que en la práctica generalmente no lo sea.

Los patrones de movilidad de las casas, de la residencia y la herencia en Islas Torres se complican por procesos específicos de negociación y migración que socavan los preceptos de parentesco que esbocé anteriormente. Tales procesos no son nuevos y pueden verse en gran parte de Vanuatu. Sugieren lo que Sandstrom ha llamado el "valor de la interacción", en contradicción con el "valor de la descendencia" (es decir, "relaciones de parentesco como el tipo ideal"), las cuales dan forma a la "casa", en sentido levi-straussiano.[15] En el ejemplo que ofrezco enseguida, describo la forma física de una casa contemporánea, con sus símbolos asociados e importancia espiritual, y a la vez ofrezco un breve esbozo de un acuerdo de residencia "negociado".

LENGWE: EL CASERÍO

Los patrones de asentamiento en las islas Torres presentan lo que Gillespie ha llamado una "visión procesual del parentesco", en la que

[14] Guiart, *Espiritu Santo..., op. cit.*, p. 158.

[15] A.R. Sandstrom, citado en S. Gillespie, "Beyond Kinship: An Introduction", en R.A. Joyce y S. Gillespie (eds.), *Beyond Kinship: Social and Material Reproduction in House Societies*, Filadelfia, University of Pennsylvannia Press, 2000, pp. 53-72.

"la gente y las casas que ocupan se ven en los mismos términos analíticos, ambos son fenómenos vivos habitados por espíritus que se 'construyen' y se mantienen mutuamente".[16] En efecto, las configuraciones cambiantes de residencia y herencia subrayan el hecho de que los grupos de parentesco tanto en las islas Torres como en otras partes de Vanuatu suelen negociarse de manera contextual. A pesar de su transitoriedad física, el pueblo de las islas Torres imagina la casa como el "contenedor" por antonomasia de la sustancia y los espíritus ancestrales, los cuales están unidos al poste central de la casa o residen en el terreno del *nasara* mismo.

Las estructuras que conforman el caserío de David Andrew, un isleño de Lo de mediana edad, y de su parentela de dependientes (esposa, hijos, ocasionalmente primos, tíos, abuelos), proporcionan un ejemplo del *lengwe* promedio en la aldea de Lunharigi. Andrew vive en un área de Lunharigi que se encuentra a unos 200 metros de la costa y está en la orilla de un gran claro, de frente a la bahía al norte. Este caserío alberga a cuatro familias nucleares: la de Andrew, la del *jif* Peter Wotekwo (el padre de Andrew), la de May (la hermana casada de Andrew) y la de Brian (el hermano más joven de Andrew). Andrew, su esposa Eileen y sus tres hijos duermen en dos casas pequeñas, una de las cuales se construyó principalmente con piezas de lámina corrugada rescatadas del techo desvencijado de la vieja estructura de concreto que sirvió originalmente como la primera escuela primaria de Islas Torres, hace unos cuarenta años, y que eventualmente se deterioró y dio pie a la construcción de la actual escuela "Robin" (véase capítulo 1).

Los muros exteriores de la casa generalmente se construyen con bambú entretejido, aunque también se utiliza lámina corrugada en disposiciones improvisadas, como en el caso de Andrew. Dada la escasez de la lámina y de otros materiales de construcción prefabricados, así como las dificultades y los gastos que implica su transportación, la

[16] *Ibid.*, p. 22.

mayoría de las casas en las islas Torres aún se edifican con materiales perecederos. Por tanto, la mayoría de las casas en las islas tienen techumbres de hojas de *natanggora* (palmera de sagú) unidas con vigas de tiras largas y delgadas de bambú cortado por la mitad. Una serie de postes de madera conforman la estructura de la casa y son, por mucho, los elementos más importantes de la misma. Cada uno de ellos tiene un nombre y se deben erigir en un cierto orden. El poste más importante en la casa es la viga principal que mantiene unido el techo, pues es la que sostiene el "espíritu" de la casa, lo que Fox ha llamado el "atractor ritual" de las casas austronesias.[17] Aunque las vigas de la casa en Vanuatu no parecen ser tan prominentes en la mente de las personas como para muchos grupos austronesios de Indonesia oriental, la importancia de las vigas y su concentración de la fuerza de vida espiritual de los ancestros del *metaviv* se pone de manifiesto en historias que involucran a Marawa'hih, el héroe mítico más importante de Islas Torres (conocido, con variaciones, como Kwat en las Islas Banks y hasta cierto grado como Tagaro en otras partes del norte-centro de Vanuatu).[18]

El interior de la casa para dormir se seccionaba tradicionalmente en dos áreas divididas por un poste de bambú que se coloca en el suelo. Una de las áreas era para el uso exclusivo de los hombres y en la otra se situaba el sitio para cocinar de la familia, era una zona comunal y también la zona en donde dormían las mujeres y los niños. No había casas separadas que se designaran específicamente para cocinar. Hoy en día, los espacios interiores se dividen en dos o tres dormitorios separados con particiones de bambú tejido, y el acceso generalmente es libre para todos los miembros de la familia. Las hogueras y los hornos de tierra (LT: **gwe*, misma raíz para el *gwe*

[17] J.J. Fox, "Comparative Perspectives on Austronesian Houses: An Introductory Essay", en J.J. Fox (ed.), *Inside Austronesian Houses. Perspectives on Domestic Designs for Living*, Canberra, Australian National University, 1993, pp. 1-30.

[18] Véase, J. Taylor, "The Troubled Histories of a Stranger God: religious crossing, sacred power and Anglican colonialism in Vanuatu", *Comparative Studies in Society and History*, vol. 5, núm. 2, 2010, pp. 418-446.

entendido como montículo mortuorio ubicado en el centro del *hara*, véase capítulo 10) se mantienen en una choza para cocinar separada de la choza-dormitorio. Andrew y Eileen comparten una gran casa de cocina con May y su esposo, Simon Peter. El contraste entre las prácticas residenciales de Andrew y Simon ilustra otra peculiaridad de la vida en los caseríos de las islas Torres.

Simon proviene de la isla de Toga pero siguió las reglas del matrimonio, que establecen que la residencia es matrilocal uxorilocal, y se mudó al caserío de su suegro en Lunharigi, desde donde puede trabajar los huertos que *jif* Peter asignó a su hija May, esposa de Simon. No obstante, los patrones de residencia observados en las islas Torres normalmente son virilocales más que matrilocales. Tal es el caso de David Andrew, pues su esposa vive en el caserío del *metaviv* de su marido. Tales prácticas parecen contravenir el principio según el cual se espera que el marido viva en el caserío de la esposa y además tiene derecho de "trabajar" el terreno matrilineal, que se transmite a través del *metaviv* del padre de la esposa. Sin embargo, como me lo afirmó Ben Ara'ana, un viejo especialista ritual de Lo, lo importante es que, sin importar si se siguen las reglas establecidas o no, la cohabitación y la nutrición y crianza mutuas son lo que da lugar a la imagen de la casa como una manifestación concreta de los patrones de relaciones sociales.

LOS VALORES DEL *LENGWE*: EL RESPETO COMO PRINCIPIO DE RECONOCIMIENTO RELACIONAL

Me encuentro bajo la cama de madera que está afuera de mi casa en Lunharigi y observo cómo la niña más pequeña de Eileen, Solma, de tres años de edad, camina torpemente al lado de su madre, quien está sentada en un círculo de mujeres que tejen esteras en un claro cubierto de pasto cerca de su casa. Solma se dirige a un caserío vecino que pertenece a un *metaviv* con el que no están emparentadas. Eileen levanta la mirada y dice "tapu, tapu" [tabú]. Solma se detiene, mira a Eileen y después hacia adelante, al grupo de casas. "Tapu", repite Eileen, "no debes entrar a esa zona". Solma ha recibido este tipo de admoniciones en repetidas ocasiones, y poco a poco aprende las diversas maneras en las que la palabra "tapu" y los movimientos de sus parientes cercanos le advierten que no avance más, así que da la media vuelta y camina hacia su madre.

Los caseríos de Islas Torres constituyen entidades territoriales basadas en el parentesco, las cuales personifican el centro del espacio de vida de la persona y el *metaviv*. En las aldeas contemporáneas los *lengwe* están ubicados a tan poca distancia entre sí que pueden confundir a los fuereños que no están familiarizados con las demarcaciones espaciales invisibles que, sin embargo, inciden sobre los patrones de movimiento y las actitudes cotidianas de las personas en su navegar por las diferentes zonas de cualquier asentamiento dado. De acuerdo con los códigos de comportamiento interiorizados que informan estos actos de desplazamiento cotidiano, las personas no suelen entrar a los espacios domésticos de aquellos caseríos con los que no comparten vínculos directos de *metaviv*. Se han documentado actitudes similares, con frecuencia de soslayo, en diferentes partes de la Melanesia insular. Roy Wagner ofrece una de las pocas descripciones que existen a este respecto para el caserío de otro grupo social austronesio, los usen barok de Nueva Irlanda.

> La persona, la familia y el clan están rodeados por un muro invisible de reserva y sanción, [que] se materializa en la casa vivienda y sus alrededores inmediatos. [...] La casa vivienda [...] es un santuario visible de inviolabilidad personal, al cual una persona que no vive ahí debe aproximarse con cuidado y formalidad. Cualquier intención asertiva o agresiva que muestre un no morador en su vecindad se entiende como una violación a la personalidad de los habitantes.[19]

[19] R. Wagner, *Asiwinarong: Ethos, Image, and Social Power Among the Usen Barok of New Ireland*, Chicago, Chicago University Press, 1986, extractos de pp. 46 y 48.

Wagner explica el respeto como una forma prescrita de comportamiento público que es parte de "la elicitación diferenciadora de las relaciones de parentesco".[20] En el análisis de Wagner, el respeto y su contravalor barok, la vergüenza, actúan como "protocolos de restricción" mediante los cuales se afirman y negocian varios tipos de relaciones de parentesco.[21] En los contextos ni-Vanuatu en los que he observado manifestaciones de respeto, nunca detecté indicios de un contravalor como el de la "vergüenza" que Wagner y Battaglia han descrito para el caso de sociedades propias del Massim (la región marítima de Papúa Nueva Guinea). Por este motivo me resulta complicado conceptualizar el comportamiento respetuoso como un protocolo de "restricción".

Lejos de ser una forma de esquivar, evitar o restringir las relaciones, me parece que el respeto —entendido en el contexto del *lengwe* y del parentesco— es una parte crucial de la forma en la que las personas se reúnen, ya sea a través de lazos entre *metaviv* o incluso en relación con objetos no-humanos del mundo, como las piedras, los árboles, los huertos o los arrecifes (este tipo de relaciones se discuten en extenso en los capítulos 7 y 8). Esto es consistente con la manera en que la gente de Islas Torres experimenta un rango más amplio de valores, emociones y formas de relación, las cuales no se limitan al respeto, sino que se extienden a la forma que toma la producción del conocimiento. Entendido así, como parte de una concatenación de principios más amplios de acción humana en el mundo, estos valores de comportamiento respetuoso son como un código de acción y causalidad interdependientes de relación.

Aquí se hace necesario anticiparme a algunos de los temas de capítulos posteriores, y señalar que el resultado del respeto bien llevado no se manifiesta simplemente como armonía entre las personas en el contexto de lo doméstico. El respeto es una forma de ser, y en

[20] *Ibid.*, p. 50.
[21] *Ibid.*, p. 173.

este sentido trasciende las relaciones de y en torno a "la casa". En el contexto del parentesco, el respeto es una manera de actuar que facilita el flujo adecuado, prescrito, de personas y de cosas. El respeto es un elemento clave del cosmos relacional más amplio que conforma a Islas Torres; visto desde esta panorámica cosmo-ontológica el respeto funciona como uno de los fundamentos necesarios para generar formas adecuadas de acción relacional, mismas que dan lugar a la lógica productiva del cosmos. El contexto del respeto en torno a la casa nos da la pauta para comprender que el reconocimiento mutuo entre interlocutores no se limita a los intercambios entre personas y las acumulaciones de personas (*metaviv*), sino que se finca en conocer los límites entre personas y territorios; esto es, no consiste en evitar, sino en facilitar la reunión bien ordenada de las partes que componen el cosmos relacional. Por eso la caracterización estrecha del respeto en tanto reglas de comportamiento restrictivo entre parientes es muy limitada. El sentimiento de "vergüenza" que se suele dar por sentado es únicamente un aspecto muy particular de lo que aquí llamo respeto.[22]

Rispek, según lo he observado en Islas Torres, es parte del complejo de relaciones del *metaviv* que se basan en principios de crianza, nutrición y crecimiento existencial, es decir de cualidades productivas pero también emotivas, éticas y de comportamiento, dadoras de vida. En las islas Torres, la *raison d' être* del respeto tiene menos que ver con el comportamiento prescrito que con la posición que asumen las personas con respecto de otras personas o cosas, tanto en el con-

[22] Hablando de conceptos como el "respeto" y la "vergüenza", conviene subrayar la muy amplia diversidad de maneras en que se manifiestan y entienden las emociones en diferentes contextos culturales. Al respecto véanse los excelentes estudios de: C. Lutz, *Unnatural Emotions. Everyday sentiments on a Micronesian atoll and their challenge to Western theory*, Chicago, University of Chicago Press, 1988; C. Lutz y L. Abu-Lhugod (eds.), *Language and the Politics of Emotion*, París/Cambridge, Éditions des Sciences de l'Homme/Cambridge University Press, 1990.

texto relacional como en el emocional, y tiene como propósito facilitar o elicitar una acción (o reacción) productiva. El respeto es parte clave de la evocación del "crecimiento vivo" (*vavë*), en tanto que las diversas perspectivas y posiciones que una persona adopta en el campo local de las relaciones suelen tener como objetivo elicitar el crecimiento productivo, dador de vida, ya sea hortícola, social o de otro tipo. Al discutir la naturaleza de las formas respetuosas de ser, es importante recordar que el "comportamiento de parentesco" y las "reglas" de parentesco son categorías inestables y ajenas que no siempre reflejan los valores y las expectativas implícitas de los actores melanesios. Tal y como se insiste en varios ejemplares etnográficos relativos a estos comportamientos, las "reglas" del "parentesco" melanesio se entienden mejor de acuerdo con los contextos cambiantes en los que se desarrollan.

Transformaciones espaciotemporales

Durante los años en los cuales he residido y visitado Islas Torres, con frecuencia he observado que los sonidos y ritmos cotidianos de las aldeas suelen estar fuertemente caracterizados por la presencia de niños pequeños, de entre 3 y 10 años, que suelen comportarse de manera invasiva y ruidosa. Esto contrasta marcadamente con las repetidas aseveraciones, por parte de los adultos, de que el comportamiento adecuado de los niños debe de ser el de respeto irrestricto, incluido el silencio, en relación con sus propios parientes y aquellos de los *lengwe* vecinos dentro de la aldea. En particular, tanto los niños como los adultos deben tener cuidado de no trasgredir el espacio de aquellos con los que no están emparentados. En circunstancias normales, también cotidianas, al acercarse a una casa la persona se detiene a cierta distancia hasta que alguien sale a recibirlo, y generalmente deben ofrecer una razón específica para la visita.

Cuando he preguntado por la frecuente violación diaria de estos códigos por parte de niños ruidosos (prácticamente la totalidad de los niños de la aldea), la mayoría de la gente de Lo coincide en que esta es una manifestación más de la "pérdida de *rispek* y *kastom*" en sus islas. Una explicación común para esta pérdida es que "ya nadie sigue las reglas 'correctas' del matrimonio", esto, en referencia a las prescripciones relativas a las alianzas entre *tutumwa* específicos, las cuales señalan los límites de lo que Lévi-Strauss llamaría el "tabú del incesto".[23] Otra explicación, la cual hace referencia aún más explícita a las consecuencias indeseables del rompimiento de dichas prescripciones, es que "la gente que tiene hijos sin estar casados no puede enseñarles sobre el respeto adecuadamente, porque ellos mismos nunca siguieron un camino respetuoso".

Si cito estos razonamientos aquí es porque forman parte de las maneras cotidianas mediante las cuales se genera la moralidad en relación con las relaciones humanas en estas islas. Sin embargo está claro que no explican el hecho de que, en cuanto van llegando a la adolescencia, casi sin falta todos los niños, otrora latosos, se esfuerzan por evitar transgredir las zonas de vivienda de otras personas. En otras palabras, las normas prescritas de comportamiento adecuado sí parecen hacer su efecto eventualmente en términos de actitudes cotidianas de respeto. En efecto, la solución a mi pregunta parece encontrarse, en parte, en los cambios históricos recientes de la naturaleza de la socialidad y los patrones de residencia en Islas Torres. Por lo demás, estos cambios ilustran la manera en que se ha ido transformando el espacio social y moral del *lengwe* a lo largo del último siglo y medio, junto con la consecuente transformación de percepciones sobre la naturaleza del espaciotiempo humano y, por ende, del propio cosmos relacional.

[23] El cual, por razones que deben ir quedando claras, no se corresponde del todo con categorías e ideas locales, y por lo tanto no figura en mi caracterización y análisis del parentesco en Islas Torres; pero resulta útil como término descriptivo, en este caso, del tipo de prescripción a la que me refiero.

Como sucede con otras instituciones melanesias denominadas "tradicionales" —tal como el funcionamiento de ceremonias de alteración del estatus ritual, cuyas reglas prescritas probablemente nunca se siguieron de manera estricta e invariable en el pasado, así como tampoco lo hacen en el presente,[24] o bien las dinámicas de modelos de tenencia de la tierra y el mar negociados por medio de la movilidad y el desplazamiento constantes— es poco probable que la ruptura de las reglas del matrimonio sea un fenómeno reciente entre la gente de las islas Torres. Hay pruebas de inconsistencias e innovaciones continuas *de facto* en las prácticas matrimoniales a través del tiempo. El colapso de la población de las islas Torres en las primeras décadas del siglo pasado (el cual se explica en el capítulo 2) forzaron cambios particularmente radicales en las prácticas matrimoniales, causados principalmente por misioneros europeos angustiados por ver extinguirse a toda su congregación nativa. La consecuencia práctica de estos cambios fue que se abrió una serie de tabúes sobre el matrimonio y la reproducción, cuyos efectos aún se sienten hoy en día. Asimismo, se forzaron cambios radicales en los patrones tradicionales de asentamiento, según los cuales cada *nasara* (zona de vivienda) triangular y su *metaviv* asociado estaban separados de otros *nasara*. La posterior unión de todas las áreas de vivienda separadas para convertirse en aldeas costeras más grandes y más fáciles de controlar constituye una explicación más probable de la falta de respeto que se observa entre los niños en la sociedad contemporánea de las islas Torres, a diferencia del supuesto "deterioro" del *kastom*.

Lunharigi y Rinua son, pues, productos recientes de la actividad misionera temprana y las políticas administrativas condocoloniales,

[24] Véase por ejemplo M. Jolly, "*Soaring Hawks and Grounded Persons:* the Politics of Rank and Gender in North Vanuatu", en M. Godelier y M. Strathern (eds.), *Big Men and Great Men. Personifications of Power in Melanesia*, Cambridge, Cambridge University Press, 1991, pp. 48-80; S. Foale y M. Macintyre, "Dynamic and flexible aspects of land and marine tenure at West Nggela: implications for a marine resource management", *Oceania*, vol. 52, núm. 3, 2001, pp. 30-43.

y su estrecha disposición espacial impuso nuevas exigencias a un pueblo cuyos códigos de conducta durante muchos siglos se basaron en la socialidad entre caseríos separados y dispersos por toda la superficie de las islas. De acuerdo con numerosos recuentos locales que recopilé entre ancianos en Toga y en Hiu, en el pasado el contacto directo entre personas no emparentadas era poco frecuente y se mediaba a través de códigos de comportamiento no confrontativos. La evitación de los caseríos con los que no se tenía parentesco se debía en parte al potencial de hostilidades generado por las controversias agrarias continuas o por la captura forzosa (secuestro) de posibles novias por parte de otros *metaviv*.

Mis interlocutores isleños me han señalado que las manifestaciones actuales de "falta de respeto" en relación con el comportamiento social comenzaron con la generación de hombres que ahora se acercan a la edad mediana (35-40 años), porque Lunharigi se fundó alrededor de 1963, cuando ellos eran niños, durante lo que representó el primer intento de concentrar a toda la población de Lo en una sola zona residencial. Como se mencionó al principio de este libro, es por eso que el nombre "Lunharigi" significa "muchos *haras* donde se consume kava" (L: *lun*: "muchas cosas del mismo tipo en un grupo", vocablo que suele utilizarse para hacer referencia a un grupo de árboles; *hara*: claro ritual; *gi*: kava), y refleja la unión de diferentes *metaviv* (y los *g'mel* y *hara* asociados a los mismos) en una misma área.

Wagner ha sugerido que el apocalíptico deceso de la vida social melanesia quizás pueda representarse con el colapso, en un todo unitario, de los diversos agentes que dan forma al mundo existente de relaciones.[25] Tal y como ocurre en el mito de creación de Islas Torres que cito al final de este trabajo, al igual que en los mitos de origen de muchos otros pueblos de Melanesia,[26] la unidad cósmica

[25] R. Wagner, "The fractal person", *op. cit.*

[26] Para lo cual véanse ejemplos en J. Mimica, *Intimations of Infinity: The Mytho-*

representa la ausencia de movimiento, la ausencia de opuestos, la ausencia de agentes y de partes separadas. En otras palabras, la unidad original indica la ausencia de dinamismo socioontogénico, de producción y reproducción de personas y paisajes, y por lo tanto representa la ausencia de la posibilidad de la vida misma, en tanto crecimiento viviente, o *vavë*. Lo que ha ocurrido en Lo con la "unión de muchos *haras*" sugiere que la descomposición social en las relaciones entre caseríos y entre *metaviv* se percibe como una manifestación, a escala menor, de dicha confusión de partes. En todo caso, a ojos de los isleños la reunión de muchos *lengwe* y *hara* otrora separados y distinguibles brinda una explicación plausible (si bien no completa) sobre el deterioro de la conducta respetuosa en la actualidad.

Esta posibilidad se corroboró en palabras del hombre más viejo de Lo, Ben Ara'ana, quien alguna vez me aseguró que "Este modo de vida", refiriéndose a la fundación de Lunharigi hace muchos años, "este vivir como hormigas, confundía a todos, nadie sabía dónde comenzaba o terminaba su *nasara* y los niños crecían sin saber cómo seguir el camino de su padre y de su madre". Consecuentemente, hace unos veinte años, debido a la incomodidad que le causaba vivir en tal apiñamiento, Ben decidió mudarse a un nuevo lugar, un sitio perteneciente a su *metaviv*, conocido como Telakwlakw, que está debidamente lejano de los dos asentamientos contemporáneos de Lo. Ahí estableció un nuevo claro, un pequeño *hara* propio. A decir de otros isleños de Lo, desde su *hara* Ben ha podido poner en práctica los principios de respeto y quietud que aprendió cuando era pequeño y vivía en un caserío similar al de sus padres y sus abuelos. Cabe destacar que el resto de la isla de Lo ya no vive de esta manera y los protocolos "tradicionales" de respeto que anteriormente operaban

---

poeia of the Iqwaye Counting System and Number, Oxford, Berg, 1988; y A. Gell, "Strathernograms, or, the Semiotics of Mixed Metaphors", en E. Hirsch (ed.), *The Art of Anthropology. Essays and Diagrams*, Londres, The Athlone Press, 1999, pp. 29-75.

Jif kastom Pita Wotekwo y el anciano Ben Ara'ana, durante la celebración del Día Nacional de los Jefes. (Foto: C. Mondragón, 2008)

entre caseríos dispersos se han visto desplazados por las nuevas circunstancias residenciales.

En este capítulo me he concentrado en describir dos de los cuatro horizontes espaciotemporales que constituyen el núcleo del *ples* en las islas Torres: el caserío o zona residencial y el *hara*. En el pasado, el caserío estaba unido al *hara* de manera clara y fácil de distinguir, y además los caseríos y los *hara* estaban distribuidos en un patrón que permitió a la gente de las islas Torres diferenciar y reconocer mutuamente sus terrenos y áreas residenciales ancestrales colectivas. Las transformaciones recientes de los patrones de asentamiento han borrado gradualmente la imagen del *hara*, y han dado lugar a una cierta disolución de las fronteras relacionales.

Como demuestra la descripción de las enseñanzas de Eileen a Solma, el respeto es un valor que se aprende desde la edad más temprana. Estrictamente hablando, el único tipo de forma prescrita de "evitación" entre parientes se da entre el suegro y el yerno (tal y como se describe en el capítulo 3). Pero incluso los estrictos límites del contacto verbal y físico entre estas personas no atañen a los modelos de parentesco tanto como a la conceptualización de *metaviv* opuestos entre los cuales existen diversas formas de trato y transacción relativas al matrimonio.

También he argumentado que lejos de ser una estrategia de evitación, el respeto es parte de las relaciones sociales y del "crecimiento" de la persona, de procesos de transformación que toman toda una vida. Como he sugerido en páginas anteriores, las relaciones de parentesco, los acomodos de vivienda y las prácticas matrimoniales en la Melanesia insular son fenómenos procesuales y siempre emergentes. Por tanto, la inestabilidad de las disposiciones y las prácticas de vivienda y reproducción social deben alertarnos sobre el hecho de que el respeto no es sólo parte de un conjunto más amplio de prescripciones formales para que la gente se "comporte". Para decirlo de otra manera, no equivale a "ideología", sino a praxis, y más aún a la condición percibida como necesaria para la autopoiesis.

La cohabitación y la crianza mutua son lo que hace a la casa y a la persona; ambas entidades crecen juntas. La casa de las islas Torres, que constituye el elemento central de un caserío, se "construye" a partir de relaciones sociales que forman el *locus* de la vida familiar, desde donde los miembros de un *metaviv* se extienden al resto del mundo. La elicitación de "crecimiento vivo" de los habitantes de un caserío se dirige hacia dos localidades primarias: una es la tierra, cuya transformación productiva se lleva a cabo con la práctica hortícola, a través de la cual se nutre y se genera el potencial productor de alimentos de la *vanuë* (la tierra como sustancia), y el otro es la casa como ícono de las relaciones sociales y la reproducción que representa el nexo de las "intercepciones genealógicas"[27] a

[27] R. Wagner, *Asiwinarong*, *op. cit.*, p. 74.

través de las cuales se da lugar al "crecimiento" continuo (y posteriormente a la "muerte") del *metaviv* y el *tutumwa*. Dadas las complejidades de las prácticas hortícolas del pueblo de las islas Torres y sus vínculos más amplios con las acciones dentro del mundo vivo y las percepciones del mismo, emprendo la descripción del huerto (*lëte*) por separado en el capítulo 7.

En el siguiente capítulo proporciono un esbozo del tercer gran horizonte espaciotemporal de la existencia en las islas Torres, a saber, el *g'mel*.

Capítulo 6

EL *G'MEL*: VIRTUAL. LA PLURALIDAD DEL *KASTOM*

> Una vez pregunté a un hombre de alto rango en Pentecostés qué era *kastom* (tradición). Me respondió con sublime arrogancia: "Yo soy *kastom*".
>
> Joel Bonnemaison[1]

El círculo de kava

Extracto de mi diario de campo (Lunharigi, noviembre de 1999):

> Es tarde por la noche en la aldea de Lunharigi, en la isla de Lo, y uno de mis amigos cercanos, Joseph Merelëte, se acerca lentamente a mi choza. Se detiene a doce metros de distancia e, intranquilo, espera a que yo salga y lo salude, pues acercarse más sería una invasión del espacio doméstico. A pesar de ser uno de los cuatro 'jefes' reconocidos de la isla de Lo, Joseph siempre muestra suma cortesía cuando interrumpe nuestra rutina diaria. Salgo y lo saludo. "Sí, señor Kalos", me dice con la mirada baja. Arrastra un poco los pies y, con las manos tímidamente en la espalda, balbucea: "Creo… ah, nos preguntábamos si quería *wienü* (LT: beber

[1] J. Bonnemaison, "Graded societies and societies based on title: forms and rites of traditional political power in Vanuatu", en J. Bonnemaison *et al.* (eds.), *Arts of Vanuatu*, Bathurst, Australia, Crawford House Publishing, 1996, p. 202.

kava y conversar) en la casa de Robert". Robert es el hermano de Joseph y acaba de obtener algo de kava recién cosechada, un suceso poco común en Lo, en donde la kava fresca es escasa debido al clima predominantemente seco de las islas Torres. El estilo esquivo de Joseph es una manera típicamente respetuosa de decir que me han invitado.

Pronto, Joseph y yo llegamos a la casa de Robert, donde ya se han reunido varios hombres y se espera que algunos otros lleguen enseguida. Están sentados, casi en cuclillas, en pequeños bancos de madera alrededor de las brasas de una hoguera que se apaga, y reparten cuidadosamente la raíz de kava por encima de un costal de arroz vacío. Pronto lo cortarán y comenzarán a masticar los trozos. A nuestro alrededor, la brisa de los vientos alisios silba incesantemente y la aldea yace semidesierta en el halo dorado de luz del alba. La mayoría de las mujeres y los niños se encuentran cenando en sus casas.

Antes de entrar al pequeño espacio social que constituye el círculo de kava, en torno a la pequeña hoguera, Joseph y yo nos agachamos hacia adelante y, con las manos a los lados y en la espalda, pasamos frente a los demás hombres que ya se encuentran sentados, y ocupamos nuestro lugar. Esta es una manera común de mostrar respeto a las personas cuya cabeza yace más bajo que la de quienes están de pie. Joseph se sienta en la orilla exterior del círculo y permanece en silencio durante varios minutos, esperando que haya una pausa en la conversación antes de intervenir. Todos aquellos que están aquí reunidos son amigos cercanos y la conversación no es especialmente ceremoniosa, sino *storian* (B: charla, narración); pero puede volverse muy animada en ciertos momentos, cuando los participantes alternan entre bromas, habladurías comunes y temas ligeramente más serios.

Al cabo de un tiempo, Joseph decide decir lo que piensa. Se agacha hacia adelante en silencio y rasca suavemente el muslo del hombre más cercano, una manera común pero discreta de llamar la atención hacia uno mismo. El tono de Joseph, como el de los otros hombres, es suave, casi inaudible. Una vez que termina, se incorpora calladamente y puede permanecer así durante mucho tiempo.

El *storian* continúa: "El tronco de bambú de Robert es grande, podrá construir su nueva casa rápidamente". Discretamente le pregunto al hombre más cercano por qué Robert no utiliza *natanggora* (palma de sagú) en lugar de bambú, a lo que responde: 'La *natanggora* no es *kastom* de las Torres". Yo contesto que en todas las aldeas de Vanuatu se construye con bambú. Entonces el jefe Peter, quien ha estado sentado muy quieto en la orilla del círculo, levanta la vista y dice: "Marawa'hih se escondía en las vigas de bambú del *g'mel* cada vez que el caníbal Kwasepetpet quería comérselo". Señala vigas imaginarias alrededor de nosotros y sonríe. "Por la mañana, Marawa'hih reaparecía y Kwasepetpet quedaba atónito." No se ofrece ninguna otra explicación puesto que el sentido de las palabras de Peter parece ser evidente para el resto de los oyentes, pero se han dado indicios de la importancia del bambú y en posteriores repeticiones de la historia llego a entender que el héroe cultural Marawa'hih fue indispensable para el establecimiento de los linajes actuales de las islas Torres. Los hombres hablan y se mueven tranquilamente y sin precipitarse. La kava no es algo que deba apresurarse, y es importante establecer un ambiente sereno.

Se ha puesto el sol y la zona dedicada al consumo de kava se llena de sombras. Alguien enciende una lámpara de queroseno y concluye la labor de cortar la kava en pequeños pedacitos. En repetidas ocasiones me indican que la luz tenue y las sombras son cruciales para *wienü*: entre otras cosas, si una persona bebe kava a la luz del día, puede exponerse a la enfermedad y a la influencia de la magia negra. En dos o tres áreas de la aldea hay otros círculos en los que se bebe kava. Como regla general, los hombres se reúnen para beber y *storian* principalmente en el espacio doméstico de su casa o de las casas de sus parientes cercanos. Sólo después de haber bebido y compartido kava con "los suyos" podrán acudir a otros círculos de kava. El efecto de esta disposición es generar, en las noches en que se toma kava, una suerte de mapa del tejido de relaciones que conectan los hogares y grupos de parentesco que constituyen la aldea. Los contornos de este mapa se pueden adivinar a partir de los pequeños puntos dispersos de luz, producto de las lámparas de queroseno o de pequeñas hogueras, que se dispersan en un patrón irregular sobre la oscuridad azotada por el viento. Tardé algún tiempo en comprender las relaciones que así se revelaban, porque durante el curso de las actividades diarias me había acostumbrado a ver a grupos de hombres que no estaban emparentados pero eran amigos cercanos y solían frecuentarse. Hube de participar en diferentes círculos de kava para que se hicieran evidentes las conexiones sociales subyacentes a las labores diarias de esfuerzo y movimiento que operan en diversos niveles del medio humano y físico de estas islas.

Dado que la kava es fresca esta noche, los hombres "la trabajan" (LT: *rag nëgí*, "preparar la kava") según el *kastom* de las Torres, que implica cortar las raíces en pequeños trozos, masticarlos, escupir la mezcla de jugo de kava y saliva en un recipiente de coco hasta llenarla y ofrecer la infusión resultante a una persona cercana. Es importante que el dador y el receptor estén emparentados directamente o por estatus ritual (los hombres de rango más alto no deben aceptar kava de aquellos que pertenecen a grados rituales inferiores). La prohibición más fuerte en el intercambio de kava se aplica a la relación entre yerno y suegro. No obstante, tanto en relatos del pasado como en el presente, tales prohibiciones suelen soslayarse. Al parecer, en el consumo de kava como en otras formas de interacción, los valores y tabúes declarados importan más que el acto mismo. Cuando un recipiente de kava está lleno y listo para beberse, se toma cuidadosamente con ambas manos y se ofrece lentamente a quien va a tomar. Cuando el receptor se prepara para beber, todo el grupo de hombres guarda silencio. Nadie puede levantarse en este momento, pues ello constituiría una falta de respeto a la kava y al bebedor. Aunque pocos hombres se detienen a reflexionar sobre esto en situaciones cotidianas, existe un acuerdo en cuanto a que beber es una manera de entrar en comunión con los espíritus ancestrales, cuya presencia ingresa al cuerpo a través de los ojos. Por esta misma razón, el bebedor debe cerrar los ojos mientras traga todo el contenido del recipiente de coco, pues concentra su mente sobre los espíritus ancestrales con quien entra en comunión al tiempo en que evita que otras fuerzas espirituales penetren el cuerpo. Tras beber, realiza una excoriación y en ocasiones recita una frase propiciatoria corta. Actualmente, la frase más común de este tipo en Lo es "*gomü gi niok*, [nombre del espíritu ancestral] *wovahü gwonü*", (aquí tienes un poco de kava [nombre] para que me cuides). Anteriormente se empleaba otra frase que aún se utiliza en ocasiones hoy en día: "*tut vité, nüpelupalü nge ni* [nombre] *ven*" (saco esta kava [nombre] para que vengas). Entonces se retoma la conversación. Mientras se prepara y se consume la kava, se considera una muestra importante de respeto el pedir permiso a la congregación cuando uno desea levantarse y dejar el círculo, declarando "*nokü kalraku kwet*", "me pongo de pie", y esperando a que los demás hombres reconozcan esta solicitud haciéndole saber a la persona que sí, que puede ponerse de pie (LT: "*nikü ven kwet*", "anda y ve").

Una vez que todos los hombres del círculo comparten dos o tres medios cocos, empiezan a percibir (LT: **rong*, "escuchar/sentir", es decir, interiorizar en la mente y el cuerpo; *rong* es también sinónimo de "comprender") los efectos de la kava. La conversación mengua y es posible hablar de temas importantes. En este momento puede tener lugar la plática "seria"; es entonces que me relatan otra parte de la historia de Marawa'hih, de cómo se escondió en diferentes vigas de bambú en noches consecutivas y logró escapar a su rival antropófago. La importancia de esta hazaña aún no es clara, pero muchos meses después me dicen que cada una de las vigas de la *g'mel* tiene un nombre y que las diversas partes de las casas "comunes" de las islas Torres también tienen nombres propios. De hecho, los nombres y las partes del *g'mel* y de la casa residencial son casi idénticos. Pero esa noche en particular la historia se centra en las muchas identidades (hermanos, álter egos) de Marawa'hih y en su capacidad para esconderse en el bambú hasta que llegó el momento correcto para revelarse. Como llegaré a entender a lo largo de muchos eventos de *storian* separados, las partes de la casa, las vigas de bambú, los procesos de contención y de revelación controlada son parte clave de la ritualidad en estas y otras partes de Melanesia Insular: reflejan vínculos más profundos entre las formas que toma el origen ancestral, la residencia y el conocimiento *kastom* de las islas Torres.

Poco a poco se apagan las últimas brasas de la hoguera. El kava está "actuando" del todo, y los hombres se comienzan a dispersar. Se despiden rápidamente y en silencio. Pronto, el espacio que constituyó el círculo de kava se disipa.

El propósito de este capítulo es establecer el significado de algunos de los términos más importantes en el imaginario de Islas Torres. En concreto, se discute la compleja y multisémica categoría de *kastom* y se exploran definiciones específicas de "respeto", entendido como un valor omnipresente en el quehacer de los isleños, especialmente como el elemento crítico para el correcto funcionamiento del cosmos relacional. El objetivo es generar definiciones de estos términos que faciliten un acercamiento a la manera múltiple y frecuentemente ambigua (no verbal, no canónica) en la que se llegan a generar los conocimientos y experiencias que dan lógica al cosmos isleño. He tomado la imagen del *g'mel* "ausente" como punto de partida útil para comprender la naturaleza relacional de dicho cosmos, cuyos valores constitutivos no se cifran en sitios y estructuras dadas, cuanto que en redes movedizas de interlocución y reciprocidad.

UNA APROXIMACIÓN AL *KASTOM* DE ISLAS TORRES

La isla de Lo no cuenta con un *g'mel*. Según recuentos locales, esta ha sido la situación durante décadas. Desde mi llegada a las islas Torres, esta ausencia de una casa ritual me pareció sorprendente, incluso incomprensible. Originalmente, llegué a Islas Torres proveniente de Malakula, en donde a lo largo de varios meses había comprendido la enorme importancia que se otorga al *gamal* entre las comunidades de esa y otras islas grandes del centro-norte de Vanuatu (**gamal*; B*:* *nakamal*; la variante malakulense del *g'mel* de Islas Torres). A lo largo y ancho del archipiélago de Vanuatu el *nakamal* constituye un espacio focal para el consumo de kava y la socialidad masculina. En este sentido es uno de los sitios idiosincráticos de "lo tradicional", desde donde se posicionan personas y comunidades para declarar su identidad y arraigo. Por eso la ausencia de tal estructura en Lo parecía dar sustento a las afirmaciones de los isleños en

Padres y catequistas anglicanos de Islas Torres tomando kava al aire libre, con la intención de brindar honor a los jefes de las islas. (Foto: C. Mondragón, 2008)

relación con el deterioro de su *kastom* y la pérdida del conocimiento tradicional y los valores de respeto que le acompañan.

"No tenemos *nakamal* porque el último se pudrió y las generaciones jóvenes no han construido uno nuevo, porque son perezosos", según explicó Filip Tagaro, un isleño anciano. Uno de mis vecinos y amigos cercanos, David Andrew, fue más pesimista: "A la gente aquí ya no le importa el *kastom*. Como si cualquier cosa, le faltan al respeto a su kava y la beben en todos sitios" (B: *lusum rispek long kava blo ol mo tring wokbaot nomo*).

La idea de que el *kastom* de alguna manera se ha debilitado en las islas Torres se plantea repetidamente en relación con la calidad del conocimiento y el respeto de las nuevas generaciones. Esta descomposición percibida de los valores sociales suele citarse como parte de las razones por las cuales Islas Torres son marginales, por lo que carecen de importancia, de peso y de prestigio en el horizonte nacional del Vanuatu contemporáneo. Así expresada, da cuenta de que el sentido de marginación que a veces hacen suyo los isleños (véase el final del capítulo 2) no está fundamentado principalmente en el aislamiento geográfico, sino en una sensación de ser "menos" en relación con el *kastom* de otras islas, lugares como Malakula, Ambrym o Tanna, cuya cultura material, danzas y rituales se han vuelto icónicos de lo que pasa por *kastom* de Vanuatu, en sentido nacional.

Es innegable que tales afirmaciones sobre la pérdida de *kastom* y de respeto en Islas Torres se han convertido en parte íntegra de la forma en que los isleños se presentan ante diversos fuereños. Sin embargo, como señalé en el primer capítulo, estas expresiones no necesariamente revelan una realidad concreta, una "pérdida" documentable, cuantificable, de valores y formas tradicionales. Más aún, no son exclusivas de las islas Torres: en casi todas las islas de Vanuatu se suele citar la pérdida de *kastom* como explicación para los cambios sociales percibidos como indeseables (vestido, música, modales), o bien simplemente en referencia a un pasado tradicional idealizado. Sobre todo, cabe subrayar que esta interpretación nostálgica de *kastom*, en tanto tradición deteriorada o perdida, se desprende y alimenta de un repertorio de ideas y prejuicios fundamentalmente exógenos. En efecto, de nociones euroamericanas de lo que constituye lo "tradicional", en contraposición con lo "moderno". El propósito de este capítulo es tratar de desentrañar las diversas maneras en que *kastom* se entiende a partir de referentes no tanto "indígenas" cuanto cotidianos, fenomenológicos, es decir, a partir de la praxis de lo que constituye ser y hacer en Islas Torres

Kastom es un sonido que tuvo sus origenes hace más de siglo y medio con la emergencia del bislama, la *lingua franca* neomelanesia de Vanuatu que surgió a partir del complejo contacto lingüístico de cientos de sociedades melanesias con euroamericanos. Por esta razón los significados que guarda el vocablo *kastom* en cuanto a "costumbre" y "cultura" se fundamentaron y han desarrollado en paralelo con estereotipos euroamericanos sobre "lo tradicional" que introdujeron originalmente diversos viajeros, misioneros y administradores coloniales a las sociedades del Pacífico occidental. Mientras que estas distinciones no han sido ajenas a las críticas y transformaciones que ha sufrido la idea de "lo tradicional" a lo largo de los últimos cien años, continúan fuertemente sesgadas hacia una noción ahistórica, idealizada, de la misma. Sea como fuere, el hecho es que la mayoría de los ni-Vanuatu terminaron haciendo suyo el término *kastom,* el cual, en los años precedentes e inmediatamente posteriores a la independencia se convirtió en un término clave y altamente politizado de la lucha anticolonial por legitimizar los valores y las expresiones culturales que durante tanto tiempo fueron suprimidas y despreciadas por los extranjeros que mayor dominación ejercieron sobre las vidas insulares durante el periodo cuasi colonial de Vanuatu.[2]

En este contexto, aun habida cuenta de su naturaleza multisémica, el término *kastom* sigue cargando ideas problemáticas sobre el significado de cultura y tradición; ideas que, con frecuencia, tienden a esencializar, idealizar y cosificar diversos fenómenos y valores asociados con el pasado preeuropeo. En consecuencia, *kastom* se llega a utilizar en relación con la idea de que lo tradiciónal reside y se expresa a través de objetos y rituales atemporales e inmutables, obje-

[2] La compleja apropiación del término *kastom* en los discursos protonacionalistas de Melanesia insular fue, en su momento, tema importante de discusión entre científicos sociales dedicados a esta región; en particular, destacaron los trabajos de R. Keesing al respecto, *cf.* R. Keesing y R. Tonkinson (eds.), *Mankind. Special Issue: Reinventing Traditional Culture: The Politics of Kastom in Island Melanesia*, vol. 13, núm. 4, 1982.

tos que se abstraen de contextos cotidianos y formas de expresión inmateriales. En consecuencia, las adaptaciones y las innovaciones que son parte de la creatividad y vitalidad sociocultural en Melanesia se descartan o se definen como aspectos diluidos de *kastom* "genuino", entendido como ancestral, y por tanto más auténtico.

Resulta interesante que las expresiones de marginalidad y pérdida de *kastom* en Islas Torres contrastan marcadamente con las narrativas internas a las comunidades de estas islas, las cuales suelen tener el conocimiento tradicional de diversos expertos rituales —entre los que se incluyen tanto jefes como miembros de alto rango del *Hukwe*— en alta estima, incluso reverencia y temor. A su vez, las narrativas sobre la pérdida o erosión de *kastom* se llegan a utilizar de manera comparativa para descalificar la autenticidad o bien el poder tradicionalista percibido entre vecinos de islas distintas: "La gente de Lo no tiene *g'mel*", me han dicho en reiteradas ocasiones los isleños de la isla de Toga, "porque no tienen *kastom*. Lo es un desastre. Si quieres conocer *kastom* de verdad, tienes que hablar con nuestros jefes". Por su parte, los isleños de Lo afirman que "la gente de Hiu rompe las reglas del matrimonio constantemente, no siguen *kastom* y por eso tienen disputas por la tierra todo el tiempo, porque hay demasiados niños sin padre formal".

No todas las comparaciones son negativas. En este sentido, es revelador observar que la noción de autenticidad que invocan declaraciones como las arriba citadas no guardan una equivalencia directa con nociones euroamericanas de *kastom* "verdadero". Por ejemplo, la mayoría de los hombres de Toga tienden a coincidir en que los linajes de Lo han producido poderosos brujos; asimismo reconocen la sabiduría del jefe "tradicional" de Lunharigi, *kastom jif* Pita Wotekwo, con quien he desarrollado una interlocución sumamente fértil a lo largo de los años. Asimismo, el quebrantamiento de las prescripciones matrimoniales de Hiu se atribuye a la necesidad práctica que hubo de reformar antiguas estrategias de alianza entre linajes; por lo demás, este tipo de transgresión es estadísticamente mucho más intensa entre la juventud actual de la isla de Toga, un proceso que los propios jefes de Toga reconocen. En general, existe una conciencia de coyunturas favorables o desfavorables en relación con el despliegue de *kastom*. Así, Fred Vava, uno de los especialistas en rituales más poderosos de las islas, oriundo de Toga, me ha llegado a decir que la situación en "Hiu es mucho mejor ahora. Su gente volvió a ponerse en pie y logró cambiar sus reglas matrimoniales. En Toga seguimos un poco confundidos y muchas personas ya no saben ni cuáles son las prescripciones del matrimonio". Fueron estos matices los que me llevaron a descubrir, primero, que la ausencia de una estructura para *g'mel* no es exclusiva de Lo, sino un fenómeno que se extiende a todas las comunidades de las islas Torres, y segundo, que dicha ausencia no es sinónimo de la pérdida de *kastom*, pues el *kastom* no descansa en estructuras, objetos o rituales particulares, sino en formas de acción y expresión mucho más cotidianas, y por lo tanto invisibles para quien las busca entre manifestaciones cosificadas, "auténticas" de lo tradicional.

Cuando planteé el tema del *g'mel* ante los cuatro jefes de Lo (el jefe supremo, Isaac Ronroriw, el *kastom jif* Pita Wotekwo y sus jefes "asistentes", Michel y Joseph), respondieron con genuino interés a mis preocupaciones. A lo largo de las siguientes semanas, durante reuniones comunales en la aldea, emitieron discursos apasionados con el fin de instar a los hombres de edad mediana y a los más jóvenes a construir un nuevo *kastom g'mel*. Durante estas arengas se esgrimía frecuentemente la frase *leftemap kastom*, "revivir/elevar" el *kastom* (*leftemap kastom*, expresión común en bislama, pero sin traducción directa en lo-toga), lo que reflejaba fielmente la directriz del Centro Cultural de Vanuatu de alentar el "renacimiento" local de *kastom*. Se hacían cuidadosas mediciones con mecate en el sitio de un viejo *g'mel*, en la cumbre del cerro Luwovinie, con el fin de determinar que el largo y el ancho del nuevo *g'mel* correspondieran con los del *g'mel* tradicional. Durante una intensa y prolongada reunión posterior, los cuatro jefes intentaron recordar el número correcto de hogueras sagradas y secciones correspondientes a cada rango ritual que debían dividir el espacio interior de un *g'mel* "verdadero" de Lo (al final acordaron que el número correcto era nueve).[3] Durante un breve lapso pareció que en verdad se construiría el *g'mel* nuevo, símbolo de la fuerza del *kastom* de la isla. Pero no fue así, y tras un par de meses casi se olvidó el incidente.

Se ponía de manifiesto que las definiciones y las representaciones de *kastom* eran diferentes a lo que yo había esperado.

El *g'mel* virtual

En el pasado ancestral, el *g'mel* era un lugar en donde los hombres que habían llevado a cabo rituales de alteración de estatus (iniciados de lo que la gente de las Banks llaman el *Sukwe* y los isleños de Torres conocen como *Hukwe*, los cuales se analizan al detalle en el capítulo 10) se reunían de manera regular para comunicar y llevar a cabo prácticas relacionadas con el *Hukwe*, como beber kava, discutir temas de interés comunitario o ritual, y compartir alimentos preparados en hogueras sagradas (*tambu faea*). El *g'mel*, en tanto estructura tradicional, también asumía formas y funciones específicas. En la amplia región geográfica que comprende las islas del norte y el centro de Vanuatu al *nakamal* se le asociaba con las grandes casas ritua-

[3] En su estudio de 1891 sobre las sociedades de Melanesia, el reverendo R.H. Codrington observaba que "en las islas Torres, o cuando menos en una de ellas, existen únicamente siete hogueras y rangos rituales en el *Huqa* [*Hukwe*]". (R.H. Codrington, *The Melanesians*, Oxford, The Clarendon Press, 1891, p. 105.) Lo importante, en el contexto de *kastom* en tanto reconstrucción emergente de lo "tradicional", no es obtener un número exacto de hogueras y rangos rituales, sino el hecho de que existen. Hoy día los habitantes de las islas Torres han determinado que son nueve los rangos. Si esto coincide o no en términos numéricos con los rangos del pasado no es el punto crítico de esta discusión, sino el hecho de que la tradición de rangos rituales sigue siendo un fenómeno abierto al interés, discusión y acción ritualizada por parte de quienes le dan continuidad.

les cuya forma y decoración precisas variaban significativamente entre islas y grupos lingüísticos locales.[4] Casi sin excepción estas casas rituales eran adyacentes a sitios de danza ritual denominados *nasara* en bislama, *hara* en las islas Torres.[5]

Con algunas excepciones, la mayoría de los *nakamal* en el Vanuatu contemporáneo guardan poca o ninguna relación con los *nakamal* del pasado. En algunos casos no son más que un destartalado cobertizo de hoja de palmera y bambú en torno al cual puede reunirse la gente a beber kava. En opinión de numerosos investigadores y observadores, la forma específica que tomaba el *nakamal* tradicional en el centro-norte de Vanuatu ha sido abstraído gradualmente de sus contextos y manifestaciones locales para ser convertido en un espacio folclórico y comercial que, sin embargo, representa una imagen, un artefacto idiosincrático del *kastom* entendido a través del consumo de kava.

Más aún, hace dos décadas se reintrodujo el consumo de kava en todo el país, como símbolo neotradicional del *kastom* y de la unidad del pueblo ni-Vanuatu. Entonces surgieron los *nakamales* a la manera de "bares de kava" en zonas urbanas del archipiélago. Desde entonces se han convertido en un sitio contemporáneo para la interacción, predominantemente entre varones, en torno al acto secularizado de beber kava.[6] Como símbolo de identidad nacional, el *nakamal*

[4] M. Allen (ed.), *Vanuatu: Politics, Economics and Ritual in Island Melanesia*, Sydney, Academic Press, 1981; "Graded societies and societies based on title: forms and rites of traditional political power in Vanuatu", en J. Bonnemaison *et al.* (eds.), *Arts of Vanuatu, op. cit.*, pp. 200-216; M. Strathern y M. Godelier (eds.), *Big Men and Great Men: Personifications of Power in Melanesia*, Cambridge, Cambridge University Press, 1991.

[5] En contraste, en islas sureñas como Tanna los *nakamal* carecen de manifestación arquitectónica, e incluso se fusionan con el principio del *nasara*, toda vez que toman la forma de grandes claros en el bosque adyacentes a enormes árboles banianos, conocidos como *nambangga* en bislama; véase R. Brunton, "Kava and the daily dissolution of society on Tanna, New Hebrides", *Mankind*, vol. 12, núm. 2, 1979, p. 93.

[6] *Cf.* J.-M. Philibert, "The Politics of Tradition: Towards a generic culture in

moderno se ha convertido, junto con el consumo masivo de kava, en una imagen esencializada, e implícitamente vulgarizada, de las prácticas tradicionales ni-Vanuatu. Las palabras recientes de un académico anglosajón ejemplifican el poder de esta imagen del *nakamal* contemporáneo en cuanto mera cosificación diluida de *kastom*:

> Incluso en las islas externas, la costumbre de preparar kava de manera comunal por las noches, después de un día de trabajo, en el *nakamal* (casa club) de la aldea, un ritual tan aparentemente auténtico como podría imaginarse, enmascara los senderos hacia el verdadero *kastom*. [Hoy,] la kava se ha vuelto el punto central de las reuniones en el *nakamal*, pero se han soslayado las actividades principales del *kastom* (*singsing* [cantos tradicionales], *danis* [danza tradicional], *storian* [narración de historias]).[7]

La anterior cita ilustra una expectativa, igualmente fuereña, de que el *kastom* se reduce a cantos y bailes. En consecuencia, refuerza el ilusionismo de que el *kastom* en las llamadas "islas externas", es decir, sitios rurales que yacen distantes de la capital —como las islas Torres—, seguramente debería mantener un estado de conservación más prístino [léase atemporal] de conocimiento y prácticas tradicionales.

A pesar de que el *kastom* guarda significados múltiples, contextuales y flexibles para los ni-Vanuatu, los enfoques extranjeros y oficiales sobre *kastom* con frecuencia siguen sosteniendo el contraste entre un pasado genuino y una recreación diluida de la tradición. Durante la década de 1980 y a inicios de la de 1990, estos puntos de

---

Vanuatu", *Mankind*, vol. 16, núm. 1, 1986, pp. 1-12; V. Lebot, M. Merlin y L. Lindstrom, *Kava. The Pacific Elixir: The Definitive guide to its Ethnobotany, History and Chemistry*, Rochester,Vermont, Healing Arts Press, 1997, pp. 186-189.

[7] W. Miles, *Bridging Mental Boundaries in a Postcolonial Microcosm: Identity and Development in Vanuatu*, Honolulu, University of Hawai'i Press, 1998, p. 75. Traducción de la cita original en inglés por C. Mondragón.

vista influyeron de manera especialmente importante sobre la creación y el desarrollo del Consejo Cultural Nacional, el Consejo Nacional de Jefes, el Centro Cultural de Vanuatu (CCV) y sus diversas iniciativas y programas. Paradójicamente, las definiciones nacionales de *kastom* de estos organismos se derivan de las ideas de grupos políticos y étnicos cuyas nociones sobre *kastom* provienen de sus comunidades de origen, islas influyentes, como Malakula, Raga o Ambrym, que no son representativas de la diversidad de *kastom* en todo Vanuatu. Dado el papel crítico que desempeña el CCV en las definiciones formales e informales de *kastom*, así como en el renacimiento y la representación de expresiones culturales en todo el país, tales procesos han sido fundamentales en debates sobre la definición de la cultura en Vanuatu. A la fecha, tales discusiones han permanecido en los márgenes de lo que constituye la praxis de la tradición a nivel local.[8] Por eso en este capítulo abordo dicho debate desde la forma en que la gente de las islas Torres define *kastom* en relación con aquellos valores y actos asociados con la kava y su consumo.

Las ideas sobre *kastom* genuino presuponen que fenómenos como el *nakamal* en verdad son fenómenos externos a la persona, y por tanto fáciles de abstraer y cosificar en virtud de nociones folcloristas, ahistóricas, de la tradición. Estas visiones eliden la noción local del *nakamal* como un espacio al que se otorga significado y contenido en el momento en que la gente se reúne para compartir kava e interactuar. Al igual que sucede con otros artefactos asociados al *kastom* convertidos en valor de consumo, como el ubicuo *tamtam* o tambor de ranura de Ambrym, el *nakamal* contemporáneo en sí mismo no encarna la naturaleza o, como dirían los isleños de las Torres, el "espíritu" del *g'mel,* tanto como comprende formas particulares de interacción, algunas verbales, otras no, entre hombres que se han reunido para compartir kava y *storian*

[8] É. Wittersheim, *Après l'indépendance. Le Vanuatu, une démocratie dans le Pacifique*, París, Aux lieux de terre, 2006.

El consumo de kava hoy día no tiene que ver con el *nakamal* como casa ritual, así como no tiene nada que ver con una idea de *kastom* como práctica premoderna; en las islas Torres, el *g'mel* se vuelve real y adquiere significancia cuando la gente se reúne en torno a un "círculo de kava" e interactúa (LT: *wienü*) dando forma momentánea al nexo de una red más amplia de relaciones entre personas, espíritus y lugares específicos.

El *g'mel* de Islas Torres es una imagen, un concepto que concentra valores y representa eventos comunicativos, relacionales, centrados en torno al acto de compartir kava. En tanto que la mayoría de los *nakamal*, pasados y presentes, son estructuras con una vida corta (en sentido literal, dado que la mayoría se construyen con materiales perecederos, pero también en un sentido comercial, dadas las vicisitudes que enfrentan los "bares de kava" en un mercado cada vez más saturado),[9] pueden considerarse como un constructo virtual de contextos relacionales específicos. En un sentido más que metafórico, el *nakamal* contemporáneo representa la forma que deben tomar las relaciones entre personas que se dan cita en torno a un círculo de kava. Conceptualizar al *nakamal* como un objeto fijo, atorado entre su vulgarización en la modernidad y su forma genuina en relación con "lo tradicional", es una contradicción que no se sostiene en el imaginario de las islas Torres.

En el caso del *nakamal* y el círculo de kava, esta oposición entre lo puro y lo vulgar se encontraría entre lo que en capítulos anteriores he denominado autopoiesis (acción productiva, creativa y recursiva) y los objetos tradicionales entendidos como meras cosas (*kastom* esencializado). En este sentido, me acerco a la distinción que ha generado Nicholas Thomas en relación con el consumo de *yaqona*, es decir kava de Fiji, sobre la cual observa que "los fijianos se preocupan, sobre todo, por las prácticas, mientras que los europeos toman los objetos como marcadores". En consecuencia, Thomas

[9] Véase Lebot, Merlin y Lindstrom, *Kava. The Pacific Elixir...*, *op. cit.*, p. 186.

añade que "para los fijianos, el hecho de que una casa de la aldea sea o no una *bure* [casa tradicional] no afecta la manera en que uno debe comportarse en ella, así que una ceremonia de kava no implica menos respeto si se utiliza un tazón de plástico en lugar de su precursor de alfarería o de madera tallada, o si se sirve en cuencos de esmalte y no de coco".[10]

Aquí, es importante señalar que no pretendo afirmar que la estructura del *g'mel* "tradicional" no personifique ni represente nada en absoluto. Por el contrario, como ya he explicado en el capítulo anterior, en el norte y el centro de Vanuatu, el *nakamal* era (y en algunos casos sigue siendo) uno de los puntos focales alrededor de los cuales se organizaba el espacio de un caserío.[11] El número preciso y los nombres exactos de cada parte del *nakamal* aún son bien conocidos en muchos lugares, y se considera que estos detalles arquitectónicos revisten una gran importancia para efectos de la recreación de ciertos rituales en momentos especiales. Sin embargo lo que importa es que funcionan como imágenes carentes de una estructura física concreta, representativa en sí misma de lo tradicional. En Islas Torres, las dimensiones del *g'mel*, el número de particiones en que se dividía su interior, el tipo de piedras que contenía y su disposición, las figuras y los diseños asociados a su estructura, por dentro y por fuera, y la forma general del mismo, ponían de manifiesto una variedad de imágenes y, en cierta manera, personificaban el *Hukwe*. Actualmente se están construyendo de nuevo varios *nakamal* neotradicionales en otras partes de Vanuatu, con el nombre de *kastom nakamal*. Como tales, pueden mantener algunos de los significados que guardaban los *nakamal* del pasado preeuropeo, pero mi argu-

[10] N. Thomas, *In Oceania. Visions, Artefacts, Histories*, Durham, Duke University Press, 1997, p. 176.

[11] Véase B. Vienne, "Masked faces from the country of the dead", en J. Bonnemaison *et al.*, (eds.), *Arts of Vanuatu*..., *op. cit.*, 1996, p. 236, para una aldea modelo de las islas Banks; también Christian Coiffier, "Traditional housing and architecture of Vanuatu", en J. Bonnemaison *et al.* (eds.), *Arts of Vanuatu*..., *op. cit.*, pp. 217-225.

mento es que no son más genuinos que los actos y los eventos relacionales que comprende la noción misma del *g'mel*.

"Los cambios en la manera de pensar y las formas de vida han generado rápidas transformaciones en el estilo de construcción y la elección de materiales", comenta Bernard Vienne, quien después de 30 años de estudio llegó a conocer bien los estilos arquitectónicos de las islas Banks.[12] El problema es entenderlas como modificaciones en la forma, pero no necesariamente de su significado social subyacente. Mientras que en Islas Torres las nociones pasadas del *g'mel* se cifran en torno a lo que ocurría dentro y en torno a las casas rituales exclusivas de los miembros masculinos del *Hukwe*, la presencia del *g'mel* tradicional ya no es más; desapareció hace poco más de un siglo y no ha vuelto a construirse en tiempos recientes. Pero está claro que la gente de las islas Torres no considera que la estructura misma del *g'mel* sea indispensable para poder seguir bebiendo kava y participando del *wienü*. Más bien, son los actos relacionales y el comportamiento respetuoso que se exhibe en cualquier espacio en donde se consuma kava, lo que evoca los valores del *g'mel*.

El *kastom* como fenómeno procesual

A inicios de la década de 1980, el recurso al término *kastom* en los discursos político y público lo convirtieron, a ojos de observadores fuereños, en un concepto aparentemente surgido de la manipulación retórica de élites interesadas en aparentar valores neotradicionalistas. En consecuencia, diversos analistas lo abordaron como un fenómeno "discursivo", un constructo neotradicionalista engañoso, "un símbolo que todos entienden pero sobre cuyo significado nadie se pone de acuerdo".[13] Uno de los ejemplos más famosos de la respuesta crítica

[12] B. Vienne, "Masked faces from the country...", *op. cit.*, p. 236.

[13] L. Lindstrom, "Leftemap kastom: The political history of tradition on Tanna

que generó entre académicos este recurso anticolonial de la idea de lo tradicional, fue la serie de análisis sobre la retórica nacionalista que sobre los nuevos gobiernos independientes de Melanesia generó el antropólogo Roger Keesing, quien llegó a declarar que "el *kastom*… tiene un poder hipnótico que ayuda a la gente a creerse, al menos temporalmente, lo que no son".[14] Sin embargo, en su entusiasmo por poner en evidencia la naturaleza "engañosa" de *kastom*, estas respuestas críticas olvidaron que *kastom* tiene una larga historia, con sus orígenes en el surgimiento del bislama y el tok pisin en el siglo XIX, y que nunca perdió sus cualidades multisémicas, sobre todo en relación con su uso cotidiano a nivel de la aldea, la comunidad y la isla, es decir, al margen de su utilización retórica por parte de élites políticas nacionales.

Gradualmente, esta diversidad de usos y entendimientos del *kastom* han dejado en claro que, lejos de carecer de significado o de ser un "símbolo sin contenido",[15] es un concepto abierto, flexible, que da lugar a la creación de permutaciones casi infinitas sobre lo que significa "lo nuestro" y "lo tradicional". En Islas Torres, el término *kastom* es un conducto a través del cual se debaten o se expresan continuamente preocupaciones por ceñirse a valores asociados con un pasado idealizado, pero también como fundamento de la creatividad y la improvisación en el presente y el futuro. La antropóloga Debbora Battaglia acierta al identificar en el *kastom* un objeto de "nostalgia práctica",[16] que ofrece intimaciones de lo genuino, es decir, de valo-

---

(Vanuatu)", en R. Keesing y R. Tonkinson (eds.), *Reinventing Traditional Culture: The Politics of Kastom in Island Melanesia. Mankind* (edición especial), vol. 13, núm. 4, 1982, p. 317.

[14] R. Keesing y R. Tonkinson, "Introduction. Reinventing traditional culture: Kastom in Island Melanesia", en R. Keesing y R. Tonkinson (eds.), *Reinventing Traditional Culture…, op. cit.*, p. 299.

[15] *Ibid.*, p. 299.

[16] D. Battaglia, "On practical nostalgia: Self-prospecting among urban Trobrianders", en D. Battaglia (ed.), *Rhetorics of Self-Making*, Berkeley, University of California Press, 1995.

res positivos fijos que, sin embargo, son emergentes puesto que su revitalización se lleva a cabo en función de las transformaciones y vicisitudes de tiempo, contexto e intención diferenciadas. El *kastom*, así entendido, es un fenómeno procesual, consistente con la manera en que se producen otras expresiones con carácter primordialista, como la identidad geográfica y el sentido de arraigo ancestral. La clave es entender estas formas de renacimiento neotradicional no como la resurrección nostálgica de un objeto inmutable, sino como la manifestación procesual de prácticas y valores mediante los cuales el pasado consiste en un templete para la creación de significados y valores actuales. Lo mismo, en otros contextos, se puede decir de la manera de "hacer historia" y de la expresión del pasado en el presente en Melanesia.

Una de las maneras más comunes a través de las cuales los hombres ni-Vanuatu llevan a cabo estos procesos de recuperación creativa de lo tradicional, con gran entusiasmo y regularidad, es a través del *storian*, es decir de los momentos de oralidad compartida que acompañan el consumo de la kava.

A pesar de la ausencia de una casa *g'mel* en su isla, los hombres de Lo siempre encuentran algún lugar cómodo para reunirse, tomar el aire fresco de la noche a la luz tenue de una lámpara de queroseno o las brasas de una hoguera menguante, y en silencio toman kava (LT: *un nëgí*) mientras conversan en voz baja (B: *tring smol mo storian lelebit*). Al hacerlo, expresan actitudes, en gran medida tácitas, de comportamiento respetuoso y se comunican entre sí y a veces con los espíritus de otras personas, vivas y muertas, a quienes llegan a invocar o recordar durante el *storian*. Asimismo, pueden compartir fragmentos (con frecuencia incompletos) de conocimiento que con el paso del tiempo y la acumulación de varios episodios de *storian* darán lugar a una experiencia/sabiduría estratificada que ejemplifica de manera clara el carácter procesual del intercambio, creación y transmisión del conocimiento, el cual, por definición, nunca consiste en un fenómeno fijo, cuantificable, estático. Los sucesos pasados se convierten en puntos de referencia para las transacciones actuales, y las transacciones presentes anticipan las futuras.

"¿Recuerdas cuando bebimos en Peliauluwo?", me preguntaron en alguna ocasión. "Sí", contesté, "la noche en que tomamos kava fresca de Ureparapara". "Bueno, *olfala* Tagaro no te dijo el nombre de la canoa de Marawa'hih, pero ahora que has visto la flor del árbol con el que se fabricó, entenderás su nombre. Quiere que tú *storian* con él de nuevo esta noche para darte el nombre... pero no lleves tu grabadora porque dice que la historia aún no está completa (B: *stret*)." Pasaron casi diez sesiones antes de que esta historia en particular se considerara más o menos completa, pero cuando finalmente me dijeron que la grabara, varios detalles habían cambiado. Cuando cuestioné a mi interlocutor sobre las diferencias en las versiones que había escuchado anteriormente, me explicó que así debía ser, pues lo que aprendí en el pasado me permitió entender la historia como me la estaban contando ahora, en su forma "correcta". Algunas cosas cambiaron, dijo, pero los nombres y los hechos cruciales, las "raíces" de la historia permanecieron igual. Asimismo, si alguien más contara la historia, no podría relatarse del mismo modo. Casi siempre que traté con personas de Malakula y las Torres en contextos de *storian* me solían dar variantes de esta explicación. La lección básica en esto es que una historia nunca se cuenta de la misma manera dos veces porque es como una entidad "viva" que va y viene con los relatores y el contexto de *storian* en el que aparece.[17]

El *storian*, como el *g'mel*, es un evento que se manifiesta de manera efímera y procesual, más que como un acto prescrito, reiterativo o relacionado con una estructura, como la casa ritual del *nakamal*. Shelley Errington ha descrito la experiencia de las míticas narrativas clásicas de Malasia, *wayang kulit*, en términos que evocan la definición de *storian* que aquí propongo. "La experiencia de escuchar",

[17] *Cf.* J. Cruikshank, *The Social Life of Stories. Narrative and Knowledge in the Yukon Territory*, Lincoln, University of Nebraska Press, 1998.

afirma Errington, "era una experiencia de sentimiento y significado, de afectación al estado interno. No era un entendimiento puramente cognitivo". En la Malasia del siglo XVIII, el "significado" de las historias y los textos radicaba en la manera misma de contarlas, en la forma en que se empleaba el lenguaje *in situ*, más que en el contenido de las historias como tal.[18]

Lissant Bolton, una antropóloga australiana que ha estado involucrada muy de cerca con los voluntarios ni-Vanuatu, llamados *filwokas*, que desde poco después de la independencia han participado de las actividades del Centro Cultural de Vanuatu, ha observado que puede haber una "diferencia de género" entre la forma en que los hombres y las mujeres de este país discuten y expresan los significados y los valores propios del *kastom*. Durante el transcurso de varios años, afirma,

> los trabajadores de campo varone s [...] han desarrollado un sofisticado discurso sobre su proyecto. A pesar de algunas fluctuaciones, hay un grupo nuclear de trabajadores comprometidos que toman los talleres como una oportunidad para hablar seriamente [...]. Lo importante para ellos no es la transformación de los reportes [de campo anuales] en texto, sino la discusión misma. El objetivo es hablar.

En contraste, "las mujeres comunican más a través de las acciones que de las palabras".[19]

A partir de lo anterior, sugiero que la charla, si bien reviste una profunda trascendencia, es sólo el aspecto oral y predominantemente masculino, de diversas maneras en las que las personas ni-Vanuatu expresan los significados y los valores cambiantes que adjudican al

[18] *Cf.* S. Errington, "Some comments on style in the meanings of the past", *Journal of Asian Studies*, vol. 38, núm. 2, 1979, pp. 241-242.

[19] L. Bolton, "Introduction", *Oceania. Special Issue*, vol. 70, 1999, p. 5. Véase también R. Keesing, "Models, 'Folk' and 'Cultural': Paradigms Regained?", en D. Holland y N. Quinn (eds.), *Cultural Models in Language and Thought*, Cambridge, Cambridge University Press, 1987, pp. 369-394, sobre *kastom* como práctica conversacional.

kastom, entre los cuales el *rispek* es crucial. El *rispek*, tanto para los hombres como para las mujeres, es un medio sutil, pero arraigado en diversos contextos, que facilita la comunicación: el *rispek* es una forma de reconocimiento mutuo que permite el establecimiento y la continuidad de las relaciones entre diferentes personas. El *rispek* también es un lenguaje no verbal, un conjunto encarnado de actitudes a través de las cuales se expresan los significados y los valores compartidos. El *rispek* forma parte de un proceso mediante el cual la gente reconoce la existencia social de los demás y mantiene relaciones continuas y productivas.

Una vez, durante una serie de discursos públicos en la Escuela Primaria Robin, en Lo, con ocasión de la celebración del Día del Niño, el representante escolar tomó la palabra inesperadamente y me ofreció, en público, un perspicaz comentario relativo a las formas locales de conciencia sobre *kastom* y el papel del etnógrafo en este contexto.

> Eres estudiante y tienes conocimiento académico. Tienes mucho que enseñarnos y agradecemos que estés aquí y te intereses tanto en el *kastom* de las Torres. Pero debes saber que nunca podrás enseñarnos a "revivir" *kastom* porque éste se encuentra aquí, es lo que hacemos. No puedes llevarnos a él; no es algo que se pueda pagar, ni se puede vender. No pertenece al hombre blanco (B: *waetman*). Sólo nuestros padres pueden dárnoslo, o no. Si lo perdemos, lo perdemos; si lo recuperamos, lo recuperamos. Es importante que nunca olvidemos que la escuela es la escuela, pero la escuela de *kastom* está en el hogar, y en la hoguera [en referencia al *nakamal*]. Ahí es en donde aprendemos sobre el respeto, que es el verdadero cimiento de nuestra fuerza/nuestro poder.[20]

Si el *kastom* debe entenderse como un proceso vivo, entonces los valores y los significados que se le adjudican deben entenderse como actos relacionales más que como objetos de discurso y apropiación.

[20] De notas de campo tomadas durante un discurso en bislama de Marsden Bani, noviembre de 1999.

Por tanto, en las descripciones y los actos de la gente de las Torres, el *rispek*, empleando el término bislama que designa una forma de ser que en gran medida resulta intraducible, es el "verdadero espíritu" de un *g'mel*.

"Debes respetar tu kava" es una advertencia común en todo Vanuatu. No hacerlo implica no respetar a aquellos que se reúnen a beberla, y por asociación imposibilita el evento relacional del consumo de kava. Beber kava 'egoísta' (B: *selfis*) es beber solo, una forma reconocida de falta de respeto a la propia kava. Se sabía que uno de mis amigos más cercanos en Lo era muy sigiloso con su kava y a veces la tomaba en soledad. "No conoce/reconoce el *g'mel*, es como un *nëgēte*", (LT: cangrejo ermitaño, B: *nagato*). Otros hombres de Lo decían medio en broma que "esconde su kava como el *nëgēte*, que es egoísta y se esconde en su concha". Por tanto, el respeto hacia la kava y durante su consumo (es decir, la configuración de actitudes e interacciones respetuosas que se externan durante su bebida) no atañe a la estructura de una casa *g'mel*, porque no es representativa de un conjunto cristalizado de valores "tradicionales".

Ni la danza ni el canto, ni la supuesta "pureza" de la kava (es decir, si proviene de un polvo que se vende empacado o se toma fresca del huerto propio) funcionan como normas absolutas de lo que debe considerarse *kastom* verdadero.

El *rispek* es la manifestación viva y activa de las relaciones sociales cuyo significado reiteran y transforman constantemente las personas que se reúnen a beber kava. Christina Toren observa un fenómeno similar en Fiji, donde "los fijianos no representan las relaciones sociales en términos de estructuras fijas, sino de ciertos modos de comportarse".[21] En Vanuatu el comportamiento respetuoso no sólo refleja las relaciones sociales, sino que es una manera de reconocer personas y cosas. Al hacerlo, les infunde significado (o, en

[21] C. Toren, *Mind, Materiality and History: Explorations in Fijian Ethnography*, Londres, Routledge, 1999, p. 161.

términos de las Torres, "espíritu") en virtud del reconocimiento mutuo; "respetar el espíritu de algo" (B: *rispek spirit blong wan samting*) implica tener una posible relación con ello. Donde no hay *rispek* no hay reconocimiento, y por tanto no hay posibilidad de establecer una relación. En consecuencia, el *rispek* es uno de los elementos necesarios para la reproducción social y la producción y transmisión del conocimiento.

Piers Vitebsky (comunicación personal) ha hecho un comentario sugerente sobre el hecho de que el reconocimiento respetuoso es similar a sentirse asombrado y expresar dicho asombro por la existencia, el lugar y el poder de algo (o alguien) más. Sentir un gran respeto y admiración por algo es reconocerlo y abrir un camino para que se forje una relación intersubjetiva. En Vanuatu, el respeto es una de las maneras más profundas por las que se reconoce la existencia y el sitio de las personas ("Estoy aquí, este es mi lugar y te reconozco, que estás ahí en tu lugar"). Por tanto, el *rispek* constituye la base de los actos relacionales.

La imagen del *g'mel*, como un objeto por sí misma, carece de significado sin respeto.

EL *KASTOM* COMO FENÓMENO MÚLTIPLE

Cuando respetas el *kastom*,
tus raíces son fuertes,
conoces tu sitio
y puedes decir:
soy un verdadero *man Torres*.

PHILIP TAGARO,
isla de Lo, junio de 1999

"¿Cuándo comienza el conocimiento?", pregunté una vez a Roy Helol, un amigo cercano de la isla vecina de Toga, hombre de alto rango y respetado brujo (LT: *temetrong*, 'aquel que percibe a los espíritus';

B: *kleva*, brujo). Su respuesta ofrece una definición de "respeto" similar a la que he presentado a lo largo de este capítulo:

> Comienza con el respeto. La enseñanza al estilo de la isla, la escuela de *kastom*, no es como la escuela del *waetman,* donde un maestro escribe en el pizarrón. La escuela melanesia no es una escuela, es respeto y *storian*. Comienza cuando te sientas con tu padre, con tu madre, todos los días *storian*, desde que eres un niño pequeño, y sigue en la casa, en el huerto, en el arrecife. Las cosas secretas, como mi medicina, sólo se aprenden si tu padre primero considera que eres respetuoso. El entendimiento continúa conforme creces, como el árbol *nambangga*, cuyas raíces siguen expandiéndose y tocando el suelo. Avanza y avanza toda tu vida, hasta que tus padres están muertos. Cuando tus maestros se han ido, tú lo llevas adelante. Entonces lo tienes, está dentro de ti. Así es como aprendemos cosas, a través de *storian*.[22]

Para los isleños de las islas Torres, como para la mayoría de los ni-Vanuatu, es imposible destilar una definición concreta de "conocimiento local" a partir del amplio abanico de prácticas tradicionales, valores, afectos, y formas de ser que potencialmente llega a abarcar el *kastom*. Más aún, el *kastom* tiene una dimensión moral que es inseparable de las reivindicaciones de lo tradicional. Annelin Eriksen ha resumido de manera lúcida este aspecto del *kastom*:

> Un hombre o una mujer de *kastom* (B: *man/woman blong kastom*) gusta de crear continuidad con el pasado en las prácticas diarias. Esto implica que [se percibe que] las personas que legitiman sus prácticas en términos de *kastom* [adquieren] una ventaja moral. De ahí que el *kastom* tenga tanto que ver con lo correcto y lo incorrecto como con el pasado y el presente.[23]

[22] De una entrevista grabada con Roy Helol, isla de Lo, junio de 1999.

[23] A. Eriksen, "Women on the Move: Women and the processes of modernity in post-colonial Vanuatu", tesis de maestría sin publicar, Department of Social Anthropology, Universidad de Bergen, Noruega, 1998, p. 25.

Con base en todo lo dicho hasta aquí, quedará claro por qué en años recientes los antropólogos han explorado nociones de *kastom* que no dependen del paradigma de la retórica neotradicional y la cosificación de lo cultural, tanto como de una mirada que se concentra en los actos y significados emergentes. Esto ha permitido llevar adelante el debate sobre *kastom* mediante marcos analíticos que reconocen que, "más que una simple retención o transformación de la costumbre, las tradiciones se recrean activamente conforme se reproducen".[24]

En suma, queda claro por qué resulta improductivo buscar un significado definitivo del término *kastom*. En tanto que es necesario contar con una definición de trabajo, seguiré la descripción que hace Knut Rio de *kastom* como un concepto que actúa como un "contenedor" que diversos actores pueden llenar de diferentes significados en varios contextos. Rio afirma que "un hombre, un linaje, una aldea, una isla o una nación pueden sostener [es decir, reivindicar] *kastom* y con ello extenderlo a muchos marcos de referencia diferentes".[25]

El *kastom* es una noción multisémica que tiene una carga moral y conlleva valores idealizados del pasado que adquieren significado para subvertir los desafíos del presente. Como praxis, el *kastom* moldea los involucramientos de los ni-Vanuatu con circunstancias sobre las cuales con frecuencia parecen tener poco control, ofreciendo un espacio para la creación de significados en sus propios términos. A lo largo de este trabajo abordo *kastom* principalmente en torno a valores de comportamiento respetuoso, debido a que ofrecen ventanas hacia la forma en que se constituye el cosmos relacional de Islas Torres. En consecuencia, me concentro en lo que se puede pensar como la instanciación, la puesta en escena, de momentos y expresiones específicas del *kastom* en tanto forma de producción del

[24] B. Knauft, *From Primitive to Postcolonial in Melanesian Anthropology*, Ann Arbor, The University of Michigan Press, 1999, p. 222.

[25] K. Rio, "Standing Drums in Vanuatu: The cultural biography of a national symbol", tesis de maestría sin publicar, Bergen, Universidad de Bergen, Noruega, 1997, p. 1.

conocimiento isleño, a través de procesos creativos, y generativos, siempre abiertos.

Rispek: prácticas de respeto en relación con *kastom*

El registro etnográfico en Oceanía proporciona ejemplos abundantes sobre las manifestaciones de respeto en Polinesia y Melanesia. No obstante, las reflexiones académicas sobre estas actitudes siguen siendo escasas, y cuando aparecen es normalmente como referencias tangenciales a discusiones más amplias sobre la naturaleza de las relaciones sociales. En aquellos casos en los que se discute directamente el respeto, se trata como una forma de comportamiento prescriptivo que actúa como un mecanismo de ordenamiento para las relaciones sociales. En general, se asume que las actitudes respetuosas se derivan de los límites y las normas morales que imponen los patrones de relaciones de parentesco, y en consecuencia se ven como una forma de restricción a través de la cual se reconocen "las diferencias y asimetrías de estatus".[26] En suma, el respeto suele caracterizarse en términos de "protocolos" o actitudes "esquivas" formales entre parientes, es decir, en términos de comportamientos normativos de interacción social. Este es un entendimiento conductista, cuasi funcionalista, que no explica el fenómeno de *rispek* de manera adecuada, en toda su complejidad ritual y relacional.

Una de las pocas referencias a la naturaleza compleja del respeto en la Melanesia marítima aparece en la monografía de Roy Wagner, citada en el capítulo anterior, sobre los usen barok de Nueva Irlanda. Wagner entiende el respeto como una imagen cultural que representa la elicitación de "relaciones significativas" en donde:

> El objeto de elicitación es un ideal o una norma generalizada de comportamiento y relación interpersonal bastante consciente de sí misma, y a la cual llamaré "ethos". Para los usen barok, este ideal o norma se

[26] Thomas, *In Oceania...*, *op. cit.*, p. 174.

> ubica tanto en la gama de relaciones de parentesco permisibles, así como en la ética más abstracta que llaman *malum* y *malili*; ellos generalizan el concepto utilizando el préstamo de la lengua inglesa *"respect"* (el equivalente en barok es un verbo transitivo, *yii*). Aunque provee un criterio para la moralidad, el ethos barok es intrínsecamente "público" y relacional; la práctica de *malum* o *palik* (las bromas pesadas que se hacen algunos parientes) no tiene sentido cuando se realiza en soledad.[27]

Al buscar un entendimiento del respeto según se pone de manifiesto en las islas Torres, tomaría prestadas las nociones de Wagner y de Marilyn Strathern sobre las "imágenes culturales" como condensaciones o compresiones representativas de relaciones complejas.[28] Pero también intento plantear esta interpretación de respeto ni-Vanuatu sobre la base de un principio que reconoce la praxis, más que exclusivamente el discurso, la moralidad o el simbolismo, como su punto de partida.

Según lo definen los propios ni-Vanuatu, el *rispek* no siempre es prescriptivo, ni siquiera intrínsecamente público, ni se despliega exclusivamente en relaciones entre parientes tabú (LT: *negemel tok*). En las lenguas locales de las islas Torres ni siquiera está representado con una palabra específica. En Lo no existe un término local que pueda equipararse con el *rispek* (en bislama), y para los isleños no parece ser necesaria una descripción verbal de este fenómeno que solamente adquiere forma al ponerse en práctica.

La descripción que hace Alban Bensa de las formas kanakas de comportamiento respetuoso ilustra algunas de las dimensiones fenomenológicas de *rispek* que intento delinear:

[27] R. Wagner, *Asiwinarong: Ethos, Image, and Social Power Among the Usen Barok of New Ireland,* Princeton, Princeton University Press, 1986, p. 45.

[28] *Ibid.*, p. 56; M. Strathern, *The Gender of the Gift: Problems with Women and Problems with Society in Melanesia*, Berkeley, University of California Press, 1988, p. 296; M. Demian, "Longing for completion: Toward an aesthetics of work in Suau", *Oceania*, vol. 52, núm. 3, 2000, pp. 106-107.

> El respeto, palabra clave de la moralidad kanaka, se expresa mediante palabras y signos de *politesse* que se aprenden desde la primera infancia. Uno no pasa frente a los tíos maternos ni frente al jefe. Los jóvenes no interrumpen las conversaciones de los ancianos. Hermano y hermana se evitan escrupulosamente. En contraste, la burla en tono de broma es evidente entre algunos primos. Estas formas de ser, tan naturales como hábitos constantes, son las de los hombres y las mujeres, pero ellas deben honrar a los varones a través de marcadas muestras de respeto públicas: comer, caminar o hacerse a un lado, guardar silencio durante las reuniones [...][29]

En las Torres, el *rispek* actúa como un conjunto de hábitos tácitos que reflejan el involucramiento pleno de la gente con su mundo social y físico. En este sentido, guarda alguna semejanza con las nociones de *habitus* y "hexis corporal" de Bourdieu, en el sentido de un conjunto de técnicas o posturas corporales que se constituyen en hábitos aprendidos, o disposiciones profundamente arraigadas, que reflejan y reproducen las relaciones sociales desde las cuales surgen. Según Bourdieu, el niño aprende estos hábitos a través de la lectura del cuerpo, más que de la mirada de la mente; los textos culturales se inscriben en los espacios y en otros cuerpos:

> El "libro" del cual los niños aprenden su visión del mundo se lee con el cuerpo, en y a través de los movimientos y desplazamientos que crean el espacio en el que se representa, tanto como se crean por éste. [...] Los principios encarnados de esta manera se encuentran más allá del alcance de la conciencia, por lo que no pueden siquiera hacerse explícitos; nada parece más inefable, más incomunicable, más inimitable, y por tanto más precioso, que los valores que reciben cuerpo, que se hacen cuerpo por la transustanciación que se alcanza por la persuasión escondida de una pedagogía implícita, capaz de instilar una cosmología entera, una ética, una metafísica, una filosofía política, a través de man-

[29] A. Bensa, *Nouvelle-Calédonie. Vers l'émpancipation*, París, Gallimard, 1998, p. 41, énfasis añadido, traducido del original en francés.

datos tan insignificantes como "ponte derecho" o "no sostengas el cuchillo en la mano izquierda".[30]

Si bien el *rispek* opera, tanto discursivamente como en la práctica, como un mecanismo para el desarrollo armonioso de las relaciones sociales y deriva algunas de sus bases de la conducta y el comportamiento adecuados entre parientes, principalmente es el resultado de procesos de transformación que duran toda una vida. El *rispek* es la manifestación visible de aquello en lo que se ha convertido la persona y en lo que se convierte constantemente. Pero aun el término "transformación" no refleja adecuadamente las expresiones ni-Vanuatu de respeto. El *rispek* no es una expresión de "estar en el mundo" ni se dirige a expresar el "interior" o el "ser" de la persona. El comportamiento respetuoso es una manera de actuar y de ser que se aprende conforme una persona crece y madura. *Rispek* es inherentemente relacional, en tanto que es el resultado de procesos relacionales a través de los cuales la gente desarrolla valores y normas de conducta compartidos. Resulta crucial destacar que estas relaciones trascienden el valor de los humanos, pues también se dan entre personas, personas y espíritus, y personas y cosas personificadas. Por tanto, el respeto trasciende el problema específico del comportamiento operando como una actitud principalmente de socialización. Mi interpretación del comportamiento respetuoso es cercana a la definición de Wagner del "ethos" barok, en tanto que es un modelo de "cómo, cuándo y en qué circunstancias uno debe (o no debe) actuar".[31]

Las personas de las islas Torres no han sentido una motivación inmediata para erigir una casa *g'mel*, ni en este momento ni en el pasado reciente, y claramente no en respuesta a las expectativas de antropólogos y museólogos, políticos o incluso otros isleños, para quienes "elevar" el *kastom* suele considerarse un fin más que un me-

[30] P. Bourdieu, *Outline of a Theory of Practice*, Cambridge, Cambridge University Press, 1977, pp. 90 y 94.

[31] Wagner, *Asiwinarong...*, *op. cit.*, p. 28.

dio: "He trabajado durante años intentando que la gente 'eleve' el *kastom*". me confesó una vez Titus Joel, el voluntario para el Centro Cultural de Vanuatu en las islas Torres,

> Pero nunca escuchan, o al menos no cuando yo les digo. Tienen su propia manera de hacer las cosas. Yo ayudo a los arqueólogos que han venido y he aprendido mucho en los talleres de capacitación, pero el trabajo de los arqueólogos no deja nada aquí. Tú eres el primero que ha venido a estudiar *kastom* y me da gusto que esto pueda apoyar lo que yo he intentado hacer en el pasado. Pero como puedes ver, es difícil decirle a la gente qué hacer.[32]

Como se describe en los tres capítulos anteriores, la casa, la *g'mel* y el *hara* personifican la matriz de prácticas relacionales a través de las cuales (y dentro de las cuales) se define y se reconoce la existencia social de una persona. Constituyen, a falta de un mejor término, el aspecto "doméstico" del continuo espaciotemporal que es *ples*.

Las palabras de Titus hablan por sí solas. Lo que en un inicio percibí como falta de interés por parte de los isleños de Lo en "revivir" su *kastom* reconstruyendo un *nakamal* "genuino" era congruente con su noción (más que con la mía) de *kastom* y consumo de kava. A lo largo de más de una década de trabajo en Islas Torres he observado con frecuencia este tipo de respuestas locales, las cuales no responden a las expectativas y preocupaciones de fuereños con ideas fijas sobre lo que constituye el *kastom*. En las Torres, lo que importa es el medio, el espacio relacional. En este sentido no hay un "fin" específico, un producto final, de las configuraciones activas de sentido que pueden tomar el consumo de kava, el *wienü* y el *storian*.

En el siguiente capítulo trasciendo este umbral de lo doméstico y lo identitario, hacia el sitio intersticial en el cual los seres humanos entran en relación con el cosmos más amplio, con el fin de elicitar el *vavelëte*, el 'crecimiento vivo', de la tierra misma.

[32] De una entrevista grabada, diciembre de 1999.

CAPÍTULO 7

LËTE, EL SUELO FÉRTIL. PRÁCTICAS HORTÍCOLAS Y PROCESOS GENERATIVOS

—Él era un ñame.

—¿Quieres decir que su nombre era el mismo que el nombre de un ñame?

—Así es, su nombre era el de un ñame porque él era un ñame.

—¿El hombre era un ñame?

Fred se quedó callado un momento, me buscó la mirada inquisitivamente, y respondió en tono sereno:

—Sí. Él era un ñame.

DIARIO DE CAMPO,
una conversación con Fred Vava,
isla de Lo, diciembre de 1999

El objeto del presente capítulo es brindar una descripción detallada de las prácticas mediante las cuales la gente de las islas Torres elabora el *lëte*, es decir el principal huerto productor de alimentos y excedentes comestibles para utilización ritual. En el transcurso de esta sección vuelvo sobre el tema de actitudes de *rispek* y entendimientos de *ples* y persona según se evidencian a través de los elementos específicos que dan forma y sentido a la actividad hortícola y a la silvicultura, en sentido amplio, que se deriva del *lëte*. La descripción del huerto como un aspecto clave del concepto local de *ples*, así como de los procesos a través de los cuales los isleños crean vínculos existenciales con los suelos y plantíos que le dan forma al *lëte* (que no son otra cosa sino los elementos que, en su conjunto, constituyen la imagen idiosincrásica de *vavelëte*, de crecimiento vivo, con el que se asocia al huerto), brindará los antecedentes necesarios para una posterior discusión sobre las relaciones humanas con el entorno físico más amplio.

En capítulos anteriores describí cómo *rispek* representa una forma de reconocimiento existencial hacia otros interlocutores, agentes y entidades. De esto se desprende que uno de los sentidos de *rispek* es el reconocimiento de la capacidad agentiva, entendida localmente como potencia transformadora y productiva (*mena*). En este sentido, *rispek* es parte del *habitus* que posibilita la continuidad de relaciones entre personas, y por extensión constituye uno de los fundamentos del cosmos relacional de las islas. En las siguientes páginas describo cómo funciona el *rispek* en las interacciones entre personas y entidades no humanas dotadas con capacidad agentiva. Por "cosas" me refiero a aquellos objetos y entidades hacia los cuales los seres humanos dirigen su esfuerzo productivo, y que se vuelven parte de los procesos autopoiéticos mediante los cuales las personas se constituyen a sí mismas y a su mundo circundante.

En este capítulo me concentro principalmente en analizar las relaciones con las cosas vivas que residen en el huerto, y en el huerto mismo, en su suelo, sus cualidades tangibles e intangibles, sus árboles y vegetación circundantes, en tanto entidades fractales (*id est* singulares y compuestas al mismo tiempo) cuyas capacidades productivas y reproductivas evocan e imaginan los humanos en la forma de "crecimiento vivo". En particular, analizo cómo el ñame, que representa el principal resultado del esfuerzo productivo hortícola y por tanto es el cultivo paradigmático de las islas Torres, se entiende en ciertos contextos como una entidad coincidente con la persona que lo cultiva y que lo consume. Más aún, visto desde la perspectiva espaciotemporal más larga de continuidades relacionales entre generaciones de personas del mismo linaje y sus suelos productivos, el ñame consiste en una extensión topogénica del cuerpo del linaje y su suelo desde sus inicios, en donde el ancestro originario, el primer cultivador y productor de *vavalëte*, y su primer huerto, el huerto primordial o *tetot*, representan los puntos originarios de esta gran cadena, también fractal, de tubérculos y personas. Finalmente, desde una perspectiva coyuntural, los ñames se insertan dentro de ciclos más amplios de circulación, intercambio y consumo, propios del horizonte relacional de personas, linajes y territorios que constituyen el cosmos del presente. En conjunto, todas estas facetas del ñame y del huerto ofrecen imágenes ejemplares del potencial nutricio, dador y garante de vida y reproducción, para las comunidades de Islas Torres.

Una meta importante de este capítulo es explorar por qué el ñame, al igual que el *lëte*, son objetos especiales de respeto y atención dentro del cosmos relacional de este microarchipiélago. Comienzo esta exploración con un recuento sobre cómo la gente de las islas entiende que las personas están vinculadas existencialmente con la tierra y sus productos.

CONTINUIDADES DE SUSTANCIA: FERTILIDAD HORTÍCOLA, ALIMENTACIÓN Y PERSONIFICACIONES HUMANO-ANIMALES

Según se expresan en las islas Torres, las afirmaciones de identidad geográfica se cifran en la constante evocación de abundancia, entendida como "crecimiento vivo". Esta evocación está concentrada, de manera prioritaria, en el potencial productivo del suelo y de la tierra. Sin embargo, no por estar centrada en la fertilidad y potencial productivo de la tierra, se puede diferenciar el principio de "crecimiento vivo" de la producción de otras entidades, especialmente de las personas.

La siguiente narrativa, que se deriva de dos versiones del mismo mito que me comunicaron dos ancianos de la isla de Hiu, ilustra los principios ontológicos mediante los cuales la producción y el consumo de cultivos hortícolas se entienden también como parte de los procesos productivos de la persona. También ejemplifica la manera en que estos procesos productivos pueden quedar grabados en la topografía y toponimia circundantes —el paisaje mnemónico y topogénico— de las islas.

> Había una familia en Hiu que tenía un hijo varón. Todos fueron al huerto y cosecharon algunos ñames, y cuando volvieron a casa, la madre le dio uno de ellos a su hijo para comer; éste se fue a la orilla del mar y comenzó a comérselo junto al arrecife. Mientras lo consumía, algunos trozos de ñame cayeron al agua y una anguila se acercó para consumirlos a su vez. El día siguiente la familia volvió a ir al huerto y la madre nuevamente trajo unos ñames para su hijo, quien de nuevo fue a comer junto al arrecife, compartiendo ahora un pedazo con la anguila. Esto continuó durante algún tiempo. La anguila comenzó a crecer poco a poco hasta que alcanzó un gran tamaño.
>
> Un día, el niño fue al arrecife a comer su ñame pero no encontró a la anguila. Él la llamaba, pero ésta no acudió. Entonces se acercó un hermoso joven al que nunca había visto el niño [una variación de esta historia es que el niño atestiguó la metamorfosis de la anguila en muchacha]. El chico compartió su ñame con el joven y ambos estuvieron muy felices. Esto se repitió durante varios días. Finalmente, el niño invitó al joven a su casa, pero aquél era tímido y no le pareció apropiado. Hasta que un día, finalmente, aceptó la insistente invitación del niño.
>
> Al poco tiempo, el joven trabó amistad con los familiares del niño, que estaban asombrados con su apostura. Un día lo invitaron a acompañarles a un huerto nuevo, recién preparado para la siembra, con el fin de que les ayudase a sembrarlo. Esto lo haría el joven suavizando la tierra dentro de la cual las mujeres insertarían las esquetas de ñame [hay un contraste entre esta división de labores basada en el género y la que

actualmente está vigente en la isla de Lo, en donde los hombres aran la tierra, las mujeres limpian el orificio y los hombres insertan la semilla de ñame].

Los dos amigos, el niño y el joven, abrían la tierra con sus palos hortícolas [el nombre y las técnicas específicas de uso de estas herramientas se explica más adelante en este capítulo]. Mientras ellos trabajaban, muchas de las mujeres de la aldea los observaban. Ellas estaban enamoradas de la belleza del joven, y se amontonaban para sembrar sus esquejes de ñame en los agujeros que él había preparado. Esto provocó los celos entre otros hombres de la aldea, quienes secuestraron al joven esa noche. Lo golpearon, lo metieron a un costal y lo encerraron en una casa de cocina. Después comenzaron a preparar un horno de tierra, en el cual colocarían al joven la mañana siguiente. Lo pensaban convertir en *laplap* (B: budín de ñame) para luego comérselo.

Pero esa noche el joven entonó un cántico de lamento [en este punto ambos relatores cantaron una canción corta en la lengua de Hiu] y se tornó de nuevo en anguila. Así pudo escapar y volvió al océano. Nunca volvería a verlos.

Al día siguiente, todos se dieron cuenta de que el joven no estaba y la preocupación se apoderó de la comunidad entera. Entonces avistaron una marejada [tsunami, llamado *nëpút* en la lengua de Hiu], a cierta distancia sobre el mar, pero que se aproximaba velozmente a la isla. El niño y su familia subieron corriendo colina arriba para guarecerse, pero la ola era demasiado grande, tanto que llegó a tapar la misma luz del sol. Cuando el padre del niño llegó a la cima del cerro, volteó a ver la ola, y se percató de que el agua estaba sobre ellos; gritó entonces una palabra que imitaba el sonido del rompimiento de la ola [ambos relatores gritan la palabra, que es un sonido onomatopéyico]. Por eso hasta el día de hoy se encuentran los huesos de aquella familia enterrados en el suelo de la cumbre de la colina más alta de Hiu. El suelo en ese lugar es un *tetot*, un huerto primordial [lugar de origen de donde surgió el linaje descendiente de la familia en cuestión]. Ellos están ahí hoy, y el nombre de ese suelo es el de la marejada cuando rompe la ola sobre la tierra.

La anguila es una criatura importante en las narrativas legendarias de numerosos grupos isleños de la Melanesia marítima —desde Islas Torres y Banks hasta Kanaky, Islas Salomón y Fiji—, y tiende a ocupar un lugar preponderante en cuentos sobre la interacción humana con la vida marina. En muchas de estas historias, las anguilas se muestran como entidades benignas y poderosas cuya presencia funciona como un medio para poner en evidencia los valores positivos y negativos de los seres humanos, como los celos, los deseos y la admiración por ciertos tipos de belleza. La mayoría de las historias en las que aparecen las anguilas hablan de cómo éstas se transforman en hombres (de hecho, en parientes nominales, como un "hermano" o un "primo"), tras haber compartido alimentos producidos por los seres humanos. En algunas versiones, la anguila se convierte en ancestro de un cierto linaje, casi siempre regresando al mar tras haber interactuado con los humanos en tierra. La narrativa arriba citada cuenta cómo una anguila literalmente se "personifica" (*i.e.* se convierte en persona) tras haber consumido el producto más importante de la labor hortícola en Islas Torres: el ñame. Cabe destacar que la intención de la historia es explicar cómo una zona dada de tierra cultivable en Hiu se infundió originalmente con los huesos de los ancestros del *metaviv* al que pertenecen los herederos y relatores legítimos de esta historia. Asimismo, conviene recordar que en Islas Torres los huesos son importantes portadores del *mena* ancestral y se les trata como encarnaciones vivas, aunque parciales, del ancestro. Por consiguiente, el *tetot,* en tanto suelo primordial del *metaviv*, lleva un topónimo que recuerda a los descendientes de ese ancestro originario la manera en que se generó la cualidad dadora de vida original de aquel terreno. La transformación de la anguila y la posterior fertilidad del suelo reflejan la continuidad de sustancia (huesos, tierra y cultivos) e identidad que opera entre los humanos de un cierto *metaviv* y los productos del crecimiento vivo de su sitio de origen ancestral.

Como se ha venido diciendo en capítulos anteriores, la tierra en Vanuatu coincide con la persona y es inseparable de su existencia social. Robert Lane fue uno de los primeros antropólogos que registró esta continuidad existencial en relación con las sociedades del norte-centro de Vanuatu, entre quienes observó que el concepto de tierra (ejs. *vanua*, *vanue*) parecía ser sólo un componente dentro de un complejo más amplio de elementos que incorporan la existencia y sustancia misma de la persona.[1] Desde aquel ya clásico texto, se han ido incrementando los estudios de caso etnográficos que dan cuenta pormenorizada sobre esta continuidad entre suelo y persona en aquella región.

A partir de lo que se ha expuesto hasta este momento en capítulos anteriores, se puede pormenorizar la complejidad detrás del concepto de tierra en las islas Torres diciendo que *vanuë* se refiere a la tierra en general, en tanto lugar sobre el cual se fundamenta y reproduce el mundo social en sentido amplio. Así, una isla entera, o bien sólo una parte, pero en todo caso generalizada, de la misma puede denominarse *vanuë*. En contraste, el *tetot* y el *neten* son los suelos específicos de origen de diversos linajes, por lo cual se consideran los sitios primordiales de los *metaviv*. Dentro del *tetot* llegan a residir diversas "sustancias" ancestrales (LT: *tëmetsie*), y su toponimia e historia son objetos de resguardo y herencia exclusivos de cada *metaviv*. Es, pues, a partir del *tetot* que surgen y se multiplican las concatenaciones de hombres y cultivos que dan forma al cosmos relacional.

Pero no todo el territorio, ni todo suelo, representa un *tetot*; así, se debe distinguir a su vez entre los suelos primordiales y las áreas de superficie terrestre entendidas como suelos generadores de cultivos (LT: *lëte*). Sin ser suelo primigenio de un linaje particular, el *lëte* posee siempre el potencial dador de vida (*mena*), debido a que consiste en suelo fértil, a partir del cual pueden surgir y florecer los cultivos, siempre y cuando sean objeto de atención, *rispek,* y esfuerzo del ser humano. En suma, antes que *vanuë*, y al margen del *tetot*, es

[1] R. Lane, "The New Hebrides: Land tenure without land policy", en R. Crocombe, *Land Tenure in the Pacific,* Melbourne, Oxford University Press, 1971, p. 249.

el *lëte*, en tanto red casi innumerable de sitios propicios para la horticultura, el suelo hacia el cual los seres humanos dirigen sus esfuerzos productores cotidianos. Al conjunto de los procesos que comprenden estos esfuerzos cotidianos —los cuales concentran el trabajo concreto de la horticultura (LT: *rag lëte*, 'fabricar/hacer' un huerto, en referencia a la labor física del proceso) con formas prescriptivas, a veces altamente ritualizadas, de comportamiento y relación— es al que se le conoce como *vavalëte*.

Al principio de este trabajo definí *vavalëte* como 'crecimiento vivo', dado que se refiere al acto de "hacer florecer todo lo que yace dentro del huerto/suelo fértil". A esta noción de "hacer florecer" se le puede utilizar en diversos contextos —por ejemplo cuando se discute la cualidad que distingue a la tierra del mar. Pero cuando se utiliza en relación específica con el *lëte*, el sentido de *vavalëte* se refiere al acto de evocar el potencial generador del suelo fértil con la finalidad de producir "crecimiento vivo"—, en este caso, los cultivos del huerto. Entendido en este contexto, *vavalëte* se refiere al conjunto de actos productivos a partir de los cuales se "atiende" y "genera" un *lëte*. Esto no es cosa menor, toda vez que *vavalëte* nos refiere a los actos que concentran la mayor parte del esfuerzo cotidiano de la gente de las islas Torres, a saber, los actos a partir de los cuales toma forma su sistema de producción de autosubsistencia, así como de subsistencia "plus", dado que existen *lëte* exclusivamente destinados la producción de excedentes cuya finalidad será la circulación ritualizada de dádivas y contradádivas.

Por esta razón, es decir, debido a la enorme importancia que reviste *vavalëte* en tanto fundamento material del sistema productivo de las islas Torres, se hace necesario ofrecer una descripción detallada del mismo, con particular atención a la confluencia de valores intangibles (*rispek*) y tangibles (tareas hortícolas) que le dan forma y sentido cabal. Ese será el propósito del siguiente apartado.

LËTE: SITIO GENERATIVO POR EXCELENCIA

Long kastom oli rispektem tumas
wok long karen.
(En la práctica tradicional
se respetaba mucho el trabajo en el huerto)

BRETIN WOKMAGENE MWEIU,
isla de Lo

Todo huerto (*lëte*) de Islas Torres es un sitio singular, creado por el hombre pero también consustancial con el mismo, en términos de continuidades de sustancia y presencia ancestral y actual. En este sentido el huerto constituye un verdadero "artefacto", en tanto que surge del trabajo colectivo, con frecuencia pormenorizado y artesanal, de sus cultivadores (por lo demás, se le puede denominar artesanal toda vez que ningún huerto es igual a otro). Este artefacto, el *lëte*, es decir el huerto y sus cultivos, como una manifestación de *ples*, representa el principal "horizonte de capacidad agentiva" (por parafrasear a Aletta Biersack), mediante el cual la gente de las islas Torres transforma el suelo y renueva su sustancia ancestral. Esta transformación toma forma a través de una multitud de actos de limpieza, siembra y cosecha, los cuales, entendidos de manera seriada y procesual, representan la poderosa imagen de la productividad generativa que guardan los isleños en relación con su suelo ancestral.

Por lo que toca a las diversas facetas de su temporalidad, la capacidad productiva de un huerto se "activa" durante uno o dos (excepcionalmente tres) ciclos hortícolas completos, los cuales se traducen en términos cronológicos en un periodo de entre 6 y 18 meses, toda vez que cada ciclo abarca aproximadamente medio año solar. Cabe señalar que esta temporalidad no está dominada por las estaciones propias de un año solar o lunar. Esto, debido a que el ñame es un tubérculo, y por lo tanto no se siembra mediante semillas, sino a partir de gajos, o esquetas, que se pueden reinsertar en suelo fértil en cualquier momento del año. Pero mientras que el ñame no está sujeto a las limitantes de un régimen estacional, sí se rige por un ciclo óptimo de siembra y cosecha, el cual corresponde a la sincronización del ciclo del ñame con las épocas de secas (tumba, roza, quema y siembra) y lluvias (crecimiento, maduración y cosecha); es decir, con el periodo del monsón y antimonsón en el Pacífico ecuatorial. Esta periodicidad de temporal es óptima en cuanto que no domina de manera estricta al ñame, y por lo tanto los ciclos activos de un *lëte* bien se pueden prolongar de manera continua durante muchos meses, toda vez que es posible seguir sembrando esquetas en cualquier época del año, con la única observación de que un ñame sembrado fuera de la periodicidad óptima de secas y lluvias de temporal no tenderá a florecer ni a crecer demasiado.

Es por todo lo anterior que cualquier *metaviv* dado suele tener bajo cultivo, es decir, en estado "activo", a más de un *lëte* al año. Con ello se puede garantizar la subsistencia regular (cultivos para consumo), al mismo tiempo que se guardan uno o dos huertos para la subsistencia "plus", es decir, para la siembra y cosecha óptimos, de temporal, los cuales ofrecerán la posibilidad de producir los grandes ñames reservados para el intercambio ritual. Con todo, el ciclo "activo" de un *lëte*, sea bajo cultivo óptimo o desfasado, no se suele prolongar más allá de dos a tres años consecutivos dentro de los ciclos propios del régimen de tumba y roza de las islas Torres.

La gente de las Torres evalúa el éxito de un huerto productivo en términos del crecimiento visible y vivo (*vavalëte*) del mismo, toda vez que constituye la evidencia tangible de la habilidad de su cultivador para evocar el *mena* propio del suelo fértil. Asimismo, esta habilidad se aquilata en conjunción con la calidad moral (es decir, el nivel de respeto social) y el conocimiento especializado (técnico y ritual) del cultivador, los cuales en conjunto se consideran proporcionales al cuidado, el respeto (*rispek*) y la atención que él o ella es capaz de demostrar hacia sus huertos y sus cultivos. Como se puede apreciar, este conjunto de valores da lugar a la imagen de la relación entre cultivador y huerto como una relación entre interlocutores, y no simplemente entre una persona y un medio ambiente externo y neutro.

En términos más amplios, es decir, de la comunidad en su conjunto, la producción del ñame y la práctica hortícola funcionan como marcos de organización a través de los cuales se define y reitera la distinción de género (masculino : femenino) en función de la división del trabajo en el huerto. En este sentido, la práctica hortícola representa una parte crítica de la acción transformativa, autopoiética, de la persona, es decir, de los actos productivos que constituyen actos autotransformativos. Así, al activar la capacidad productiva del *lëte* (el potencial dador de vida inherente del mismo, *mena*), la persona renueva su continuidad de substancia, y por tanto de existencia, con este aspecto esencial de su *ples*.

Más aún, lo que la persona le hace al *lëte*, es decir su actitud hacia el suelo tanto como su labor sobre y dentro del mismo, se demuestra y se reconoce mediante formas específicas de comportamiento respetuoso. Dentro de estos códigos de *rispek*, el ñame es el objeto más importante de atención respetuosa dentro del conjunto de actos que dan forma al ciclo laboral hortícola, es decir a *vavalëte*.

El respeto hacia el huerto y su cosecha de ñames se pone de manifiesto mediante la actitud de las personas, literalmente su forma de actuar y atender al *lëte* durante el trabajo hortícola. Como se ha dicho en párrafos anteriores, el resultado clave de la actividad hortícola "correcta" (LT: **gewie*, 'buena', 'verdadera', 'eficaz') se manifiesta en la salud visible de los productos del huerto. Un huerto saludable es aquel que florece. Pero el florecimiento no se refiere simplemente a la abundancia sin más, sino al resultado visible de una intervención humana que debe ser tanto eficaz como afectiva, es decir de un proceso creativo y procreativo permeado por un sentido estético de lo correcto, que es a lo que se refieren los isleños cuando hablan de lo "verdadero". Necesariamente, parte de este sentido estético de lo correcto se cifra en la correcta apariencia del *lëte*, la cual se define a partir del buen ordenamiento del espacio hortícola y de sus productos.

Los componentes individuales del huerto —es decir, los diversos cultivos que lo conforman— se deben diferenciar claramente, en tanto entidades con potencial nutricio y generador propio, al mismo tiempo que representan las partes conjuntas de un cuerpo unitario. Este cuerpo, la totalidad del *lëte*, queda delineado, en primera instancia, por la cerca que circunda el huerto y contiene su suelo y sus cultivos dentro de un perímetro bien organizado. Cuando se dice que *vavelëte* es el proceso de "plantar un huerto y todo lo que está en él", no se está produciendo una repetición o una reiteración de elementos; porque un "huerto" es el todo, mientras que "todo lo que está en él" son las partes; cada una debe distinguirse claramente, al tiempo que representa una entidad unitaria y autocontenida. La correcta configuración de este todo y de sus partes se basa en un modelo ideal, referente a la correcta disposición del huerto. Este modelo nos da la pauta para entender la forma que debe tomar la estética de la labor hortícola en Islas Torres.

Algunas de las principales formas en las que se ponen de manifiesto las actitudes de *rispek* hacia el *lëte* incluyen: el periodo en el que se barbecha un huerto (idealmente, no menos de 7 años, llegando incluso a 20); la disposición interna de sus elementos en relación con el cultivo de ñames; su limpieza y la distribución ordenada de sus diversos componentes (se debe desmalezar y retirar escombros, los postes de ñame deben estar derechos para que los tallos estén saludables, se debe agrupar los tipos de cultivos similares, no mezclar con otros, etc.), y la salud general observable del crecimiento vegetativo dentro del huerto (que se mide según qué tan verde, brillante y "fuerte"/"robusta" esté la vegetación). Pero más que todo lo anterior, el verdadero éxito y el valor del *vavelëte* se revelan en la forma en que los cultivadores de un huerto atienden a las exigencias del ñame. Dicha atención se refleja de manera preponderante en actitudes de *rispek* hacia el ñame mismo a lo largo de todo el ciclo hortícola, desde que se planta el esqueje hasta que se cosecha el tubérculo maduro.

En los párrafos siguientes comento sobre cada una de estas manifestaciones de *rispek* según su relación con el suelo, los cultivos del huerto y el propio ñame. Este comentario toma la forma de un recuento de las actividades más relevantes que conforman el ciclo hortícola del *lëte*, tal y como las he observado principalmente en Lo y en Toga (el ciclo hortícola y la silvicultura en Hiu presentan pequeñas pero importantes variaciones sobre lo que describo a continuación).

Prácticas hortícolas

Dado el pequeño tamaño de su población, el grupo de las islas Torres se caracteriza por un patrón de uso de suelo de baja intensidad. Esto explica por qué la mayoría de las parcelas de tierra cultivable se barbechan a lo largo del año. Durante un ciclo agrícola normal, es decir, el transcurso de un año de temporal, ciclón-anticiclón, los miembros de un caserío dado (un *lengwe*) participan en el cultivo de no más de tres o cuatro huertos, de los cuales al menos uno se encuentra en las tierras bajas costeras y uno en los suelos altos de las islas. De este modo se asegura el escalonamiento de las cosechas del ñame y la disponibilidad de alimentos durante todo el año.

Marsden Bani proporcionó un ejemplo de esta distribución de las labores hortícolas. Marsden y su familia tienen 26 huertos distribuidos en toda la superficie de Lo, pero en cualquier año determinado Marsden sólo trabaja dos o tres de ellos, lo cual le permite dejar al huerto promedio en barbecho durante al menos siete años.

El acto de barbechar se expresa en términos locales como dejar "dormir" (LT: *metmetur*) al huerto, proceso que la gente de las Torres sostiene que debe durar entre 5 y 10 años. Marsden no ocultó su orgullo por ser reconocido como un buen agricultor, cuando manifestó que "dejo descansar bien a mis huertos, pues respeto el tiempo [de recuperación] del suelo". El tiempo de barbecho es un indicador de las habilidades hortícolas de un cultivador y de su *rispek* por el huerto.

Asimismo, refleja el hecho de que todos y cada uno de los *lëte* del *lengwe* son una localidad importante, un producto de la acción creativa humana, y no pueden tratarse sólo como un pedazo de tierra más. Los residentes de la isla que no barbechan sus huertos durante al menos cuatro años tienden a convertirse en el blanco de comentarios negativos por parte de la comunidad en general ("Mira", me dijeron una vez durante un paseo por las colinas, "no han pasado ni tres años y fulano ya comenzó a limpiar su huerto... Es flojo y no quiere tener que desmalezar una zona con tanta vegetación, pero esa no es la manera 'correcta'/'verdadera' de trabajar un huerto").

Según las prescripciones del calendario tradicional de Islas Torres (véase capítulo 8), el principio del ciclo agrícola comienza con el final del temporal anticiclónico, el cual está marcado por la presencia de los vientos alisios (del sureste), hacia octubre-noviembre. Es entonces que se debe de comenzar a reinsertar los esquejes del ñame cosechado en el suelo de los huertos nuevos, mismos que tendrían que haber sido preparados con antelación, desde agosto-septiembre. A su vez, este ciclo terminaría con la cosecha del ñame nuevo, hacia abril, con la reentrada de los vientos alisios y la estación de lluvias. Sin embargo, esta manera de señalizar un principio-fin es arbitraria y esquemática. La realidad es que los ciclos hortícolas según los cuales se rigen las actividades de silvicultura de las islas Torres no tienen un inicio ni un fin específicos; en parte porque los momentos de siembra y de cosecha de los cultivos principales pueden variar hasta por dos o tres meses, pero en parte también porque nadie marca principios y fines determinados. Acaso uno de los fines del ciclo hortícola, en términos de ritualidad tradicional —compartida, por lo demás, en muchas otras comunidades de Melanesia—, sería el momento del primer levantamiento/cosecha del ñame nuevo, hacia abril. Pero no existe evidencia para indicar que este ritual de "primeros frutos" fuese entendido en términos de un fin o principio de año como tal.

Por lo demás, es más cierto hoy que nunca antes en el pasado que diferentes cultivadores comienzan sus actividades en diferentes momentos del año de acuerdo con las demandas específicas sobre su tiempo y trabajo inclusive el contexto comunitario en el que se encuentren. Así, por ejemplo, los isleños de hace un siglo, tanto como los isleños de la actualidad, coinciden en que el ciclo "tradicional" comienza con el despeje de maleza que precede a la siembra de ñames en el *lëte*, es decir, hacia agosto-septiembre. Sin emabargo, después de casi quince años de observaciones etnográficas me ha quedado claro que diferentes *lengwe* comienzan en momentos muy diferentes su desmalezamiento y eventual reinserción de esquejes al suelo del huerto nuevo. De tal modo, hay ocasiones en las que la gente comienza sumamente tarde su "siembra". En casos extremos incluso alrededor de enero o febrero, en plena época de ciclón, cuando el calor del sol es intenso y la mayoría de los isleños prevenidos disminuyen sus actividades diurnas, guardándose en sus casas durante el mediodía en lugar de estar escarbando en el huerto.

La razón principal de estos desfases, en palabras de numerosos isleños, es la imposición de trabajos comunitarios semanales por parte del *Senior Priest* y demás padres encargados de la estructura del calendario anglicano de Islas Torres. Bajo este esquema, una semana promedio implica la inversión de dos a tres días de trabajo colectivo supervisado por los padres locales. Estos trabajos suelen tomar la forma de limpieza a la maleza que invade las áreas comunes de la aldea, o bien la reparación de estructuras comunitarias, inclusive la iglesia y las chozas reservadas para los sacerdotes y sus familias. También suele haber una numerosa cantidad de eventos públicos —pequeños bazares de venta de comida (pescado fresco, ñames) o artefactos artesanales— con la finalidad de suplementar los ingresos colectivos de la iglesia. Otras coyunturas, allende la presencia e imposición de trabajo por parte de la iglesia, que suelen impactar sobre los tiempos del *lëte*, son los viajes inesperados a otras islas, o bien incluso la mudanza de una isla a otra por parte de varios miembros del *lengwe*, lo cual se puede dar por razones de preparación ritual (una alianza matrimonial en otra isla, o bien un funeral importante).

El resultado de todas estas demandas sobre el tiempo y esfuerzo de la gente suele ser la necesaria posposición del trabajo hortícola en diferentes momentos de la vida de los miembros de cada *lengwe*. De tal forma que el año hortícola se suele trastocar con regularidad pero de manera diferenciada, según la coyuntura en la que se encuentre cada *lengwe*. En este contexto, resulta sumamente importante recordar que los desfases al año hortícola de temporal en Islas Torres, como en muchas otras partes del Pacífico ecuatorial, son posibles únicamente gracias a la enorme flexibilidad de siembra y cosecha de ese humilde tubérculo: el ñame.

Teniendo en mente todo lo dicho en las anteriores líneas, a continuación ofrezco una descripción resumida del año hortícola "ideal", es decir, el que comienza en agosto y termina en abril, toda vez que sigue representando el referente básico de división temporal del trabajo en el *lëte* para prácticamente todos los isleños. En este sentido, se puede hablar en efecto de una especie de "calendario", pero los detalles del mismo los reservo para el siguiente capítulo.

Si de "año hortícola" se ha de hablar en Islas Torres, el término local que más se acerca al concepto de un periodo fijo de actividad hortícola, con un principio y un fin, sería *lëte ragwë*, que sirve de referente general para el conjunto de actos y fases mediante los cuales se genera y atiende a un *lëte* a lo largo del proceso de generación de cultivos (LT: *lëte* + *rag*, 'huerto que se hace/se manufactura'; *wë* es un sufijo/partícula propia de esta conjugación y uso de la raíz 'hacer'). Entendido así, en tanto sinónimo del año hortícola, *lëte ragwë* comienza con el desmalezamiento de los *lëte*, de los cuales hay dos tipos predominantes: los de tierras bajas o costeñas y los de cerro o tierra alta.

El primero de éstos —en orden de preparación y cosecha, lo cual refleja su importancia en términos de suelo de cultivo primario para el autoconsumo— es conocido como *lëte lo* (LT: 'huerto [de suelo] suave'), y consiste en aquellos huertos reservados para la producción cotidiana de alimentos para consumo diario, aquellos *lëte* propios de la producción de subsistencia regular. Los *lëte lo* se sitúan sobre los

Un *lëte lo*, huerto de suelo suave, en las tierras bajas de Lo.
(Foto: C. Mondragón, 2008)

suelos costeños y se caracterizan por una capa superficial de tierra fértil, conocida como "suelo suave" (LT: **ten lo*; B: *sopsop kraon*). Este tipo de suelo parece llamarse así porque es ideal para el ñame "suave" (*Dioscorea alata*), que es el principal ñame de cultivo y consumo en Islas Torres, como en casi todo el resto de la Melanesia marítima. Es este ñame el que guarda una función cardinal en la vida social y ritual de las islas Torres.

El segundo tipo de huerto que comprende el proceso de *lëte ragwë* se denomina *lëte li venië* (LT: 'huerto por encima de tierra'), que se suele ubicar sobre las laderas y la cima de las colinas de piedra caliza terraplenadas que dominan la topografía de las cuatro islas mayores del grupo de las Torres. En contraste con el suelo del *lëte lo*, el tipo de suelo de los *lëte li venië* es de una tierra café oscuro de

Las islas de Lo y Tegua vistas desde un *lëte li venië*, en las alturas de Toga. (Foto: C. Mondragón, 2006)

textura gruesa, seca y grumosa, a la cual se conoce localmente como "suelo duro" (B: *had kraon*). El cultivo dominante en estos huertos de tierras altas es el ñame "fuerte" (*Dioscorea nummularia*), que se consume a diario pero también se reserva para la producción de ñames grandes, junto con aquellos *Dioscorea alata* propios del *lëte li venië,* destinados para el intercambio ritual.

Como se puede apreciar, las categorías locales para la descripción de diferentes tipos de *lëte* se basan en el tipo de suelo y la altura aproximada sobre la costa que caracterizan al huerto. Por lo que toca al suelo (LT: **ten*) cabe señalar que los suelos bajos son considerados más productivos en el corto plazo, cualidad que los hace ideales para la subsistencia regular. En cambio, los suelos de las colinas son la base para los excedentes de producción dedicada al intercambio ceremonial o al almacenamiento a largo plazo, es decir, a lo que he señalado más arriba como subsistencia "plus". Sin embargo, las categorías suelo "duro" (de colina) y suelo "suave" (costero) son generalizaciones que comprenden al menos seis tipos de suelo con características propias. Así, los habitantes de Islas Torres reconocen comúnmente al menos cuatro subtipos relevantes de suelo en relación con el huerto, los cuales se combinan con distinciones que incluyen, además del subtipo de suelo, la ubicación y también la vegetación y los cultivos específicos a cada combinación de *lëte* y *nëten* (véase la tabla 2).[2]

Asimismo, es evidente que existe una cierta oposición entre las categorías de suelo suave/ñame suave/huerto de tierras bajas y suelo duro/ñame fuerte/huerto de los altos. No obstante, la dialéctica entre bajo/suave y alto/duro difícilmente constituye una oposición "estructural", ya que no mantiene un papel relevante en las representaciones territoriales, toponímicas o geográficas del entorno físico que constituye el mundo de los isleños. Resulta interesante que esta disposición de opuestos contrasta con otra conocida oposición austronesia entre lo "mojado" y lo "seco", originalmente explorada por Barrau para diversas partes del Pacífico ecuatorial.[3] Algunos investigadores han documentado esta dicotomía regional en sociedades de la Polinesia occidental e incluso en lugares tan cercanos a las Torres como Tikopia, pero la oposición mojado-seco no aparece en la terminología relevante de los habitantes de Islas Torres.[4]

[2] Véase también R. Weightman, *Agriculture in Vanuatu*, Cheam, Surrey, The British Friends of Vanuatu, 1989, pp. 9-10; P. Quantin, *Atlas des sols de Vanuatu*, Port Vila, ORSTOM, 1981, para consultar algunas listas detalladas de tipos de suelo en Vanuatu.

[3] J. Barrau, "L'humide et le sec: an essay on ethnobiological adaptation to contrastive environments in the Indo-Pacific area", *The Journal of the Polynesian Society*, vol. 74, núm. 3, 1965, pp. 329-346.

[4] Véase, por ejemplo, P. V. Kirch, *On the Road of the Winds: An archaeological history of the Pacific Islands before European Contact*, Berkeley, University of California Press, 2000. Para el caso de Tikopia véase P. V. Kirch y D. E. Yen, *Tikopia: The Prehistory and Ecology of a Polynesian Outlier,* Honolulu, Bernice P. Bishop Museum, 1982 (Boletín, 238).

Tabla 2. Tipos de *lëte* y **ten* de Islas Torres

Nombre	*Calidad*	*Subtipo*	*Tipo*	*Tipo de suelo*
Lëte li venie ("jardín de tierra")	Suelos "duros" / de colinas	*Tenë wetagë*	Los más comunes	Capa superficial negra, rojo por debajo
		Ten lave	Jardín grande	Suelo gris, volcánico (v. fértil)
		Ten mevë	Jardín "pesado"	Mantillo negro y fértil
Lëte Lo ("jardín suave")	Suelos "blandos" / costeros	Se plantan primero y constituyen jardines más accesibles que producen alimento.		

FUENTE: Elaborada por C. Mondragón.

El paso inicial para la preparación de un *lëte*, sea de tipo "suave" o "duro", implica despejar y quemar el área seleccionada para plantar. Tanto hombres como mujeres se encargan de despejar (LT: *negwii*), que implica desmalezar y limpiar el huerto con machete y a mano, y después amontonar los residuos alrededor de los troncos de grandes árboles (LT: *wotowata gor*). Los objetos de mayor tamaño, como las ramas de los árboles y los pimpollos (LT: *utnöletii*), se colocan en ordenadas pilas en la periferia del huerto. A continuación, los pimpollos y las ramas más grandes se cortan en trozos de un metro de largo y se plantan de manera vertical por pares en la cara interna de los montones periféricos de tierra y detritus que marcan el límite del *lëte*. Posteriormente, se colocan troncos largos y delgados horizontalmente entre estas estacas, dando paso al estilo de cercado propio de los *lëte* característicos de Lo.

El área de un *lëte* después de la primera quema y desmalezamiento. (Foto: C. Mondragón, 2004)

Existen pequeñas variaciones en la construcción de postes y cercos para *lëte* en cada una de las islas Torres, razón por la cual se pueden invocar como una de entre la enorme variedad de variaciones locales que distinguen a un isleño de otro, en términos identitarios sublingüísticos. Las cercas cumplen una función básica para la tenencia de la tierra en las Torres, dado que tras muchos siglos de actividad hortícola, sus restos han producido pequeñas lomas elevadas de tierra apretada que efectivamente conforman líneas permanentes de demarcación entre los *lëte* de uno y otro *metaviv*.

Después del despeje y el cercado inicial, los isleños dejan que pasen una o dos semanas para que los residuos se sequen y después vuelven y prenden fuego a los árboles grandes que no se cortaron en un inicio; este procedimiento se conoce como *toto ré*. Se deja pasar otra semana y se realiza una segunda quema (LT: *himhim*). El *hi-*

mhim incluye el uso de hojas de coco secas y un rastrillo sin dientes (LT: *riav*), cuya estilizada forma es un diseño exclusivo —igual que el del cerco— de la isla particular, y por tanto también se exhibe como un símbolo distintivo de la cultura material de cada localidad en este microarchipiélago. El *riav* se fabrica con el pimpollo de un árbol de algodón (LT: *nëvena*, B: *burao*) y se utiliza para arrastrar hojas de coco encendidas por toda la superficie del área del huerto despejado en un proceso que se conoce como *nönon*. El principal objetivo del *nönon* es exterminar al escarabajo Papuana (LT: *gehoh*), que vive justo bajo la superficie de la tierra. Después del *nönon* el huerto está listo para la inserción, o siembra, de los equejes.

La siembra del ñame (LT: *riwriu*, literalmente 'utilizar la coa') involucra varios pasos que constituyen las actividades nucleares del *lëte ragwë*, y es a través de esta operación que se ponen de manifiesto las divisiones de trabajo por género. Asimismo, durante el *riwriu* se realizan intercambios a largo plazo entre isleños no emparentados, pues ofrece un contexto dentro del cual un *metaviv* puede, y suele, mostrarse solidario con otro a cambio del mismo trato. Pero este intercambio no solamente debe ser recíproco, sino altruista. Como me lo explicó un hombre de Lo:

> Cuando una familia está lista para ir a despejar su huerto, no le avisa a nadie [...] porque es fácil de ver cuando salen a su *lëte*. Toda la aldea se entera sin tener que ser avisada. Pero no se debe presionar a otros para que vayan a echar una mano; deben ir a ayudar por voluntad propia. Después, ellos recibirán ayuda a cambio y ambos lados intercambiarán alimentos. Esta es la forma correcta ['verdadera'] de ayudar a otros cuando es momento de sembrar la tierra.

Cabe señalar que este modelo de obligaciones recíprocas informales sigue caracterizando a gran parte del trabajo en el *lëte*, según he atestigüado desde hace más de una década en relación con el *lëte ragwë* de Lo y Toga. En este sentido, la cita anterior no refleja una noción altruista de reciprocidad, tanto como nos alerta a las formas de interacción social constante, entre *metaviv*, que se ponen en movimiento con ocasión del *lëte ragwë*. Por lo demás, los estilos de *riwriu* en Lo son específicos de esta isla y sus habitantes los emplean constantemente como otro marcador importante de distinción identitaria *vis-à-vis* de otras comunidades de las islas Torres. Esto explica el porqué, durante cada una de las numerosas conversaciones que he sostenido con diferentes isleños en relación con los pasos específicos que dan forma a la siembra de un *lëte*, he escuchado variaciones de la siguiente afirmación: "En Lo no aramos la tierra como lo hacen en Toga y en Tegua, y la manera del *lëte ragwë* de Hiu también es diferente".

El *riwriu* comienza cuando los hombres fabrican gruesas coas llamadas *riu*, con una longitud aproximada de dos metros y un extremo afilado, que utilizan para abrir la tierra donde se va a plantar el ñame. Mientras tanto, las mujeres barren el huerto para limpiarlo (LT: *güre-göra*), procedimiento que se describe como uno de los contextos más importantes mediante el cual se honra (muestra *rispek*) al plantío del ñame. Una vez que el huerto está limpio, los hombres marcan líneas de puntos paralelas sobre el suelo, para señalizar en dónde se ubicarán los montículos de tierra que guardarán la siembra de ñames nuevos. La construcción de estos montículos se logra con el *riu*, del cual clavan el extremo afilado en el suelo, siguiendo el patrón de sitios preseleccionados, para entonces empujar con todo su peso contra el poste para abrir un agujero que servirá para guardar el gajo de ñame.

De acuerdo con los isleños de Lo, el estilo "tradicional"/"correcto" de construcción de montículos de ñame exige que en ese momento las mujeres se hagan cargo del montículo, para lo cual cortan cualquier raíz sobresaliente a los lados del nicho con la finalidad de limpiar bien el agujero en el que será sembrado y crecerá el ñame. Este procedimiento, conocido como *tütot,* prácticamente ya no se lleva a cabo hoy día, pero es bien conocido aún entre los habitantes de Lo y Toga, que lo describen como otro de los pequeños pero importantes actos de "respeto y honor" mediante los cuales se organiza el sitio futuro de crecimiento de cada ñame.

Una vez que se han formado los agujeros y montículos circundantes, los hombres insertan el esqueje de ñame (LT: **vin*), con la 'cabeza' (LT: *kwat*) hacia arriba y el 'trasero' (LT: *rokwrë*, lit. 'parte final'/'terminación') hacia abajo. También puede darse que los esquejes consistan en cuerpos completos de ñame (en cuyo caso se denominan *prü*), o bien que se haya cortado el esqueje en pedazos más pequeños (también denominados *nevin*), que se insertan por separado en el agujero, de manera que el nicho termine acomodando más de un esqueje. Después de insertado el esqueje, cambia su cualidad existencial: ya no se conceptualiza como un *nevin*, un pedazo de ñame suelto con potencial reproductor pero finalmente fuera del suelo, sino que constituye un ñame 'semilla' (LT: *tenton*), es decir, un ñame en estado inicial de vida en el subsuelo. Los pequeños montones de tierra floja que le rodean, protegen y nutren son conocidos como **wel*.

El cuidado, el tiempo y la dedicación que un agricultor demuestra durante la inserción de los esquejes de ñame se consideran una parte más, pero crítica, del *rispek* que se extiende a los tubérculos del huerto. Con frecuencia escuché a hombres jóvenes y viejos quejarse de que ahora muchas personas ya no tienen la paciencia ni las habilidades con las que debe efectuarse el plantío del ñame. "Ahora", me dijeron, "la gente va al huerto, abre la tierra, empuja el ñame y se va. No barren el huerto, no cortan las raíces dentro de los agujeros, ni suavizan la tierra de los montículos. Ya no respetan el huerto".

Esta serie de actos se continúa en términos de la primogenitura que se otorga al ñame principal (*Dioscorea*) en relación con el resto de los contenidos, incluidas otras variedades de ñame, que vivirán en el *lëte*. Primero deben insertarse en el suelo del mismo los esquejes de ñame "suave", como deferencia al lugar fundamental que ocupa este cultivo. A éstos le siguen hasta media docena de otras especies de ñame, con el ñame "dulce", *Dioscorea esculenta* (B: *wovile*), el cual ocupa el segundo lugar entre los ñames de los *lëte* propios de las islas Torres (existe un tercer tipo de ñame sumamente común, cono-

Un ñame recién cosechado. A un lado se puede observar la esqueja que será reinsertada en el suelo del *lëte*.
(Foto: C. Mondragón, 2012)

cido como *davot* en lo-toga, que es silvestre; B: *waelyam*; *Dioscorea bulbifera*). Una vez que todos los preciados ñames se encuentran en su sitio, puede procederse con la siembra de otros cultivos.

Los isleños de las Torres me recordaron en repetidas ocasiones que, de acuerdo con *kastom*, la variedad de cultivos de los *lëte lo* debe mantenerse al mínimo, "por respeto al ñame"; de tal manera que los huertos costeños suelen ser espacios ligeramente menos saturados de vegetación y plantíos. Esta práctica explica por qué los *lëte li venië*, cuyo suelo es menos apropiado para el ñame "suave", han sido los huertos multicultivo por excelencia de las islas Torres. También explica por qué los árboles frutales y de nueces, cuyos productos compensan parcialmente la falta de variedad en la dieta local, se plantan más abundantemente en las márgenes de los *lëte lo*. No obstante, el razonamiento detrás de esta diferenciación entre tipos de ñame y de densidad relativa de cultivos hortícolas no parece ser empírico, es decir, basado en alguna lógica ultimadamente "etnocientífica" en relación con suelos y fertilidad hortícola. Más bien se debe a un principio de diferenciación ontológica, propio de los principios que sustentan al cosmos relacional de Islas Torres, según el cual las cosas de cierto tipo deben ser distinguibles de las cosas de otro tipo para que sea posible el establecimiento de una relación entre ellas. En este caso, los *lëte lo* cumplen la función de espacios reservados para el ñame más importante de las islas: un ñame con el cual las personas entran en constante relación, y cuya condición no es la de un objeto inerte, sino de un interlocutor vivo, activo y agentivo. En consecuencia, sus espacios, así como el trato que se le da, deben mantenerse siempre lo más organizados, lo más distintivos y lo más limpios posible, dentro de la particular estética que rige las formas de la horticultura local.

Resulta importante detenerse un momento para ahondar sobre las dimensiones más amplias de las formas extraordinarias de respeto que se confieren al ñame. Sólo así se pueden comprender mejor las percepciones de los isleños frente a los cambios recientes que han afectado al *lëte ragwë*, y que ocupan los siguientes párrafos.

En las islas Torres, como en gran parte de la Melanesia, un cultivo hortícola es el producto del crecimiento inducido por los humanos. Las cosechas del huerto son el resultado de la eficacia humana, del éxito para obtener los poderes dadores de vida latentes de la tierra. Como tales, estas cosechas son un ícono de la renovación y la multiplicación de la sociedad misma. En la Melanesia, en donde las personas y las cosas pueden asumir la forma de personas,[5] la relación entre las personas y las cosas personificadas se convierte en el centro de las preocupaciones locales, en este caso relativas al *lëte*. Es por ello que a lo largo de su ciclo de vida, el ñame opera en continuidad existencial con el suelo y, por lo tanto, con las personas que sobre él ejercen diversos tipos de intervención generadora de vida.

Cabe señalar que me refiero a la "persona" tanto en el sentido específico como en el sentido más amplio, agregado y disperso, del término; es decir, a la persona del cultivador que actúa sobre la tierra, pero también al "cuerpo de personas" (particularmente de homónimos ancestrales "estratificados", según se expresa en el uso de las islas Torres), del cual el cultivador es la encarnación viva. Por esta razón, la gente de las islas Torres considera esencial establecer una distinción clara entre diferentes cultivares de ñame, así como entre los ñames y otros cultivos. "Confundir" el lugar y la importancia de estas entidades implica introducir el desorden y la confusión al contexto y al proceso mediante los cuales la persona se relaciona con el suelo y sus productos vivos más importantes en el ciclo de generación de alimentos y de continuidad de substancia ancestral-territorial.

Por lo que toca a los cambios históricos que han comenzado a transformar el orden prescrito del *lëte ragwë*, éstos, casi sin excepción, se originan en las intervenciones coloniales tardías, y poscoloniales más recientes, de "expertos" agrícolas y burócratas gubernamentales preocupados por aumentar la productividad de la economía

[5] M. Strathern, *The Gender of the Gift: Problems with Women and Problems with Society in Melanesia*, Berkeley, University of California Press, 1988, p. 134.

de subsistencia de Vanuatu y, por extensión, por aumentar los excedentes para exportación internacional de la misma.

Una de las intervenciones más importantes en este sentido ha sido los esfuerzos del Departamento de Agricultura del gobierno nacional por alentar una mayor diversificación en la producción de alimentos locales, para así conseguir la "seguridad alimentaria" de los aldeanos. El efecto de las campañas de gobierno por diversificar los cultivos es que muchos *lëte* de tierras bajas en la actualidad muestran la presencia de cultivos intercalados, así como de una saturación de plantíos, la cual viene a desdibujar la primacía del ñame en esos espacios. Si bien la gente de las Torres entiende la lógica de la agricultura de cultivos mixtos, muchos creen que estas nuevas prácticas contradicen las demostraciones tradicionales de respeto hacia el ñame, además de confundir la diferenciación adecuada de los cultivos del huerto. En consecuencia, el cultivo intercalado ha llegado a asociarse con la erosión que se percibe en las prácticas de *kastom* hortícola. Entre otras cosas, se cree que el cultivo intercalado es responsable de una reciente escalada en las catástrofes relacionadas con los huertos, como las infestaciones de escarabajos fuereños, de hormigas agresivas, y hasta de los daños causados por huracanes poderosos, los cuales, se dice, no hubieran ocurrido si la gente "respetara" el *lëte*; es decir, si lo reconocieran y le dieran forma "correcta" a través de los patrones generales de distribución/distinción de cultivos y la supervisión del papel central que se debe otorgar al ñame.

Como lo expresó el viejo Beretin Wokmagene Mweiu, uno de los cultivadores más reconocidos de Lo y Toga:

> Hoy en día la gente produce demasiados cultivos intercalados. Plantan muchos cultivos en un solo huerto y por esta razón hay tantos escarabajos que arruinan nuestros ñames. Antes no era así, el huerto se mantenía limpio todo el tiempo, no estaba hacinado con demasiados cultivos: se plantaban una o dos coles, una o dos cañas de azúcar, *podía verse qué era cada cultivo y conocerlo*. De este modo, la gente respetaba al ñame.

Pero hoy mezclamos todo, lo confundimos... Hoy nuestra forma es diferente.[6]

Al margen de las intervenciones directas de agencias y expertos fuereños, es un hecho que durante los últimos cien años, a partir de la intensificación de los medios de transporte entre islas y naciones, se han ido incorporando nuevos cultivos al repertorio clásico del *lëte* de Islas Torres. Esto ha venido a modificar aún más la distribución y el carácter efímero del *lëte*, en tanto artefacto y, por lo tanto, creación temporal y coyuntural. Conviene recordar que, al margen de las intrusiones exógenas más recientes, los huertos de Islas Torres y de todo el Pacífico occidental siempre han sido constructos culturales fluidos. No podría ser de otra forma, dada la continua experimentación de la gente local con diferentes variedades de tubérculo, la constante manipulación del paisaje circundante a través de la actividad hortícola, la cual incluye los cambios que se introducen a los árboles y la vegetación allende los huertos. Esto debe entenderse como parte de los movimientos continuos que conllevan los patrones locales de uso e intercambio ritual de la tierra.

Algunas de las adiciones de cultivos a los huertos de las islas Torres en el transcurso de su historia preeuropea incluyen el árbol del pan (*Artocarpus altilis*), que se introdujo hace algunos siglos, y la patata dulce (*Ipomoea batatas*; LT: *kumala*), que se dispersó por canales de intercambio desde América del Sur en algún momento de los últimos 500 años.[7] Posteriormente, posiblemente a raíz del primer contacto con europeos, hizo su entrada a los horizontes hortícolas de Islas Torres la mandioca (*Manihot esculenta*; yuca), que llegó a Vanuatu en algún momento del siglo XIX. Poco después, probablemente hacia la segunda década del siglo XX, el plantío de monoculti-

[6] Entrevista con Bretin Wokmagene Mweiu, isla de Lo, septiembre de 1999, cursivas añadidas.

[7] C. Ballard *et al.*, *The Sweet Potato in Oceania: a reappraisal*, Sydney, University of Sydney, 2005 (Ethnology Monographs, 19/Oceania Monograph, 56).

vo de cocoteros comenzó a tomar forma en los terrenos costeños de las islas.

En la actualidad los isleños ancianos y de edad mediana recuerdan el año de 1963 como un momento especialmente trascendental en términos de las transformaciones al repertorio hortícola local. Fue entonces cuando se estableció una escuela primaria permanente en la pequeña isla de Linua. Con la escuela llegaron numerosos cultivos que anteriormente se desconocían, destinados originalmente al cultivo del huerto apartado para la iglesia local, que alojaba a los maestros escolares, quienes en su mayoría eran padres afiliados a la Iglesia Anglicana de la Diócesis de Banks y Torres.[8] Entre estos cultivos estuvieron el mango, la sandía, la piña, la papaya y la calabaza, la mayoría de los cuales se han vuelto plantíos cotidianos en los *lëte li venië*. Esta colocación preferencial de cultivos de reciente introducción en los huertos serranos refleja, quizás, una preocupación por seguir ofreciendo al ñame la preponderancia de presencia en los *lëte lo*.

Como fuere, aquella coyuntura no marcó el fin de la llegada de nuevas variedades de cultivo: la mandioca, el taro y otros cultivos nuevos y viejos siguen llegando por diversas vías a manos de los horticultores de las islas Torres. Éstos, a su vez, les otorgan nombres que suelen reflejar la localidad de la cual proviene el cultivo. Así, existen los ñames "Malakula", "Vila", "Fiji" e incluso "Marovovo"; este último apellido refleja los fuertes vínculos entre la comunidad de las islas Torres y la Escuela Teológica de Guadalcanal, en donde se capacitan y se ordenan los sacerdotes aspirantes a ingresar a la Iglesia Anglicana de Melanesia.

Con todo, estos cambios no han erosionado el concepto arquetípico de un *lëte* entre la gente de Islas Torres. Por el contrario, en

[8] Aunque esta escuela se gestionó bajo la autoridad de los padres anglicanos locales, antes de 1963 las islas Torres sólo contaron por periodos breves con la educación ofrecida por la Iglesia Anglicana de Melanesia; la construcción de la nueva escuela significó el principio del periodo de continuidad actual en la breve historia de la educación primaria de este microarchipiélago.

ocasiones pareciera que la introducción de tanta variedad de cultivos funciona como contrapunto para las reiteraciones del papel central que se le debe otorgar al ñame. Es por esta razón que a lo largo de este capítulo me refiero a una imagen del *lëte* ideal, tal y como me lo han transmitido los isleños de Lo, Toga y Tegua.

El *lëte* ideal se crea colocando los diversos cultivos en un patrón concéntrico, en orden de importancia desde el centro hacia la periferia. De acuerdo con esta disposición, el ñame "suave" (*Dioscorea alata*) y la kava (LT: **gí*; *Piper methysticum*) se colocan en el medio, rodeados por mandioca, caña de azúcar, piña y otros tipos de ñame, seguidos por papaya, taro de Fiji, árboles de frutas y nueces, bananos y cocos, estos últimos frutales hacia las márgenes exteriores del huerto. Aunque este arreglo no se sigue estrictamente en la práctica, brinda un arquetipo común, al cual ciertos agricultores aplican sus propias variaciones creativas. Cabe advertir que el plantío de diversos cultivos dentro de un huerto en particular no se realiza todo al mismo tiempo, sino que se lleva a cabo a lo largo del año hortícola de acuerdo con los mejores tiempos de plantación y maduración de cada cultivo.[9]

Una vez que se termina de plantar el ñame termina, efectivamente, la mayor parte del esfuerzo hortícola y el *lëte* se deja en paz hasta por dos meses. Cuando los tallos del ñame se han extendido a dos o tres metros desde el montículo donde descansa el ñame, se eligen varas tutoras para los tallos, que entonces crecerán como enredadera, ofreciendo de esta manera un aprovechamiento óptimo de luz y agua. Este procedimiento, llamado *vëtvëtow*, está a cargo de los hombres e implica clavar varas largas y delgadas en el suelo junto a los montículos, para entonces enredar los tallos alrededor de éstas en el sen-

[9] Por ejemplo, la preparación y el plantío inicial de la *Dioscorea alata* en los *lëteragwë* de las Torres generalmente se hace de finales de agosto a mediados de octubre, aunque puede ser mucho antes, en mayo, o bien hasta diciembre (*cf.* A. McGregor *Land Use Profile: Root Crops and self-Sufficiency Farming Systems*, Port Vila, AusAID/Vanuatu Land Use Planning Project, 1999, p. 6.

tido de las manecillas del reloj (hacerlo hacia el lado contrario se considera dañino para la salud del ñame, pues contradice la dirección natural de la espiral de crecimiento que toman los tallos). Después de eso, se vuelve a desmalezar el huerto y se le deja tranquilo durante varios meses (generalmente desde enero hasta finales de abril), tras los cuales los principales cultivares de ñame habrán madurado y estarán listos para la cosecha.

Si en algún momento existió un festín especial o un ritual ceremonial asociado con el levantamiento de los primeros frutos del ñame, nunca se registró y lleva mucho tiempo en el olvido. No obstante, durante las prácticas de cosecha contemporáneas se hacen evidentes de nueva cuenta las divisiones de género en la labor en el huerto, así como otra serie de actos de respeto durante el manejo del ñame.

El proceso de cosecha comienza cuando las mujeres tallan los espeques (palos largos) de extremo plano con los que los hombres extraen los ñames. El acto de desenterrar los ñames implica un esfuerzo prolongado y demandante físicamente, pues el cuerpo del mismo es grande y se aloja firmemente en el suelo, de tal modo que se debe aflojar con gran cuidado para evitar magullar su piel y afectar la durabilidad del tubérculo. Desde el momento en que se extrae un ñame maduro, se le debe manejar con cuidado para no romperlo y arruinarlo. Como me han explicado en repetidas ocasiones, el ñame no puede transportarse de manera desordenada, y de preferencia no se carga con las manos, sino dentro de un contenedor de tejido vegetal, para lo cual se tejen grandes cestos con hojas de pandano. Además, no se debe "jugar" con el ñame; hay que portar el tubérculo con cierta seriedad y sentido de propósito. Maurice Leenhardt describe vívidamente este procedimiento, tal y como lo observó en Kanaky hace casi un siglo (sorprende la similitud de esta descripción histórica en relación con lo que yo mismo he observado en diversas ocasiones en las islas Torres):

> Un hombre no levanta un ñame como levantaría cualquier cosa, ni lo sostiene con la augusta gravedad de alguien que toma un objeto sagrado. Se inclina sobre él buscando el punto más fuerte en el cuerpo débil de la larga raíz. Desliza su mano bajo la extremidad que se denomina "cabeza" para darle apoyo y evitar que se rompa por su propio peso. Lo toma suavemente, como si se tratara de un niño recién nacido cuya cabeza se debe sostener cuidadosamente para que no se vaya hacia atrás. Tomar un ñame con descuido es tan grave como cargar a un bebé sin cuidado. Se despide a la persona descuidada y alguien más toma su lugar, exactamente como se reemplaza a una persona que carga a un bebé de forma inadecuada.[10]

Por una parte, el cuidado con el que la gente maneja el ñame cultivado simplemente refleja la necesidad de evitar que el cuerpo del ñame se rompa, dado que eso lo volvería poco resistente para el almacenamiento a largo plazo y obligaría a consumirlo en poco tiempo. Sin embargo sería un error interpretar este procedimiento como un asunto de "sentido común" sin más, pues invariablemente los isleños de las Torres me han explicado estos procedimientos en términos de "respeto al ñame".

Se dice que los tubérculos recién cosechados están "mojados" y se les deja secar en el sol durante varias horas para que su piel se fortalezca. Una vez que los ñames están secos, los hombres y las mujeres los limpian y los transportan en contenedores tejidos para almacenarlos en la casa de cocina. Según varios recuentos locales, hace sólo dos o tres generaciones aún se construían almacenes especiales a un lado del *lëte* para guardar los ñames hasta el tiempo en que cada tubérculo se llevara a la cocina para consumirlo, o bien para utilizarlo como parte de algún intercambio ritualizado. En la actualidad suelen construirse pequeñas casas de ñames dentro de los límites

[10] M. Leenhardt, *Do Kamo*, traducido del francés por Basia Miller Gulati, con un prefacio de Vincent Crapanzano, Chicago, University of Chicago Press, 1979 [1947], p. 61.

del propio *lengwe*, pero la práctica de edificar tales estructuras parece haber caído en declive en los últimos años y mucha gente ahora solamente apila sus ñames cosechados en el interior de la misma casa de cocina.

Anteriormente se prohibía estrictamente a las mujeres manejar los ñames cosechados antes de que se les trasladara al interior de la cocina. En varias ocasiones los hombres de Lo han expresado este tabú afirmando que las mujeres no podían ponerse "por encima" del ñame. La metáfora de altura que se transmite en esta expresión no se relaciona únicamente con un concepto de autoridad jerárquica, sino también con un conjunto más amplio de expresiones en las que la continuidad genealógica del *metaviv* se relaciona metafóricamente con las pilas de ñames recién cosechados.[11] La expresión "las mujeres no podían ponerse por encima del ñame" apunta a la asociación icónica entre el ñame y el lugar del primogénito tanto en relación con el *metaviv* como con los rangos rituales masculinos propios del *Hukwe*. Los montones de ñames constituyen al mismo tiempo un ícono básico de la "estratificación" de los patronímicos ancestrales y del "apilamiento" de rangos masculinos (estas expresiones de estratificación se exploran en el capítulo anterior). Por tanto, se entiende que el representante varón vivo de cualquier *metaviv* determinado se encuentra en la "cumbre" de una pila de nombres y rangos.

Estas nociones de una estratificación genealógica/ancestral no reflejan necesariamente una forma de dominio masculino sobre el papel de la mujer en la horticultura, ni sobre cualquier otro contexto en particular. Así, mientras que la cosecha y el almacenamiento de ñames, así como de otros tubérculos, tradicionalmente son prerrogativa exclusiva de los hombres, el *kastom* también prescribe que únicamente a las mujeres les es reservado el acto de cosechar frutos y

[11] Véase, por ejemplo, el dibujo de P.D. Vigors de un montón de ñames en Erromango, reproducido en J. Bonnemaison *et al.*, *Arts of Vanuatu*, Bathurst, Australia, Crawford House Publishing, 1996, p. 280.

nueces. De este modo, los hombres cosechan los productos que crecen bajo la tierra, mientras que las mujeres levantan cosechas de aquello que pende en el aire. Con todo, aunque estas prescripciones evidentemente apuntan hacia una división de género en relación con la oposición arriba-abajo/cielo-tierra, no existe mayor pista de adherencia estricta a este tipo de tabúes en las prácticas de cosecha contemporáneas.

Al igual que ocurre con las dicotomías suave/duro, cima/costa, la separación por género de la cosecha de aquello que crece en forma subterránea y la cosecha de lo que cuelga en el aire es un concepto "tradicional" en la medida en que ha estado presente desde hace muchas generaciones. En este sentido, es una prescripción asociada a *kastom stael Torres* (tradición propia de Islas Torres) que se tiene en mente, pero que difícilmente se puede considerar una "estructura" —ya sea simbólica o de otro tipo— en la vida contemporánea de las islas Torres.

La distinción entre la marginalidad de la labor femenina y la centralidad de la labor masculina respecto del espacio delimitado por los confines del huerto (en concreto, por la relevancia del esfuerzo en torno al ñame y sus montículos), se invierte una vez que se ha traído el ñame al ámbito doméstico del *lengwe*. Entonces, se espera que el hombre se encargue de la construcción y del mantenimiento del horno de tierra —y en particular de manipular cada una de las rocas incandescentes que le dan forma al mismo mediante un trinche de madera que también tiene uso ritual—, mientras que la mujer sola maneja el ñame para transformarlo en un alimento comestible. Por lo demás, la mujer juega el papel dominante en la preparación del ñame en la esfera doméstica. Existe una sola excepción a este proceso, la cual se da durante la preparación de un tipo de budín de ñame conocido como *nalot*, relacionado con la preparación y el consumo de comida anteriormente exclusivas de los hombres de rango miembros del *Hukwe*.

Si bien el predominio de la mujer en la cocina sigue siendo evidente hoy en día, la división de labores en el huerto de acuerdo con el género se ha tornado difusa. Aunque los hombres siguen siendo los principales responsables de extraer tubérculos de la tierra, es frecuente que las mujeres manipulen los productos libremente de ahí en adelante. Por otro lado, ambos sexos recolectan nueces y frutos por igual. A pesar de que sigue habiendo algunos jefes de *lengwe* que intentan aplicar las prescripciones arriba mencionadas, tal y como ocurre con otras esferas de lo que se percibe como *kastom*, muchos de los isleños de hoy perciben que las restricciones tradicionales en la horticultura se seguían con mayor rigor en el pasado que en el presente. Es más probable, sin embargo, que estas transgresiones a las divisiones de género en el cultivo del huerto y del bosque hayan estado sujetas siempre a cierta flexibilidad en la práctica. Esto sería consistente con el hecho de que las innovaciones, los cambios y la creatividad han sido parte inmemorial de la actividad hortícola, y, como ocurre con otras prescripciones propias de lo que se llama *kastom*, la transgresión con frecuencia funciona como pretexto para la reiteración de la prohibición que se está rompiendo. Lejos de pensar que en el pasado fuese diferente, existe un largo registro local —principalmente en la memoria oral de los isleños— de la puesta en marcha de variaciones creativas a la práctica hortícola por medio de las cuales diferentes cultivadores han buscado "personalizar" el carácter de sus *lëte*.

La lógica detrás de estas variaciones creativas refleja el deseo de hacer más visible el florecimiento, el "crecimiento vivo" del *lëte*; por tanto, se manifiesta a partir del esmero particular con el cual se limpia el huerto, así como el órden y colocación de cada cultivo dentro del mismo, y, sobre todo, se manifiesta en el cuidado que ejerce el cultivador en la manufactura de montículos de ñame, así como en el cerco que encerrará al *lëte*. Estos, junto con otros, son elementos estéticos relevantes para los isleños, y el hecho de que constantemente busquen formas de reacomodarlos, decorarlos, modificarlos, no significa contradicción alguna con el fundamento básico del *vavalëte* ni del *lëte ragwë*. Por lo demás, es consistente con una noción más amplia de transitoriedad que está en la raíz de la ontología social en las islas Torres. Esta noción se cifra en la familiaridad con el carácter efímero de las entidades que componen el mundo, tanto personas como cosas, inclusive artefactos generados por las personas. Las cosas, como las personas, son entidades palpables (así también las cosechas de alimentos), al mismo tiempo que sus cualidades están sujetas a la transformación. En el caso de la persona estas transformaciones se pueden dar través de un abanico de procesos: del trabajo, del ritual, de la danza, de la canción; pero lo mismo se puede decir de los *lëte*, como de otras cosas y presencias que entran y salen de nuestros horizontes inmediatos de experiencia. Esto incluye la presencia de espíritus ancestrales, tanto como de espíritus primordiales (no humanos), cuya aparición y desaparición son procesos constantes, que se dan de acuerdo con coyunturas y condiciones específicas.

Todas estas maneras de entender y vivir la transitoriedad de las cosas subrayan el carácter rector, pero finalmente ideal, de las prescripciones, trátese de aquellas relativas al huerto o bien de otras esferas de la acción social, como la alianza matrimonial, la magia o la muerte. La transformación, como principio ontológico subyacente, está en tensión constante con ideales de tradición inmemorial, con aquello que nunca debe modificarse, pero por lo mismo subraya el hecho de que para que haya vida, para que se pueda expresar la diferenciación de los interlocutores que dan lugar a las redes productivas del cosmos, para que se manifieste la eficacia generadora de las cosas del mundo (su *mena*, su *vavë*), tiene que haber movimiento. Y no hay nada más idiosincrático del movimiento que el cambio, entendido aquí como creatividad.

En virtud de su potencial para la transformación, y por tanto para el crecimiento —el *mena* del *vavalëte*—, el huerto arquetípico (arriba descrito) constituye un ícono moral y social clave de los principios de acción generadora del cosmos isleño. Pero en tanto artefactos singulares, es decir, sitios generadores de vida en diferentes coyunturas espaciotemporales, los *lëte* nunca son iguales: cada uno posee un topónimo, así como la serie de narrativas legendarias que se relacionan con el mismo; tiene también una ubicación específica y un cúmulo especial de características físicas que lo distinguen, como las rocas del subsuelo, los árboles que le rodean, las depresiones y elevaciones del terreno sobre el cual descansa. Además, el patrón de cultivo alternado que caracteriza a las sociedades ni-Vanuatu garantiza que los huertos se encuentran en un estado constante de transformación, y que nunca haya dos ciclos hortícolas iguales. Esta singularidad de formas y manifestaciones dentro de la regularidad prescriptiva, estética, de lo que aquí llamo *lëte ragwë* se complementará con los materiales del siguiente capítulo, que se refieren a los patrones de cambio regular e irregular que caracterizan el clima de las islas Torres, y por lo tanto también constituyen parte de las circunstancias cambiantes del mundo hortícola en este microarchipiélago.

¿Cómo visualizar la naturaleza transitoria de los *lëte* sin perder de vista su carácter inamovible, en tanto presencias cruciales de la red de personas y territorios de las islas?

Los *lëte* son espacios variados que se encuentran dispersos sobre la mayor parte de las superficies terrestres de las cinco islas habitadas del grupo Torres. Una manera de imaginarlos es como un mosaico vivo de pequeñas parcelas, cada una en diferente estado de crecimiento, cuyos bordes y organización interna se encuentran parcialmente ocultas debajo de la densa cubierta de bosque tropical que recubre casi todo el espacio visible de las islas. Durante el transcurso de las dos principales temporadas climáticas, ya sea que se barbeche o que se esté cultivando activamente, cada *lëte* particular dentro de este patrón semioculto de parcelas está sufriendo constantes modificaciones. Los *lëte* se despejan, se siembran, se cosechan y se barbechan en patrones siempre cambiantes de crecimiento productivo (*vavalëte*) y de "sueño" (*metmetur*). Por su propia naturaleza, los *lëte* son objetos efímeros en el tiempo y el espacio, y por tanto son fenómenos históricos e históricamente cambiantes.

Los isleños de las Torres están profundamente conscientes de estos patrones de transitoriedad, y con frecuencia marcan la cronología de eventos sociales particulares en referencia a acciones pasadas dentro de un *lëte* específico. Así, por ejemplo, se entiende en esta breve cita (de entre muchas otras similares contenidas en mis diarios de campo), que recoge las palabras de Joseph Merelëte, uno de mis más cercanos vecinos y amigos en Lunharigi:

> Robert [su hermano y el primogénito del *metaviv*] fue iniciado en el *Hukwe* cuando yo trabajaba en [nombre del huerto], al otro lado de la colina. Eso debe de haber sido hace más o menos nueve años, porque hace cuatro temporadas de ciclón que lo dejé de sembrar. Fue de ese mismo *lëte* que produjimos la comida para el intercambio con mi tío materno en la isla de Metoma [en el año 2000, según mi propia participación en dicho evento].[12]

Además de la mención de la iniciación del primogénito del *metaviv* de los Merelëte, cabe destacar la relevancia, para Joseph, que tiene el *lëte* en cuestión como el sitio de donde salieron los ñames y otros cultivos que se utilizaron para un intercambio importante en la vida ritual del linaje. Es necesario destacar que la precisión en el tiempo, es decir, el año exacto de la iniciación o el intercambio ritual, no es lo que está en juego en este caso. El hecho de que yo lo sepa es resultado de mis propios cálculos retrospectivos, no de los isleños, quienes en su mayoría no suelen tener conocimiento ni preocupación particular por llevar fechas precisas relativas al calendario internacional de meses y años. Lo que importa, en cambio, es la ubicación de las prácticas hortícolas a las cuales hace referencia Joseph en relación con los eventos que está rememorando.

El *lëte*, como localidad espaciotemporal, representa un marcador clave de la posición de la persona respecto de sucesos que ocurrieron

[12] C. Mondragón, diario de campo, 2004.

en el pasado o en el presente, y en los cuales intervienen principios de transformación, circulación y reproducción social (iniciaciones, alianzas, intercambios ritualizados). La singularidad y transitoriedad inherentes a los *lëte* y sus productos vienen a complementar los conceptos congregados en torno a la idea de *ples* en Islas Torres; ofrecen puntos de referencia, de perspectiva y de producción social, en momentos dados del transcurrir social y físico del mundo.

Como ya se ha dicho en capítulos anteriores, el reconocimiento existencial de una persona como agente es inextricable del reconocimiento de la ubicación de dicha persona como agente. Por definición, *ples* es un concepto complejo, multisémico y multidimensional que ofrece referentes de ubicación y de identidad en el cosmos relacional. Sin embargo, la ubicación —y, por tanto, la perspectiva— de un agente dado cambia en la medida en que potencialmente ocupa varias posiciones diferentes al mismo tiempo (ej. el tío materno en una relación es al mismo tiempo el primo hermano en otra, es al mismo tiempo el padre nominal o bien el jefe de *metaviv*, etc.; estos roles no se desdibujan ni se encuentran en una relación de jerarquía entre sí). Las ubicaciones mismas de personas y de cosas, inclusive *lengwe*, *lëte*, aldeas enteras, y las propias islas (como se explica en el capítulo 9), se encuentran literalmente en un estado de flujo constante. En consecuencia, la apariencia visible de los elementos que constituyen el mundo social y físico cambia con y en el tiempo (pues ¿qué otra cosa es el "crecimiento vivo" sino flujo constante?). Esta no es simplemente una traducción lírica de conceptos isleños: es un intento de tomar en serio, en sus propios términos, diversas facetas de lo que en las islas Torres se entiende por "crecimiento vivo"; es decir, no como metáfora, sino como un aspecto puntual, evidente, de la (re) producción social, y ciertamente, de la existencia misma.

PERSONIFICACIONES HORTÍCOLAS Y *MENA* (EFICACIA Y PODER)

En la cotidianeidad de Islas Torres, hoy como en el pasado, la confección del huerto está dominada por el ciclo vital del ñame. El producto de dicho ciclo está determinado por la eficacia de quien cultiva, quien ordena y quien cuida del *lëte*. El ñame, como cosecha idiosincrática del *lëte*, encarna la potencia productiva de la tierra y guarda cualidades propias de una persona. El ñame es, en efecto, un objeto personificado, no únicamente "antropomorfo" ni análogo a la persona, toda vez que posee las cualidades existenciales que le permiten ser reconocido como un interlocutor con agencia propia; en suma, es persona porque puede entrar en relaciones generativas con otras entidades personificadas en el mundo, inclusive personas humanas.

En términos del trabajo hortícola, el ñame es el principal resultado de producción y consumo alimenticio, y constituye el medio principal para la renovación de la *vanuë* (suelo en tanto materia ancestral generativa). A través de ciclos sucesivos de producción y consumo de ñame, la gente renueva los vínculos que la unen a la sustancia de la tierra. No es de sorprender, entonces, que los isleños vean al ñame como una parte indivisible de la persona productiva y un medio crucial por el cual se renueva la continuidad de la sustancia y la identidad de la persona en su territorio.

La manera en que se revelan esas conexiones existenciales no se hace evidente de manera inmediata, ya que no es un proceso que la gente de las Torres exprese directamente con palabras, ni siquiera a través de una instanciación momentánea. Más bien, los lazos existenciales que vinculan a la gente con la tierra y los cultivos de un huerto se van construyendo y se van percibiendo a lo largo de ciclos vitales del esfuerzo productivo que duran toda una vida. En un nivel general, el efecto productivo se traduce en la evocación de la capacidad (re)productiva de la tierra. En efecto, esto implica la transformación de una tierra potencialmente fértil (LT: *te* o *ten*; B: *kraon*) en tierra como territorio vivo y productivo y realidad social.

La creación y el mantenimiento de un *lëte* de Islas Torres (LT: *raglëte*; 'trabajar un huerto') representan la quintaesencia del proceso mediante el cual la tierra (**te* o **ten*, literalmente 'el suelo bajo los pies, el fundamento [sobre el que se construyen las cosas]') se transforma en *vanuë* (territorio). La gente de las Torres entiende que los productos cultivados son parte de la persona que los cultiva, quien extiende y disemina su condición de persona hacia ellos en virtud de su capacidad para elicitar el *mena*, el crecimiento vivo, del suelo ancestral. Este potencial generador y la eficacia de la persona para evocarla se conocen y tienen su fundamento en el poder dador de vida de las fuerzas primordiales del cosmos.

El *mena* es un poder generador o destructor de vida con un origen de tipo sobrenatural, toda vez que proviene de fuerzas más allá del horizonte de los vivos. *Mena* se relaciona con el movimiento, con la acción y el crecimiento; es el poder agentivo que infunde a las cosas vivas, haciéndolas crecer y permitiéndoles actuar de una manera transformadora sobre otras cosas. Desde la perspectiva de los isleños de las Torres, el *mena* es la fuerza a través de la cual ocurre la autopoiesis, es el poder dador de vida y productor de crecimiento que tienen las personas para (re)producirse a sí mismas. A su vez, *mena* también se traduce como "verdad", como la certeza de lo que sucede. En este sentido es tanto una cualidad como un principio de evidencia, una condición de realidad. En el contexto de la horticultura, *mena* se refiere a la eficacia, a la capacidad de una entidad para operar en el mundo, transformándose a sí misma y a las cosas que la rodean durante el proceso de evocar la fertilidad del suelo y convertirlo en huerto fértil y frondoso.

Al actuar de manera autopoiética a través de la tierra y sus productos, los isleños de las Torres afirman una continuidad de sustancia, una forma de transiliencia con la tierra viva. El resultado exitoso del *mena*, en el *lëte*, es lo que le permite a una persona de Islas Torres afirmar en forma convincente "soy un ñame", sin intención metafórica alguna. Estas continuidades de sustancia entre el hombre y los productos del "crecimiento vivo" reflejan lo que Alfred Gell denominó la "dispersión" o distribución de la persona dentro de un medio "vivo".[13]

Tales procesos de integración y contigüidad existencial entre las personas y las cosas no-humanas (pero personificadas) desestabilizan a las categorías euroamericanas de naturaleza y cultura, y requieren de consideración seria al abordar constructos tan aparentemente obvios como un ñame o un huerto. En esta búsqueda por ofrecer un lenguaje que permita abordar el sustrato conceptual del cosmos de Islas Torres en sus propios términos, encuentro útil la discusión de Aletta Biersack acerca de la capacidad agentiva de los huertos en el interior de Papúa Nueva Guinea, malentendidos como una esfera propia de "lo natural". Al respecto, Biersack argumenta que: "Hablar de los ciclos de los huertos como algo natural violenta el concepto local del huerto como un horizonte con capacidad agentiva [propia]".[14] La caracterización del *lëte* como un "horizonte espaciotemporal de capacidad agentiva" resulta apropiada para el tipo de relación y continuidad existencial del *lëte* y la persona a través de la acción productiva y mutuamente nutricia entre ambas entidades.

Los lazos que atan a los humanos a territorios específicos y a los productos vivos de dichos territorios son el resultado de procesos vitalicios de transformación, de autopoiesis en el sentido más extenso del término. Dichos procesos son evidentes para los isleños de las Torres, quienes no perciben ninguna necesidad de enunciar de manera especial, *id est* oral o dramática, la conexión entre el territorio y la sustancia humana. Si se les presiona para que den una explicación (como lo hice yo con Fred Vava durante el extracto de entrevista citada al comienzo de este capítulo), los isleños simplemente reiteran lo que a ellos les parece obvio (como hizo Fred). Entre ellos definen

[13] A. Gell, *Art and Agency. An Anthropological Theory*, Oxford, Clarendon Press, 1997, pp. 21, 103-104.

[14] A. Biersack, "Histories in the making: Paiela and historical anthropology", *History and Anthropology*, vol. 5, 1990, p. 67.

tales vínculos de manera tangencial, a través de narrativas legendarias y de referencias indirectas a la manipulación humana del medio ambiente vivo.

En suma, resulta problemático explicar las intrincadas continuidades de sustancia e identidad que caracterizan la producción de ñames y personas en términos de asociaciones metafóricas o simbólicas. En las islas Torres, las continuidades de sustancia con frecuencia se basan en la experiencia de lo real, cuanto que verdadero.

Sobre la base de su familiaridad íntima y prolongada con los modos de expresión y acción productiva kanakos, Maurice Leenhardt es uno de los pocos observadores que entendió que "la expresión de este ciclo [es decir, la proyección de la existencia del hombre en el ñame] no es una metáfora". Así, Leenhardt produjo una de las descripciones de este fenómeno más claras, simples y elegantes que he encontrado en la literatura sobre la Melanesia insular:

> *El ñame es cosa humana*. Como nace dentro de la tierra en la que se descomponen los ancestros —se encuentran en un estado difuso, por así decirlo— el ñame es la carne de los ancestros. Durante el festival de los primeros frutos, lo decoran como a una persona, con un sombrero especial y con ornamentos hechos con conchas y plantas mágicas. Como es una falta de respeto hablar mientras se come un ñame, siempre se consume en silencio. Éste conforma la carne del hombre, su fuerza y su virilidad. El ñame crece de nuevo en cada estación, pero se considera uno mismo en su continuidad.[15]

La evidencia de conexiones entre la materia ancestral, la tierra de un huerto y la sustancia de un ñame se revela principalmente en el resultado de los esfuerzos de una persona por producir crecimiento. Un huerto en flor con cultivos saludables es un ejemplo de ello. Esto explica por qué la gente en Islas Torres, siguiendo un patrón que se repite en gran parte de Vanuatu, a menudo se concentra en el

[15] Leenhardt, *Do Kamo, op. cit.*, p. 61-62; cursivas añadidas.

cultivo de ñames híbridos cuyo resultado son tubérculos de enorme tamaño.

El crecimiento y la eficacia dadora de vida no son las únicas maneras en las que se puede canalizar y manifestar el poder de una persona. Otro terreno esencial en el que la gente de las Torres evalúa el éxito del *mena* de una persona es en la potencia de su capacidad para manipular los elementos a través de la llamada "magia meteorológica", la cual puede ser benéfica, pero también mortífera y destructiva. En las islas Torres, al igual que en Atchin, el poder de precipitar lluvia se considera uno de los tipos más importantes de "magia climática", en parte porque implica el poder de manipular los vientos, de generar o disipar varios tipos de nubes y truenos, así como la habilidad para controlar el temperamento de la superficie del mar, todo esto al mismo tiempo.[16] De acuerdo con relatos orales tanto en Islas Torres como en Malakula, la magia de lluvia se sigue empleando como una herramienta básica para favorecer el éxito de la actividad hortícola, o bien como una herramienta para hacer daño intencional a otro. En Atchin, por ejemplo, el nombre de un arrecife cercano, Malveveng ("arrecife rojo", del vocablo de Atchin *veveng*, "[nube] roja" + *mal* "arrecife"), se deriva de un relato sobre un hechicero de Atchin que en el pasado reciente —a fines del siglo XIX, según las estimaciones de los lugareños— provocó un diluvio para hundir una pequeña isla que era vecina de Atchin, cuyo pueblo había ofendido a una novia de Atchin.

En Islas Torres me aseguraban con frecuencia que la prolongada sequía de 1997 a 1998 (derivada de una inversión macrorregional de la temperatura de la superficie del mar conocida como El Niño, una fluctuación ambiental a la cual está dedicada parte del capítulo 9 de este libro) había sido provocada por hechiceros de la cercana Ureparapara que querían arruinar los huertos productores de alimentos de

[16] Véase W.J. Durrad, "Notes on the Torres Islands", *Oceania*, vol. 11, 1940-1941, p. 186, para un relato detallado acerca de un conjuro para provocar lluvia del que fue testigo en Lo.

los isleños de las Torres en venganza por varias ofensas relacionadas con una serie de intercambios matrimoniales malhadados. En las Banks y las Torres, se considera que el trueno se origina específicamente del intento de un brujo de apuntarle a un rival para asesinarlo y provoca mucho miedo entre la gente de ambos grupos de islas, quienes afirman que uno debe cerrar los ojos para esconderse de la capacidad que tienen los relámpagos para buscar y derribar a una persona. De igual manera, otra forma en la que se puede neutralizar un rayo es clavando una vara en forma de trinche en la tierra para desviar o absorber el rayo. Se trata de la misma vara que se utiliza para manejar las piedras calientes dentro de los hornos, las cuales por sí mismas son un poderoso símbolo de los procesos transformadores y del *mena*.

El vínculo entre la potencia productiva, el territorio y el sentido de pertenencia, con frecuencia se muestra dentro del indicador más obvio y fundamental de la identidad social de una persona: su nombre. Después de conseguir un éxito notable en el cultivo de ñame, el reconocimiento del *mena* de una persona o de sus ancestros suele reflejarse en su nombre de pila. Dichos nombres por lo común se heredan patrilinealmente durante tres o cuatro generaciones sucesivas, siendo los hijos primogénitos los guardianes del nombre, hasta que un nombre nuevo, que refleje alguna particularidad de la persona viva, reemplace al antiguo.

Uno de los homónimos contemporáneos más sugerentes en el grupo de las Torres se encuentra en el patronímico de Fred Vava, el hombre con el que tuvo lugar la conversación mencionada anteriormente (véase el comienzo de este capítulo, *supra*). Vavä es quizá el apellido que conlleva la carga más poderosa que he visto en las islas, en tanto que refleja la expresión más fundamental en las Torres para designar el "crecimiento vivo", la eficacia y la fuerza de las raíces. Vavä distingue inequívocamente a Fred (y a sus ancestros) como legítimos, como una verdadera persona de ese lugar, como un *man Torres*, un *manples*. Asimismo, apunta al hecho de que al portador original de dicho apellido se le consideraba como un hombre de gran *mena*. Otro apellido que evoca productividad hortícola y personeidad es el de John Browning Putunlëte. *Putun* significa 'hacer u obrar otra [cosa]', y *lëte* significa huerto (me explicaron que este apellido significa que el ancestro de esta persona era conocido como un horticultor o "hacedor de huertos" muy prolífico). El punto es que una persona, así como los productos vivos que crecen en una localidad, a menudo son aspectos de una misma cosa y dichas conexiones se reflejan en los patronímicos existentes.

"Ser un ñame" en el mundo contemporáneo

Los principios subyacentes a esta contigüidad de sustancias, a la que me refiero como a una especie de transiliencia, con frecuencia se entremezclan con ideas y valores derivados de conceptos modernos de productividad de la tierra y eficacia personal. Como se señaló más arriba, los cultivadores de las islas Torres han adoptado técnicas nuevas y en algunos casos más eficientes de cultivo, siguiendo las propuestas por el Departamento de Agricultura desde mediados de la década de 1980. Una de dichas técnicas implica producir composta para enriquecer la fertilidad del suelo. En el pasado, los *lëte* nuevos se barrían escrupulosamente para eliminar todas las hojas y residuos vegetales posteriores a la tumba, roza y quema, en señal de respeto hacia la tierra y los plantíos. También constituían un método tradicional de control de plagas. Actualmente, los residuos se dejan en su lugar para que renueven de nutrientes el suelo del *lëte*. A lo largo de varias entrevistas con diferentes agricultores de Islas Torres quedó claro que aunque consideraban que esta técnica para el enriquecimiento de la tierra había funcionado, también se sentían insatisfechos porque había incrementado la proliferación del escarabajo Papuana, que anteriormente se mantenía a raya usando la vieja técnica de roza y quema. Como me dijo alguna vez Marsden Bani, un cultivador particularmente exitoso oriundo de la aldea de Rinua: "sí, la tierra es mejor [al tiempo que tomaba un puñado de tierra café oscuro] y hemos incrementado el crecimiento y la salud de los ñames... ¡Pero sólo para que vengan los escarabajos y se los coman!"

Los ni-Vanuatu de las áreas rurales y urbanas evocan un apego existencial al territorio cada vez que se discuten temas acerca de la emigración, el trabajo asalariado y la larga distancia que puede provocar el mercado laboral en relación con la tierra (la isla) de origen. Una vez le pregunté a un joven de Atchin, Malakula, por qué había decidido quedarse en su aldea mientras que todos sus hermanos se habían ido a la ciudad y tenían un empleo asalariado. La respuesta del joven fue firme, subrayando lo obvio de la respuesta: "Porque estoy trabajando mi tierra". Luego delineó algunos de los valores contrastantes entre el esfuerzo hortícola productivo y las ganancias obtenidas a través del empleo pagado, un contraste del que oí hablar a menudo a lo largo de mi investigación de campo.

> ¿Qué me depararía el futuro si me mantuviese ocupado ganando dinero sólo para gastarlo en arroz y pescado enlatado [esto es, en alimentos típicos de los estilos de vida urbana, consumista, en el Pacífico]? La vida en la ciudad es así: trabajas, ganas dinero y te lo comes [B: *kakae mane*]. No te queda nada. Aquí en la isla, yo trabajo la tierra y como lo que la tierra me da. Sé dónde estoy parado y a cualquiera le sería difícil iniciar una disputa por la tierra conmigo. Porque estoy aquí, estoy con mi huerto [B: *from mi stanap lo ples ia, mi stap long karen blong mi*].[17]

La afirmación anterior comunica varias implicaciones importantes. Quizá la más obvia sea la manera en que el valor del dinero y de la tierra se imaginan en oposición. A pesar del hecho de que un gran número de ni-Vanuatu tienen en mente ambos sistemas de valores simultáneamente, existe una diferencia existencial brutal entre dinero

[17] De notas de trabajo de campo luego de una conversación con Didier, un joven de la isla de Atchin, en el noreste de Malakula, abril de 1999.

y cultivos propios: unos son parte de tu persona, de tu linaje y de tu territorio; el otro, simplemente se obtiene para luego consumirse sin más. El dinero, desde esta perspectiva, es un valor no-generador, no-productivo: no contiene las cualidades para nutrir y reproducir la vida.

Destaca, pues, el énfasis en el huerto como el centro de producción de valor local y de fuerza existencial en esta afirmación de apego territorial. Si bien la posibilidad de obtener un empleo asalariado atrae a la gente hacia la ciudad, a menudo hay una gran renuencia a romper el ciclo de actividad productiva con el territorio de origen. Es un hecho generalizado el concepto de que un territorio improductivo constituye un valor negativo, toda vez que es un indice de falta de arraigo, de falta de atención a la renovación generadora de la sustancia ancestral, una desatención hacia los "cimientos" existenciales propios (B: *stamba*).[18]

Este tipo de desatención representa una amenaza seria, pues abre la posibilidad, muy concreta y frecuente, de que otras personas, otros linajes, reclamen la tierra en vista de que su presunto guardián y cultivador se ha ausentado. Para todo ni-Vanuatu este peligro es claro: abandonar el propio territorio conlleva el riesgo potencial de perder la fuerza de los vínculos ancestrales y, por definición, perder la legitimidad de los derechos sobre la tierra misma. Esto no quiere decir que los derechos sobre la tierra, particularmente en las Torres, sean simplemente derechos flotantes o en abstracto, que impliquen que la tierra es de quien la trabaja; pues *en principio* el territorio ancestral es inalienable. En eso se cifra el concepto de continuidad existencial, de sustancia y de presencia.

Pero la realidad en gran parte de Vanuatu no refleja estas distinciones prescriptivas, sobre todo debido a que la movilidad (en función de alianzas, migraciones, desplazamientos, matrimonios, catástrofes naturales, etc.) ha sido parte íntima de las realidades

[18] Véase M. Jolly, "Another time, another place", *Oceania*, vol. 69, núm. 3, 1999, pp. 282-299, para una discusión relacionada con expresiones similares de arraigo y movilidad en otras partes de Vanuatu.

austronesias desde hace milenios. Tal como lo expliqué en los capítulos 4 y 5, la tierra es constantemente sujeto de demandas, contrademandas y transferencias que se dirimen por medio de procesos milenarios de disputa y negociación.[19] Es importante señalar que aunque muchos observadores externos suelen entender estos procesos de disputa como un síntoma de la disolución de patrones tradicionales de tenencia de la tierra, las disputas constituyen un aspecto básico de la interacción social en el mundo austronesio. En este sentido, el término "disputa territorial" es un concepto inadecuado para describir lo que durante mucho tiempo ha sido una forma exitosa, aunque a veces tensa, de reproducción social y territorial en Vanuatu y el resto de Melanesia insular.

El contraste entre los "frutos" de la vida asalariada y aquellos que provienen del territorio se hizo aún más explícito durante una conversación que sostuve con Jean-Pierre, el único dueño tradicional y habitante, junto con su esposa y sus hijos, de la pequeña isla de Metoma. Jean-Pierre una vez me explicó que él había mandado a la mitad de sus hijos a la escuela y los había mantenido hasta la universidad, pero que se había quedado con la otra mitad en casa para que de esa manera "algunos de ellos tomaran el lápiz y los otros el machete". Así, me explicaba:

> [...] algunos trabajan nuestra tierra y guardan la memoria de nuestros abuelos y de nuestros ancestros. Nosotros limpiamos nuestros huertos, los mantenemos en buen estado, honramos el espíritu *tambu* (sagrado) de nuestra isla y éste pervive. Mis hijos que viven en la ciudad tienen un lugar y un pedazo de tierra aquí, al cual ellos pueden regresar y saben que no tendrán que afrontar penurias si tienen la necesidad de volver. Pero ellos también nos ayudan si nosotros necesitamos algo, porque ellos viven en la ciudad y conocen [las costumbres], la moda de la ciudad.[20]

[19] *Cf.* Van Trease, *The Politics of Land in Vanuatu: From colony to independence*, Suva, Fiji, University of the South Pacific, 1987, pp. 2-12.

[20] Notas de trabajo de campo, septiembre de 1999.

El ejemplo de Jean-Pierre constituye un caso típico de la manera en que muchas familias ni-Vanuatu se posicionan para afrontar y beneficiarse simultáneamente de las oportunidades que ofrecen la vida urbana (en forma de dinero y de bienes de consumo, así como de conexiones vitales de intercambio con diversos habitantes urbanos, inclusive miembros de las burocracias provincial y nacional) y la forma de vida tradicional, o *aelan laef*, "vida isleña", como se le llama en bislama.

MANPLES COMO CATEGORÍA MÚLTIPLE Y PROCESUAL

He señalado arriba que la transiliencia que opera entre la persona y los resultados de su acción productiva no se deriva de una ontología extraña. De hecho, este concepto es un corolario lógico de la categoría *manples*. Como señalé en los dos capítulos anteriores, existen numerosas observaciones académicas acerca del singular entretejido entre persona y territorio en Vanuatu. No obstante, un problema que se presenta con muchos análisis es que a menudo mantienen y dan por hecho la división fundamental de las categorías *ples* y persona, para después conceptualizarlas como parte de un fenómeno agregado. Un ejemplo de esta separación la pone de manifiesto Margaret Rodman cuando define *manples* como producto de "un proceso recíproco en el que uno toma su propia identidad *de* la tierra y se infunde a sí mismo *dentro* de la tierra".[21] En efecto, esta descripción implica dividir el todo en sus partes componentes para después reconceptualizar *manples* como una "unión" entre dos entidades separadas. Dichas reconceptualizaciones ocluyen entendimientos ni-Vanuatu de *manples* como un fenómeno unificado. Al tratarla como

[21] M. Rodman, *Masters of Tradition: Consequences of customary land tenure in Longana, Vanuatu*, Vancouver, University of British Columbia Press, 1987, p. 68.

una categoría compuesta, producto de fenómenos separados pero "entrelazados", el concepto *manples* se dicotomiza de manera innecesaria.

Sin embargo es verdad que el término *manples*, siendo producto de una *lingua franca* de vocación transregional, incluso nacional, se ofrece para este tipo de dicotomización. Esto nos lleva a preguntar ¿cómo se entiende persona-territorio en términos propios de las islas Torres, al margen de categorías exógenas y supragrupales? Buena parte de los materiales y discusión que he presentado en éste y anteriores capítulos están dirigidos, en efecto, a contestar esa pregunta. Conviene ahora reabordarla en vista de lo dicho hasta aquí en relación con la horticultura, el suelo y *mena*.

Como señalé anteriormente, en Islas Torres el vínculo entre la persona y la tierra suele manifestarse mediante expresiones que evocan la estratificación de presencias. Los isleños dicen que los ñames se colocan en pilas de la misma forma en que los homónimos ancestrales de un hombre "se apilan" sobre sus hombros. Por tanto, no resulta sorprendente el hecho de que el hombro haya sido tradicionalmente una de las partes del cuerpo cargadas de importancia y ritualidad. El hombro (LT: **pem*) es el sitio sobre el cual la persona apoya y transporta objetos a diario, que no por ser cotidianos son menos importantes para la vida social; éstos incluyen los cestos de pándano llenos de productos que se han cosechado en el huerto, o las cañas de bambú o vigas de madera recién cortadas para construir una *g'mel* o una casa. En el pasado, existían ciertas restricciones en relación con estos objetos, algunas de las cuales aún se guardan. Por ejemplo, sigue siendo práctica común el no consumir producto hortícola alguno que haya sido transportado sobre los hombros del suegro, o del tío materno. Asimismo, el hombro es el lugar sobre el cual se apoya el *nalnal*, que es a la vez un bastón de autoridad ritual y un arma tradicional. El tipo de madera, los diseños y la forma del *nalnal* son todos elementos cargados de poder. Más aún, el *nalnal* no se considera un artefacto externo a la persona, sino una extensión de la misma, la cual canaliza y extiende el poder destructor y generador del hombre. Por eso lo apropiado es que el *nalnal* se entierre con su dueño, con toda la exhibición de respeto que eso implica. Hoy día los *nalnal* se describen simplemente como "bastones", pero empuñar o manipular el *nalnal* de otra persona se sigue considerando una conducta sumamente irrespetuosa, si no es que completamente prohibida.

En Islas Torres la "estratificación" o el "apilamiento" son formas de hablar que evocan la idea de continuidad de sustancia y de presencia. Cuando se dice de un hombre que "es un ñame", un referente común es la imagen del apilamiento ("como las capas de un budín de ñame, que son diferentes pero están juntas", en palabras de un isleño de Toga). El hombre, el ñame y la tierra constituyen una entidad unitaria, literalmente una "pila de ñames". El *lëte*, en tanto parte del complejo de sitios (*lengwe*, *g'mel*, *hara*) que conforman *ples* en Islas Torres, no puede entenderse al margen de estas formas de expresar entendimientos de persona y territorio.

Empero, en análisis antropológicos que traducen *ples* de manera casi directamente como sinónimo de la noción anglosajona de "lugar" (*place* en inglés), el término *ples* como referente de tierra (*vanuë*) y territorio ancestral toma precedencia como principal objeto de indagación. Esto quizás explica las preocupaciones específicas con lo palpable, lo físico, lo topográfico, en último término con el paisaje, como sitio finalmente externo a la persona. En contraste, el segundo componente del término *manples*, es decir, "persona" (B: *man*), tiende a darse más o menos por sentado. En varios estudios importantes sobre persona y territorio, se dice de *man* que tiene raíces, que es como un árbol, que es parte del lugar. Estas explicaciones de identidad territorial presentan un sesgo hacia el concepto de "territorio" y "lugar". En el mejor de los casos, "lugar" y "persona" se declaran unitarios, pero se ofrece muy pocos análisis sobre las categorías locales que sustentan ambos términos. Al final, se sigue describiendo a la persona como una entidad particular que ha de *inser-*

tarse a sí misma en el *ples*, y nuevamente se generan categorías divididas para un concepto unitario.[22]

Pero insistir en la cualidad unitaria de *manples* únicamente representa un punto de partida para entendimientos locales del mismo. Desde la perspectiva de un habitante de las islas Torres, al igual que para muchos otros ni-Vanuatu, los vínculos existenciales y de sustancia con el territorio se van formando a través de un proceso. La gente de las Torres no declara simplemente una continuidad de sustancia con un territorio específico; más bien entiende que se debe experimentar y cultivar este vínculo durante el transcurso de una vida. Para que este lazo sea genuino se le debe renovar mediante ciclos constantes de actividad autopoiética.

En el marco de la labor que se realiza en el *lëte*, dicho procedimiento se define no solamente en virtud de trabajar la tierra, sino de generar, transformar y *consumir* sus productos. Esto explica por qué el concepto de *vavalëte*, "crecimiento vivo", ocupa una posición tan central en las expresiones relativas a la vida, la existencia y la identidad. Una persona afirma y renueva su conexión existencial con la tierra (*vanuë*) a través de la generación del "crecimiento vivo", el cual da por resultado el consumo de los productos del suelo en relación con el cuerpo propio, así como el cuerpo agregado del *lengwë* y del *metaviv*. Finalmente, cuando uno muere, se devuelve esa sustancia nutricia y agregada nuevamente al suelo.

[22] Aunque previamente he utilizado la expresión insertar, la empleo con una connotación diferente de aquello que separa al *man* del *ples* (esto es, la persona de las cosas que tienen potencial para crecer). No considero la inserción como un hecho a través del cual las identidades de sustancia se establecen tanto como se reiteran, porque el punto que he estado tratando de argumentar es que la conexión sustantiva ya se encuentra ahí, nunca se fue, sino que meramente se renueva en virtud de la acción productiva. Lo que he hecho en este capítulo es tomar la categoría *manples* como un punto de referencia unitario, tomarlo seriamente en términos de cómo creo que los isleños de las Torres y de Malakula intentaron expresarlo. Lo he hecho describiendo cómo se crea un huerto en acción, más que en abstracción, a través de la práctica de la horticultura, y la manera en la que la persona se vincula con la tierra viva.

Con la anterior descripción, *in extenso*, del *lëte* y del ciclo de actividades mediante las cuales se le da forma (*lëte ragwë*), doy por terminada la serie de descripciones relativas a los nexos espaciotemporales que constituyen los referentes básicos dcl concepto de *ples* según se vive y entiende en Islas Torres; me refiero al caserío, el espacio ritual, la casa ritual y el huerto. Los siguientes párrafos tienen la intención de poner en contexto estos nexos en relación con el medio ambiente circundante más amplio de los habitantes de este microcosmos oceánico. Dos son los apartados con los que cierro este capítulo y concluyo el marco referente a los sitios básicos de la persona-territorio. El primero se refiere a la arteria de senderos a través de los cuales se conectan los polos de identidad territorial que he venido explorando. El segundo se enfoca en el significado de la tierra más allá de los polos esenciales del huerto, el espacio ritual y el caserío.

Con este último apartado pretendo generar un puente temático entre los materiales anteriores, que se centran en espacios fundamentalmente humanos, y aquellos que exploro en los capítulos siguientes, los cuales se refieren a las esferas más amplias de interacción humano-ambiental que constituyen el entorno físico entero de las islas, entorno en el cual los huertos, los ñames, las personas, los árboles, los animales y el clima, resultan partes interrelacionadas de un mundo en constante transformación.

SENDEROS DEL CONOCIMIENTO Y DEL SER: LA EXPERIENCIA DE LA TOPONIMIA EN UN COSMOS INESTABLE

Las aldeas y los huertos constituyen los principales puntos de arraigo de los espacios de vida y movimiento en torno a los cuales circula y actúa la gente de las islas. Los senderos conectan estos polos y por eso constituyen espacios fluidos, producto de la circulación misma, la cual representa un acto cotidiano pero esencial de autoproducción. Esto resulta lógico en un mundo en el cual los senderos ofrecen un ámbito diario para la revelación parcial, la afirmación, la transformación y la representación de las relaciones entre personas, tanto como entre éstas y sus entornos físicos. Persona y medio ambiente coexisten a partir de los movimientos y actos cotidianos mediante los cuales se experimenta y transforma el mundo día con día, tanto como durante aquellos momentos de enorme carga y significación ritual, como los que se analizan a detalle en los capítulos finales de este trabajo.

Regresando al ámbito concreto de Lo, el acceso entre Lunharigi y Rinua es posible a través del principal sendero que atraviesa entre las dos costas de la isla, el cual corta a través de la parte más baja del vado que separa a la colina de Luwovinie de la de Wedü. Todos los días los isleños atraviesan este camino silvestre, sombreado por los árboles altos del bosque; desde ahí, se dirigen hacia los múltiples caminos secundarios que constituyen la red de arterias terrestres más pequeñas sobre las cuales se trasladan las personas desde y hacia sus huertos. El conocimiento especializado sobre plantas y animales, así como sus ciclos vitales, que pasaría por "conocimiento ecológico tradicional", en realidad consiste en un conjunto múltiple, cotidiano, improvisado pero sofisticado de observaciones y prácticas que se transmiten por vía oral y visual, entre personas o de manera individual, a lo largo de muchos años, de actos acumulativos de andar por estos estrechos senderos.

En su tránsito diario por los diversos caminos que entrelazan su topografía circundante, niños y adultos pasan por diferentes huertos, cada uno de los cuales tiene un toponímico (y con frecuencia más de uno) asociado con la labor productiva de *metaviv* específicos. Más aún, cualquier sendero dado está repleto de topónimos inscritos en piedras, árboles, incluso hendiduras en el suelo; en suma, en toda clase de objetos, tanto perecederos como estables. Los topónimos son multisémicos y comprenden un rango amplio de actos, entidades y significados. Algunos de estos fenómenos son la manifestación misma, en forma visible o tangible, de presencias ancestrales, primordiales, o espíritus no-humanos relativamente menores. Por lo que toca a las presencias ancestrales o pretéritas, no por ser antiguas son percibidas como remotas, distanciadas por el transcurso de una línea de tiempo fija o medible. Por el contrario, casi todas las presencias a las que nos refiere la densa toponimia de las islas indican la existencia de entidades vivas, o inanimadas pero potencialmente activas, que contienen y evocan imágenes y actos portentosos; con frecuencia, estas presencias son susceptibles de reanimarse y dar lugar nuevamente a efectos poderosos sobre el paisaje o las personas. A partir de sus nombres y ubicación, estas presencias constituyen lo que aquí y en otros trabajos he llegado a definir como el paisaje espiritual (*spiritscape*) de las islas, pueden ser tangibles o intangibles (piedras, viento, olas); pueden ser animadas o inanimadas (animales, vegetales, o multitud de objetos inertes); pueden referirse a la persona de un espíritu no-humano, o bien a la persona de ancestros muertos; incluso pueden ser manifestaciones colectivas de la totalidad de las personas —vivos y muertos— que dan forma a un *metaviv* específico en el espacio y tiempo.

A continuación se expresan algunos ejemplos aleatorios del tipo de comentario que caracteriza el tránsito diario de los senderos isleños: *a)* Este es el huerto de *olfala* (B: anciano) Ara'ana, mira, no lo ha desmalezado, debe de estar ocupado cortejando a la esposa de fulano de tal; *b)* Esta zona la está trabajando fulano, pero no es suya sino de nuestro *metaviv*; *c)* Esa piedra cubre el agujero a través del cual se van las almas de los muertos al inframundo, hay una para cada isla en las Torres; *d)* Alguien desenterró el nido de una gallina silvestre, probablemente fue Reynold. Él siempre cava del lado derecho del nido, tendremos que pedirle huevos en la noche, así que tal vez podamos tomar un taro más del huerto para dárselo.

La toponimia brinda puntos de referencia y partida para acceder a ese mundo de presencias vivas y muertas, que se hacen continuas, vigentes y relevantes para el mundo actual mediante diversos actos poderosos y ciclos (re)productivos o destructivos. Los nombres de

Andando por un sendero. (Foto: C. Mondragón, 2010)

las cosas en el paisaje son evidencia de lo que Brosius ha denominado una "geografía densa", la cual difícilmente se ciñe al reduccionismo implícito en términos como "paisaje sagrado" o incluso "geografía cultural". Es por esta razón que los conceptos de territorio, persona e identidad merecen un análisis detallado en este estudio, cuyos ejes rectores son precisamente las producciones y percepciones locales de espacio y tiempo.

En la mayoría de los casos, la toponimia, así como la calidad misma de las entidades vivas (el suelo, las plantas, los animales) y los entendimientos humanos asociados a los mismos, permanecen estables durante periodos prolongados (décadas e incluso siglos). Pero la condición de algo tangible e inanimado no necesariamente indica que está "muerto". Los cambios a los entendimientos comunes sobre un lugar o una cosa en particular se introducen en virtud de las acciones transformadoras que la gente puede llevar a cabo en relación con tales sitios u objetos:

"Sí", me dijeron una vez,

> el nombre de ese tramo de playa junto a la laguna es [nombre omitido]. Es el nombre de una mujer que vivía sola en ese lugar y poseía poderosa magia climática, en la época en que mi abuelo era niño. Todos conocemos ese sitio como [nombre omitido], pero he escuchado de gente mayor que anteriormente se le conocía como [nombre omitido]. Ya nadie utiliza ese nombre anterior, se ha olvidado.

En suma, la toponimia de Islas Torres es un indicador omnipresente de la inestabilidad ontológica del cosmos, en tanto pone de manifiesto los efectos constantes de actos de transformación de las entidades que actúan sobre el mundo circundante. Es por eso que resulta pertinente considerar que el ambiente físico en el que se mueve la gente de las islas Torres no se "habita" tanto como se produce a sí mismo día con día; esta forma de autopoiesis depende y emana del desplazamiento de las personas y las presencias sobre sus paisajes.

Empero, el enorme potencial agentivo del desplazamiento, en tanto acto generativo o destructivo, explica el hecho de que, no obstante la reducida superficie territorial de Islas Torres, existen estrictos límites al movimiento de las personas en sitios particulares. Tanto aquí como en muchas otras partes de Vanuatu y la Melanesia insular, existen formas de delimitar el acceso a sitios asociados de manera directa a un *metaviv,* o bien a un matrilinaje en sentido amplio (*tutumwa*), o bien simplemente a presencias poderosas con quienes únicamente los más experimentados expertos rituales pueden entrar en interlocución. Casi toda la "tierra" (LT: *vanue*) y el "agua" (LT: **pe*) que componen el horizonte físico local se dividen en una multiplicidad de sitios asociados con privilegios de uso propios de *metaviv* particulares, o bien con diversas presencias poderosas, con las cuales no se debe de interferir de manera ligera. Esta "zonificación" da lugar a una compleja microgeografía, invisible pero sumamente presente, de zonas particulares de acceso restringido, incluso prohibido, que se impone sobre la topografía entera de la tierra y el mar circundantes. Los isleños aprenden desde pequeños a moverse de manera consciente dentro de ese laberinto invisible de horizontes cotidianos accesibles o restringidos.

Por lo demás, esta geografía laberíntica tampoco es estable: la asociación de un *metaviv* con cualquier sitio determinado puede cambiar con el tiempo. Conforme van y vienen los *metaviv* ("viven y mueren", a decir de un anciano de las islas Banks), se puede otorgar o retirar el acceso a ciertos suelos, a ciertos huertos, a ciertos pozos o cuevas, durante los ciclos constantes de intercambio matrimonial. Así, los patrones de uso de suelo, tanto como los sitios sagrados, son susceptibles de enredarse, dando lugar a cierta ambigüedad, la cual es inherente al cosmos físico y relacional de las islas. La inestabilidad genealógica y la incertidumbre topográfica dan pie a que los miembros de diferentes *metaviv* se involucren constantemente en complejas y prolongadas controversias en relación con áreas específicas de tierra y agua.[23] Por regla general, no tiene sentido atravesar o interferir con una zona con restricciones de acceso, pues además de violar el espacio de otras personas, este tipo de comportamiento suele asociarse con intento de hurto o, en el peor de los casos, incluso con la intención de generar efectos adversos sobre quienes gozan de derechos de uso exclusivos; estos efectos pueden tomar la forma de un robo simple de producto hortícola, o bien pueden llegar al ex-

[23] Para descripciones de procesos similares en otras partes de la Melanesia insular, véase S. Foale y M. Macintyre, "Dynamic and flexible aspects of land and marine tenure at West Nggela: implications for a marine resource management", *Oceania*, vol. 52, núm. 3, 2001, pp. 30-43.

tremo de la utilización de la hechicería (B: *nagaemas*, 'magia negra'), toda vez que su realización suele darse en contextos de transgresión y gran secrecía.

Un efecto fascinante de estas restricciones a los patrones cotidianos de movimiento es que ningún individuo suele poseer conocimientos de primera mano sobre cada rincón de su isla de origen, y por lo tanto sobre la toponimia completa de la misma. No es normal quien llega a tener un conocimiento cuasi total de todos los topónimos asociados con cada área, árbol, piedra y marcador en el paisaje terrestre y marino. La consecuente visión fragmentada del mundo puede ayudar a explicar la ausencia de un término específico para el concepto de "isla", en tanto unidad aglutinadora de una multiplicidad cognoscible de elementos, en la lengua lo-toga. Esto no significa que no tengan conciencia de lo que es una isla, en tanto tierra rodeada de agua; ni tampoco que no entiendan el concepto tal y cómo les ha sido transmitido desde hace más de un siglo por diversos visitantes extranjeros, o incluso a través del bislama mismo. Pero la forma en que los isleños de las Torres experimentan y llegan a conocer su entorno, de manera relacional, ambigua, transformativa, quizás nunca necesitó de un término que aglutinase la totalidad de su horizonte terrestre de manera semejante a la que invoca la idea de "isla" o "mundo insular" en el pensamiento de muchas otras sociedades extralocales (tanto euroamericanas como asiáticas o incluso oceánicas, como podría ser la maorí, entre las cuales existen equivalencias terminológicas que se acercan a la idea de isla, en tanto totalidad de cosas circunscrita por un medio acuático fundamentalmente ajeno a lo humano).

Esta experiencia fragmentada del mundo se hizo asombrosamente evidente un día en el que tuve el privilegio de visitar un sitio *tambu* (B: 'sagrado', 'prohibido', 'tabú') en la isla de Lo, en compañía de los dos jefes de la isla, Peter Wotekwo y Joseph Merelëte. Al llegar, el *jif* Peter, un septuagenario que había acudido por invitación de Joseph (el actual custodio de este sitio *tambu* en particular), quedó visiblemente conmovido por los objetos sagrados que ahí se encontraban. Entonces se me dijo que, a pesar de que había vivido en Lo durante siete décadas, el *jif* Peter nunca había estado allí, y cuando pregunté cómo era eso posible en una isla tan pequeña, él simplemente contestó "no es mi sitio".

La relación con la tierra... y más allá

> Las agrupaciones y los tipos de hábitat, las estructuras sociales de las familias y de los "clanes", los tipos de "jefatura", los métodos de intercambio, la tenencia de la tierra, la selección de los alimentos que se van a plantar y el ritmo de trabajo son mutuamente interdependientes... Esta relación entre la estructura agrícola y el cimiento cultural es una de las características esenciales de los sistemas de producción del alimento en la Melanesia.
>
> Joel Bonnemaison[24]

Como se ha reiterado a lo largo de las páginas anteriores, la tierra constituye el "horizonte de capacidad agentiva" más significativo hacia el cual se dirige el esfuerzo de los isleños.[25] Es la unidad básica de subsistencia de la cual obtienen su alimento cotidiano, pero también constituye parte de su territorio ancestral, el cual es parte de la persona. En la isla de Lo, una de las formas en que la tierra se expresa como la "raíz", la base o el fundamento del mundo personificado es a través del pronominal *te* o *tet* (B: *stamba*). La partícula *te* frecuentemente se encuentra como prefijo en los ricos registros toponímicos a través de los cuales la gente adjudica un significado social

[24] J. Bonnemaison, *Custom and Money: Integration or breakdown in Melanesian systems of food production*, Canberra, Development Studies Centre, Australian National University, 1978.

[25] Biersack, "Histories in the making...", *op. cit.*, pp. 63-64.

al medio ambiente que lo rodea. Casi siempre, *te* está asociado a aquellos nombres de lugar indicativos de huertos y piedras ancestrales. Dichos espacios se ven modificados por actos de inscripción del mundo humano en toda la topografía de una isla. Es muy importante señalar que estas relaciones no son el resultado de prácticas específicas o de actos rituales, sino que se van formando a través de los patrones cotidianos de movimiento y de acción.

Las relaciones de los habitantes de las islas Torres con el medio ambiente asumen varias formas de acción interdependientes, tales como el movimiento (LT: *ven*, 'caminar'), que implica un desplazamiento activo, no solamente pasivo, dentro y a través del mundo; asimismo incluye la observación (LT: *tülun*), que indica el acto de "aprehender" cosas con los ojos, la creación continua y la evocación nemotécnica de la toponimia; así como la transformación física del espacio a través de la silvicultura.

Todas estas formas de acción habitual en la tierra y sobre de ella revelan aspectos del valor social de una persona, de la calidad de su conocimiento y de su calidad moral hacia el mundo circundante, como evidencia del *rispek* que muestran hacia los objetos y los espacios con los que interactúan. Como se describió previamente, el *rispek* es un factor importante para que la eficacia de una persona en el huerto tenga éxito. Cuando se manifiesta en relaciones más amplias, con la multiplicidad de cosas (sitios, objetos, presencias) que están en la tierra y sobre ella, se entiende como reconocimiento de las mismas. Este entendimiento se cifra en la certeza de que casi todo lo que existe en el mundo es una entidad potencialmente animada, y que por tanto posee cierto *mena,* que nosotros llamaríamos capacidad agentiva, y contiene el potencial de entrar en relación con el ser humano.

Al respetar la casi totalidad de las cosas que dan forma al cosmos, los seres humanos proyectan sus formas de reconocimiento existencial hacia el mismo, las cuales son condición fundamental para la posibilidad de entablar relaciones productivas o destructivas con cualquier entidad dada. Así, el *rispek* es una prescripción y una condición moralmente positiva que mantiene abierta la posibilidad para entablar relaciones de intercambio. Es también una manera de reconocer el efecto que las cosas no humanas pueden tener sobre el mundo humano y viceversa.

A través de los patrones diarios de movimiento y actos continuos de intervención y relación, las personas imbuyen de significado su entorno físico. Éste no se trata de un proceso de abstracción, sino de intervención activa, como cuando una persona que va caminando por un sendero en el monte evoca los nombres y las historias relacionadas con los objetos que se encuentran en su campo visual. Desplazarse es una expresión equivalente a "conocer" el mundo "aprehendiéndolo" e interactuando con él a través de los sentidos. Por contraste, "estarse quieto" o permanecer inactivo se asocia con "estar parado o sentado sobre los cimientos del espacio propio", en actitud pasiva pero transparente en la medida en que la persona está en "su lugar". Rubinstein, en su estudio sobre la cualidad del conocimiento en la isla de Malo, en el centro-norte de Vanuatu, recoge aspectos cercanos al fenómeno de aprehensión e interrelación que aquí trato de explicar:

> Se considera que un individuo, por lo general y óptimamente, guarda una relación activa y significativa con su medio ambiente. Un individuo es una unidad que busca activamente el conocimiento y lo absorbe, siempre y cuando haya una "disposición" para que así sea. La metáfora del ser involucrado y activo, "caminar", se usa para describir el acto físico del ser que conoce.[26]

Cuando una persona se desplaza del punto A al punto B a lo largo de un sendero, se espera que respete los espacios del territorio de

[26] Robert L. Rubinstein, "Knowledge and political process on Malo", en M. Allen (ed.), *Vanuatu: Politics, economics and ritual in Island Melanesia*, Sydney, Academic Press, 1981, p. 55.

otras personas. Esto se expresa mediante actitudes no intrusivas, lo que generalmente equivale a tener la intención de robar los productos de la tierra de otro (si es que se trata de un espacio productor de alimentos), o de molestar a las fuerzas espirituales que ahí se encuentran (posiblemente a través de la magia, pero también meramente incursionando en el área).

Esta manera de relacionarse con el medio ambiente circundante se asemeja a lo que Roy Wagner ha descrito como un "contundente antropomorfismo [melanesio]" (1987: 28), lo que implica el modelamiento del "ethos" ("cómo, cuándo y bajo qué circunstancias uno debe (o no debe) actuar"), como una consecuencia del entretejido de persona y *ples*. Por su parte, la antropóloga Sabine Hess ha expresado estas relaciones mediante la idea de que *ples* mismo constituye un interlocutor equivalente a la persona, y por lo tanto exige el mismo tipo de trato que opera entre dos personas en intercambio significativo.[27]

Todos estos movimientos, todos estos actos de inscripción social tienen lugar en un medio que está vivo y atraviesa constantes estados de cambio.

La cosecha de los principales cultivares de ñame comienza en mayo y continúa hasta fines de septiembre, para cuando ya habrá comenzado una nueva temporada de tumba y roza y un nuevo grupo de *lëte* estará listo para la siembra. Con esa superposición de siembra y cosecha termina un ciclo de actividad hortícola y comienza otro.

El ciclo de cultivo del ñame constituye uno de los sitios clave del complejo *lengwë-lëte-hara-g'mel*. Sin embargo, los huertos no son modelos ni abstracciones en las mentes de sus creadores, sino lugares concretos que forman parte de esferas ecológicas más amplias. Los ritmos que gobiernan las transformaciones hortícolas son regulados por la capacidad agentiva humana, pero la gente de las islas

[27] S. Hess, *Person and Place. Ideas, Ideals and the Practice of Sociality on Vanua Lava, Vanuatu*, Oxford, Berghahn Books, 2009.

Torres organiza la secuencia de estos ritmos de acuerdo con cambios meteorológicos, celestiales y medioambientales. En el siguiente capítulo busco ampliar el tema de las relaciones de la persona con la tierra (*vanuë*) mediante una exploración de los fenómenos ambientales más importantes de este grupo isleño.

Parte III

Transformaciones humano-ambientales

Capítulo 8

VIENTOS, GUSANOS Y *MENA*

En este capítulo analizo cómo el concepto de *mena* y la evocación de abundancia se manifiestan en relación con los ciclos climáticos regulares, principalmente el cambio anual del temporal ciclónico-anticiclónico en el Pacífico ecuatorial, junto con diversas fluctuaciones ambientales que de este ciclo se derivan. En este contexto, me concentro en patrones humanos de acción productiva y ritual que se realizan en combinación con los movimientos del sol y la luna, los vientos predominantes y varios otros patrones ecológicos. En especial, considero la importancia de un gusano de mar conocido como palolo, que representa uno de los marcadores temporales más importantes en Islas Torres.

Uno de los argumentos subyacentes a este capítulo es que resulta indispensable situar la experiencia de la persona-territorio en un contexto más amplio del que habitualmente le otorga la literatura antropológica regional. Este contexto ampliado incluye fluctuaciones climatológicas, marítimas y estacionales que constituyen el medio vivo y cambiante de estas islas. Cabe señalar que estas fluctuaciones resultan relevantes para comparaciones ambientales macrorregionales, dado que afectan a numerosas sociedades marítimas del Pacífico occidental, incluyendo el sureste de Asia insular.

El medio ambiente melanesio a través del estudio del tiempo

En la Melanesia insular la gente vive los fenómenos meteorológicos, celestiales, oceánicos y terrestres como procesos entrelazados cuyos efectos combinados inciden de manera significativa sobre formas básicas de producción tales como la horticultura de subsistencia y la gestión tradicional de recursos marinos. Estas relaciones humano-ambientales se desenvuelven dentro de "diversos parámetros [ambientales, que influyen sobre] lo que pueden lograr los seres humanos, pero no determinan lo que se hace [es decir la forma específica que toma la acción social] dentro de dichas limitantes".[1] En otras palabras, el medio físico suele influir sobre los límites de la acción humana productiva y transformativa, sin por eso determinar la forma específica que toma esa acción, la cual, cabe subrayar, suele surgir en relación con conceptos básicos del cosmos relacional. En Islas Torres, se observan asociaciones importantes entre los patrones y las perturbaciones medioambientales y los ciclos de producción humana que son análogas a lo que observadores euroamericanos identifican como "calendarios".

La relación entre los sistemas temporales y los sistemas de producción es un tema añejo en el canon euroamericano. Sin embargo, gran parte de la literatura académica dedicada a la experiencia del tiempo tiende a definirlo a partir de criterios de medición y duración, los cuales hacen del tiempo una cualidad fija, universal y externa a la persona, y por lo tanto susceptible de observación y reflexión objetiva. Esta caracterización se deriva de nociones particulares al occidente europeo, a partir de las cuales el tiempo se analiza mediante paradigmas naturalistas del universo. Desde esta perspectiva el tiempo se vuelve análogo a las matemáticas o a la geometría, a saber, una

[1] P. Sillitoe, "Whether rain or shine: weather regimes from a New Guinea perspective", *Oceania,* vol. 64, 1994, p. 268.

forma fija del conocimiento científico cuyo estudio se ha ido ampliando de manera progresiva a lo largo del transcurrir histórico humano. En estas narrativas progresivistas los calendarios figuran de manera prominente, en tanto evidencia de las variantes históricas de medición y ordenamiento humano del tiempo.[2]

El término calendario evoca la idea de un año fijo, es decir, con principio y fin definidos, casi siempre solar (gregoriano), entendido como un periodo fijo de días y meses que se divide en estaciones, las cuales a su vez producen el contexto para la división de diversos procesos productivos. No obstante, como se ha demostrado en aportaciones importantes a la antropología del tiempo, la experiencia de la temporalidad en la Melanesia y en otras regiones culturales del mundo no puede reducirse a una cuestión de "calendarios, relojes y ritmos cíclicos" (*pace* Aveni).[3] En su etnografía ejemplar sobre el estudio del tiempo, Janet Hoskins demuestra de manera contundente cómo entre los kodi, una sociedad austronesia de Indonesia oriental, coexisten diferentes formas de percibir y conceptualizar el tiempo: inclusive la estrategia individual, la secuencia ritual, la vida ritual de

[2] Algunos de los estudios modernos mejor conocidos en relación con la historia y antropología del tiempo que abordan el tema del tiempo y el calendario en los términos descritos son J. Attali, *Histoires du Temps*, París, Librairie Arthme Fayard, 1982; C. Cipolla, *Le Macchine del Tempo*, Bolonia, Societá Editrice il Mulino, 1981; E.P. Thompson, "Time, work-discipline and industrial capitalism", *Past and Present*, vol. 38, 1967; G.J. Whitrow, *The Natural Philosophy of Time,* Oxford, Clarendon Press, 1980, y del mismo autor, *Time in History: The evolution of our general awareness of time and temporal perspective,* Oxford, Clarendon Press, 1988.

[3] Véase, por ejemplo, B. Adam, "Perceptions of time", en T. Ingold (ed.), *Companion Encyclopedia of Anthropology,* Londres, Routledge, 1994, pp. 503-526; P. Bourdieu, "The attitude of the Algerian peasant toward time", en J. Pitt-Rivers (ed.), *Mediterranean Countrymen: Essays on the Social Anthropology of the Mediterranean,* París, Mouton, 1968; E.E. Evans-Pritchard, "Nuer time-reckoning", *Africa*, vol. 12, 1939, pp. 189-216; G. Forth, "'Time' and the expression of temporality in Eastern Sumba", *Ethnos,* vol. 47, 1982, pp. 232-248, y "Time and temporal classification in Rindi, Eastern Sumba", *Bijdragen tot de taal-, land- en volkenkunde,* vol. 139, 1983, pp. 46-80.

la casa, los ciclos de intercambio y reciprocidad, los efectos de carácter acumulativo en la naturaleza y en el cuerpo. Todas estas esferas de la temporalidad, observa Hoskins, "se relacionan con concepciones más amplias que son las que las hacen significativas"; y por lo tanto concluye que, "las categorías temporales proveen tanto formas de pensar como de actuar".[4] En suma, la temporalidad constituye un referente heurístico —no una categoría universal concreta— que puede ofrecer perspectivas interesantes sobre conceptos relacionados con la capacidad agentiva, los principios ontológicos, y la creación y despliegue de valores sociales específicos, incluso objetos que circulan de acuerdo con formas concretas de temporalidad. El presente capítulo se estructura en torno a una discusión de estos temas en relación con la experiencia ambiental y climática en Islas Torres.

Considerando que el tiempo y los calendarios suelen brindar ricas fuentes de material para la discusión comparativa en torno a una amplia gama de temas medioambientales, la ausencia general de investigación sobre temporalidad en relación con el conocimiento ecológico tradicional en Austronesia constituye una laguna importante en la literatura académica existente.[5] Esto es igualmente cierto en Vanuatu, acerca de cuyas sociedades hay una notable falta de información sobre la microsociología del tiempo.[6] Una excepción impor-

[4] J. Hoskins, *The Play of Time: Kodi Perspectives on Calendars, History and Exchange*, Berkeley, University of California Press, 1993, p. xiv.

[5] Algunas referencias al tiempo y los calendarios pueden encontrarse en: L. Austen, "A note on Dr. Leach's 'Primitive Calendars'", *Oceania*, vol. 20, núm. 4, 1950, pp. 333-335; F.H. Damon, *From Muyuw to the Trobriands. Transformations Along the Northern Side of the Kula Ring*, Tucson, Arizona University Press, 1990; R. Wagner, *Asiwinarong: Ethos, Image, and Social Power Among the Usen Barok of New Ireland*, Princeton, Princeton University Press, 1986, pp. 24-14.

[6] Las únicas descripciones de marcos calendáricos existentes que he encontrado para Vanuatu pueden consultarse en Codrington, *The Melanesians*, Oxford, The Clarenton Press, 1891, pp. 348-351; B. Deacon, *Malekula: A Vanishing People in the New Hebrides*, editado por C.H. Wedgewood, Londres, Routledge & Sons, 1934; W.J. Durrad, "Notes on the Torres Islands", *Oceania*, vol. 10, 1940, p. 400; J. Layard, *Stone Men of Malekula: The Small Island of Vao*, Londres, Chatto &

tante es el recuento sintético que Kirch y Green han presentado sobre los sistemas calendáricos en la Oceanía remota.[7] El presente capítulo intenta desarrollar ciertas pautas señaladas en la contribución seminal de Kirch y Green abundando en elementos rituales, ambientales y ontológicos presentes en la construcción del "calendario" particular de esta región de la Melanesia insular.[8]

En cuanto a los fenómenos temporales del entorno ambiental de Islas Torres, este capítulo y el siguiente ofrecen datos nuevos y significativos acerca de la ecología y la importancia etnográfica de la criatura marina panoceánica conocida como gusano palolo. Este animal aparece de manera regular una o dos veces en un cierto periodo del año lunar, por lo que muchas sociedades oceánicas lo asocian con otras fluctuaciones meteorológicas y celestiales. Durante siglos, quizás milenios, el palolo ha sido relevante como marcador temporal en

---

Windus, 1942, pp. 6-7 y 288; y B. Weightman, *Agriculture in Vanuatu*, Cheam, Surrey, The British Friends of Vanuatu, 1989, pp. 42-43 y 82. Sin embargo, estas descripciones son sucintas y esquemáticas y no proveen información sobre los vínculos más amplios entre el entendimiento indígena de los fenómenos ecológicos, la capacidad agentiva y la producción social.

[7] P.V. Kirch y R.C. Green, *Hawaiki: Ancestral Polynesia*, Honolulu, University of Hawai'i Press, 2001.

[8] Para consultar otros materiales etnográficos sobre el tiempo y la temporalidad en la Oceanía cercana y remota, Indonesia oriental y el sureste asiático, véase J. Cuisinier, "Un calendrier de Savu", *Journal Asiatique*, vol. 144, 1956, pp. 111-119; J.F. Fox, "The ceremonial system of Savu", en A.L. Becker y A.A. Yengoyan (eds.), *The Imagination of Reality: Essays in Southeast Asian Coherence Systems*, Norwood, NJ, Ablex, 1979; N. Haley, "Revisioning the past, remembering the future: Duna accounts of the world's end", *Oceania*, vol. 66, 1996, pp. 278-285; M. Jolly, "Another time, another place", *Oceania*, vol. 69, 1999, pp. 237-243; S. Schröter, "Creating time and society: the annual cycle of the people of Langa, in Eastern Indonesia", *Anthropos*, vol. 95, 2000, pp. 463-483; G. Senft (ed.), *Referring to Space: Studies in Austronesian and Papuan languages*, Oxford, Oxford University Press, 1997; R. Suggs, "Le calendrier lunaire marquisien", *Bulletin de la Société d'Études Océaniennes (Polynésie Orientale)*, núm. 273, 1997, pp. 105-121; N. Tannenbaum, "Shan calendrical systems: The everyday use of esoteric knowledge", *Mankind*, vol. 18, 1988, pp. 14-25.

los marcos calendáricos austronesios. No obstante, hay una notable escasez de investigación etnográfica sobre las actitudes humanas hacia el palolo.[9]

Este capítulo analiza la importancia del palolo en combinación con los principales fenómenos ecológicos, específicamente el sol, la luna, los vientos y las mareas, que constituyen el año temporal del pueblo de las islas Torres. Con el fin de establecer un mínimo criterio regional comparativo, que ayude a poner en mejor contexto la diversidad y singularidad de valores y formas culturales en torno a las fluctuaciones ambientales, también utilizo material recopilado en jornadas de campo en la comunidad de Atchin, sobre la costa noreste de la isla grande de Malakula, en el centro de Vanuatu. Me concentro nuevamente en los dos principios ontológicos que han servido de temas rectores para la discusión de los capítulos anteriores, a saber: el concepto de eficacia generadora/productiva (LT: *mena*), que comparten y canalizan los seres humanos junto con gran parte del mundo vivo, y la noción relacionada de "crecimiento vivo [y dador de vida]" (LT: *vavëletë*), que, como se ha explicado *in extenso*, es el resultado del *mena* exitoso o eficaz (véanse capítulos 4 y 10 para una explicación más detallada de este concepto).

En contraste con capítulos anteriores, en donde el enfoque se centraba sobre los diversos componentes de *ples* y persona, el objeto de esta segunda sección del presente libro es examinar la categoría de *mena* en relación con la experiencia de la temporalidad y las fluctuaciones climáticas. En este caso, el *mena* funciona como un

[9] Dos referencias importantes pueden encontrarse en J. Ecklund, "Marriage, Seaworms, and Songs: Ritualized responses to cultural change in Sasak life", tesis de doctorado, Cornell University, 1977, y R.E. Johannes, *Words of the Lagoon: Fishing and marine lore in the Palau district of Micronesia*, Berkeley, University of California Press, 1981. Además, como me percaté durante el curso de mi investigación sobre la ecología del palolo, también hay una notable escasez de datos zoológicos publicados sobre el ciclo de vida y los hábitos del gusano. Para una visón general relevante pero ligeramente anticuada, véase J.D. Palmer y J.E. Goodenough, "Mysterious monthly rhythms", *Natural History*, vol. 87, 1978, p. 64.

valor y una cualidad mediante la cual los isleños se relacionan con las transformaciones de su medio ambiente. El propósito de este y el siguiente capítulos es promover una discusión comparativa del término *mena*, demostrando cómo se despliega en una esfera específica de las relaciones humano-ambientales de Melanesia insular.

Fluctuaciones medioambientales

Las islas Torres representan un microcosmos ecológico cuyas dos estaciones anuales se definen por los vientos prevalentes del monsón propio del Indo-Pacífico, el cual está determinado por el movimiento periódico del sol hacia el sur y el norte del ecuador térmico. La tierra y el mar constituyen el ambiente vivo de las islas Torres; en conjunto, los recursos de estos dos ámbitos fungen como fuentes básicas de subsistencia para los humanos residentes en este pequeño archipiélago. Los isleños registran estas fluctuaciones regulares a partir de una serie de marcadores temporales, los cuales se enmarcan dentro de un esquema tipo calendárico basado en ciclos lunares.

La cuenta de estos ciclos lunares no representa un sistema de medición temporal, pues entre los habitantes de Islas Torres no existe y no hay evidencia de que en el pasado haya existido un interés particular por "medir" el tiempo. El concepto de tiempo, entendido como un fenómeno de transcurso lineal de los eventos, constituido por periodos, distancias o duraciones, no guarda ninguna semejanza con los principios básicos de existencia de los isleños. Por ende, no por ser regulares se registran los ciclos lunares que dan forma general al marco calendárico aquí descrito, salvo durante un periodo corto del año solar, mismo que se explicará más adelante. La función principal de este marco de ciclos lunares no es, en suma, llevar un registro (ni preciso ni flexible) del "año". Sería más preciso describir este marco como un telón de fondo mediante el cual se pueden correlacionar —solamente en ciertos momentos del año temporal— diversos movimientos ambientales y celestiales importantes con las diversas fases del ciclo hortícola del ñame.[10]

En combinación, el desplazamiento constante de los vientos y los movimientos anuales del sol y la luna (los marcadores temporales básicos del "calendario") inducen cambios en los biorritmos de las plantas y los animales locales. A su vez, la gente de las islas Torres se relaciona con los cielos, el clima y los biorritmos de su mundo atribuyendo, o evocando, formas particulares de *mena* en relación con estos fenómenos. En los siguientes párrafos describo algunas de estas manifestaciones de *mena*, comenzando con la visita anual de un ave migratoria conocida como *túwia*, así como la aparición del *nút* o gusano palolo (los primeros dos párrafos de la siguiente sección se basan en datos científico-biológicos occidentales, mientras que el resto del texto se deriva de información autóctona que en diferentes momentos me han proporcionado diversos especialistas en conocimiento ambiental residentes en diferentes partes del norte-centro de Vanuatu).

EL *TÚWIA* Y EL *NÚT*: ANIMALES MIGRATORIOS Y CICLOS ESTACIONALES

> Otra ave que, aunque no se tiene por sacrosanta, parece poseer mena, es el túwia. Cuando un hombre desentierra los primeros frutos de su cosecha de ñame, canta: "Que el mena del túwia brinde a la gente muchos alimentos".
>
> Rev. W.J. DURRAD,
> *Notes on the Torres Islands*

Hacia mediados de la primavera austral (aproximadamente finales de septiembre), tras el comienzo de la siembra de esquejes de ñame en

[10] Hace varias décadas, el reverendo W.J. Durrad proporcionó una descripción básica de las divisiones mensuales de este calendario en su "Notes on the Torres Islands", pero no relacionó el calendario con el entendimiento más amplio de los isleños sobre el mundo físico y su relación con el mismo.

los *lëte* recién preparados, un ave que yo nunca había visto hizo su aparición en la playa de Peliawuluwo, en Lo. La criatura se asemejaba a un andarríos y se entretenía picando pequeños insectos en el suelo, entre la arena y las gramas de la costa. "Es un túwia", me dijo David Hunt, un cercano amigo residente de Lo. Lentamente nos acercamos a un grupo de *túwia*, y David gritó: "*Túwia, túwia, nút mad gor*?" [Túwia, túwia, ¿ya vino el gusano palolo?]. Mientras los observábamos, una de las aves movió la cabeza hacia arriba y abajo varias veces. Aunque a mis ojos el *túwia* realizó este movimiento con el fin de mantener medio ojo sobre cualquier movimiento a su alrededor mientras rascaba en la arena, David sonrió satisfecho. El *túwia*, me explicó, había respondido que sí. Así anunciaba la certeza de la aparición del palolo un par de lunaciones más adelante (principios de noviembre). Con ello el pequeño *túwia* también significaba que los vientos alisios pronto cambiarían (octubre-noviembre), así como que el trayecto del sol alcanzaría su punto más alto en el cielo austral (finales de diciembre), lo cual marcaría el principio del ciclo de maduración de los ñames en el suelo de los *lëte*. Más tarde, otros isleños me confirmarían que el movimiento que David había obtenido a manera de respuesta de parte del *túwia* había representado una expresión del *mena* de aquel animal.

Dos veces al año en las islas Torres, poco después de la aparición del *túwia*, a inicios de la temporada de ciclones, un fétido hedor llega desde el mar, anunciando la llegada de una criatura a la cual los habitantes de las islas conocen como el *nút*.

El *nút*, conocido comúnmente como gusano palolo, es un animal marino que vive en las grietas de los arrecifes de coral a lo largo del centro y occidente del Pacífico ecuatorial (existen cuando menos dos variantes: *Annelid palolo viridis* o *Eunice viridis* en Islas del Pacífico, y *Leodice viridis* en el sureste de Asia insular), y es particularmente abundante en las aguas melanesias. Durante gran parte de su ciclo de vida, el palolo permanece dentro de su morada coralina y rara vez se deja ver; pero durante dos días específicos a lo largo del año lunar, las partes traseras de todos los gusanos palolo, cuyas medidas fluctúan entre los 2 y los 12 centímetros de largo, se separan simultáneamente del resto del organismo y salen a la superficie de los mares melanesios para participar en un frenesí reproductivo (el cuerpo principal del palolo permanece a salvo dentro del arrecife y se regenera gradualmente hasta recuperar su tamaño normal). En la zona marítima en donde se ubican las islas Torres, la primera aparición del gusano suele comenzar por la tarde-noche, entre cinco y siete días después de la última luna llena de octubre, o a principios de noviembre. Aunque la cantidad de gusanos que emergen suele variar notablemente de un año a otro y de un grupo de islas a otro, la primera suele ser la mayor de las dos apariciones del palolo.[11] La segunda época de apareamiento ocurre casi exactamente un mes lunar (29.5 días) más tarde, antes del último cuarto menguante de noviembre.

La aparición anual del palolo es notable por la precisión con la que ocurre, en relación con las fases lunares de cada año. Esta precisión es consecuencia de la exactitud del "reloj" bioquímico interno del animal, mismo que permite a cada gusano registrar de manera independiente la secuencia exacta de los ciclos lunares que se han sucedido desde la última época de apareamiento, con lo que sincroniza perfectamente su momento de desprendimiento con el de todos los demás gusanos (según Aveni, "la tenue iluminación de la luna es el *Zeitgeber* que arrastra al animal a una periodicidad lunar", 1989:174, pero véase la siguiente nota a pie de página). Cuando los gusanos se han terminado de aparear, grandes masas de epítocas (paquetes de óvulos y esperma que los gusanos han producido durante el día) verdes quedan flotando en las olas. Conforme el día mengua, las epítocas se acumulan en enormes masas enredadas cerca de las

[11] Como demuestra la conocida obra de Malinowski y Leach sobre el milamala, en toda la Melanesia la aparición del palolo parece ocurrir en momentos ligeramente divergentes, incluso en un mismo grupo de islas, como las islas Trobriand; véase E. Leach, "Primitive Calendars", *Oceania*, vol. 20, núm. 4, 1950, pp. 245-262.

costas de las islas melanesias. En ese momento un olor pútrido llena el aire y avisa a los pueblos isleños que ha llegado “el gusano”.[12]

En los archipiélagos del Pacífico centro-occidental (desde Tonga y Samoa hasta Islas Salomón y Nueva Guinea), la relevancia cultural del palolo varía mucho. Durante los primeros dos años en los que estuve presente durante su aparición en Vanuatu (1998 y 1999), fue evidente que las reacciones locales al gusano se veían acompañadas de actividades rituales y sociales con una larga continuidad histórica. En el norte y el centro de Vanuatu la rareza del gusano ha garantizado su valor continuo como objeto especial de intercambio intergrupal. En casi todas las comunidades de las que tengo noticia en esta región, el palolo se suele recolectar y cocinar en hornos de tierra, constituyendo el ingrediente principal de guisos de ñame ceremonial (B: *laplap*), con ciertas variaciones. En las islas Torres el gusano se emplea como relleno de *laplap*, mientras que en Atchin, Malakula, se unta como cobertura del mismo. En casi todo el noreste de Malakula —región en donde se ubica Atchin junto con las otras islas pequeñas de Vao, Wala, Rano, Norsup y Uripiv—, éstos “horneados” son un manjar muy apreciado. Tradicionalmente, estas comunidades de Malakula utilizaban dichos budines como parte de una serie de intercambios ritualizados y festines anuales que se realizaban entre estas pequeñas islas en el momento de la aparición del gusano. Como yo mismo constaté, aún se siguen realizando estos intercambios, aunque con menor intensidad. Según algunas personas de las pequeñas islas de Atchin y Wala, estos inter-

[12] En términos estrictos, los humanos sólo tocan las epítocas. Con el fin de simplificar me refiero genéricamente a la epítoca, la parte trasera del palolo, y al palolo mismo, como “el gusano palolo,” o “el gusano”. Las epítocas del palolo se asemejan a largas hebras de cordón color verde (de ahí la partícula *viridis* en su nombre) y textura y sabor granulosos. Una vez fuera del agua, las epítocas son frágiles al tacto y si no se manejan con extremo cuidado, rápidamente se descomponen en una masa verde y suave, que se considera un manjar y se utiliza como ingrediente clave en platillos locales.

cambios tradicionalmente se relacionaban con las fases cambiantes de la luna, así como con el nuevo año hortícola, pero como en el caso de otros momentos de intercambio ceremonial, se aprovechan para fortalecer vínculos de parentesco y promover ceremonias de reconciliación entre linajes de diferentes islas.

Según versiones de diversas comunidades isleñas, ha habido un descenso gradual en la escala de las actividades ceremoniales asociadas con la aparición del palolo. No obstante, su relevancia social no ha desaparecido, y en cierta manera ha sido revigorizada gracias a las telecomunicaciones contemporáneas. Esto, a juzgar por el tiempo y atención que se le otorga en los boletines que a veces se transmiten en la radio nacional antes de su aparición. En efecto, durante más de una década Radio Vanuatu ha efectuado transmisiones especiales para anunciar el momento probable de la emergencia del palolo.[13] Al informarle a su público nacional sobre la gran escala geográfica de la aparición del gusano, la radio ha hecho conscientes a muchas comunidades rurales de la importancia de este animal en tanto fenómeno masivo y compartido. "Algo más grande que nuestra visión", fue la manera en que me lo planteó Ben Ara'ana, un anciano de las islas Torres, al explicar el hecho de que la radio lo había hecho consciente de que la influencia del palolo se extendía mucho más allá de los límites de la imaginación geográfica local. A través de estas transmisiones, que lo han convertido en un evento ambiental contemporaneizado, el palolo se ha convertido en un fenómeno paninsular importante; a través de la radio diferentes comunidades ni-Vanuatu, otrora distantes, establecen conexiones imaginadas y valores culturales y ambientales compartidos.[14]

[13] Uno de estos boletines se publicó en el sitio web de la estación, http://www.fnsvanuatu.com/pvpbin/pvponline.exe, con el titular "Wan taem long wan yia, wom blong solwota long wiken ikam!".

[14] Véase L. Bolton, "Women, place and practice in Vanuatu: a view from Ambae", *Oceania*, vol. 70, 1999, pp. 43-55, en relación con la influencia de la radio y la expansión de la escala en las "geografías imaginadas" de las sociedades de Vanuatu.

Como se indicó al inicio de esta sección, los isleños de las Torres parecen interpretar el *mena* del *túwia* como la capacidad de esta ave para prefigurar la llegada del palolo. Pero el principal motivo por el que la premonición del *túwia* se considera significativa es que anticipa el momento de mayor actividad hortícola, cuando se acaban de sembrar los nuevos huertos de ñame (me refiero al cultivo principal, *Dioscorea alata*, puesto que, como ya se explicó en el capítulo 5, hay otras variedades menos importantes que se cultivan en diferentes momentos del año de temporal). La aparición del *nút* es importante en gran parte por la misma razón, ya que se relaciona directamente con transformaciones ambientales que tendrán un impacto directo sobre la salud y el eventual futuro de los nuevos huertos. Las principales transformaciones de este tipo en dicho periodo son el cambio regular en los movimientos del sol y los vientos de temporal. En la siguiente sección analizo cómo los isleños aprovechan la llegada del *nút*, en combinación con el movimiento horizontal del sol, como parte de una esfera ambiental a través de la cual intentan extender su propia forma (humana) de *mena* al cosmos, con el fin de facilitar el progreso del tiempo estacional y el éxito del 'crecimiento vivo' *(vavalëte)*, en los huertos.

Mover el sol: la renovación ritual del año solar

Durante buena parte del año solar los habitantes de Islas Torres no mantienen preocupaciones particulares sobre el trayecto del sol a lo largo del horizonte.[15] No obstante, hacia finales de la primavera austral, cuando se han sembrado los nuevos huertos de ñame y el sol se acerca al extremo sur de su migración anual, los isleños comienzan a

[15] Véase G. Ammarell, "Sky calendars of the Indo-Malay archipelago: Regional diversity/local knowledge", *Indonesia*, vol. 45, 1988, pp. 85-104, en relación con otros calendarios austronesios en los que la medición del tiempo por el movimiento de cuerpos celestiales se realiza sólo durante periodos específicos del año solar.

poner atención a la posición del mismo sobre el horizonte oriental, es decir durante el amanecer.

El escenario concreto en donde se desarrollan estas observaciones es la pequeña playa de arena blanca en la isla de Lo, conocida como Peliauluwo, la cual está escondida en el rincón interior de la gran bahía semicircular de *nokwereng*, que se abre hacia el horizonte oriental-sur-oriental. Desde este lugar a veces es posible discernir la silueta del cono volcánico trunco de Ureparapara, la más próxima de las islas Banks, a unos cien kilómetros al sureste de Islas Torres. Una vez al año —el 15 de noviembre según el calendario gregoriano—, si el cielo está despejado, la gente de Lo se reúne al amanecer en Peliauluwo para observar al sol nacer justo al sur de la silueta de Ureparapara. Cada año, según se observa desde Peliauluwo, el sol naciente invariablemente "toca" el extremo norte de Ureparapara el 29 de octubre y transita a lo largo de la silueta de esa isla durante dos semanas, para aparecer en el sur de la misma el 15 de noviembre. Los residentes de Lo afirman que esto es una señal de que el *nút* surgirá del océano más tarde ese día. En sentido estricto, las fases de la luna (es decir, el año lunar) y la fecha exacta de la aparición del palolo varían por algunos días cada año solar, lo que convierte a la alineación solar fija del 15 de noviembre en un punto de referencia relativo. Pero para la gente de Lo, la presencia del sol naciente cerca de la sombra de Ureparapara, que ocurre el mismo mes en el que se suceden las dos apariciones normales del palolo, sirve como una ventana temporal con la cual pueden enmarcar el momento de la llegada del gusano marino. Así, aunque nunca ha habido una tradición de observación astronómica de precisión basada en el horizonte en Islas Torres, durante mucho tiempo los isleños han utilizado este tipo de alineaciones celestes como indicadores de sucesos estacionales excepcionales, como la aparición del palolo y el acercamiento del sol al solsticio de verano.[16]

[16] Véase Wagner, *Asiwinarong*..., *op. cit.*, pp. 41-42, para un "marco" similar de eventos astronómicos y ambigüedad en la medida del tiempo calendárico en relación con las prácticas hortícolas en Nueva Irlanda.

Los isleños sostienen que el viaje del sol desde su extremo sur hacia el norte del horizonte, que ocurre inmediatamente después del solsticio de verano, en diciembre (seis semanas después de la alineación arriba descrita), depende de un acto ritual especial que debe realizarse durante la labor de recolección del *nút*. Según lo perciben los isleños, este acto es clave para garantizar el cambio estacional, porque propicia la continuidad del movimiento pendular del sol, y con ello garantiza la renovación del ciclo climático anual. El ritual en cuestión consiste en un movimiento breve, casi inconsecuente (a ojos inexpertos), pero los ancianos conocedores lo describen como un procedimiento sutil, que incluye cánticos mágicos en voz baja y sólo se puede llevar a cabo en el momento en que el *nút* recabado se transfiere de la red en la que se recolectó hacia la canasta de pándano tejido en la que se llevará a la cocina. Este ritual es una de las expresiones más singulares de la extensión del *mena* de humanos al medio ambiente en Islas Torres y sólo ciertos especialistas son capaces de intentarlo.

El método tradicional para recabar el *nút* consiste en un procedimiento dilatado que comienza con la llegada del *túwia* migrante varias semanas antes de la aparición del gusano. A partir de entonces, tanto los ciclos lunares como la alineación entre el sol y Ureparapara se empiezan a volver de interés para quienes estén interesados por saber sobre la llegada del *nút*. Además, el marcar la salida del sol durante este periodo en particular permite, a quienes se interesen en ello, comenzar a prepararse para la recolección de *nút,* pues la recolección del gusano se realiza con instrumentos cuya manufactura es, a su vez, un proceso largo.

Para los especialistas de las islas de Lo y Toga, uno de los preparativos más importantes que se realiza hasta dos semanas antes de la llegada del gusano es la fabricación de redes con mangos largos para capturar gusanos que se conocen localmente como **gëprir*. Estos instrumentos se componen de un bastón de bambú de hasta dos metros de largo coronado por una red redonda y plana que se teje con

Etapa final de la elaboración de un *gëprir*.
(Foto: C. Mondragón, 1999)

delgadas tiras de corteza de un tipo particular de pándano de la playa (L: **vog*; B: *gras tri*). Cabe notar que la mayoría de los isleños entienden al *gëprir* como uno de los artefactos distintivos de la cultura material y la identidad social del pueblo de Lo y de Toga. Pero la fabricación del *gëprir* es un arte en decadencia y sólo unos cuantos ancianos recuerdan cómo confeccionarlos. Hoy día para la mayoría de la gente de Islas Torres cualquier contenedor firme, como una cubeta, es suficiente para reunir los gusanos recién obtenidos del mar. En este caso, el *gëprir* es sin duda una víctima de la adaptabilidad del *kastom* (véase capítulo 4). Sin embargo, el otro artefacto relevante para este proceso, a saber, la canasta de pándano en la que se lleva el *nút* a la cocina, debe sin duda estar manufacturada con hojas de pándano tejido, por razones que se explican a continuación.

En la mañana en que el sol se alinea con Ureparapara, los isleños de Lo que pretendan recolectar *nút* comienzan a preparar sus hornos de tierra y reúnen ñames, de preferencia del tipo que en bislama se conoce como *wovile*, junto con hojas de *burao* (LT: **duv*, B: *burao; Hibiscus tiliaceus*). Los ñames y las hojas se utilizarán como ingredientes para hornear el gusano.

Como se explicó anteriormente, no hay manera de medir el día y la noche exactos en los que aparecerán los palolo, pero los isleños están alerta a cualquier indicación de su olor después de la última luna de octubre. Al percibir por primera vez el hedor del gusano, que es el precedente final e inmediato de su aparición, la gente espera el resto del día preparando los ingredientes del guiso de ñame con el que se cocinará el palolo. Conforme el día llega a su fin, si no hay lluvias pasajeras (que se dice ahuyentan al gusano), aquellos isleños de las Torres interesados en degustar palolo llegan poco a poco al arrecife y se preparan para recolectar *nút*.

En contraste con otros grupos de islas, como las del noreste de Malakula, donde los isleños navegan en sus canoas con balancín para dejar atrás el arrecife y recoger el gusano en las proximidades del mar abierto, en las islas Torres las personas se paran encima de los montículos de arrecife que sobresalen del agua y desde ahí recolectan el *nút* con su *gëprir*. De este modo evitan entrar en contacto directo con el agua, lo cual se considera tabú durante esta actividad, pues se tiene por cierto que el *nút* se retiraría a mar abierto. El jefe Pita Wotekwo me ha explicado que este tabú probablemente se deriva del hecho de que si uno entra al mar en ese momento es posible que lo muerdan los numerosos peces, entre ellos las morenas residentes en el coral, que se acercan a la costa para alimentarse de las masas de epítocas de palolo. Por lo demás, la recolección del gusano es una actividad de género neutro, pues en ella participan tanto hombres como mujeres por igual.

Poco después de que se han colocado sobre las salientes del arrecife, la gente empieza a llamar al gusano a la orilla. Esta acción se describe como *rav mü*, "atraerlo a la costa" (literalmente: 'tirar hacia la costa', como si se tratara de tirar de un mecate amarrado al objeto que se desea atraer a la playa). Esta misma frase se utiliza para describir la acción de "atraer" a las canoas visitantes hacia los pasajes de arrecife desde donde pueden acceder con seguridad hacia la playa. En el contexto de la pesca del *nút*, dicha "atracción" se realiza del siguiente modo: entonando un cántico mágico, llamado *tutuwa*, que corresponde a todo lo relacionado con la abundancia, al mismo tiempo que blanden antorchas hechas de hojas de coco secas.

La raíz de este canto, *tuwa* (literalmente, 'jalar'), merece un breve comentario, pues se refiere a una evocación verbal de atracción que se puede dirigir hacia toda una serie de cosas, animadas e inanimadas, las cuales incluyen piedras, pescados, gusanos palolo o incluso ciertos tipos de espíritu. El *tutuwa* también puede emplearse para evocar la abundancia y la fertilidad en diversos tipos de entidades vivas, inclusive el suelo de los huertos productores de alimentos o los vientres de las mujeres embarazadas. Ambos significados —atraer y generar abundancia— se refieren a la evocación de *mena*. En este caso la intención final del *tutuwa* es aumentar el volumen de *nút* que se acerca al bajío. El uso de *tutuwa* es, pues, importante en el contexto de la evocación de *mena* en diversas situaciones, pero casi nunca se utilizan de manera aislada. Así, durante la captura de *nút*, el objeto clave que complementa el procedimiento de atracción ritual parece ser el uso de la antorcha arriba mencionada.

Mientras recogen palolo durante el transcurso de toda la noche y hasta el amanecer del día siguiente, los isleños utilizan numerosas antorchas de hojas de coco para poder orientarse en la oscuridad. En consecuencia, llegan a esparcir copiosas cantidades de ceniza y brasas sobre el agua, el arrecife y la playa circundantes. Según la interpretación común a diversos isleños, las antorchas se utilizan simplemente porque se tiene la creencia de que su luz atrae al gusano.[17]

En efecto, he constatado que la utilización de antorchas parece ser común a muchas de las decenas de comunidades costeñas que residen en diferentes partes del centro-norte de Vanuatu. Sobre todo, llama la atención que la fabricación y el uso de antorchas están constante y directamente relacionados con la fertilidad del suelo de los huertos reservados para el ñame. Un claro ejemplo de estas asociaciones lo pude apreciar en persona durante mi participación en la captura del palolo en Atchin, Malakula, en donde las antorchas se fabrican con las mismas varas de madera que se han usado anteriormente para dirigir el crecimiento de las plantas del ñame. En contraste, en las islas Torres, la relevancia de las antorchas de hojas de coco se relaciona directamente con el esparcimiento de las cenizas resultantes.

Al amanecer, cuando la recolección del *nút* se acerca a su fin, las canastas llenas de gusano también se habrán recubierto con algunas de las cenizas que se han dispersado a lo largo de la noche sobre el área inmediata. En cuanto termina la recolección, estas cenizas se mezclan con la masa verde del *nút*. Los isleños realizan esta mezcla volteando los gusanos en el momento en que los transfieren de la canasta de pándano original a un segundo contenedor, a saber, la canasta de pándano en donde se llevará el *nút* de la playa a la cocina. Esta maniobra se lleva a cabo con un trinche grande de un tipo de madera que se cree tiene poderes mágicos, y por tanto se fabrica y reserva

[17] Significativamente, esta es la misma interpretación que obtuve durante entrevistas con isleños de Atchin, Malakula, a más de 300 kilómetros al sur de Islas Torres. Esto me ha llevado, a lo largo de varios años, a perseguir el mismo tema en conversaciones con residentes de otras islas del norte de Vanuatu (Santo, Banks). El resultado ha sido significativo, en cuanto a lo que indica sobre la diseminación regional de ciertas prácticas y valores relacionados con la eficacia generativa, así como a la diversidad de variaciones a las que da lugar en sitios específicos.

específicamente para este evento. Lo ideal es que la transferencia del *nút*, volteándolo de un cesto a otro, se lleve a cabo precisamente cuando comienza a levantarse el sol sobre el horizonte del sureste.

Anteriormente, el "volteo" del *nút* se acompañaba con un cántico mágico, un *tutuwa* que la mayoría de los habitantes actuales de las islas Torres han olvidado. Algunos de los isleños mayores con los que he conversado en diversos momentos sólo recordaban ciertos fragmentos de este *tutuwa*. El cántico es relevante porque parece facilitar la transformación del *nút* de criatura marina en alimento consumible en el momento en que se transfiere de una canasta a otra. Sin embargo, algunos isleños informan que este *tutuwa* de transformación en realidad se dirige al sol saliente, y no específicamente al gusano, dado que es el sol y no el gusano el que atrae la mayor atención en este momento climático del ritual del *nút*.

El amanecer es, pues, el verdadero momento crítico en el que debe realizarse el ritual del volteo: en concreto, el gusano "que gira" se relaciona directamente con el "giro" del movimiento anual del sol sobre el horizonte, de sur a norte, inmediatamente después del solsticio de verano. Este giro no es una simple metáfora, sino una técnica de intervención humana directa sobre el cosmos, mediante la cual se imbuye al sol de *mena* suficiente como para detener su movimiento austral y empezar el largo regreso hacia el horizonte nor-noreste. Como ya se mencionó, este "volteo" o "giro" del sol saliente ocurre el 22 o 23 de diciembre, unas seis semanas después de la aparición del *nút*. Pero los isleños ancianos tienen por cierto que no realizar el "volteo" ritual del gusano podría ser catastrófico, pues amenazaría con dejar al sol con insuficiente *mena*, de manera que se quedaría "atado" en el mismo sitio sobre el horizonte del solsticio. Es decir, el sol se seguiría levantando y poniendo de manera indefinida sobre la misma altura del horizonte, lo cual detendría el cambio de las temporadas y el progreso del ciclo hortícola del ñame.

Todo el proceso ritual arriba descrito recuerda el concepto de "analogía persuasiva" de Stanley Tambiah. Con esta idea Tambiah argumentaba que las sociedades "tradicionales" empleaban rituales de carácter visualmente analógico con los cuales alentaban la acción futura del cosmos. Esta forma de actuación ritual lo contrasta, a su vez, con el discurso científico moderno, que, según Tambiah, despliega formas de "analogía empírica" para predecir (en lugar de alentar) acciones futuras. Pero este tipo de distinción teórica entre el ritual de sociedades "tradicionales" y el discurso cientificista "moderno" realmente es insostenible, y nos obliga a explorar las formas de causalidad propias de la ontología de Islas Torres.

En las islas Torres estos procesos rituales dependen de lo que se podría llamar, a la manera de Alfred Gell, la "estética" de la producción del conocimiento local.[18] Bajo esta estética, los principios de la acción ritual se basan en la transferencia de cosas (objetos o personas) de un espacio encerrado a otro, lo cual propicia su posterior transformación en algo diferente. Un aspecto importante de esta idea es que lo que se somete a transformación puede ser tan sencillo como un ñame (cocinado) o un gusano (en un cesto), o tan complejo como una persona humana (por ejemplo, en el contexto de las ceremonias del *Hukwe*). Lo relevante es que en todos los casos se menciona que el *mena* es un elemento necesario para que el resultado de tales procedimientos se considere exitoso.

Idealmente, los espacios de contención en los que se llevan a cabo las transformaciones de carácter ontológico deben estar circunscritos por envolturas "fibrosas" (LT: *kukwek*), de los cuales un ejemplo icónico son las canastas de pándano tejido del tipo descrito para la pesca del *nút*. Otros posibles contenedores con potencial transformador incluyen objetos tan disímiles como los hornos de piedra, los huertos *(lëte)* una vez que han sido circunscritos con las pequeñas vallas arbóreas características de Islas Torres, y hasta los órganos humanos como los ojos y el estómago. Los términos isleños

[18] A. Gell, *The Anthropology of Time: Cultural Construction of Mental Maps and Images,* Oxford, Berg, 1996.

para estos últimos, que se traducen como "contenedores de fibra carnosa", son variaciones de la expresión "canastas fibrosas"; esto no es coincidencia, toda vez que se cree que actúan como contenedores fundamentales para la producción del saber y de la acción humanas más básicas, debido a que son los espacios encerrados por los cuales pasan las múltiples imágenes y sustancias del mundo exterior. En el caso de los ojos, son los órganos a través de los cuales el mundo penetra hacia el interior del cuerpo, para entonces viajar hacia el vientre, en donde nuevamente se ven circunscritos por el estómago, se transforman ("digieren") y finalmente se externan de manera diversa, tal como el conocimiento, la acción (el cuerpo en movimiento), en suma, todo aquello que manifieste la eficacia generadora o destructora, es decir, el *mena*, de la persona en relación con el cosmos.[19]

Si bien el propósito de este capítulo no es abundar sobre la imaginería de contención simbólica y los principios básicos de transformación ontológica, éstos resultan importantes para comprender mejor el ritual del palolo y el sol. Aunque rara vez se han registrado fórmulas similares de transformación en partes vecinas de Melanesia insular, la siguiente descripción que hiciera Leenhardt hace ya varias décadas en relación con Kanaky (Nueva Caledonia) sugiere que la interrelación de objetos circunscritos con la idea de transformación puede ser o haber sido extensa en esta región del Pacífico occidental:

> En las islas Lealtad [Kanaky/Nueva Caledonia], los términos *tenge* y *cenga* se refieren a contenedores hechos enteramente de fibra, las bolsas viscerales: estómago, vejiga, útero y corazón, así como las fibras viscerales de una canasta. El pensamiento es un objeto, algo dado, una inspiración, una revelación, un hallazgo fortuito que se siente dentro de un contenedor visceral o se vislumbra en uno tejido, como una canasta.

[19] Véase Rubinstein, "Knowledge and political process on Malo", en M. Allen (ed.), *Vanuatu: Politics, Economics and Ritual in Island Melanesia,* Sydney, Academic Press, 1981, p. 154, sobre metáforas asombrosamente similares observadas en la isla de Malo, en el centro-norte de Vanuatu.

Cabe recordar que un objeto en una canasta deja de ser parte del todo; el objeto circunscrito por las fibras tejidas está separado del conjunto, es otro. En Lifou, la principal isla del grupo de las Lealtad, la arena de la playa y la misma arena en una canasta pertenecen a dos categorías diferentes, cada una con un nombre distinto.[20]

Estos principios no aclaran de manera explícita cómo la transformación simbólica del *nút* en materia consumible puede influir en el movimiento del sol. Pero le imprimen una lógica e importancia singular al ritual para hacer girar al sol, que lo convierte en un medio único mediante el cual los isleños emplean la recolección de una criatura oceánica para proyectar su *mena* hacia el cielo, asegurando con ello el *vavëletë* para los huertos de ñame recién plantados.

Los movimientos del sol y la aparición del palolo son fenómenos ecológicos que los isleños de las islas Torres ven como parte de un complejo más amplio de fluctuaciones regulares, las cuales incluyen los vientos predominantes, los regímenes temporales del clima ecuatorial, los ciclos lunares y las diversas mareas. A continuación describo estos fenómenos, subrayando algunas de las otras formas en las que se puede manifestar el *mena* en el contexto de las relaciones humano-ambientales.

Vientos, nubes y clima

La influencia de los vientos en el carácter del clima y los biorritmos locales es considerable, y resulta importante para las actividades diarias tanto como para los sentidos de orientación geográfica y cosmológica de la mayoría de los grupos isleños en Vanuatu y el Pacífico Sur.[21] No es de sorprender que la relevancia calendárica del *nút* de-

[20] M. Leenhardt, *Do Kamo: Person and Myth in the Melanesian World*, traducido del francés por Basia Miller Gulati, con un prefacio de Vincent Crapanzano, Chicago, University of Chicago Press, 1979, p. 9.

[21] P. Dwyer y M. Minnegal, "El Niño, Y2K and the 'short, fat lady': Drought

penda en gran medida del hecho de que su apareamiento coincide con el cambio anual de los vientos prevalecientes del Pacífico occidental ecuatorial, el cual se sucede precisamente en el intervalo del mes lunar que se da entre octubre y noviembre. Cabe destacar que los vientos no se conciben como fenómenos aislados, sino que se relacionan con diversas fuerzas asociadas con los horizontes cardinales del mundo local. Los vientos son inseparables de la creación, el movimiento y el *mena* que se adjudica a las nubes, y desempeñan un papel fundamental en rituales de magia meteorológica.

El viento no es sólo viento para los habitantes de Islas Torres. Cada viento, conocido genéricamente como *lang* (que a veces se pronuncia *leng*), posee cierto *mena* (en tanto poder transformador sobre las cosas vivas) y se asocia con una zona cardinal, en contraposición con un vector, que es la manera en que comúnmente se representan las direcciones del viento en las rosas de viento occidentales.[22] Las zonas desde las que llega cada *lang* forman parte de un sistema absoluto de orientación mediante el cual los habitantes de las islas Torres expresan el movimiento en el paisaje terrestre y marino regional.[23]

---

and agency in a Lowland Papua New Guinean community", *The Journal of the Polynesian Society,* vol. 109, 2000, pp. 251-272; B. Finney, "The Pacific basin: an introduction", en *The History of Cartography*, vol. 2: *Cartography of traditional African, American, Arctic, Australian and Pacific Societies,* Chicago, University of Chicago Press, 1998; P. Sillitoe, "Whether rain or shine...", *op. cit.*

[22] Una de las principales diferencias entre pensar en las direcciones del viento como áreas, más que como vectores (como la mayoría de los analistas occidentales tienden a abordar los términos espaciales de referencia en relación con las direcciones del viento y los puntos cardinales), es que los vectores suelen representar un sistema de orientación occidental cardinal basado en la precisión que imagina un horizonte esférico dividido en 360 grados angulares, mientras que las áreas evocan regiones amplias de influencia y movimiento natural (y con frecuencia sobrenatural). Como tal, "área" parece ser un término más matizado con el cual abordar los modelos de orientación melanesios, que no necesariamente se ocupan de la medida de los puntos cardinales basada en el horizonte.

[23] En el día a día los habitantes de las Torres emplean otros dos sistemas de orientación, uno relativo (centrado en el ego) y el otro deíctico (centrado en el ora-

Asimismo, cada área asociada con el viento se relaciona con fuerzas meteorológicas y espirituales específicas que se ubican más allá del horizonte visible del que provienen los vientos.

Los dos vientos predominantes en Vanuatu son los vientos alisios del sureste, que duran de mayo a principios de noviembre, y el monsón, el periodo de mayor actividad ciclónica, que va de noviembre a abril. Los vientos alisios se originan en los centros anticiclónicos subtropicales del Pacífico Sur, mientras que los vientos del norte, propios de la estación de ciclones, son característicos del sistema regional de vientos monsónicos del Pacífico occidental. Juntos, estos vientos funcionan como los principales reguladores de variación del temporal en todo el Pacífico occidental.[24]

En Islas Torres, los vientos predominantes de temporal se suceden en un régimen climático bastante estable a lo largo del año. La gente de estas islas a veces habla de periodos "fríos" en contraposición con otros "cálidos": *tu kë takwë*, 'cuando sopla un viento fresco', y *ve të nátung*, 'cuando el sol está fuerte'. Estas categorías concuerdan con las dos principales divisiones climáticas para el todo de Vanuatu, que se suelen categorizar "estación de lluvias", que duran de noviembre a abril, y "estación de secas", que se extiende de junio a diciembre.[25] A su vez, ambas temporadas se ven afectadas por fluctuaciones irregulares en el clima macrorregional, caracterizado por fenómenos como la Oscilación del Sur El Niño, que provocó sequías en el Pacífico occidental en 1997-1998, y, más recientemente, a fina-

dor), para expresar el movimiento local. Véase C. Hyslop, "The linguistics of inhabiting space: Spatial reference in the North-East Ambae language", en L. Bolton (ed.) *Fieldwork and Fieldworkers in Vanuatu. Oceania Special Issue,* vol. 70, 1999, p. 28; y G. Senft, *op. cit.*, para una discusión comparativa de los sistemas de orientación absolutos y relativos en las lenguas austronesias.

[24] L. Curry y R.W. Armstrong, "Atmospheric circulation of the tropical Pacific Ocean", *Geografiska Annaler,* vol. 41, 1959, pp. 245-255; y H.C. Brookfield y D. Hart, *Melanesia: A Geographical Interpretation of an Island World,* Londres, Methuen, 1971, pp. 4-21.

[25] Weightman, *Agriculture in Vanuatu, op. cit.*, p. 2.

les de 2003.[26] (En el siguiente capítulo se ofrece una panorámica de esta y otras fluctuaciones ambientales irregulares.)

Los alisios del sureste se conocen como *lang mehë lavë* en la lengua de Lo, y aunque no parecen estar relacionados con magia climática poderosa sus efectos sobre la vida diaria aseguran que, junto con los vientos norte y noroeste, más peligrosos y poderosos, ocupan una posición prominente en la "rosa de los vientos" de las islas Torres. En contraste, siguiendo un patrón común al resto de Vanuatu, no se atribuye una importancia particular a los vientos poco frecuentes que provienen del sur y el suroeste, por lo que no me fue posible obtener términos para éstos ni en Malakula ni en Islas Torres.[27]

Los vientos alisios afectan de diversas maneras los movimientos y las actividades de los isleños. Si cazan aves silvestres o zorros voladores (murciélagos fruteros; *Pteropus spp*.; LT: *nikwerot*, B: *flaenfokis*) durante el periodo de los alisios, la gente suele dirigirse a las regiones de sotavento de las islas, donde estas criaturas voladoras se posan sobre la cubierta vegetativa que les ofrece cierto resguardo contra los vientos. A la inversa, los zorros voladores se convierten en una molestia cuando los alisios del sureste dan lugar a los meses de verano calmados con erráticos vientos del norte, pues emigran a las zonas a barlovento de las islas y se alimentan de los árboles frutales de los huertos orientados hacia el oriente. El poder de los alisios también causa que el mar se pique y se generen interminables olas espumosas, que hacen de las travesías marítimas una empresa arries-

[26] B.J. Allen y R.M. Bourke, *Report of an Assessment of the Impact of Frost and Drought in Papua New Guinea*, Australian Agency for International Development, 1997; Chris Ballard, "Melanesia in review: Issues and events 1997 Irian Jaya", *The Contemporary Pacific*, vol. 10, 1998, pp. 433-441.

[27] En contraste, un sabio informante de Raga me dio nombres para estos vientos (del sur y suroeste) en su lengua, lo cual probablemente refleje el hecho de que, en contraste con la isla de Atchin y la mayoría de los asentamientos de las islas Torres, que yacen a barlovento o hacia el norte, Raga también está abierta al horizonte suroccidental (sotavento) y por lo tanto sus habitantes son sensibles a los vientos que se originan en esa dirección.

gada, o al menos un emprendimiento sumamente arduo e incómodo, durante esta temporada. Esto explica por qué la mayoría de los viajes entre las islas y la pesca de altura se reducen al máximo en este periodo.

Debido a las diversas formas en las que los alisios afectan la percepción que los isleños tienen del medio ambiente, y dada la presencia ininterrumpida de estos vientos durante seis o siete meses al año, pocos aspectos del clima son más dramáticos que la repentina calma que marca el fin de la época del *lang mehë lavë*. Esto precede el inicio de la estación de ciclones, que se caracteriza por periodos de completa calma interrumpidos por vientos erráticos del noroeste y el norte, y la actividad impredecible pero frecuente de huracanes. Los vientos de esta estación se conocen como *lang rëvot* y *lang më tegelau*.[28]

Tal como hacen con los vientos, los habitantes de Lo distinguen entre diversos tipos de nubes. En promedio, los cielos que rodean a las islas Torres se caracterizan por formaciones de nubes de gran altitud (estratos), conocidas como *paga* en Lo, y cúmulos pequeños y dispersos (y, cuando soplan los alisios del sureste, de rápido movimiento) a menores altitudes, con relativamente pocos días nublados (L: *teroro*, 'cuando el sol está especialmente fuerte', es decir, cuando no hay nubes). Los cúmulos bajos, *meligii*, son las más frecuentes durante el año, y los habitantes de las Torres generalmente se refieren a ellos cuando intentan manipular los elementos a través de la magia. Otro tipo de nube que es un marcador importante de la capacidad de un hombre para influir en el clima son las gruesas formaciones en tonos rojos (L: *merevelal*) que se arremolinan sobre el horizonte al atardecer o al amanecer y que se asocian con clima calmo y con tormentas (inducidas por el hombre), respectivamente.

[28] W.J. Durrad, en su "Notes on the Torres Islands", *Oceanía,* vol. 11, 1940-1941, p. 188, citó incorrectamente el nombre de *langrevot* como *votven,* y parece haber confundido la raíz 'noroeste' (LT: *vot*) con el término para un viento del noroeste que se encuentra en movimiento (LT: *vot ven*).

Según comentarios detallados ofrecidos por isleños de tres distintas localidades del centro-norte de Vanuatu —Malakula, Raga y las islas Torres—, parece que las nubes en ocasiones desempeñan un papel tanto o más prominente que el de los vientos predominantes en las relaciones humano-ambientales. Probablemente esto se deba al hecho de que a cada tipo de nube se atribuyen "fuerzas" específicas (con frecuencia creadas por el hombre) que excluyen terminologías generalizadoras; esta peculiaridad se hace evidente en la ausencia de un término genérico para "nube" en la lengua de lo-toga. Esto mismo refleja la creencia generalizada de que la manipulación combinada de los vientos y de las nubes constituye la parte crítica de la capacidad sobrenatural de aquellos "brujos" (B:*kleva*) que se dedican a manipular los elementos. Por ende, las nubes con frecuencia se asocian con fenómenos meteorológicos considerados el producto de la magia climática (LT: *n'ah*). En consecuencia, casi siempre que una nube se vuelve objeto de la atención humana en Islas Torres, suele interpretarse como un signo de que se ha realizado un acto de magia, buena o mala, poderosa o cotidiana, cerca del observador.

De acuerdo con varios de los expertos rituales de Islas Torres que tienen familiaridad con la *n'ah*, el acto de "observar" el clima (LT: *tülung*), y mediante dicha observación de manipularlo, es la clave para el éxito de la magia ambiental. Sea cual sea el tipo de nube o viento que se manipule, la facultad fundamental necesaria para que un hombre extienda su *mena* al ambiente, y, a través de éste, a otras personas y entidades, es la visión. Esta relevancia de lo visual resulta, por lo demás, consecuente con los principios básicos detrás de la producción del conocimiento y de la acción humana en el mundo, algunos de los cuales se han mencionado párrafos arriba en relación con el palolo y el sol. Por tanto, el signo de la eficacia de un mago sobre el clima también debe ser visible para todos.

En Islas Torres, una de las formas más comunes que se toman por evidencia visual de un acto de *n'ah* suele ser la formación de nubes de forma rara sobre la cabeza de grandes nubes de tipo cumulonimbus. Este signo en particular se conoce como *her* (también *har*; *nëher* cuando se une a su pronominal), sonido que funciona como sinónimo de un tipo de planta que se usa como componente material para las técnicas rituales de precipitación de la lluvia. La facultad de visión poderosa (*tülung*), aunada al término para designar magia climática eficaz (*her* o *har*) y con el término *wutol*, que significa tanto fuerza física como "capacidad" (literalmente, 'como aquel que puede cortar una enorme cantidad de madera fresca en poco tiempo'), se combinan en el nombre de un poderoso ancestro, Tulungharwutol, quien fue una de las pocas personas que falleció hace largo tiempo, pero que permanece vigente en la memoria colectiva de los isleños en razón de su enorme poder para controlar el clima.

Las dos temporadas de vientos predominantes descritas en este apartado conforman las principales divisiones meteorológicas del ciclo hortícola del ñame en Islas Torres, el cual, como se discutió en el capítulo anterior, comienza con la limpieza y siembra de nuevos huertos (aproximadamente de septiembre a febrero), con un posterior periodo de crecimiento, florecimiento y cosecha de los tubérculos (de febrero a junio). Pero el año lunar, que puede durar entre once y doce meses, y no se corresponde directamente con la división binaria anual de los vientos, constituye otro marcador temporal relevante. Es mediante la cuenta aproximada de lunaciones, y no de los vientos, que los isleños organizan lo que se podría definir como su "calendario", en términos de la concentración esquemática de todas las transformaciones ambientales regulares del ciclo solar anual. Más aún, la luna, por su periodicidad y su efecto diario sobre los océanos, es de igual o mayor relevancia que los vientos para las relaciones cotidianas humano-ambientales en las islas Torres.

La luna y las mareas

La luna (LT: **mëgagë*) es particularmente importante para las sociedades oceánicas residentes en islas pequeñas, puesto que la regularidad de su ciclo sinódico (mensual) se relaciona directamente con los eventos y la actividad diurna y nocturna de las mareas, la cual influye directamente en la microgestión de esfuerzos productivos cotidianos, tanto en la tierra como en el mar. La importancia de los ritmos lunares queda en evidencia a partir de las detalladas descripciones y categorías que los habitantes de las islas Torres han desarrollado para definir las fases de la luna y mareas.

Los isleños no emplean términos para los cambios diarios de las fases lunares, a excepción del término *nëmëgagë leu*, que denota los primeros cuartos crecientes y los últimos menguantes. En cambio, dividen las fases de la luna en tres categorías generales: 1) *nëmëgagë mad den* (lit. 'se puso redonda'), indica aquellas fases que se suceden entre el primer cuarto y la luna llena; 2) *nëmëgagë mad dë metou* (lit. 'maduró/está lista'), denota las fases que se dan entre la luna llena y el último cuarto menguante; y 3) *nëmëgagë lereleaere*, que se refiere a las fases entre el último cuarto menguante y la luna nueva (a pesar de su importancia, esta última fase no cuenta con nombre específico, o bien si alguna vez lo hubo ya desapareció del léxico actual del lotoga). Los términos otorgados al primero y al último cuartos crecientes de un mes son interesantes porque incorporan la palabra *leu*, que significa la primera aparición de objetos que viven los comienzos del "crecimiento vivo"; específicamente, se utiliza para describir la primera aparición de brotes y frutos en las ramas de un árbol (p. ej. *nëtawe leu*; *nialweh leu*, que indican el crecimiento de brotes propios de dos tipos de árbol local: el *tawe* y el *nialweh*).

La ubicación de la luna en el cielo, ya sea cerca del horizonte o en el cenit, se describe en términos que se refieren a la cualidad de su luz, más que a su posición en relación con una bóveda celeste fija. Esto puede o no estar relacionado con el hecho de que, según la estética de la percepción visual en las islas Torres, la existencia de un determinado objeto está supeditada a la cualidad de la luz que lo hace visible, y por lo tanto "aprehensible" por la mirada, es decir por la cuenca misma de los ojos.[29] En consecuencia, la cualidad visual de la luna en el cielo cuenta con referentes lingüísticos precisos, como son la expresión *nëhurhurinë*, que se refiere al halo de luz que se aprecia en el horizonte justo antes de la aparición de la luna, o bien *nëhirher*, que describe la luz que rodea a la luna cuando luce entera en medio del cielo. Sin embargo, estas expresiones no necesariamente se relacionan con actividades humanas específicas.

La más rica variedad de términos relacionados con el movimiento y la influencia de la luna se relaciona, en concreto, con los tiempos y la variedad de mareas diarias y anuales que afectan las ecologías marítima y costera de las islas. Al día de hoy, he podido identificar al menos 17 categorías diferentes para describir mareas específicas, muchas de las cuales se basan en la posición diurna y nocturna de la luna, así como la fase específica en la que se encuentra en el cielo en relación con la marea en cuestión. La mayoría de las categorías para las mareas suelen referenciar una de dos cualidades generales, a saber, el tipo de marea (véase tabla 3) (p. ej. marea alta, *liavë*; o marea baja, *met*), y el momento general del día (mañana, tarde, mediodía) en el que ocurre. Con esto en mente, he podido identificar seis categorías de marea alta: *liavënelivuliavë*, el nombre genérico del inicio de cualquier marea alta; *liavëmëren*, marea alta durante el día; *liavëmëtavë*, una marea alta en la mañana; *liavrevrev*, una marea alta que se da en la tarde; *liavëlilowatë*, marea alta al mediodía, y *liavii-*

[29] Esto en contraste con otros sitios, como Ambae occidental, donde se dice que la gente mide la posición de la luna respecto de su distancia de la silueta del gran volcán que se yergue sobre el horizonte oriental local (me he basado en esta información según me la transmitió, en gran detalle y siguiendo las categorías lingüísticas locales, una mujer inglesa que vivió en Ambae occidental durante varios años como maestra voluntaria, pero cuyo nombre infortunadamente no retuve después de nuestra reunión en la ciudad de Luganville).

Tabla 3. Mareas de Islas Torres

Categoría	*Nombre*	*Tipo*
Liave Marea alta	*Liave li vu liave*	Principio de cualquier marea alta
	Liave me tave	Marea de la mañana
	Liav revrev	Marea de la tarde
	Liave li lowate	Marea del mediodía
	Liavi ihar	Marea más alta del año
	Liave meren	Marea alta durante el día
Met Marea baja	*Nu metmet*	Principio de cualquier marea baja
	Met metave	Marea de la mañana
	Met mëren	Marea del mediodía
	Met revrev	Marea de la tarde
	Met melige	Luna nueva
	Met mëgagë	Luna llena
	Met mëgagë metavu toten	Marea baja durante el día y durante luna menguante

FUENTE: Elaborada por C. Mondragón.

har, la marea más alta del año. Por otro lado, existen al menos cuatro tipos de marea baja: *numetmet*, el principio de una marea baja; *metmëtavë*, marea baja en la mañana; *metmëren*, marea baja al mediodía, *metrevrev*, marea baja por la tarde. Además de estas categorías de marea alta y baja, hay otras varias sobre las cuales nunca pude obtener más que información incompleta, que se relacionan con la hora del día, el tipo de marea y la fase lunar. Algunas de ellas son: *metmëligë*, marea baja con luna nueva; *metmëgagë*, marea baja con luna llena; *metmëgagë metavutoten*, marea baja durante el día cuando hay cuarto menguante visible en el cielo por la mañana.

Este corpus sumamente organizado de conocimiento ambiental demuestra que los habitantes de las islas Torres prestan gran atención a aquellos aspectos de su entorno que influyen de manera directa tanto sobre su vida diaria como en su supervivencia misma, pues las mareas afectan al pequeño acuífero de agua dulce que yace bajo el suelo calcáreo de sus islas, y por ende al contenido de humedad en el suelo de los *letë lo*, es decir, los huertos de ñame ubicados en las tierras bajas (las costas); además de que influyen de manera determinante sobre los diversos métodos y momentos dedicados a las actividades productivas en el mar. Cabe nuevamente recordar que todas estas actividades terrestres y marítimas se consideran como diferentes aspectos de la elicitación de la abundancia, y sus resultados suelen relacionarse con el despliegue exitoso de *mena*. Por último, en la actualidad no hay rastros de rituales climáticos o magia para los huertos relacionados directamente con la luna y las mareas, y existen pocas narrativas míticas relacionadas directamente con la luna y las mareas.[30]

[30] Durante mucho tiempo, otros estudiosos de las Banks y las Torres han notado la falta de narrativas famosas sobre la naturaleza de la luna y otros cuerpos celestes. Por ejemplo, en el siglo XIX Codrington reportó que "en las islas Banks se cree que el sol y la luna son rocas o islas" y a veces se asociaban con personas míticas, pero afirmó que estas historias se contaron sin una creencia seria (*cf.* Codrington, *The Melanesians*, Oxford, The Clarendon Press, 1891, p. 348). No obstante, actualmente en Atchin aún se considera que la luna es agente de fertilidad femenina, y cuando se le relaciona con el consumo y el intercambio de productos del huerto y del mar se convierte en una importante representación de la naturaleza reproductiva de los vínculos matrimoniales entre las islas. Además, he registrado un cuerpo sustancial de conocimiento etnoastronómico sobre las percepciones de los isleños de las Torres en relación con la bóveda celeste nocturna y el ámbito celestial, todas las cuales tienen fuertes componentes míticos. La información sobre Atchin fue provista por Bernard Georgie Rowsie, de Atchin, y Kirk Huffman, comunicación personal. Véase también A. Biersack, "Ginger gardens for the ginger woman: rites and passages in a Melanesian society", *Man* (N.S.), vol. 17, 1982, pp. 239-258, y Wagner, *Asiwinarong*..., *op. cit.*, pp. 37-38, con respecto a las relaciones entre la sexualidad femenina y la abundancia hortícola en relación con la luna en otras sociedades melanesias.

El calendario tradicional de Islas Torres

El mes lunar, o ciclo sinódico, es la unidad de referencia aproximada para la representación del "calendario tradicional" de Islas Torres que aquí presento. Por ende, el esquema del mismo se divide en once (posiblemente doce) lunaciones. Hoy día sólo unas cuantas personas recuerdan los nombres tradicionales de estos "meses", como resultado del desplazamiento de este marco de referencia temporal a raíz de la adopción parcial del calendario occidental gregoriano, el cual se implementa principalmente a través de la presencia y actividad de la iglesia anglicana local, y la presencia de diversas temporalidades burocráticas propias de instituciones seculares extralocales, a saber, las actividades anuales de los gobiernos provincial de Torba y el nacional de Vanuatu.

Habida cuenta de que este esquema calendárico lunar no necesariamente refleja formas autóctonas de representación de los ciclos ambientales regulares de Islas Torres, cabe destacar que su esquematización tal y como la presento aquí permite observar ciertos patrones de conocimiento ambiental que de otra manera serían difíciles de apreciar. Es de notar, sobre todo, que los meses tradicionales que cobran mayor importancia a ojos de los isleños corresponden específicamente a las fases más demandantes del ciclo hortícola. Estas fases corresponden al periodo de cosecha del cultivo principal de ñame (*Dioscorea alata*), y la preparación de nuevos huertos, a saber: mediados de agosto, septiembre, octubre, noviembre, diciembre y principios de enero. Esto explica la razón por la cual, vistas dentro de esta representación esquemática, existe una clara concentración de las transformaciones ecológicas que registran los isleños a lo largo del año temporal; en otras palabras, estas transformaciones se vuelven más numerosas precisamente durante los periodos principales de cosecha y siembra del ñame. Estas transformaciones incluyen: el cambio anual de los vientos, la aparición del gusano palolo, la llegada del *tuwiä* y el movimiento del sol hacia y desde su posición al momento del solsticio de verano, todo en combinación con los efectos continuos de la luna y las mareas.

Otro suceso ambiental significativo, que sirve de indicador para el fin de la temporada de siembra y el principio del crecimiento de los ñames nuevos, es la aparición de la *vëhoro* (que también se pronuncia *vuhorow*), una hormiga voladora que adquiere alas y sale de manera multitudinaria de su nido durante la primera o la segunda semanas de enero de cada año, es decir justamente durante el momento más intenso de calor propio de la estación de ciclones.[31]

Al margen de indicadores ambientales propios de los biorritmos de fauna y flora local, los isleños reconocen también diversos asterismos (constelaciones) que se integran de manera aproximada dentro del marco general del calendario tradicional.

En suma, la reconstrucción de este "calendario", tal y como lo presento aquí habría sido imposible con base únicamente en la organización oral del conocimiento ambiental de los isleños; sencillamente, no es un formato que reconocieran los habitantes de las islas Torres antes de mi producción del mismo. Acaso es notable que, *a posteriori*, diversos isleños y ancianos han retomado este esquema, tal y como lo presenté en mi tesis doctoral (del 2003), de la cual repartí varias copias en las islas, y así lo han presentado, es decir, como parte propia, esquematizada, de su conocimiento tradicional, hacia

[31] Una vez al año, durante dos o tres noches, estas criaturas aparecen por miles en la noche, atraídas por la luz de lámparas de queroseno y fogatas. Su aparición marca el momento en que las hormigas sufren una metamorfosis específica durante la cual les crecen alas y dejan sus nidos para aparearse, pero a falta de descripciones de especialistas sobre este animal no pude identificar el tipo de hormiga del que se trata ni el motivo de su aparición repentina. La etapa en la que este insecto no tiene alas se conoce como *neveho;* el nombre de la hormiga voladora, *vehorow*, significa "voho que baja", del direccional *row*, "bajar"; el significado de este nombre puede relacionarse con el hecho de que las hormigas voladoras "bajan" hacia la costa desde sus nidos en las cumbres. El *vehorow* se emplea como marcador del término del periodo en el que debieron haberse erigido los postes para las enredaderas de las plantas de ñame, y efectivamente señala el término del ciclo de plantación en los nuevos huertos.

otros académicos que han visitado recientemente estas islas.[32] Pero sirva todo esto para subrayar que finalmente esta representación se trata de un modelo ajeno que exhibe una correlación útil entre las lunaciones, las fases de la actividad hortícola y los meses del calendario gregoriano, pero se basa en una forma de comparación del conocimiento que no era propia de los isleños antes de mi intervención.

La tabla 4, en su mayor parte, se basa en un modelo originalmente diseñado por el misionero W.J. Durrad a principios del siglo XX.

Los meses lunares que constituyen este marco calendárico anual no representan un simple "modismo celestial" para referirse al ciclo hortícola tanto como una representación pragmática de las relaciones extensas y acumuladas hacia diferentes esferas ambientales: el mar, el suelo, el clima, los biorritmos, que se concentran en torno al proceso de 'hacer/trabajar' (*rag*) un huerto (*raglëte*). En este sentido, se asemeja a los de otros melanesios isleños, como los de las Trobriand, sobre cuyo calendario Malinowski afirmó que "el marco real de la división [calendárica] nativa, así como su imagen del año, se representa con una sucesión de actividades en las labores del huerto".[33]

Los conceptos del mundo vivo que dan forma al calendario de las islas Torres se derivan de aquello a lo que Biersack se refiere

[32] A su solicitud, le presenté al *jif* (B: *jefe*) Pita Wotegwo de la isla de Lo una copia de este esquema calendárico. No sé si el *jif* Pita logrará reaprenderlo y transmitirlo a futuras generaciones tal como lo reconstruimos, pero su interés y el de otros isleños en recuperar este conocimiento en el formato en el que lo produje fue genuino y profundo.

[33] B. Malinowski, "Lunar and seasonal calendar in the Trobriands", *Journal of the Royal Antrhopological Institute*, vol. 62, 1927, p. 211. Damon ha planteado argumentos similares sobre los calendarios en la isla de Muyuw y la región de Kula (Papúa Nueva Guinea): "Ninguna persona o lugar tiene la función de vincular los cuerpos celestiales con el propósito de contar el tiempo. Lo que se discute no es el conocimiento sobre temas celestiales sino construir lo que conoce en un sistema conceptual que demuestra la existencia de algo más importante que el sol, la luna y las estrellas, y quizás incluso que los ñames". El punto es que las sociedades de Kula 'usan los fenómenos celestiales para organizar la producción". (Damon, *From Muyuw to the Trobriands..., op. cit.*, p. 227, énfasis en cursivas).

como el "mundo de vida *(life-world)* de la praxis y no sólo de la significación".[34] Este mundo de la praxis nos refiere a esferas más grandes de pertenencia en relación con un entorno dado, las cuales, en el caso de Islas Torres, incluyen principios ontológicos y valores generativos que son inseparables de la percepción de la temporalidad. La temporalidad, en este contexto, está enmarcada por los ciclos ambientales que ejercen cambios regulares e irregulares sobre todas las cosas vivas que constituyen (y crecen en) el mundo.

En diversas partes del Pacífico occidental los valores derivados de las relaciones humano-ambientales incluyen conceptos de contaminación y pureza, de crecimiento y descomposición; asimismo, suelen incorporar esferas distintivas del género de la persona o entidad, y se relacionan de diversas maneras con diferentes partes de la tierra, el cielo y el mar.[35] En este capítulo, he abordado el tema de la temporalidad isleña con la finalidad de seguir explorando las diversas dimensiones cosmológicas (en el sentido de esferas interrelacionadas del mundo vivo, no de un cosmos abstracto o esquematizado

[34] A. Biersack, "Ginger gardens for the ginger woman...", *op. cit.*, p. 67. Compárese mi argumento sobre la relación entre la temporalidad, la capacidad y la evocación de valores sociales con las observaciones de Roy Wagner sobre los usen barok, en Nueva Irlanda: "Debido a que la producción de alimentos desempeña un papel central en las relaciones de género, al definir y dar cuenta de la complementariedad moral del hombre y la mujer, el *awat* [calendario tradicional de los barok] es algo más que una mera analogía especulativa. Como un medio para relacionar la actividad humana concertada a través de la observación de sucesos externos, y para concentrar la preocupación humana en una imagen de productividad en el proceso, de hecho se convierte en un medio para elicitar, o generar de forma indirecta, las relaciones sociales y morales de la horticultura" (Wagner, *Asiwinarong...*, *op. cit.*, p. 44).

[35] *Cf.* A. Sorum, "Growth and decay: Bedamini notions of sexuality", en Gilbert H. Herdt (ed.), *Ritualized Homosexuality in Melanesia*, Berkeley, University of California Press, 1984; M. Kahn, *Always Hungry, Never Greedy: Food and the Expression of Gender in a Melanesian Society*, Cambridge, Cambridge University Press, 1986; y N. Munn, "The spatiotemporal transformations of Gawa canoes", *Journal de la Société des Océanistes*, vol. 33, 1986, pp. 39-53.

Tabla 4. El calendario tradicional de Islas Torres

Lunación (en lo-toga)	*Traducción*	*Actividad asociada*	*Marcadores estacionales*	*Mes (aprox.)*
nemwëgot gëto	Ñame (?)	Desmalezamiento de huertos nuevos		agosto
wë gwona	?	Comienza la principal siembra de ñame	Llegada del *túwia*	sept.
wë mëmo	?	Siembra de ñame y otros cultivos	Inicia el monsón (ciclones); primer palolo	oct.
nút	Palolo	Continúa siembra y preparación de huertos nuevos	El sol toca el sur de Ureparapara; segundo palolo	nov.
nút lavë	Gran palolo	Erección de postes para sostener la planta del ñame	Solsticio de verano (austral)	dic.
nút melëgehe	Palolo verde	Se deja al huerto crecer/ gestar/devenir verde	Aparición del *vëhoro*, hormiga voladora	enero
nút memëdarö	Palolo rojo	La planta del ñame retoña (verde)	Tiempo de mayor calor y lluvia	feb.
nëmwegot mëta	Ñame húmedo	La planta del ñame deviene roja (madura)	Pesca en alta mar	marzo

nëmwegot reng	Ñame seco	Primeros frutos del ñame se cosechan	Termina el monsón, comienza estación de secas (alisios)	abril
nëmwegot gilgil temeg	Extraer el *temeg*	Se cosecha el *temeg* (ñame silvestre), *i.e*. el resto del huerto	Retoñan algunas flores estacionales	mayo
nëmwegot gilgil kweta	Extraer el taro	Se cosecha el taro	Solsticio de invierno (austral)	junio
?		Finaliza la cosecha		julio

FUENTE: Elaborada por C. Mondragón.

de significaciones abstractas) de aquellos valores asociados con la "eficacia generativa", la productividad y la destructividad, en suma con la agencia en y sobre el mundo, la cual se pasa de manera importante por el concepto de *mena*. En este caso, el contexto específico relacionado con la manifestación de *mena* han sido las fluctuaciones climáticas regulares que inciden directamente sobre la producción de alimentos, y por extensión sobre la reproducción de personas y linajes. En el siguiente capítulo ofreceré una semblanza de estos valores generativos en relación con fluctuaciones ambientales irregulares, e incluso violentamente transformativas, o estocásticas.

A partir de los materiales etnográficos presentados en este capítulo, queda claro que las percepciones que las personas de Islas Torres tienen acerca del ambiente y de sus ciclos estacionales y climatológicos constituyen un aspecto crucial de la percepción del tiempo y del espacio, en tanto "lugar" o territorio asociado a la persona, es decir de *ples*, en esta parte de Vanuatu. En vista de su complejidad, vale la pena ofrecer algunas reflexiones finales —complementarias a las proferidas en capítulos anteriores— sobre ambos conceptos.

En cuanto al problema específico de la temporalidad, he argumentado que el calendario de las islas Torres no puede definirse en tanto sistema formal de cómputo del tiempo, entendido desde referentes cartesianos de distancia y duración. Con la excepción del periodo de seis a ocho semanas que comienza con el tránsito del sol naciente a lo largo de la silueta de Ureparapara y termina después del solsticio de verano, los habitantes de Islas Torres no manifiestan interés alguno en "medir" el tiempo en escalas de años, meses o incluso días. Es significativa, en este contexto, la ausencia de un término para "tiempo" en el léxico de las dos lenguas austronesias propias de Islas Torres.[36] Esto no quiere decir que no tengan noción de los mar-

[36] Si bien este enfoque parece estar en conflicto con el rechazo de Alfred Gell a "la tendencia de pensamiento que distingue diferentes especies y variedades de tiempo sobre la base de distintos tipos de procesos que se dan en el tiempo" (A. Gell, *The Anthropology of Time*, *op. cit.*, p. 315), yo argumentaría que el tema

cos calendáricos gregorianos, ni de los relojes de 24 hrs, los cuales, con todo, no forman parte de la conciencia diaria ni de vida de los isleños. Específicamente, quiere decir que no necesariamente equiparan la idea del tiempo con un fenómeno abstracto necesitado de procesos constantes de "medida" o "duración". De hecho, la mayoría de los isleños no tienden a registrar ni recordar ni sus fechas de cumpleaños, no llevan cuenta de los años de la era cristiana, y por lo tanto casi nunca conocen su edad exacta.

Del mismo modo, la organización del ciclo hortícola en torno a un marco de indicadores temporales ambientales no representa un intento por imponer un sistema de medición precisa y control pormenorizado del tiempo en relación con el trabajo agrícola, entendido en un sentido estrecho de esfuerzo productivo materialista (*id est*, económico, sin más, a la manera en que lo definió E.P Thompson). Más bien, la combinación de una serie de fenómenos ambientales regulares, que se repiten en relación con un marco solar anual, se relaciona de diversas formas con el ciclo hortícola, en tanto que éste concentra la mayor parte de la preocupación y esfuerzo humanos dedicados a garantizar el ciclo vital de reproducción social. Dicho de otra forma, el marco de fluctuaciones ambientales regulares descrito en este capítulo sirve para organizar la labor generativa humana en torno al suelo y sus cultivos. En este sentido, algunos de los ciclos ambientales regulares —las migraciones de ciertos animales, sus épocas de reproducción, el movimiento solar en ciertos momentos del año, etc.— permiten organizar series de actividades productivas humano-ambientales

---

central del presente no son tanto las diferentes especies de tiempo, como las diversas experiencias de temporalidad (como las que pueden derivarse de vivir el crecimiento de generaciones de personas, secuencias de transacciones de intercambio, sucesiones genealógicas de árboles en el bosque, etc.), y los valores y conceptos relacionados que guían a tales experiencias o se derivan de ellas (que no es lo mismo que el "tiempo" entendido en el sentido estrecho de medida, duración o proceso).

relacionadas con la generación de aspectos clave del "crecimiento vivo", del *vavalëte*.

A su vez, tanto el ciclo hortícola como todas las otras actividades y fenómenos generativos aglutinados en torno al marco calendárico anual son parte de un escenario mayor, cosmológico, cuya dinámica está sustentada por una diversidad de expresiones, o manifestaciones, tanto humanas como ambientales, de *mena*.

¿Qué ocurre, sin embargo, con los efectos de los sistemas modernos para calcular el tiempo que también forman parte de la vida de este microarchipiélago? El alcance de este capítulo no ha incluido una discusión detallada de las diversas maneras en que los habitantes de Islas Torres han adoptado sistemas extralocales de medición temporal moderna (calendarios; relojes colgados en los muros de escuelas e iglesias; horarios de vuelo; relojes de pulso). No obstante, cabe enfatizar que, como en gran parte del Vanuatu rural, dos de estos sistemas de medición forman parte, desde hace casi un siglo, de los ritmos de la vida diaria en Islas Torres. Uno es la combinación de los calendarios seculares y cristianos diseñados para llevar la cuenta de fechas importantes, según las determina el Estado (siendo éstas el día de la independencia nacional y el de año nuevo) y la Iglesia Anglicana (para la cual son la Navidad y Pascua las fechas anuales de mayor relevancia). El otro consiste en los marcos de regulación del tiempo diario constituidos en torno a la asistencia diaria a la escuela y a la iglesia. Lo importante es que el calendario "tradicional" de las islas Torres, en tanto parte y producto de los sistemas de subsistencia y (re)producción social, es un fenómeno sujeto de renovación práctica constante.

Por lo demás, esta renovación de los ciclos que dan forma al calendario es llevada a cabo, en el día a día, por una mayoría de personas que no necesariamente están familiarizadas con el conocimiento especializado de los nombres tradicionales de los "meses", por ejemplo. Así, casi un siglo después de la introducción y la gradual intercalación de sistemas externos de conteo del tiempo en la vida de las islas Torres, los sentidos y conceptos predominantes de temporalidad siguen estando regidos por ciclos ambientales y generativos fundamentalmente distintos a la lógica cronométrica a partir de la cual se organiza también la vida diaria, burocrática y espiritual de esta pequeña comunidad austronesia.

Capítulo 9

CONOCIMIENTO LOCAL, ADAPTACIÓN Y CAMBIO CLIMÁTICO

El Pacífico occidental: una línea del frente del cambio climático

En la última década ha ido en aumento la literatura antropológica que aborda las dimensiones culturales del cambio climático en Islas del Pacífico.[1] Un tema común a estas investigaciones es que "el cambio climático ya está ocurriendo" en toda Oceanía y por lo tanto requiere de respuestas inmediatas.[2] Este creciente sentido de urgencia se pue-

[1] Véase J. Barnett y J. Campbell, *Climate Change and Small Island States: Power, Knowledge and the South Pacific,* Washington, D.C./Londres, Earthscan, 2010; H. Lazrus, "Sea change: Island communities and climate change", *Annual Review of Anthropology*, vol. 41, 2012, pp. 285-301; Rudiak-Gould, "Promiscuous corroboration and climate change translation: a case study from the Marshall Islands", *Global Environmental Change*, vol. 22, 2012, pp. 46-54.

[2] En términos del debate acerca de las sociedades residentes en islas pequeñas, el texto clave en relación con este desplazamiento en políticas ambientales es el de N. Mimura *et al.*, "Small Islands", en M.L. Parry, O.F. Canziani, J.P. Palutikof, P.J. van der Linden y C.E. Hanson (eds.), *Climate Change 2007: Impacts, Adaptation and Vulnerability. Contribution of Working Group II to the Fourth Assessment Report of the Intergovernmental Panel on Climate Change*, Cambridge, Cambridge University Press, 2007, pp. 687-716, pero véase también N. Maclellan *et al.*, *Owning Adaptation in the Pacific. Strengthening Governance of Climate Adaptation Finance*, Auckland, Oxfam New Zealand, 2007, y D. Nakashima *et al.*, *Weathering Uncertainty: Traditional Knowledge for Climate Change Assessment and Adaptation,* París, Francia/Darwin, Australia, UNESCO/ United Nations University, 2012.

de entender, en parte, como el reflejo de una serie importante de procesos que se han dado en los últimos años en torno a la discusión internacional sobre el cambio climático y el conocimiento ecológico tradicional. Uno de estos procesos es el creciente interés, académico y político, por lo que las Naciones Unidas (específicamente a través de la UNESCO) ha identificado como aquellas regiones del mundo que representan las "líneas del frente" del cambio climático (*climate frontlines*). Esto, en referencia a aquellas zonas especialmente vulnerables que ya empiezan a experimentar las dramáticas transformaciones ecológicas derivadas del calentamiento global antropogénico. Estas regiones incluyen, de manera prominente, el Ártico y las islas pequeñas del Pacífico.[3]

En paralelo con lo anterior, el problema de la adaptación climática de las comunidades humanas propias de estos "frentes de batalla" se ha ido convirtiendo en una preocupación central tanto de organizaciones internacionales como de estudiosos de las regiones en cuestión.[4] En consecuencia, se ha vuelto a poner de relieve el reto de

[3] El término "líneas del frente del cambio climático" fue adoptada formalmente para dar nombre a un foro global en línea organizado por la Sección para Islas Pequeñas y Conocimiento Indígena (*Small Islands and Indigenous Knowledge Section* de la UNESCO). La definición esencial que ofrece este equipo del término "líneas del frente" comprende "comunidades compuestas por sociedades indígenas propias de medios rurales o de islas pequeñas [ubicadas] en el Ártico, o bien en sitios de alta montaña, los márgenes del desierto o en islas pequeñas", las cuales cuentan con altas probabilidades de sufrir antes que el resto del mundo los impactos del cambio climático provocado por el calentamiento global antropogénico, en vista de la "vulnerabilidad particular" de sus territorios de origen, aunado a su dependencia de formas de vida basadas en la explotación de recursos naturales locales. Citado del tríptico *Climate Frontlines*, disponible en: http://www.climatefrontlines.org/ (consultada en abril de 2013). La expresión "línea del frente del cambio climático" también ha sido utilizada en otros medios, por ejemplo E. Ferris *et al.*, *On the Front Line of Climate Change and Displacement: Learning from and with Pacific Island Countries*, Washington, D.C. / Londres, The Brookings Institution-London School of Economics Project on Internal Displacement, 2011.

[4] Esta preocupación por la adaptación contrasta con el énfasis que se puso a lo largo de la primera década del siglo XXI sobre el tema de la mitigación. Este tránsito

incorporar aspectos relevantes del llamado conocimiento ambiental tradicional (*traditional environmental knowledge*, o TEK por sus siglas en inglés) a las estrategias internacionales relacionadas con el cambio climático.

Este interés renovado por las prácticas ambientales locales viene acompañado de una preocupación por obtener conocimientos etnográficos más precisos sobre la multitud de prácticas ambientales no-occidentales que se presentan entre las sociedades del Ártico circumpolar tanto como de las islas pequeñas de Oceanía. Otro reto, más complicado aún, consiste en la intención de traducir los valores ambientales propios de epistemologías no-naturalistas a un lenguaje compatible con la lógica de las ciencias naturales.

Es en este contexto de discusiones internacionales sobre el clima, la adaptación y la traductibilidad de conocimientos ecológicos no-occidentales que se tienen que colocar parte de los argumentos y los datos etnográficos que presento en este trabajo. Mientras que en el capítulo anterior describí las prácticas ambientales de Islas Torres en relación con el marco climático estacional de este microarchipiélago, en el presente capítulo abordo las mismas prácticas en relación con lo que denomino transformaciones ambientales, con lo cual me refiero tanto a las fluctuaciones no estacionales —a veces de muy larga duración, a veces resultado de procesos catastróficos muy breves— como a las consecuencias climatológicas del calentamiento global que ya se empiezan a hacer presentes en el medio físico en el que se sitúan las islas Torres. Uno de los argumentos implícitos de este capítulo es que mientras que Islas Torres y sus habitantes constituyen un entorno propio de las "líneas del frente" climático, en tanto islas pequeñas amenazadas por la elevación de los niveles mundiales del mar, los conocimientos y experiencias de sus habitantes

semántico no es casual, toda vez que marca el reconocimiento tácito de la comunidad internacional sobre el hecho de que el cambio climático ya se ha comenzado a sentir en diversas regiones del planeta.

guardan lecciones contraintuitivas en relación con el tono casi histérico de alarma que actualmente caracteriza a las narrativas de aquellas organizaciones internacionales dedicadas a este problema.

Continuando con el examen de experiencias de los cambios regulares en el medio ambiente de Islas Torres proferido en el capítulo anterior, en este capítulo me concentro en aspectos de las relaciones humano-ambientales vinculados a fluctuaciones climáticas irregulares. Sin embargo, hago énfasis sobre las dimensiones extralocales del conocimiento ambiental local, con especial referencia a las lecciones que guarda para la discusión sobre la capacidad adaptativa de los habitantes de las islas Torres y otras islas del Pacífico. En consecuencia, los materiales que expongo en las siguientes páginas regresan sobre aspectos de las prácticas ambientales y los entornos físicos que sobre Islas Torres he expuesto en capítulos anteriores. Pero estos materiales han sido organizados de manera que no consistan simplemente en una enumeración fáctica de lo que reconoceríamos como "conocimiento ambiental" desde la perspectiva del naturalismo empirista, sino que pretenden ofrecer un bosquejo de las perspectivas de los isleños y de las maneras en que se han adaptado a su entorno antropogénico y a las transformaciones climáticas que le han caracterizado desde hace milenios.[5]

[5] Conviene aclarar la distinción que estoy haciendo entre fluctuaciones ambientales irregulares y transformaciones o eventos ambientales violentos. Por transformaciones violentas me refiero a fenómenos estocásticos, es decir, con potencial para causar cambios dramáticos e incluso catastróficos en muy poco tiempo; en el contexto del Pacífico sudoccidental, este tipo de fenómenos incluye especialmente los terremotos, las marejadas y los ciclones. Por fluctuaciones irregulares me refiero sobre todo a cambios ambientales no-cíclicos, o bien característicos de una ciclicidad difícil de precisar; en este caso, el fenómeno irregular al que principalmente me refiero incluye la llamada Oscilación del Sur El Niño (mejor conocida como El Niño, o bien ENSO, por sus siglas en inglés), así como los patrones de lluvia intensa e intemporal que está generando sobre Vanuatu el desplazamiento de la banda climática conocida como la Zona de Convergencia del Pacífico Sur. Este desplazamiento, se cree, responde a cambios climatológicos hemisféricos provocados por el calentamiento global.

UN ENTORNO DINÁMICO

Durante varios milenios, las fluctuaciones ambientales a mediano y largo plazo han sido parte de la experiencia austronesia con el mundo físico.[6] El hecho de que durante miles de años los pueblos austronesios y papúes del Pacífico occidental hayan modificado constantemente sus mundos locales es indispensable para entender que las comunidades residentes en isleñas pequeñas —como las islas Torres— son interventores activos, no sólo receptores pasivos, de las transformaciones ambientales irregulares o violentas. Dicho de otra manera, los residentes de microarchipiélagos como Islas Torres comparten una historia activa y entrelazada con sus entornos ecológicos. Por lo demás, estas historias entrelazadas no se pueden pensar como prácticas "ancestrales", en el sentido de relaciones estáticas y equilibradas con el medio ambiente, sino como una serie de relaciones procesuales en el tiempo y el espacio. Asimismo, registran los efectos acumulados, más recientes pero con frecuencia intensos, de las diversas intervenciones, coloniales y poscoloniales, sobre la flora, la fauna y los humanos de estas islas.[7]

[6] La primera fecha en que se confirma presencia humana en Islas Torres data de 3 200 años antes del presente. *Cf.* J.-C. Galipaud, *Recherches archéologiques aux îles Torres: Premiers résultats de la mission réalisée du 9 au 23 Novembre 1990 dans les îles de Metoma, Tegua et Toga*, Port Vila, ORSTOM, 1996 (Rapport de Terrain, 5).

[7] Algunas de las transformaciones más notorias que han impactado los patrones de dispersión demográfica de Islas Torres incluyen la política colonial de desplazamiento forzado desde el interior hacia las costas, con el fin de poder controlar mejor a las comunidades melanesias. Véase C. Mondragón, "A Weft of Nexus: Changing Notions of Space and Geographical Identity in Vanuatu, Oceania", en P. Wynn Kirby (ed.), *Boundless Worlds. An Anthropological Approach to Movement*, Oxford, Berghahn, pp. 115-133. La complicada historia de esfuerzos similares relacionados con iniciativas internacionales enfocadas hacia el "desarrollo humano" no ofrece ningún motivo para fomentar el optimismo. A la fecha la preocupación por los conocimientos locales apenas comienza a trascender la inefi-

Como se explicó en el capítulo anterior, las islas Torres son un entorno dinámico que está en constante modificación como consecuencia de las mareas cambiantes y los vientos estacionales. Pero estas islas también son sujeto de cambios repentinos en la hidrodinámica de sus costas como resultado de terremotos regulares y potentes, es decir, de cambios provocados ya no por la meteorología local y regional, sino por fuerzas submarinas de dimensiones y poderío verdaderamente cósmicas. Esta inestabilidad se debe a que las masas de tierra que componen las Islas Torres son producto de la convergencia entre las placas australiana y del Pacífico.[8] La principal huella de esta zona de convergencia es la llamada Fosa de Torres (Torres Trench), un abismo submarino de más de 6 000 metros de profundidad —en efecto, el sitio preciso en el que se encuentran y sobrelapan las placas mencionadas— que yace a menos de 5 kilómetros al occidente de Islas Torres.

Desde este punto de vista, el cual cabe subrayar es completamente ajeno al marco ontológico y cosmológico de los isleños, las islas Torres constituyen un verdadero microcosmos terrestre: seis puntitos de coral y tierra que apenas sobresalen a la superficie inmensa del mar, pero que a su vez están posadas precariamente sobre la cúspide de la placa tectónica del Pacífico, una formación gigantesca pero invisible que se extiende a lo largo de varios miles de kilómetros sobre el fondo marino, desde el sureste de Kanaky/Nueva Caledonia hasta el Mar de Bismarck y el Golfo de Madang, en Papúa Nueva Guinea.

---

caz aplicación de formas de "inclusividad" y "consulta" en relación con los llamados "actores locales".

[8] "While many of the Vanuatu islands are typical subaerial arc volcanoes related to present-day subduction, others, including the Torres group, appear to have emerged due to collision-driven uplift. [...] [They are estimated] to have uplifted by more than 100m in the last 125 000 yrs.", cita de Ballu *et al.*, "Comparing the role of absolute sea-level rise and vertical tectonic motions in coastal flooding, Torres Islands (Vanuatu)", *Proceedings of the National Academy of Sciences,* vol. 108, núm. 32, 2011, p. 1.

Esta placa se sobrepone, siempre inestable, a la placa australiana, dando lugar al proceso geológicamente de tensión y desplazamiento que dio origen a las islas Torres hace 22 millones de años y que, como subrayaré en este capítulo, significa que lejos de hundirse estos diminutos pero antiguos montículos de coral, tierra y vida se están elevando lentamente por encima del mar circundante. Con todo, la superficie actual de Islas Torres es limitada (111.8 km^2), pero las alturas de sus cerros varían entre 150 y 360 msnm, y sus costas están delimitadas por litorales rocosos inhóspitos interrumpidos por playas pequeñas de arena blanca.

De acuerdo con los patrones pasados y presentes de uso de suelo sobre esta topografía constreñida (véanse capítulos 5 y 7), la superficie de las islas Torres se puede dividir en: *1)* costas y litorales estrechos pero productivos que incluyen arrecifes, una marisma poco profunda pero extensa con áreas de pastos marinos y zonas dispersas de manglares; *2)* una playa alta a relativamente baja altura en cuyos suelos la gente cultiva los jardines principales que producen alimentos (principalmente ñame, taro y mandioca) y las plantaciones de coco para los cultivos comerciales, y *3)* áreas extensas de colinas cuyos suelos son más oscuros, y en los cuales los habitantes practican diversas formas de horticultura y arboricultura. Como se explicó anteriormente, las colinas también están asociadas con asentamientos preeuropeos y áreas tabú ancestrales que son fundamentales para las diversas formas de actividad ritual y reiteraciones de identidad geográfica.

El bosque antropogénico: entrelazamientos entre humanos, animales y árboles

Las islas Torres están casi uniformemente cubiertas por un bosque denso y húmedo cuya flora y fauna son propias de la ecorregión selva norte de Vanuatu, que se extiende hacia las islas Salomón centrales y del sur.[9] Sin embargo, los árboles de las islas Torres no cuentan con altos índices de biodiversidad; su follaje es pequeño y el número de especies es escaso en comparación con los árboles de Papua Nueva Guinea y las islas Salomón. Las cualidades de los bosques no se pueden separar de las interacciones humanas y animales actuales, un hecho que es evidente para los habitantes de Islas Torres, cuyos sistemas de producción "sugieren una integración funcional entre las prácticas de cultivo (incluido el cultivo de árboles) y la administración misma de los bosques".[10]

Entre los animales más notorios que residen en los bosques de este grupo isleño se incluyen el zorro volador (LT: *nikwerot*; B: *flaenfokis*; *Pteropus spp.*), la paloma conocida en bilsama como *nawimba (Ducula pacifica)*, el alción acollarado, comúnmente conocido por su nombre en inglés de *kingfisher* (*Halcyon chloris*), diversas aves silvestres y aves migratorias, tales como el *túwia* (*Tringa incana*), el *nasivi* (*Limosa lapponica*), y unos cuantos ejemplares del *namalao* (*Megapodius freycinet*), un ave sin capacidad de vuelo que está en grave peligro de extinción en estas islas. Asimismo, hay aún una población relativamente sana de cangrejo cocotero (*Birgus latro*). Estos animales mantienen diversos tipos de relación con los humanos: algunos terminan siendo presa, otros son explotados para obtener recursos alimenticios constantes (como los huevos), o bien dinero en efectivo, y algunos más pueden llegar a ser mascotas.

[9] Commonwealth Scientific and Industrial Research Organization, *The Environments of Vanuatu. A classification and atlas of the natural resources of Vanuatu and their current use as determined from Vanris*, Brisbane, Commonwealth Scientific and Industrial Research Organisation (CSIRO Brisbane) / Australian Department of Primary Industries Forest Service., s.f.; J.I. Wheatley, *A Guide to the Common Trees of Vanuatu: With Lists of their Traditional uses and ni-Vanuatu Names*, Port Vila, Department of Forestry, 1992.

[10] E. Hviding y T. Bayliss-Smith, *Islands of Rainforest: Agroforestry, Logging and Eco-tourism in Solomon Islands*, Hampshire/Londres, Ashgate/School of Oriental and African Studies Studies in Development Geography, 2000, p. 17; véase también W.C. Clarke y R. Thaman, *Agroforestry in the Pacific Islands: Systems for Sustainability*, Tokio/Nueva York/París, United Nations University Press, 1993.

Los aspectos de la historia entrelazada de las personas, los animales y los árboles pueden extraerse de los conocimientos locales acerca de los patrones de dispersión de los árboles.

Desde hace mucho tiempo, los habitantes de Islas Torres son conscientes de la presencia de diferentes especies de árboles y animales en distintos lados de sus islas como consecuencia del efecto de los vientos dominantes (*lang mehë lavë*), especialmente de los vientos del sudeste, en el entorno local. Los lados de barlovento son más húmedos y tienden a estar dominados por variedades más altas, frondosas y de hojas perennes. Una lista sumamente breve de los árboles más prominentes que se dan en estas zonas de las islas incluirían: el *takë* (*Kleinhovia hospita*; B: *namatal*), cuya madera es utilizada para leña, así como para fabricar postes transversales para los techos de las chozas de *natanggora*, mientras que la corteza y hojas sirven para propósitos medicinales; el *var* (*Hibiscus tiliaceus*; B: *burao*), cuya madera sirve para fabricar postes verticales para las casas y para las cercas con las que se rodean los huertos de ñame, así como para leña; el *nov* (*Gyrocarpus americanus*; B: *kenu tri*), árbol utilizado de manera predominante en la construcción de canoas y embarcaciones; el *nor* (*Casuarina equistefolia*; B: *oktri*), de madera sumamente dura, por lo que es utilizada para fabricar bastones rituales con grabados poderosos, y el *kwoh* (*Cordia dichotoma*; B: *glutri*), un árbol cuyas hojas se utilizan como ingredientes medicinales y mágicos.

En cambio, los lados de sotavento (norte y oeste) de las islas tienden a ser más secos y los caracterizan los árboles de hojas caducifóleas, bosques de bambú, arbustos dispersos y pastos gruesos.[11] Este patrón de dispersión se ve influido por varios factores, que incluyen: la limpieza periódica de los huracanes y el rebrote posterior, que está dominado por especies colonizadoras más robustas; la dis-

[11] Existen, cuando menos, otra docena de variedades arbóreas que son propias de las tierras bajas o costeñas. Los isleños también poseen un cuerpo considerable de conocimientos botánicos producto de las propiedades derivadas de las hojas, plantas, frutos y lianas relacionadas con el bosque.

persión semiestructurada de semillas que realizan animales tales como los zorros voladores, cuyos desplazamientos diarios y áreas de anidación anuales se sincronizan con las estaciones principales de viento, y especialmente los múltiples milenios de transformaciones hortícolas y patrones de asentamiento humano ambulante que han implicado el cultivo preferencial de ciertos árboles que dan frutos comestibles, nueces y varios otros recursos en los huertos (*lëte*) que rodean al bosque.

Estas configuraciones cambiantes de los árboles, las plantas, los animales y los seres humanos significan que la explotación de los recursos ambientales se escalona a lo largo del año estacional. Esto es significativo en términos de la flexibilidad y la adaptabilidad a las transformaciones ambientales, dado que representa una forma de gestión medioambiental que permite que diferentes zonas del paisaje terrestre y arbóreo se recuperen periódicamente, o bien se transformen de manera sustentable como respuesta a circunstancias físicas novedosas. Volveré a esta cuestión en relación con la tenencia marina.

Como se ha indicado en varios de los capítulos anteriores, la horticultura y la arboricultura son los ámbitos principales de la actividad productiva a los que los habitantes de Islas Torres dedican sus esfuerzos diarios para subsistir. Utilizo el término de Hviding y Bayliss-Smith para referirme a estas prácticas en su conjunto como "agrosilvicultura", el cual busca poner de relieve "las prácticas agrícolas que logran la integración de los árboles con las plantas comestibles, ya sea a través de cultivos asociados (cultivos que crecen en estrecha yuxtaposición a los árboles) o por medio de la agricultura migratoria (cultivos que crecen de un árbol en barbecho)".[12] Los productos básicos de la agrosilvicultura en las islas Torres son el ñame (*Dioscorea alata*), el taro (*Araceae* spp.), la mandioca (*Manihot esculenta*), la kava (*Piper methysticum*) y numerosas va-

[12] E. Hviding y T. Bayliss-Smith, *Islands of Rainforest... op. cit.*, p. 17.

riedades de plátano. A su vez, los cultivos comerciales están dominados por la exportación de cangrejo cocotero (*Birgus latro*), la producción de copra a pequeña escala y la ganadería de reses muy limitada, que se conserva por razones de prestigio más que por la ganancia económica.

El ñame, en particular, es fundamental para entender la flexibilidad y el potencial adaptativo inherente a las prácticas hortícolas locales. Debido a que es un tubérculo cuya siembra no está vinculada al año estacional, es posible plantar y cultivar ñame en cualquier momento; esta cualidad única ofrece la posibilidad de generar múltiples cosechas escalonadas. También ayuda a explicar la práctica de cambiar las estaciones hortícolas tradicionales a cualquier mes dado del año luni-solar. En el capítulo 5 ya se hizo referencia a la abundancia resultante de la producción hortícola en términos de "subsistencia plus", dado que "una buena parte de la producción" está dirigida al mantenimiento del intercambio ritual y la fiesta ceremonial, de los cuales dependen importantes formas culturales.[13]

La subsistencia plus puede señalarse como un factor fundamental en la capacidad de los sistemas de producción a pequeña escala de Melanesia para seguir generando suficiente comida para la supervivencia básica ante el clima extremo, que empeora cada vez más. La productividad extrema de los huertos de ñame no puede, sin embargo, verse con complacencia, en tanto solución al calentamiento global, pues es un fenómeno impactado por una multitud de factores que difícilmente permitirían anticiparse, mediante modelos predictivos, a los efectos del cambio climático actual.

Pero la agrosilvicultura de las Islas Torres guarda al menos otro factor importante en relación con la adaptabilidad y reducción del riesgo climático de los *lëte* de tierras bajas y altas, el cual describo a continuación.

[13] A partir de Weightman, *Agriculture in Vanuautu,* Cheam, Surrey, The British Friends of Vanuatu, 1989, p. 29.

Diversidad de suelos y dispersión del riesgo ambiental

Como se explicó en el capítulo 5, los habitantes de las islas Torres cultivan por lo menos dos tipos principales de jardines al año, uno en colinas y otro en la costera. Las categorías locales para la descripción de los diferentes tipos de jardines se basan en el tipo de suelo y la altura aproximada sobre el nivel del mar en el que se encuentren. Los suelos bajos son más productivos y representan las principales fuentes de producción diaria de alimentos. Los jardines de las colinas son la base para los excedentes de producción que proporcionan los alimentos adicionales que se dedican al intercambio ceremonial o al almacenamiento a largo plazo. Sin embargo, las categorías "colina" y "costera" son generalizaciones que cubren al menos seis tipos de suelo característicos. Los habitantes de las islas Torres reconocen dos principales suelos, "duros" y "blandos", pero también diferencian comúnmente al menos cuatro subtipos relevantes en relación con el jardín, el tipo de suelo, la ubicación y las plantaciones específicas.[14]

La mayoría de los *metaviv* plantan y atienden de 3 a 7 jardines por año. Los periodos promedio de barbecho en la práctica hortícola tradicional varían entre 7 y 20 años por parcela, pero en la actualidad se han reducido a entre 3 y 5 años. Esto es resultado de más de cuatro décadas de intervenciones de los expertos agrícolas asociados al gobierno central, que han presionado para que exista una mayor productividad aconsejando una reducción en los periodos de barbecho, así como una intensificación de las formas no invasivas de fertilización del suelo y de los ciclos de siembra y cosecha.

Debido a que los *metaviv* nunca cultivan simultáneamente la gama completa de las parcelas sobre las que tienen derechos de uso, el resultado general es un mosaico de suelos hortícolas cuya natura-

[14] Véase *ibid.*, pp. 9-10, y P. Quantin, *Atlas des sols de Vanuatu*, Port Vila, ORSTOM, 1981, para consultar las listas detalladas de tipos de suelo a lo largo de Vanuatu.

leza —y, por extensión, la del bosque circundante— está en constante evolución en el tiempo (en términos de los derechos específicos de uso en cualquier coyuntura) y el espacio (en cuanto a que pasan por diversas etapas de barbecho o cultivo activo). Más aún, las parcelas adecuadas para cualquier *metaviv* no son contiguas, sino que están distribuidas de forma irregular a través de las zonas costeras y las colinas de las islas. Esta distribución discontinua surge del modelo prescriptivo de intercambio y herencia matrilineal mediante los cuales los derechos de uso de parcelas específicas de tierra cambian de un linaje a otro cada segunda generación. Este principio se conoce como *neterate*, que es la forma más importante de transmisión de identidad territorial, y da lugar a un cambio de propiedad de parcelas que normalmente se indexan, ya sea durante las transacciones matrimoniales o las ceremonias mortuorias. El despliegue de *neterate* representa uno de los impulsores culturales individuales más sobresalientes en relación con la adaptación. En efecto, se trata de una distribución de riesgo determinada culturalmente en relación con la salud de los diferentes tipos de suelo y, por extensión, de los huertos, que tiene una importancia considerable para el diseño de la política ambiental.

Arrecifes, mareas e hidrodinámica de las islas

El mar que rodea Islas Torres está dominado por aguas profundas, ya que los montículos submarinos en los que descansan las islas son escarpados y caen bruscamente hacia las profundidades. Por lo tanto, la mayoría de los sistemas de arrecifes que rodean las islas se comprimen en un nicho ecológico muy estrecho que se extiende entre la costa y el agua de mar inferior que se encuentra a menor temperatura. Esto significa que el entorno cercano a la costa de las islas Torres es particularmente vulnerable a los cambios bruscos en el nivel del mar, el promedio de temperatura superficial del mar y la acidificación.

Los arrecifes del grupo Torres proporcionan una parte importante del consumo de proteína cotidiana de sus habitantes. Esto se logra principalmente a través de la pesca submarina, una actividad de bajo impacto cuyo calendario, al igual que el de la agrosilvicultura, está estrechamente ligado a los patrones estacionales de los vientos dominantes. Los arrecifes de barlovento se explotan durante la temporada de verano austral (huracán), de noviembre a marzo, cuando los vientos del sureste y el oleaje son mínimos y los vientos predominantes se encuentran en el norte y noroeste. La pesca de agua profunda generalmente también se reserva para el periodo de noviembre a marzo, que es un periodo de calma continua, que también es la temporada más alta de viajes entre las islas. Por el contrario, el buceo y la pesca en los arrecifes de sotavento son dos actividades que se reservan para el periodo de abril a octubre. Los habitantes de Islas Torres son conscientes de que estos cambios estacionales permiten que las poblaciones de peces de los diferentes arrecifes se recuperen de la explotación humana durante varios meses al año.[15]

La sincronización de ciclos rituales con la oscilación El Niño/La Niña

El ensamblaje altamente organizado de conocimientos y prácticas ecológicas presentada hasta el momento demuestra que la gente de Islas Torres presta especial atención a aquellos aspectos del entorno que más influyen sobre sus vidas. En el capítulo anterior, ofrecí una

[15] Los arrecifes contienen otros recursos, inclusive el pepino de mar (*sea cucumber*; *bêche-de-mer*; *Holothuroidea spp.*) y las conchas comúnmente llamadas *troca* en bislama, a partir del inglés *trochus shell* (*Trochus niloticus*). Ambos animales están actualmente siendo objeto de exportación legal e ilegal, a ritmos visiblemente insostenibles, a raíz de la reciente demanda que están experimentando en los mercados asiáticos, especialmente entre las ascendentes clases medias de China. Asimismo, además de la laguna entre Lo y Linua existen cuando menos dos sitios costeños en Islas Torres que están dominados por la presencia de manglares y pastizal de mar.

descripción de las fluctuaciones regulares (de temporal, anuales) mediante las cuales se organiza la producción hortícola, y generé una representación esquemática del conjunto de marcadores temporales organizados en forma de "calendario" lunar.[16] Sin embargo, advertí que dicha esquematización no se correspondía con la naturaleza procesual, emergente, de prácticas y conocimientos ambientales locales. Tampoco incorpora la presencia invisible pero sumamente presente y poderosa del paisaje espiritual que se sobrelapa y coexiste con el paisaje y las fluctuaciones climáticas tangibles de Islas Torres. Este paisaje consiste en el mundo de los muertos, un mundo especular conocido como *nePene* ('el otro lado') que representa la realidad del mundo, de la cual el mundo de los vivos es únicamente un reflejo, una sombra. (Por su importancia cardinal dentro de la temática de relaciones humano-ambientales, así como por los complejos valores ontológicos y actos rituales que conectan a las personas vivas con *nePene*, lo abordo a detalle en el capítulo 10.)

Sobre todo, el calendario lunar tradicional que describo en el capítulo 8 no incorpora las fluctuaciones climáticas irregulares, tanto estocásticas como de periodicidad larga e impredecible, y la manera en que se relacionan con la actividad productiva y ritual de Islas Torres. El fenómeno más importante dentro de esta categoría es la inversión térmica y climática conocida formalmente como Oscilación del Sur El Niño (ENSO por sus siglas en inglés), pero comúnmente abreviada El Niño. En los siguientes párrafos abordo las dos fluctuaciones irregulares más relevantes del clima de Islas Torres y la región de Melanesia insular, en un esfuerzo por trascender los marcos temporales fijos que suelen dominar las discusiones sobre ciclos productivos, climáticos y astronómicos en diferentes regiones culturales del mundo. Las dos fluctuaciones irregulares mencionadas son: *1)* los

[16] Véase también C. Mondragón, "Of winds, worms and *mana*: the Traditional Calendar of the Torres Islands, Vanuatu", *Oceania*, vol. 74, núm. 4, junio de 2004, pp. 289-308.

extremos de sequía provocados por El Niño, junto con los extremos opuestos de lluvias abundantes, conocidos como La Niña, que suelen presentarse hacia el final de cada periodo marcado por El Niño, y *2)* los patrones pluviales extraordinarios, por caer fuera del temporal regular, representados por el aumento reciente de lluvias intempestivas y catastróficas a lo largo de todo el Pacífico occidental.

Nuevamente, abordo los datos referentes a ENSO desde una perspectiva epistemológica mixta, un entrelazamiento de datos naturalistas junto con información etnográfica que viene a completar el cuadro de la relación humana con este fenómeno ambiental. Tal y como sucede en el caso de las actividades humanas estructuradas en torno a la cosecha del palolo y el solsticio de verano austral, la relación de los habitantes de Islas Torres con los extremos de El Niño/La Niña no está caracterizada por una lógica de esfuerzo productivo o simple subsistencia. En cambio, los extremos de sequía y de lluvia del ENSO, que se presentan aproximadamente dos veces por década, sirven para sincronizar las actividades hortícolas con el ciclo ritual iniciático más importante en la vida social de este microarchipiélago. Este ciclo se conoce como *lehtemet*, y su organización exige un esfuerzo colectivo enorme, dado que requiere la presentación de grandes cantidades de ñame ceremonial, pero también significa que una parte importante de los habitantes masculinos de las aldeas de Islas Torres se ausentan durante varias horas al día a lo largo de tres o más meses con la finalidad de elaborar los atuendos rituales que portarán durante el evento climático de esta ceremonia. Es por esta razón que los *lehtemet* no se llevan a cabo con frecuencia, casi nunca más de dos veces por década durante todo el transcurso del siglo pasado, según mis propias indagaciones.[17]

[17] El *lehtemet* lo describo a detalle en el siguiente capítulo. Véase también C. Mondragón, "Encarnando a los espíritus en la Melanesia: La innovación como continuidad en el norte de Vanuatu", en P. Fournier, C. Mondragón y W. Wiesheu (coords.), *Ritos de paso: Antropología y arqueología de las religiones*, vol. 3, México, Escuela Nacional de Antropología e Historia, 2009, pp. 121-149.

Los resultados de mi exploración de la influencia de El Niño a lo largo del último siglo revelan que parece haber una sincronización de actividad ritual con los periodos de sequía y lluvias superiores a la media relacionados con El Niño (siete a ocho años), o, para ser precisos, con La Niña. A partir de una cuidadosa reconstrucción de relatos biográficos e históricos locales, cotejados con los registros climatológicos occidentales, he registrado que a lo largo del siglo pasado las lluvias abundantes asociadas con las inversiones climáticas que acompañan a La Niña, que a veces se manifiestan después de un año de Oscilación del Sur El Niño, parecen precipitar un aumento de la productividad hortícola. En concreto, desde la década de 1970 —un marco de tiempo que ofrece mayor seguridad debido a los relatos biográficos contrastantes de la historia reciente— ha habido dos episodios particulares de La Niña, en 1988-1989 y 1999-2000, que coincidieron con abundantes cosechas de ñame y kava ceremoniales y la consecuente celebración, en 1989 y 2000, de *lehtemet*. Más aún, los *lehtemet* de 1989 y 2000 fueron los primeros que se celebraron desde la década de 1960, y los últimos que se celebraron hasta 2009, después de otro periodo de lluvias intensas, no estacionales, características del fenómeno La Niña.

Con base en estas correlaciones, en las declaraciones específicas de los habitantes de las islas y de mi gradual descubrimiento de la importancia cardinal para la producción agrícola respecto de las condiciones meteorológicas únicas que se hacen necesarias para preparar este ciclo ceremonial, ofrezco el siguiente argumento: la sequía relacionada con la Oscilación del Sur El Niño da lugar a la producción escasa de ñame y kava ceremoniales, mientras los años de La Niña, que son más húmedos, producen condiciones que pueden generar el efecto contrario en la acción humana productiva y ritual. La posibilidad de este tipo de sincronización, cabe señalar, es completamente novedosa en relación con los estudios humano-ambientales en Oceanía, y por lo tanto representa una de las aportaciones más relevantes de mi estudio de fluctuaciones ambientales en Islas Torres.

Además de los posibles vínculos entre la variabilidad de El Niño/La Niña, existe otra tendencia, más reciente, de comportamiento meteorológico irregular y violento. Me refiero al aumento observado de tormentas súbitas y extremas que no parecen seguir ningún patrón estacional previamente conocido. Los habitantes de Islas Torres comenzaron a registrar este fenómeno en los últimos años (desde 2006, según mis propias observaciones de campo), pero parece ser congruente con un patrón más amplio, que han empezado a observar los expertos locales y foráneos a lo largo de Vanuatu y la Melanesia insular.[18]

La explicación más reciente para estos eventos climáticos extremos reside en la frecuencia cada vez mayor de desplazamientos hacia el norte, hacia las aguas ecuatoriales del Pacífico occidental,[19] de la zona de convergencia del Pacífico Sur (ZCPS). Sin importar si esta relación de causalidad se confirma en los próximos años, es evidente que la intensificación observada de las condiciones hidroclimáticas extremas (inundaciones, sequías, actividad ciclónica) actualmente constituye el factor de riesgo más importante para los habitantes de Islas Torres y los horticultores ni-Vanuatu en general, ya que se ha demostrado que es extremadamente destructiva para los sistemas de producción locales, sobre todo para los suelos históricamente resistentes y sistemas artificiales de riego en lugares como Aneityum y Santo (Spriggs, comunicación personal).

[18] Ralph Regenvanu, comunicación personal (2006); Matthew Spriggs, comunicación personal (2012).

[19] Véase en particular W. Cai *et al.*, "More extreme swings of the South Pacific convergence zone due to greenhouse warming", *Nature*, vol. 488, núm. 7411, 2012, pp. 365-369. La ZCPS es la banda de lluvia más persistente del hemisferio sur del planeta, y normalmente yace a latitudes subecuatoriales; de acuerdo con compilaciones recientes de tendencias históricas, combinadas con modelos climáticos, ha comenzado a observarse un creciente patrón de desplazamientos de esta banda hacia el norte de su posición habitual a lo largo del último medio siglo. Estos desplazamientos parecen ser motivados por efectos relacionados con el calentamiento global antropogénico.

Esta tendencia plantea una fuerte advertencia contra la excesiva atención que se está dando a la elevación de niveles del mar en la mayoría de las estrategias y percepciones de adaptación que actualmente se están diseñando en relación con islas pequeñas en todos los océanos del planeta. En el siguiente apartado abordo directamente el tema de los niveles del mar en Islas Torres. Pero mi punto de partida no es ni específicamente marítimo ni meteorológico. Aunque describo brevemente el tema de los ciclones que regularmente se resienten en este microarchipiélago, mi principal tema de interés se concentra en la constante acción de sismos en estas islas. Este fenómeno guarda una lección contraintuitiva en relación con el nivel del mar, no solamente para Islas Torres sino para otros archipiélagos del Pacífico occidental: a saber, que la mayoría de éstos se ubican sobre fallas tectónicas sumamente activas, como la que mueve constantemente a las islas Torres, y por lo tanto constituyen un medio ambiente físico y geofísico inestable. En consecuencia, han dado lugar a experiencias y percepciones ambientales de parte de los isleños que vienen a ofrecer una manera muy diferente de entender esa amenaza aparentemente inescapable, la elevación de los niveles del mar.

Ciclones, sismos y fluctuaciones en el nivel del mar

Además de las fluctuaciones meteorológicas regulares e irregulares hasta aquí reseñadas, Islas Torres están sujetas a eventos estocásticos que pueden tener un impacto repentino y destructivo sobre la tierra y los mares circundantes. Los dos eventos principales de este tipo son los huracanes y los terremotos, que durante toda su historia han sido una parte de la vida cotidiana de los habitantes de Islas Torres.

La temporada de ciclones es una parte regular del ciclo anual en las regiones ecuatoriales del Pacífico occidental, sin embargo existen huracanes de gran destructividad que tienden a alcanzar a las islas Torres al menos dos veces por década, en promedio. La proximidad siempre presente de dichas tormentas explica el desarrollo, desde tiempos pretéritos, de conjuntos de estrategias isleñas preventivas y de adaptación que han sido relativamente eficaces. Éstas incluyen una experiencia generalizada con la búsqueda de refugios naturales, que, en el caso de Islas Torres, toman la forma de cuevas de piedra caliza ubicadas sobre las faldas de las colinas cercanas, las cuales son un rasgo distintivo de la geografía de estas islas. Asimismo, los isleños tienen la costumbre de construir cuando menos una o dos grandes estructuras reforzadas en cada aldea; en el pasado estas estaban representadas por los *g'mel*, las casas rituales de cada *metaviv*, las cuales hoy día han sido sustituidas, en su mayoría, por edificios de cemento construidos originalmente para uso gubernamental, pero las más de las veces abandonadas y ocupadas de manera temporal con fines residenciales. En el caso de Lunharigi, esto incluye prioritariamente la llamada "casa de gobierno", una estructura alargada construida en la década de 1990, que al día de hoy yace destartalada, pero aún sólida.

Pero quizás la práctica preventiva más relevante en relación con la destructividad de los huracanes es la preparación de almidón de sagú obtenido del corazón del tronco de la palmera conocida como *natanggora*, cuyas hojas se utilizan de manera preferencial para elaborar la techumbre de chozas residenciales. El almidón de sagú, conocido comúnmente con el mismo nombre de la palmera de la cual se extrae (*natanggora*), se procesa por las mujeres para su almacenamiento en parcelas de larga duración conocidas como *ariken kakae* o "comida de huracán". Posteriormente, estos bultos se cuelgan de los postes transversales de las chozas de cocina, y se guardan específicamente para complementar la escasez de productos hortícolas que puede ocurrir después del paso de algún ciclón particularmente destructivo. Cabe destacar que el consumo de sagú es exclusivo de este microarchipiélago, en contraste con el resto de Vanuatu, en donde el consumo del almidón de *natanggora* se convirtió, en tiempos modernos, en un estigma negativo, considerado propio de comunidades "primitivas" o sencillamente desesperadas (en tanto son empujadas a "comer árboles").[20] Pero la carga negativa detrás de este estereotipo no molesta a los habitantes de Islas Torres, quienes suelen destacar la preparación y el consumo de *natanggora* como parte de su sabiduría ancestral, exclusiva de su *kastom*, el cual les permite sobrevivir e incluso disfrutar de condiciones que sus compatriotas ni-Vanuatu de otras islas jamás podrían tolerar. Por eso los bultos de *ariken kakae* representan, además de una herramienta adaptativa altamente eficaz, un valor cultural distintivo que apuntala las expresiones de orgullo identitario de las comunidades de Islas Torres.

Por su parte, los terremotos regularmente provocan transformaciones puntuales pero drásticas sobre partes de la costa y las tierras bajas de las islas. La elevación sísmica que dio origen al grupo Torres hace 22 millones de años fue producto de la misma dinámica de convergencia de las placas del Pacífico y Australasia que dan forma a la Fosa de Torres, cuyos desplazamientos siguen sacudiendo a este microarchipiélago en el presente. Dada su irregularidad e impredictabilidad, este tipo de fluctuaciones sísmicas suelen pasar desapercibidas por observadores pasajeros, entre los que se incluyen los antropólogos que únicamente visitan una o dos veces en su vida profesional los sitios de campo de los cuales derivarán sus principales productos de análisis e investigación. Es justamente a partir de la valiosa observación etnográfica de larga duración que he perseguido en relación con Islas Torres y el norte de Vanuatu que he podido documentar, a lo largo de casi 15 años y siete jornadas de campo, los singulares efectos y sincronizaciones humano-ambientales que resultan de la alta sismicidad de esta zona, y cuyas importantes variaciones y matices no habrían sido evidentes únicamente a partir de una o dos jornadas de campo.

[20] Este estigma contrasta, a su vez, con las prácticas culinarias en el resto de Melanesia, e incluso de la mayor parte de Indonesia insular, en donde el sagú se consume de manera cotidiana, al grado de sustituir a los tubérculos en tanto alimento básico (esto último sobre todo en partes de Papúa occidental, los archipiélagos de Maluku, Timor y Sulawesi).

En concreto, entre 1997 y 2008 tuvieron lugar dos terremotos de gran magnitud en las inmediaciones del grupo Torres. A partir de cuatro visitas que realicé a las islas durante ese periodo (1999-2000, 2004, 2006, 2008) tuve la oportunidad de observar una sucesión de procesos geofísicos y culturales provocados por ambos sismos que me dieron la pauta para repensar varios argumentos relativos al calentamiento global y su percepción por parte de mis interlocutores isleños. Asimismo, entre 2008 y 2012 tuve la oportunidad de cotejar y enriquecer mis datos con los de un equipo de sismólogos del Institut de Recherche pour le Developpement (IRD) que llevó a cabo un valioso conjunto de mediciones GPS con respecto del levantamiento tectónico y el posterior hundimiento intersísmico que ocurrieron en partes de la costa de Lo como consecuencia de estos eventos.[21] La reconstrucción sumaria de todas estas observaciones es la siguiente:

En 1997, un terremoto de 7.8 Mw de magnitud desencadenó un proceso breve de levantamiento tectónico seguido por un proceso contrario de hundimiento intersísmico que fue de 117 +/– 30 mm en total a lo largo de la década transcurrida entre 1997 y el año 2009. Este hundimiento no fue regional, sino puntual: afectó solamente una zona costera del norte de Lo, junto con la laguna que separa el norte de la isla de Lo del islote de Linua. La ecología de esta laguna se caracteriza por manglares de aguas poco profundas, mientras que la costa aledaña de Lo contaba entonces con una plantación grande de cocoteros que había sido erigida y mantenida desde la década de 1970 por el jefe Pita Wotekwo y los miembros de su *metaviv*, quienes reclaman este terreno como parte de su herencia ancestral.

A su vez, al margen del hundimiento que produjo el terremoto de 1997, el grupo Torres en su conjunto experimentó un aumento relativo del nivel del mar, directamente atribuible al calentamiento global, de poco más de .5mm por año durante el mismo periodo. Esta es una cifra prácticamente irrelevante en cuanto a los efectos empíricamente ob-

[21] Véase Ballu *et al.*, "Comparing the role of absolute sea-level...", *op. cit.*

Los efectos del terremoto de 1997 sobre la margen costeña del norte de Lo, en 2004. (Foto: C. Mondragón)

servables del mar sobre la hidrodinámica de las costas, y desde luego también en cuanto a la percepción de cambio ambiental de los isleños en relación con los niveles del mar de sus islas.[22] Esta discrepancia

[22] Específicamente, se calcula que el nivel promedio de elevación del mar en el Pacífico sudoccidental fue de alrededor de 20 mm anuales durante las dos décadas transcurridas entre 1992 y 2012, cuando comenzaron las mediciones más precisas y continuas al respecto. Este nivel de elevación del mar es mucho menor al que se observa en el Pacífico oriental (Polinesia), en donde la elevación promedio durante el mismo periodo fue de 6 mm anuales. El diferencial observado entre el Pacífico sudoccidental y el oriental se atribuye especialmente al efecto de los vientos predominantes del Pacífico ecuatorial, que suelen empujar el agua superficial del mar de oriente a occidente. Estas variaciones regionales no contradicen el hecho de que, a nivel global, existe un patrón de progresión lineal a la alza en los niveles del mar planetarios, los cuales se calcula que han sido de 3.8 mm anuales, en promedio, desde 1992 (véase B. Meyssignac, D. Salas y Melia, M. Becker, W. Llovel y A. Cazenav, "Tropical Pacific spatial trend patterns in observed sea level: internal variabi-

entre el hundimiento por causas sísmicas y la percepción de la elevación de niveles del mar por causas del cambio climático es importante, razón por la cual la vuelvo a abordar en el siguiente apartado.

Lo que interesa es que el hundimiento intersísmico ocurrido entre 1997 y 2009 dio lugar a un aumento focalizado de mareas altas destructivas, así como a un incremento en la salinidad del suelo de la zona afectada, es decir, la costa norte de Lo y la laguna que separa a esa isla del islote de Linua. Estos efectos, que conviene reiterar ocurrieron de manera gradual a lo largo de casi diez años, se tradujeron en un daño progresivo y claramente visible sobre varios cientos de metros de la plantación de cocoteros del jefe Pita, así como de los manglares de la laguna interisleña.

A FLOTE EN UN MAR SIN FONDO: PERCEPCIONES LOCALES SOBRE UN COSMOS INESTABLE

Durante mi primer año de trabajo de campo en Lo, entre los años 1999 y 2000, los isleños con los que entré en conversación acerca del daño a los manglares y la plantación por causa de los sismos arriba descritos expresaron sin mayor sobresalto que las inundaciones de tramos costeros son un fenómeno relativamente común. Estas respuestas eran consistentes con el patrón topogénico de las zonas costeras más inestables de Lo, las cuales se caracterizan por bajos cora-

lity and/or anthropogenic signature?", *Climate of the Past*, vol. 8, 2012, pp. 787-802). A su vez, el hundimiento intersísmico en Islas Torres en la década transcurrida entre 1997 y 2009 fue de 16 mm anuales, cifra aproximada a la cual se arriba dividiendo la cifra total citada de 117 +/- 30 mm entre el número de años transcurridos en la década 1992-2009 (Ballu *et al.*, "Comparing the role of absolute sea-level...", *op. cit.*, 2011). Los resultados de las mediciones de niveles del mar a escala global se pueden consultar en los sitios del CSIRO y el Buró de Meteorología de Australia, y la Universidad de Hawaii, en: http://www.cmar.csiro.au/sealevel/sl_hist_last_15.html y http://www.aviso.oceanobs.com/en/news/ocean-indicators/mean- sea-level/ (ambos consultados el 2 de abril de 2013, respectivamente).

Los efectos del terremoto de 1997 sobre el terreno en donde se había ubicado la plantación cocotera del *jif* Pita, pasados nueve años del hundimiento de este pedazo de Lo. (Foto: C. Mondragón, 2006).

linos inestables y playas expuestas a las transformaciones ambientales del oleaje, las mareas y los ciclos de hundimientos o elevaciones sísmicas. En concreto, la toponimia de rasgos específicos a esta zona, la cual comprende pequeñas ensenadas, playas y piedras coralinas, no parece corresponder con la situación física actual de estos rasgos físicos.

Un ejemplo sirve para ilustrar el desfase entre el nombre descriptivo de un rasgo y la situación actual del mismo: éste lo ofrece la playa conocida como Peliauluwo, cuyo nombre significa "pasaje grande de mar" (LT: **pe* = agua salada; *li aue* = 'por debajo' = pasaje, como de arrecife, es decir, sitio por donde fluye el agua de mar; *luwo* = gran, grande). Junto a este sitio se levanta una saliente rocosa a manera de península unida al resto de la costa de Lo por un par de estrechas playas. En décadas pasadas esas playas no existían, pues formaban parte del "pasaje de agua de mar" conformado por el *pe li aue luwo* de entonces. En ese tiempo la saliente rocosa era, como lo indica su nombre, un terreno rodeado por el mar: por esta razón se utilizaba para actividades rituales especiales, al parecer restringidas a las mujeres solteras. Las alteraciones que dieron lugar a la desaparición del pasaje de agua de mar, el cual quedó tapado por la arena de Peliauluwo, y que dieron pie a la peninsularidad del otrora islote de piedra, ocurrieron durante el transcurso del siglo pasado. Este es un marco de tiempo congruente con la memoria biográfica de algunos de los ancianos de Lo que aún recuerdan la disposición física del islote.

Es importante destacar que los isleños nunca se han explicado este tipo de fluctuaciones físicas en relación con marcos de referencia y causalidad "sísmicos" o "climáticos", sino a partir de una confluencia de fuerzas espirituales y de alteraciones consecuentes con la idea de que el mundo físico, territorial y acuático, es parte de un cosmos inherentemente inestable. La principal de las ideas que he registrado en relación con la percepción de un cosmos inestable entre algunos isleños se fundamenta en la noción de que las islas del mundo no están ancladas al fondo del mar, sino que consisten en pedazos flotantes de tierra posadas sobre la superficie de un vasto cosmos oceánico, el cual carece de un fondo concreto, es decir, de un fondo marino. Aquí cabe precisar que por "islas" se refieren a todas las superficies terrestres del mundo, incluyendo a los continentes, los cuales son conceptualizados como islas más grandes; por lo demás, esta manera de imaginar los territorios del planeta no es exclusiva de Islas Torres, ya que la he registrado en otras comunidades rurales de Vanuatu.

Lejos de constituir un producto de la ignorancia, ni mucho menos de "supersticiones" primitivas (tal y como lo afirman Ballu *et al.* en su publicación del 2012), la relación de los isleños con su medio ambiente se fundamenta en una visión sofisticada y múltiple del cosmos.

Esta visión combina una forma de empirismo práctico, el cual nos refiere a las esferas de interacción cotidiana con el mundo, con una imagen del universo más amplia que incorpora tanto al mundo intangible de los espíritus (el cual, como explico en el siguiente capítulo, se sobrelapa con el mundo de los vivos), como a todo lo que yace más allá del horizonte, incluyendo las profundidades del mar.[23] El modelo de un cosmos oceánico sin fondo es parte importante de este imaginario cosmográfico, pero lejos de ser producto de un "miedo animístico" sobre lo desconocido sirve para recordarnos que los habitantes de Islas Torres —como de muchas otras comunidades oceánicas— nunca han tenido la necesidad de preocuparse por la existencia de un fondo marítimo. También subraya el hecho de que la cosmología de Islas Torres no está basada en marcos de referencia naturalistas. Finalmente, también nos recuerda que los sistemas de conocimiento local no consisten en modelos analógicos de "ciencia indígena", y que sus fundamentos no son fácilmente traducibles ni tienen por qué ser comparables al lenguaje y los principios que sostienen el paradigma naturalista de la ciencia moderna. En suma, la definición de estos tipos de conocimiento no tiene por qué pasar por la validación de otorgarles la etiqueta de "ciencia" o "etnociencia". [24]

[23] Edvard Hviding ha descrito con detalle y rigor esta visión empiricista del mundo muy similar a la que aquí describo en referencia a las relaciones humano-ambientales de los isleños de la laguna Marovo, en Islas Salomón. E. Hviding, "Nature, culture, magic, science: on meta-languages for comparison in cultural ecology", en P. Descola y G. Pálsson (eds.), *Nature and Society. Anthropological Perspectives*, Londres, Routledge, 1996, pp. 165-184.

[24] Resulta particularmente importante subrayar estas diferencias fundamentales entre modelos de conocimiento "indígena" y "científico" en vista de la insistencia de algunos investigadores por definir el conocimiento no-occidental en términos equiparables al paradigma naturalista. Uno de los ejemplos más notorios de esta insistencia, la cual simplemente desatiende al valor propio de modelos indígenas del conocimiento como paradigmas sin necesidad de validación cientificista, está plasmado en la repetitiva pero canónica obra de Johanna Broda en relación con la cosmología mesoamericana (ejs. J. Broda, "Astronomy, cosmovision and ideology in pre-Hispanic Mesoamerica", en A. Aveni y G. Urton (eds.), *Ethnoastronomy and*

Todo lo anterior es particularmente importante por lo que significa para la idea —tan de moda en años recientes— de que las herramientas y estrategias de adaptabilidad climática locales pueden ser fácilmente delimitadas, abstraídas de su contexto y exportadas bajo la forma de datos naturalistas con fines estrechamente utilitarios, en relación con el diseño de políticas ambientales.

Regresando al desarrollo del caso en cuestión, poco después del terremoto de 1997 los habitantes de Lo incorporaron la inundación repentina de la plantación cocotera al registro pasado de alteraciones similares en otras partes de sus costas y arrecifes, y siguieron con sus vidas sin mayor sobresalto. En el transcurso de los años siguientes muchas de las palmeras y las plantas de manglares del área afectada disminuyeron gradualmente, perdieron su follaje y murieron. Estos efectos eran fácilmente perceptibles, aun para observadores casuales, y la velocidad con la que ocurrieron los hizo evidentes para diversos visitantes externos, lo cual dio lugar a las percepciones erróneas que describo a continuación.

"¡Nos adaptamos hace mucho tiempo!" Modelos epistémicos en disputa

En el año 2001 algunos visitantes a Islas Torres comenzaron a hablar a los isleños sobre el tema del cambio climático. A ojos de diversos visitantes, la inundación tan rápida de la plantación cocotera

Archaeoastronomy in the American Tropics, Annals of the New York Academy of Sciences, vol. 385, Nueva York, The New York Academy of Sciences, 1982, pp. 81-110; J. Broda, "Cosmovisión y observación de la naturaleza: el ejemplo del culto de los cerros", en S. Iwaniszeski y L. Maupomé (eds.), *Arqueoastronomía y etnoastronomía en Mesoamérica,* México, UNAM, 1991; y J. Broda, "Observación de la naturaleza y ciencia en el México prehispánico; algunas reflexiones generales y temáticas", en B. von Mentz (coord.), *La relación hombre-naturaleza,* México, CIESAS/Siglo XXI, 2012, pp. 102-135).

del norte de Lo constituía una prueba drástica e indiscutible del aumento del nivel del mar como consecuencia del calentamiento global. En la medida en que esta versión reactiva, pero sin fundamento, comenzó a extenderse, atrajo a un número de personas externas interesadas, entre las cuales se encontró un equipo de expertos enviados por la Secretaría del Programa Ambiental Regional del Pacífico (SPREP, por sus siglas en inglés), que visitó las islas de Lo y Tegua en 2003 con el fin de verificar los rumores sobre los efectos del alza en los niveles del mar.

Durante su visita, el equipo SPREP tomó fotografías de los suelos saturados de agua en el lado norte de Lo. También visitaron el pequeño pueblo de Lateu, el único asentamiento habitado permanentemente en la isla vecina de Tegua, cuyos cimientos también experimentaban una visible erosión causada por la entrada de agua salada al subsuelo costeño. De hecho, Lateu era una aldea relativamente reciente, construida hacía menos de dos décadas, sobre una playa de grava suelta e inestable, al fondo de una bahía bien conocida por generar oleaje sumamente fuerte. En realidad, la situación precaria de Lateu ya se venía desarrollando desde antes del terremoto de 1997, razón por la cual desde antes del 2001 ya había habido discusiones entre sus habitantes sobre la conveniencia de mudarse de residencia, hacia una zona más elevada de Tegua. Sin embargo, los miembros del equipo de SPREP rápidamente llegaron a la conclusión de que las Islas Torres estaban experimentando un aumento acelerado del nivel del mar como consecuencia del calentamiento global, y se apresuraron a informar a los medios del mundo sobre el hecho de que los habitantes de Lateu se habían convertido en los primeros "refugiados climáticos" del mundo.[25]

[25] United Nations Environment Program, "Pacific Island Villagers First Climate Change 'Refugees', UN Environment Builds Bridges Between Vulnerable Peoples in the Arctic and Small Islands", *UNEP Press Release*, diciembre de 2005, p. vi; SPC 2009. La declaración mediáticamente atractiva de ser los "primeros" refugiados climáticos en el mundo probablemente no fue la primera de su tipo, y no ha sido la

Pero la versión del "hundimiento" de Islas Torres aún no había cerrado el círculo. El 2 de octubre de 2009, una nueva "crisis sísmica que consistió en tres grandes terremotos (magnitudes de 7.6, 7.8, y 7.4 Mw) levantó las islas aproximadamente 200 mm, con lo que el nivel relativo del mar descendió para casi alcanzar su nivel de 1998".[26] Posteriormente, los suelos costeros inundados de Lo comenzaron a secarse. Desde entonces ha surgido nueva vegetación, en parte como resultado de los esfuerzos de los habitantes para restaurar las aguas poco profundas de manglares, replantando activamente brotes jóvenes en la zona afectada. Mientras tanto, desde el 2004 los habitantes de Lateu habían comenzado a construir un nuevo conjunto de casas tierra adentro de la isla de Tegua, utilizando técnicas y materiales locales (techumbre de *natanggora*, muros de bambú, postes elaborados con árboles isleños), en preparación para el eventual abandono de su anegada aldea costeña. Sin embargo, el cuento del "hundimiento" de las islas Torres a causa del calentamiento global ya había tomado vida propia. Entre 2005 y 2006, en respuesta a la alarma que inició el SPREP, el gobierno de Vanuatu, en coordinación con el Programa de las Naciones Unidas para el Medio Ambiente y la Agencia Canadiense para el Desarrollo Internacional (CIDA por sus siglas en inglés) movilizaron fondos considerables para ayudar con la "reubicación" de "los primeros refugiados climáticos del mundo".[27]

Ante la avalancha de alarmismo, acompañada de la materialización inesperada de grandes cantidades de dinero y recursos materiales etiquetados para "ayudarlos" a adaptarse a la supuesta emergencia climática que enfrentaban, algunos de los habitantes de Islas

---

última (*cf.* B. Hartmann, "Rethinking climate refugees and climate conflict: rhetoric, reality and the politics of policy discourse", *Journal of International Devevlopment*, vol. 22, 2010, pp. 233-246; C. Farbotko y H. Lazrus, "The first climate refugees? Contesting global narratives of climate change in Tuvalu", *Global Environmental Change*, vol. 22, 2012, pp. 382-390.

[26] Ballu *et al.*, "Comparing the role of absolute sea-level...", *op. cit.*, p. 3.

[27] United Nations Environment Program..., *op. cit.*

El terreno de la antigua plantación cocotera sobre la costa norte de Lo cuatro años después del alzamiento que sufrió durante el terremoto de 2009. Se aprecia claramente la recuperación de palmeras y de manglares. (Foto: C. Mondragón, 2012)

Torres comenzaron a asociar la muerte de la plantación de cocoteros en Lo con el aumento del nivel del mar y lo que diversos fuereños indicaron era el "calentamiento global". Sin embargo, la manera en la cual han asimilado el significado de este último fenómeno dista mucho de la noción científica que se suele dar por universalmente comprensible. En diversas entrevistas llevadas a cabo entre 2004 y 2012, he registrado un abanico amplio de interpretaciones isleñas sobre la forma en que imaginan el "calentamiento global", así como su relación con la supuesta elevación catastrófica del nivel del mar.

Uno de estos testimonios resulta sumamente ilustrativo del desfase que existe entre la diseminación internacional del concepto de cambio climático y la forma en que se lo apropian diferentes sociedades en distintos contextos; esto, toda vez que viene de boca del jefe tradicional de la finada aldea de Lateu en Tegua. Según me relató este jefe en una conversación que sostuvimos en el 2008, el calentamiento global la asocia —a partir de los referentes que acompañan a la campaña de difusión nacional en Vanuatu acerca del cambio climático— con la contaminación ambiental que se produce en las "islas" de países superdesarrollados, como Estados Unidos y Australia. Por razones que no le quedaban claras, pero que daba por posiblemente ciertas, el jefe me explicaba que la contaminación provocaba que se derritiera el hielo de los océanos cercanos a esas islas del norte —así concebidas, como sitios aledaños al hielo que el propio jefe ha llegado a ver en documentales extranjeros sobre la Antártida— las cuales, por asociación, quedarán cerca de los países contaminantes. Posteriormente, se fue deslizando el agua derretida junto con la contaminación del aire hacia "el sur" del planeta, en donde inundaba a los países "pobres", como Vanuatu, mientras que dejaba limpios a los países superdesarrollados que la habían generado. En casi ninguna de estas explicaciones surgió la noción de que la Tierra fuese un objeto redondo, flotando en un espacio indefinido, en órbita alrededor del sol, y por lo tanto sujeto a mareas y niveles del mar internacionalmente compartidos. Cuando presioné al jefe de Lateu respecto de su idea sobre la forma del planeta Tierra, el dibujo que produjo fue el de un objeto en forma de pera, con las "islas" de primer mundo en la punta y los países pobres del "sur" en la parte inferior, más ancha, del mismo, sobre la cual, por quedar "debajo" de los países del norte, caen los desperdicios generados en la parte "alta" del mundo.

Lejos de invocar la noción de un planeta redondo con polos helados, sujeto de manera uniforme a la fuerza de la gravedad, la imagen del mundo que me ofreció el jefe era evidentemente otra. Lo más importante en esta representación no recaía en las particularidades físicas del mundo, eso equivaldría a pensar que la suya era una noción fallida de la forma "verdadera" del planeta, sino en que la causalidad detrás del cambio climático tenía que ver con fuentes exógenas misteriosas, pero especificables, de acción humana. El deshielo, la contaminación atmosférica y el desplazamiento marítimo diferenciado de ambos entre islas de primer y de tercer mundo constituye una concatenación de eventos que se originan en los actos de otros. Para poder comprender estos actos y efectos, hay que tener una idea sobre la intencionalidad que les dio origen. De ahí el interés por interrogarme a mí, así como a otros interlocutores foráneos, en relación con el tema del cambio climático. No porque nosotros seamos vistos como más o menos sabios y entendidos, sino porque de alguna manera podemos ir llenando los fragmentos desconocidos de un ensamblaje de actos, personas y fenómenos que presumiblemente están ahora impactando a los isleños en su ámbito local.

Esta manera de evaluar las consecuencias del cambio climático se fundamenta en una mezcla de empirismo local con valoraciones de tipo relacional, físico y moral —incluso filosófico— en la cual esos dominios no yacen separados. Por lo demás, tampoco lo están en las narrativas cientificistas de quienes llegan para "educar" a los isleños sobre el cambio climático: a final de cuentas, a través de interpretaciones muy distintas, ambas versiones —la local y la internacional— admiten que existe una carga ética derivada del conocimiento de que existen países cuyos habitantes afectan a otros por sus acciones. La diferencia entre estas dos formas de generar conceptos sobre el clima reside, en todo caso, en la ficción del paradigma naturalista de querer aislar los "hechos" climáticos de sus causas primarias (humanas) en aras de enfocarse unipuntualmente en estrategias de "adaptación" a dichos hechos por parte de los isleños. En contraste, la diversidad de interpretaciones sobre el medio ambiente y el cambio climático que generan los habitantes de Islas Torres manifiesten formas de entender y construir el conocimiento que no se fundamentan en modelos categóricos del mundo circundante. Así lo entendía el jefe de Tegua al conversar conmigo, pues las propias preguntas que me planteaba en relación con mi opinión al respecto iban dirigidas a suplementar y, eventualmente, ir modificando su propia idea sobre las concatenaciones de personas, actos y efectos que daban forma al fenómeno climático en cuestión.

Sobra decir que no debería de sorprendernos que las teorías naturalistas que apuntalan las narrativas foráneas sobre el cambio climático no sean adoptadas y entendidas de manera uniforme y estable por parte de los habitantes de Islas Torres, y por extensión de muchas otras comunidades del Pacífico insular. Sin embargo eso es exactamente lo que parece sorprender a las principales agencias internacionales ahora preocupadas por el cambio climático en el Pacífico.

Desde la visita del SPREP, y más recientemente desde visitas realizadas por personal adscrito a la Oficina de Cambio Climático y el Departamento de Meteorología del gobierno de Vanuatu, quienes ahora están encargados de educar a los isleños a "adaptarse" al cambio climático, las versiones locales respecto de la idea de que el nivel del mar está aumentando han sido adoptadas por algunos isleños, mientras que han sido rechazadas contundentemente por otros.[28] Específicamente, casi la mitad de todos los pobladores de Lo, por lo que pude calcular en 2012, rechaza la noción de que el nivel del mar esté elevándose y que Islas Torres se estén "hundiendo". Es significativo que quienes rechazan los paradigmas climatológicos foráneos expresen sus dudas con resentimiento ante lo que describen como el trato de "imbéciles" (B: *nambut*, "sordomudos", "incapaces") que se les da ante lo que sucede en su propio hogar y medio ambiente.

"¿Qué piensan que somos? ¿Piensan que no conocemos nuestras propias islas?", preguntaba indignado William Collins, uno de mis informantes más cercanos en Lunharigi, "¿Qué nos van a venir a decir sobre adaptación? Nosotros ya nos adaptamos hace mucho tiempo!" (B: *Mifala i adapt finis!*).

[28] Estos organismos fueron reorganizados, en abril del 2013, en torno a un nuevo ministerio, el Ministerio de Cambio Climático de Vanuatu, el primero de su tipo en el mundo. Lamentable pero predeciblemente, a unos meses de su creación, este ministerio está comenzando a generar noticias debido a los malos manejos que han caracterizado su enorme presupuesto operativo, mismo que se origina a partir de la frenética actividad de organismos internacionales y potencias nacionales vecinas (principalmente Australia) dedicadas a "cambiar la realidad" de la amenaza climática en el Pacífico.

En contraste, es interesante que los isleños que con mayor convicción han aceptado las narrativas de los expertos climáticos pertenezcan principalmente al *metaviv* de un muchacho isleño que ha sido contratado como asistente del Departamento de Meteorología en Puerto Vila. No por primera vez, la convicción de sus parientes se deriva de la asociación directa entre uno de los miembros de su linaje con los fuereños que sustentan estas teorías. Cabe señalar que esta asociación no se debe simplemente a solidaridad familiar. Como en casi todos los demás casos en los que una familia isleña entera adopta los argumentos de algún agente o agentes fuereños —sean estos burócratas del gobierno provincial o nacional, sean antropólogos como yo mismo, o bien sean visitantes casuales que generan relaciones más estrechas con algún isleño— suelen ser motivadas muy concretamente por la promesa de reciprocidad en la forma de dádivas, favores e influencia más allá del horizonte social local (véase la discusión sobre la extensión de los principios y roles de parentesco que se ofrece en el capítulo 3).

Lo que diferentes isleños piensan y declaran acerca del nivel percibido del mar y sus efectos sobre las islas tiende siempre a variar; pero aun los más convencidos casi siempre dejan lugar a duda en relación con las declaraciones y conocimientos de los fuereños que ofrecen un punto de vista convincente. Esta manera de proceder responde al hecho de que la naturaleza del conocimiento en Islas Torres no se fundamenta en la idea de modelos o de verdades absolutas, sino del saber que el mundo funciona a partir de concatenaciones de actos y efectos que son procesuales, no finales. En este sentido, se puede hablar de que el suyo es un empirismo procesual, siempre abierto al cambio, tanto de opinión como de la evidencia disponible, sea esta de tipo visible, tangible, o retórica. Asimismo, esta manera de entender el conocimiento se sustenta en la interpretación constante de la intencionalidad humana que yace detrás de todo encadenamiento de causas y efectos. Este énfasis en la intencionalidad es recursiva, toda vez que se fundamenta en la idea de que el conocimiento no consiste en una cantidad fija de hechos o de datos, los cuales nunca son externos a la persona o a grupos de personas. El mundo es el producto constante de actos generativos o destructivos que involucran a todas estas entidades, y por lo tanto siempre carga con la intencionalidad subyacente a las cadenas emergentes de seres que lo mueven, lo producen y lo transforman en tiempos y espacios particulares.

Por lo que toca al empirismo de los isleños, vale la pena reiterar que la noción de que los niveles del mar son inestables no les es novedosa. De ahí la indignación que expresan aquellos que resienten los esfuerzos por "educarlos" para poder "adaptarse" al clima cambiante. Como he tratado de demostrar en este y en capítulos anteriores, la inestabilidad como cualidad constante es propia de las vicisitudes que supone habitar en un mar de islas sin fondo. Al final de cuentas, las diferentes versiones isleñas sobre la causalidad medioambiental no se basan en una interpretación unívoca de las cosas, como sucede con el paradigma naturalista del cambio climático que se fundamenta y da por hecha toda una concatenación de condiciones previas sobre la naturaleza y el funcionamiento del mundo (su forma, su tamaño, sus dinámicas globales y locales), las cuales incluyen la añeja separación entre lo "natural" frente a lo "cultural", lo físico y lo moral, lo "heredado" de lo "intencional".

Estos marcos de referencia fundamentados en un sentido común universalista y categórico ("el mundo natural es lo que es") invariablemente los incorporan los isleños en formas que los vuelven ambiguos y abiertos a interpretaciones, formas de validación y fuentes de autoridad diversas. En este sentido, más que hablar de un marco de referencia isleño versus un marco de referencia exógeno, resulta más preciso hablar de un abanico de tipos o formas relacionadas pero distintivas de conocimiento. Como he explicado, los conocimientos que generan los isleños no se enseñan en contextos formales, sino que son el resultado de interacciones emergentes con el mundo circundante. Los tipos de conocimiento ambiental descritos en este y el anterior capítulo los transmiten distintos especialistas en contextos diferentes, siempre de manera oral y siempre sujetos a interpretaciones diferenciadas. Otros tipos de conocimiento son más constantes, aunque no necesariamente estables. Tal es el caso de los saberes que dan forma a la horticultura, son colectivos y se aprenden sobre la marcha, en la práctica; estos no suelen ser sujeto de modificación o contestación constante, aunque experimentan cambios a raíz de la creatividad e innovación de diferentes personas en el tiempo, así como de las transformaciones ambientales propias del medio antropogénico y estocástico de las islas. Por su parte, existen tipos de conocimiento que se pueden describir como propiamente estables; este suele ser el caso de formas de saber restringidas, y sobre todo arraigadas dentro de la sofisticada estratigrafía de la cual emerge el paisaje cultural local. Tal es el caso de los ensamblajes topogénicos que dan lugar a una de las formas en las que se vive y entiende el mundo circundante. El aprendizaje de estos ensamblajes de genealogías toponímicas está sujeto a diferentes grados de confidencialidad, conocimiento geográfico y propiedad matrilineal. Finalmente, existen formas poderosas de conocimiento, como la magia meteorológica, cuyo aprendizaje y utilización están fuertemente constreñidos a contextos rituales, y su transmisión sujeta a grados de control sumamente estrictos.

En todos estos casos, nos enfrentamos con ensamblajes de conocimientos vivientes, cambiantes y controvertidos, es decir, siempre potencialmente sujetos a interpretaciones diferentes. Estos ensamblajes de saber y de práctica no surgen de una vocación epistémica unitaria y universalista, sino que perviven, siendo vigentes al mismo tiempo que se transforman. Su vigencia se basa, desde luego, en su cualidad de dominios comunes de *práctica* ambiental; en esto también reside parte del empirismo del que he venido hablando. La relevancia de muchas de estas formas de saber se cifran en relación con las actividades productivas de los isleños, aquellas sobre las cuales se fundamenta la (re)producción social. Dos de estas esferas de lo productivo consisten en la generación de alimentos y el intercambio ritual, las cuales representan los cimientos de la generación de personas y la continuidad intergeneracional de los linajes y sus territorios. Estas formas de generar y practicar el conocimiento no se apegan estrictamente a ciclos anuales o estacionales del tiempo, ni a modelos de temporalidad basados en principios de precisión de medida y duración.

Lecciones locales para la política ambiental en Asia-Pacífico

Cualquier esfuerzo por introducir estrategias exógenas de adaptación al cambio climático en Islas Torres debe comenzar por reconocer que estos territorios, al igual que gran parte del norte y centro de Vanuatu, están situados en una zona sísmica activa que da lugar a cambios constantes y violentos en la ecología e hidrodinámica de costas y tierras bajas.[29] Pero la lección más importante de los materiales que he presentado en este y el anterior capítulos es que, a partir de sus conceptos de persona, y de su experiencia de las transformaciones constantes a las cuales está sujeto su medio ambiente local, los isleños poseen una visión del mundo y del medio ambiente radicalmente diferente de la que sustenta el naturalismo empiricista mediante el cual se suele definir y actuar en relación con el cambio climático. A pesar de que esas transformaciones ambientales pueden tener consecuencias destructivas, los habitantes de Islas Torres han aprendido a lo largo de los milenios a reaccionar de forma creativa, y con enorme confianza en sí mismos, a las fluctuaciones medioambientales de su mundo. Estas formas son equivalentes a lo que llamaríamos

[29] "Regional sea-level trend maps provided by various organizations (such as CLS/CNES/LEGOS and NASA) show that, from 1992-2010, the absolute sea level rises at a rate of nearly 8 mm/yr around the Torres Islands", en Ballu *et al.*, "Comparing the role of absolute sea-level...", *op. cit.*, p. 1.

"adaptación" y son parte íntima de las interacciones humano-ambientales que he descrito a lo largo de este trabajo. Por lo tanto no pueden considerarse como extraordinarias o independientes de los valores morales y de las instituciones sociales a partir de las cuales se organiza la vida y la percepción de este mundo marítimo.[30]

Más aún, hablando estrictamente sobre las consecuencias que podría tener el cambio climático sobre este ámbito de "islas pequeñas", los datos presentados en este capítulo sugieren que el efecto más importante sobre Islas Torres producto del calentamiento global antropogénico no será la elevación de los niveles del mar. Esto en razón de los constantes desplazamientos sísmicos que, desde una duración de décadas y centurias, han resultado en que las islas se están elevando, no hundiendo, y por tanto difícilmente habrán de sufrir daños graves a causa del deshielo planetario y la consecuente elevación de niveles del mar a escala regional.

Estas fluctuaciones y efectos contradictorios no son cosa menor, en vista de que lo mismo que está ocurriendo con Islas Torres está siendo observado en otras partes de Melanesia insular, notablemente, en Islas Salomón y partes insulares de Nueva Guinea. El dinamismo sísmico de las ecologías insulares del Pacífico occidental es bien conocido; lo que está faltando es reconciliar este conocimiento (tanto local como geofísico) con las cantidades asombrosas de dinero que se están invirtiendo a lo largo y ancho de Asia-Pacífico para lidiar con el problema percibido del alza en los niveles del mar. Este enfoque unipuntual y universalista, a partir del cual se caracteriza a todas las regiones isleñas del mundo como medios ambientes pasivos y vulnerables debe cambiar si se han de poder generar programas más eficaces de adaptación al cambio climático. Ese cambio —epistémico tanto como aplicado en relación con el diseño de políticas climáticas— necesariamente tendrá que comenzar por una apertura genui-

[30] Este es el caso, por ejemplo, del sistema de parentesco de las islas Torres, cuya estructura es diferente a la de cualquier otra comunidad de las islas vecinas del norte de Vanuatu.

na y una sensibilidad profunda hacia formas locales de conocimiento y experiencias ambientales.

Todo lo dicho no busca negar el hecho de que en los próximos años el cambio climático obrará de diversas maneras, la mayoría negativas, sobre los medios ambientes de Islas Torres y de otras partes insulares del Pacífico. De hecho, el efecto más relevante que sobre las islas Torres tendrá el calentamiento de nuestro planeta ya se ha comenzado a sentir en la forma de condiciones meteorológicas extremas, las cuales incluyen tormentas, patrones de lluvia y ciclones de fuerza extraordinaria y de estacionalidad irregular. Uno de los impactos principales de esta meteorología extrema es y será una decreciente producción hortícola, la cual tendrá una incidencia significativa sobre la importante capacidad de autosubsistencia que ha caracterizado a los sistemas productivos de Islas Torres desde tiempos ancestrales, y la confianza que en sí mismos tienen los isleños en la época actual (tal y como he explicado en capítulos anteriores, sobre todo el 2 y el 5).[31]

La manera en que los isleños se han adaptado a condiciones climáticas extremas ofrece antecedentes interesantes en relación con los efectos que tendrá el cambio climático sobre la vida cultural de Islas Torres. El ejemplo más relevante de sus formas de adaptabilidad "tradicional" lo aportan los casos discutidos de la sincronización del ciclo del *nevetgë* con la periodicidad irregular de El Niño y La Niña, cuyos efectos proporcionan las condiciones para la producción de cosechas abundantes, y, por extensión, de momentos excepcionales de actividad ritual. Esto indica que incluso las transformaciones ambientales más violentas se pueden convertir en oportunidades para la acción e innovación cultural. Por esta razón no es el temor la principal emoción que

[31] Es importante notar que los fenómenos meteorológicos violentos actuales no han alterado la capacidad de los horticultores locales para continuar generando "subsistencia plus". Sin embargo, esta resiliencia en los métodos de autosubsistencia podría no ser suficiente para contrarrestar el daño continuo a los suelos y las parcelas de tierras bajas que puede darse como resultado de futuras transformaciones ambientales.

se manifiesta entre los isleños en relación con fenómenos como un ciclón o una sequía; situación que se contrasta con las expresiones de histeria y teatralidad ecologista en que se mueve gran parte de la opinión pública internacional tratándose del cambio climático. En este sentido, aun bajo un régimen más adverso de extremos climatológicos, es dudoso que la forma de vida de la gente de Islas Torres vaya a verse amenazada por una crisis existencial. Antes bien, es altamente probable que encuentren por sí mismos maneras exitosas de adaptarse, tanto en términos de explotación de recursos naturales como en términos de sus esferas de continuidad y prosperidad cultural.

En suma, más allá de las particularidades físicas del cambio climático y de las transformaciones ambientales regulares (estacionales) e irregulares (estocásticas, impredecibles), el factor humano, cultural e histórico representa las claves esenciales para poder comprender la íntima relación y capacidad adaptativa de los habitantes de Islas Torres con su medio ambiente. Durante más de 3 000 años los miembros de aquella comunidad austronesia —y por extensión los de muchas otras comunidades del Pacífico occidental— han aprendido a adaptarse a las transformaciones abruptas de sus paisajes terrestres y marinos. Los materiales que he discutido en las páginas anteriores ofrecen poderosos ejemplos de esa capacidad de adaptación.

Es hora de dejar de percibir aquel entorno —así como el de muchas otras partes de Oceanía— en términos de pequeñas islas vulnerables bajo amenaza existencial a causa del cambio climático. Cuando se abordan y explican de manera adecuada, las formas de conocimiento local y flexibilidad ambiental de esta gente dan lugar a una visión mucho más positiva sobre su situación presente y futura. Incluso me atrevería a sugerir que estas comunidades melanesias parecen estar mucho mejor preparadas para adaptarse con éxito a los efectos del calentamiento global antropogénico que los miembros de aquellas sociedades industrializadas y cosmopolitas que pretenden ayudarles en el proceso de crisis y transición ambiental al cual se enfrenta actualmente nuestro planeta.

Capítulo 10

NEVETGË. UN COSMOS ESPECULAR. LAS RELACIONES ENTRE LOS VIVOS Y LOS MUERTOS

Pene deda vi tēn: ri tēn.
Pene (el mundo de los muertos)
no está debajo del suelo:
está por encima del suelo.

El final del capítulo anterior hubiera ofrecido un sitio razonable para dar por terminado este estudio, toda vez que con la discusión previa parecería haber satisfecho los límites temáticos de esta investigación. En efecto, hasta ahora ha procedido de manera más o menos convencional la estructura de esta monografía, habiendo transitado desde la descripción pormenorizada de los espacios básicos de actividad doméstica y productiva de la comunidad austronesia a discusión, hasta llegar a las esferas más amplias de interrelación humano-ambiental que caracterizan la experiencia de sus miembros. Sin embargo de haber dado por terminado este trabajo con el anterior apartado, hubiese desatendido la advertencia con la que lo concluí, a saber, la de no caer en la interpretación fácil de los principios ontológicos a partir de los cuales se produce y percibe el mundo humano de Islas Torres.

En efecto, una exploración cabal de la configuración del medio ambiente de los habitantes de estas islas no puede soslayar el papel crítico que desempeñan en la producción y percepción del mismo la presencia de los muertos y los entrelazamientos de su mundo —el mundo de los espíritus— con el nuestro. El propósito de este capítulo es ofrecer una aproximación a esos entrelazamientos a partir de un bosquejo de la institución y el ciclo ritual más importantes de Islas Torres, conocidos como *Hukwe* y *nevetgë* respectivamente. A partir de este bosquejo se podrá comprender mejor la forma que toman las relaciones entre el mundo de los vivos y el de los muertos, los cuales no están separados de la mayoría de los procesos, actos y efectos que caracterizan las experiencias humanas del medio ambiente en este paraje oceánico.

Debido a su cercanía histórica y cultural con fenómenos similares en las vecinas islas Banks y el sureste de Islas Salomón, parte importante del análisis que presento en este capítulo es aplicable a las sociedades de una región más amplia de Melanesia marítima.[1] Mi objetivo es abordar las relaciones entre los vivos y los muertos a partir de los principales procesos de transformación y revelación rituales mediante los cuales organizan su experiencia del cosmos circundante

[1] Los materiales etnográficos expuestos en este capítulo pretenden saldar parte de la magra producción etnográfica acerca del contexto ritual del norte de Vanuatu. Pero también pretenden sentar las bases para una futura exploración sobre las transformaciones culturales que problematizan los márgenes imaginados entre las sociedades de Melanesia y Polinesia. A una escala más dilatada, pero aún regional, esta discusión pretende contribuir a los debates que desde la década de 1980 se han estado desarrollando sobre la naturaleza de los ritos mortuorios y las ontologías de archipiélagos que sustentan poblaciones austronesias de carácter matrilineal, entre las que destacan el sur y centro de las islas Salomón y la región del Kula, en Papúa Nueva Guinea. Para discusiones etnográficas sobre las ontologías del sur y centro de las islas Salomón, véase sobre todo R. Keesing, *Kwaio Religion: The Living and the Dead in a Solomon Island Society*, Nueva York, Columbia University Press, 1982, y M. Scott, *The Severed Snake: Matrilineages, Making Place and a Melanesian Christianity in the Southeast Solomon Islands*, Durham, Carolina Academic Press, 2007; para la región del Kula véase sobre todo D. Battaglia, *On the Bones of the Serpent,* Chicago, Chicago University Press, 1990; F.D.H. Damon y R. Wagner (eds.), *Death Rituals and Life in the Societies of the Kula Ring*, DeKalb, Northern Illinois University Press, 1989, así como R.J. Foster, *Social Reproduction and History in Melanesia. Mortuary Ritual, Gift Exchange, and Custom in the Tanga Islands*, Cambridge, Cambridge University Press, 1995.

los habitantes de Islas Torres. Mi punto de partida teórico consiste en alejarme de la noción clásica (euroamericana) de la transformación ritual entendida como "crisis de vida" del individuo en contraposición con la sociedad. En cambio, me he propuesto explorar las maneras en que un cuerpo dado de personas —en este caso una agrupación de aspirantes a rango ritual y sus maestros— se transforma, adquiriendo momentáneamente la cualidad de espíritus primordiales, con la finalidad de permitir las relaciones entre los vivos de Islas Torres con el mundo de los espíritus. Este proceso lo entiendo como parte inseparable de otros procesos de autoproducción (autopoiesis) humano-ambientales en el sentido de que implica la reproducción simultánea de las personas y del entorno físico, y, en este caso espiritual, en el cual habitan.[2] Esta forma de pensar tiene su referente inmediato en la terminología analítica empleada por Aletta Biersack en su trabajo sobre Papúa Nueva Guinea, el cual a su vez se fundamenta en algunos conceptos clave proferidos por Alain Touraine.[3]

[2] Tal y como lo he discutido en otras publicaciones, esta manera de comprender la ritualidad en Islas Torres trasciende el paradigma universalista de los "ritos de paso", a partir del cual han sido analizados estas instituciones y procesos del norte de Vanuatu desde hace más de un siglo. C. Mondragón, "Encarnando a los espíritus en la Melanesia: La innovación como continuidad en el norte de Vanuatu", en P. Fournier, C. Mondragón y W. Wiesheu (coords.), *Ritos de paso: antropología y arqueología de las religiones*, vol. 3, México, Escuela Nacional de Antropología e Historia, 2009, pp. 121-149.

[3] Mi discusión también se inspira en las teorías que sobre la transformación de género, la personificación y las diferentes maneras en que se constituyen la persona y la sociedad en los archipiélagos del Pacífico sudoccidental han planteado M. Strathern, *The Gender of the Gift*, Berkeley, University of California Press, 1988; R. Wagner, *The Invention of Culture*, Chicago, Chicago University Press, 1975; Wagner, *Asiwinarong*, Chicago, Chicago University Press, 1987, y Mark Mosko, *Quadripartite Structures. Categories, Relations and Homologies in Bush Mekeo Culture*, Cambridge, Cambridge University Press, 1985; M. Mosko, "The Fractal Yam: Botanical Imagery and Human Agency in the Trobriands", *Journal of the Royal Anthropological Institute* (n.s.), vol. 15, 2009, pp. 679-700; y F.H. Damon y M. Mosko (eds.), *On the Order of Chaos: Social Anthropology and the Science of Chaos*, Londres, Berghahn, 2005.

La primera parte de este capítulo está dedicada a la explicación y posteriormente la problematización de las definiciones que se han proferido anteriormente en torno a la institución ritual conocida como *Hukwe*, toda vez que se apoyan en la idea de que el propósito clave de esta institución es la iniciación. La segunda parte del capítulo se concentra en el problema de las relaciones entre los vivos y los muertos a partir de una discusión del singular dualismo cosmológico que caracteriza a esta y muchas otras sociedades de Melanesia insular.[4]

Una institución "cúltica" y "secreta": primeras descripciones etnográficas

Como se explicó en el capítulo 3, los primeros misioneros que irrumpieron en la región que defino como norte de Vanuatu-sureste de Islas Salomón fueron los fundadores anglicanos de la Melanesian Mission (MM), quienes llegaron durante la segunda mitad del siglo XIX.[5] Fue hacia la década de 1870 cuando algunos de los miembros de la MM registraron la existencia de una ceremonia de tipo iniciático en las islas Banks que se caracterizaba por la exhibición, en el contexto de danzas rituales sumamente dramáticas, de tocados vistosos deno-

[4] Vale la pena señalar que, al margen de la perspectiva teórica que he adoptado para su interpretación, la mayoría de los materiales que aquí describo, en cuanto datos etnográficos, son originales y en su mayoría inéditos; son, en efecto, el producto privilegiado de más de una década de estudio y comprensión de principios ontológicos sutiles y con frecuencia no-verbales.

[5] La Melanesian Mission era dependiente de la Iglesia de Inglaterra (Church of England) y fue fundada en Nueva Zelanda, en la década de 1840, por el obispo George Augustus Selwyn, quien, junto con su eventual sucesor y primer obispo de la diócesis de Melanesia, John Coleridge Patteson, estableció hacia 1860 la primera escuela anglicana de Vanuatu en las islas Banks, *cf.* D. Hilliard, *God's Gentlemen. A History of the Melanesian Mission, 1849-1942*, St. Lucia, University of Queensland Press, 1978, pp. 48-51.

minados *tamate*. Esta ceremonia, a su vez conocida de manera genérica como *tamate*, habría de convertirse en una de las instituciones representativas de lo que los anglicanos supusieron (erróneamente) eran las manifestaciones de religiosidad primitiva propias de todas las sociedades de Melanesia insular. En este contexto, la primera descripción detallada del complejo *tamate*, y su caracterización como una expresión idiosincrática de la ritualidad pan-Melanesia, fue emprendida por el reverendo Robert Henry Codrington en su obra clásica *The Melanesians*.[6]

En aquel libro, que sigue considerándose una de las fuentes más valiosas de descripción etnográfica temprana para Melanesia insular, Codrington registró con gran interés el funcionamiento de una singular institución, propia de las islas de Mota y Vanua Lava, en el grupo de las Banks, a la cual identificó como el *Suqe* (en adelante transcrita *Sukwe*). En esencia, el *Sukwe* consiste en una agrupación exclusiva de hombres portadores de rango ritual cuyo principal ciclo ceremonial consiste en la elaboración y exhibición de los tocados *tamate*. Influido por las ideas sociológicas de su época, inclusive los principios universalistas de socialización ritual que en ese momento estaba sistematizando Van Gennep, el reverendo Codrington estaba convencido de que el *Sukwe* representaba la institución iniciática por excelencia de las islas Banks, y, por extensión, de la Melanesia insular.

> En efecto no existe algo más característico de la vida del melanesio que la presencia de Sociedades en las cuales se elaboran Misterios que se mantienen estrictamente ocultos de todo aquel hombre que no ha sido iniciado, así como de todas las mujeres. Un atuendo, una máscara o tocado, disfraza a los miembros en casos de que se hagan visibles [públicamente] durante el día; [estos mismos] utilizan extraños gritos

[6] Codrington, *The Melanesians*, Oxford, The Clarendon Press, 1891.

y sonidos mediante los cuales llaman la atención sobre su presencia en aquellas ocasiones en las cuales permanecen invisibles.[7]

A lo largo de su discusión sobre el *Sukwe*, Codrington planteó dos ideas que casi de inmediato se convirtieron en los parámetros básicos a partir de los cuales se produjeron todas las reflexiones que a lo largo del siglo XX se profirieron acerca de los sistemas de creencia y ritualidad del norte de Vanuatu.[8] La primera de éstas era que la naturaleza del *Sukwe* es análoga a la de una "sociedad secreta", debido a las características "cúlticas" de control estricto y jerarquizado de conocimientos y prácticas esotéricas, sobre las cuales se sustenta esta institución. En opinión de Codrington, estas prácticas se fundamentaban en una lógica primitiva de acumulación y exhibición de "poder" (*mana*, según entendió este término el misionero, dentro de un estrecho contexto de autoridad política). Según esa interpretación, esta forma de transmisión jerárquica y controlada del conocimiento tenía su manifestación principal en el sistema masculinista de rangos rituales del *Sukwe*. Esta caracterización del *Sukwe*, en tanto mecanismo de autoridad y control social, tuvo gran aceptación, y durante décadas se aplicó a otras agrupaciones similares en otras partes del centro-norte de Vanuatu, las cuales han sido definidas como una especie de microsociedad paralela al colectivo más amplio que representa la comunidad local. Bajo esta lógica, los hombres de rango eran definidos como "grandes hombres" (*great men*), en el sentido de concentrar autoridad y poder a partir de su manipulación

[7] "There is certainly nothing more characteristic of Melanesian life than the presence of Societies which elaborate Mysteries strictly concealed from the uninitiated and from all females. A dress, with a mask or hat, disguises the members if they appear in open day; they have strange cries and sounds by which they make their presence known when they are unseen". (*Ibid.*, p. 69.)

[8] Apenas en la última década ha comenzado a problematizarse la herencia de Codrington en cuanto a la lógica de ritualidad, poder, género y control social que estableció en la labor de sucesivas generaciones de antropólogos en esta región.

de los canales de intercambio y redistribución de bienes, dádivas y rango ritual.

La segunda teoría que planteó Codrington acerca del *Sukwe* fue que el principal momento ceremonial del mismo, el *tamate*, consistía en un evento clásicamente iniciático cuyo propósito básico era la socialización selectiva de jóvenes célibes. El *tamate* representaba, por tanto, un "rito de paso" universalmente reconocible mediante el cual los jóvenes eran ascendidos a la calidad de adultos con plenos derechos, obligaciones y capacidades socialmente reconocidas para emprender el matrimonio y la reproducción.

> Es sin duda el caso que en aquellos sitios en donde florecen este tipo de sociedades [secretas], un joven que no ha sido inducido a la membresía de las mismas no obtiene la posición de igualdad social plena que otros jóvenes inducidos habrán obtenido; y también será el caso que tal joven probablemente no cuente con esposa. Tal persona no habrá sido capaz de reunir el costo necesario para llevar acabo la iniciación ni el matrimonio.[9]

En suma, el *tamate* era el paso crítico de la transformación del "individuo" prepuberto a ser un miembro plenamente integrado al cuerpo colectivo llamado "sociedad". Desde entonces el *tamate* ha sido interpretado esencialmente como el rito de paso idiosincrático de las islas Banks, mientras que el *Sukwe* es entendido en tanto agrupación "cúltica" dedicada a la transmisión controlada y gestión secreta del conocimiento y del poder.

En las siguientes páginas me propongo problematizar esta caracterización a partir de un análisis que entiende la transformación

[9] "It is no doubt the case that where these societies flourish, a youth who has not become a member of one of them does not take a position of full social equality with the young men who are members; and also that such a young man has probably no wife. Such a young man has not been able to meet the expense of initiation or of matrimony." (*Ibid.*, pp. 70-71.)

de la persona como parte de la dinámica relacional de Islas Torres. En este sentido, entiendo la transformación como parte de la dinámica a partir de la cual se generan concatenaciones generativas de interlocutores diversos —inclusive a los espíritus, a ciertos objetos con agencia (ñames, bastones rituales, etc.), al territorio y otros rasgos relevantes del paisaje cultural— con los cuales se entrelazan las personas para dar forma al cosmos relacional de esta comunidad austronesia. Al igual que ocurre cuando se introducen distinciones tajantes entre "naturaleza" y "cultura", estos principios ontológicos de concatenaciones procesuales de personas y entidades suelen ser ofuscados cuando se busca comprenderlos mediante modelos filosóficos y sociológicos exógenos basados en la presunta universalidad de las crisis de vida y por tanto en la diferenciación tajante entre el "individuo" y la "sociedad".

HUKWE Y LEHTEMET: LA MANIFESTACIÓN DEL PODER A TRAVÉS DE DINÁMICAS RELACIONALES[10]

El *Hukwe* de Islas Torres consiste en una agrupación de hombres que se distinguen por poseer rangos rituales y por haber recibido, de parte de maestros personales, conocimientos de naturaleza esotérica re-

[10] Conviene subrayar que tanto el término *tamate* como *Sukwe* son propios de las lenguas de las islas de Mota y Vanua Lava, en el grupo de las Banks, pero que se denominan *Hukwe* y *lehtemet* en el lenguaje lo-toga de las islas Torres. Estas diferencias lingüísticas no son solamente formales, ya que existen diferencias sutiles entre los valores espirituales, artefactos rituales y eventos ceremoniales relacionados con el *Sukwe/tamate* en contraste con el *Hukwe/lehtemet*. Una discusión detallada sobre el *Suqe* y *el tamate* se puede consultar en el capítulo quinto de Codrington, *The Melanesians*, *op. cit.*, pp. 69-100. Véase también B. Vienne, *Gens de Motlav. Idéologie et pratique sociale en Mélanésie*, París, Musée de l'Homme, 1984 (Publication de la Société des Océanistes, 42); y B. Vienne, "Masked faces from the country of the dead", en J. Bonnemaison *et al.*, *Arts of Vanuatu,* Bathurst, Australia, Crawford House Publishing, 1996, pp. 234-246.

La totalidad de los miembros del *Hukwe* de Islas Torres tomando kava durante el momento final de una ceremonia mortuoria en donde se transforman en seres humanos después de tres días de haber personificado espíritus ancestrales. Esta ceremonia no se relaciona con el *lehtemet*, pero ejemplifica la diversidad de momentos de transformación por los cuales llegan a pasar los hombres con rango ritual. (Foto: C. Mondragón, 2004)

lacionados con poderosos actos de transformación y de interacción entre el mundo de los vivos y el mundo de los espíritus. En sentido estricto, estos conocimientos se concentran en las técnicas secretas necesarias para obrar la manufactura y el despliegue de poderosos objetos rituales conocidos como **kwugar*. Como se explica más adelante, los *kwugar* no son simplemente atuendos rituales, sino la manifestación física de poderosas entidades primordiales cuya evocación completa se obra mediante la fusión del cuerpo del creador del *kwugar* (es decir el cuerpo vivo, tangible, del aspirante a miembro del *Hukwe*) con el *kwugar* mismo. Esta fusión se realiza durante el contexto del ciclo ceremonial conocido como *nevetgë*, específicamente a través de un evento dramático de revelación controlada conocido como *lehtemet*, cuya finalidad inmediata es que el creador y portador del *kwugar* obtenga rango ritual mediante una serie de danzas durante las cuales exhibe dicho atuendo.

Como se verá más adelante, la finalidad clave del *lehtemet* es acercar a la colectividad de los vivos con el mundo de los espíritus mediante una serie de intercambios rituales singulares. Sin embargo, así entendido, sin mayor profundización acerca de la materialidad asombrosa y los valores ontológicos que le dan sentido, el *Hukwe* podría describirse como una institución de rangos ritualizados cuyo funcionamiento (contextos de alto drama ritual) y finalidad (la transformación, mediante prácticas esotéricas, de hombres en espíritus, y su consecuente obtención de rango ritual) parecería conformarse adecuadamente a la definición de Codrington, en cuanto que representa un fenómeno de tipo cúltico caracterizado por la secrecía y la mistificación del poder en aras de preservar la exclusividad de los hombres iniciados.

Como demostraré a lo largo de los siguientes párrafos, esta caracterización se desvanece a partir del análisis pormenorizado de los valores y las prácticas que sustentan y dan forma al *Hukwe* de Islas Torres, y por extensión al *Sukwe* de Islas Banks y el *Tamate* de la isla de Vanikoro (sureste de Islas Salomón). Uno de los conceptos que conviene replantear desde el principio es precisamente el de "poder", en tanto que fue traducido por los misioneros mediante el vocablo *mena*, el cual, como ya se ha explicado en capítulos anteriores, antes que "poder" en un sentido político-económico llano, nos refiere a nociones complejas y múltiples de eficacia y capacidad generativa-destructiva sobre el cosmos. En este caso, *mena* surge como uno de los términos clave a partir del cual describen los isleños aspectos de lo que observadores externos entenderían por los conocimientos y las prácticas constitutivas del complejo ritual del *Hukwe*.

Mena es un concepto que cifra la capacidad de la persona para obrar de manera generativa y destructiva sobre el medio ambiente, el medio espiritual y el medio humano del cosmos. En contraste con la interpretación llana del siglo XIX de poder "cúltico" o político referido a instituciones sociales "primitivas", tanto como con las elaboraciones foucaultianas del siglo pasado sobre la naturaleza del conocimiento y el control social, *mena* no se reduce meramente al manipuleo sociopolítico mediante algún canon de "secrecía" y control masculino de bienes rituales o seculares. Más bien, nos refiere al potencial transformativo, tanto productivo como destructivo, que emana directamente de las acciones y relaciones significativas entre personas y otras entidades, tales como los espíritus y los objetos personificados.[11]

Como se puede inferir con base en lo expuesto hasta aquí, la noción del control individualizado del conocimiento es imposible en el contexto del *Hukwe*, en vista de que la producción de lo que identificaríamos como conocimiento y actos eficaces (*id est*, actos "poderosos") es inseparable del cosmos relacional que sustenta a las redes de personas y entidades que conforman el mundo isleño.[12] Baste con atender a la estructura formal del *Hukwe* de Islas Torres para confirmar esta sospecha: la misma se organiza a partir de una escala ascendente de nueve categorías o rangos (LT: *nepü*) que funcionan como marcadores de la eficacia de sus portadores. El ingreso y ascenso de

[11] Eso, por lo que a Melanesia insular se refiere, pues existen variaciones del concepto en Polinesia oriental, así como en el sureste de Asia insular. Para discusiones más detalladas sobre los diversos matices e interpretaciones que se han producido acerca del concepto de *mana*, véase A.M. Hocart, 'Mana again'", *Man*, vol. 22, 1922, pp. 139-141; R. Keesing, "Rethinking "Mana", *Journal of Anthropological Research*, vol. 40, núm. 1, 1984, pp. 137-156, 1984; B. Shore, "Mana and Tapu", en A. Howard y R. Borofsky (eds.), *Developments in Polyensian Ethnology*, Honolulu, University of Hawai'i Press, 1989, pp. 137-174.

[12] Existen discusiones importantes sobre la naturaleza comunitaria del poder en la Melanesia insular; para la región de Vanuatu véase sobre todo R.L. Rubinstein, "Knowledge and political process on Malo", en M. Allen (ed.), *Vanuatu: Politics, economics and ritual in Island Melanesia*, Sydney, Academic Press, 1981, pp. 135-172, y L. Lindstrom, *Knowledge and Power in a South Pacific Society,* Washington/ Londres, Smithsonian Institution Press, 1990.

rangos en esta escala, sin embargo, no depende de simples actos de voluntad individual o de socialización, sino de las diferentes concatenaciones de personas, medios y objetos que dan sustento a cada uno de los miembros del *Hukwe*. El poder y el conocimiento, en este sentido, no surgen ni se otorgan de manera aislada, no se comportan como un fenómeno individualizado, sino siempre relacional (a este punto regreso más adelante al comentar las dimensiones colectivas de la creatividad que se pone en evidencia mediante los diversos actos que dan forma al *nevetgë*).

Por lo que toca a la forma que toman las concatenaciones de personas que dan lugar a la "elevación" o ingreso al sistema de rangos del *Hukwe*, es una regla general que el ascenso de un rango a otro depende de dos tipos especiales de relación de parentesco de tipo tabú. Estas son relacionales, restringidas y especiales, y son conocidas en lo-toga como relaciones *negemel tok*; (*gemel*, 'espacio existencial del linaje local', *tok*- 'sagrado', 'restringido').[13]

El primer tipo de relación *negemel tok* es la que opera entre maestro y alumno, este último llamado *temet ragwe* ('el que construye/trabaja un *temet*', en este caso en referencia al tocado ritual). Esta relación es análoga a la transacción entre un padre y un hijo, la cual es asimétrica debido a que el padre/maestro "inserta" sus conocimientos en el hijo/*temet ragwe*, y por lo tanto produce un efecto directo y unilateral sobre el mismo, es decir sin mediación por parte de un tío materno u otro representante de linaje. El restulado de este proceso es la producción de una persona diferente (el alumno indoctrinado), quien a su vez poseerá las cualidades necesarias (posesión del conocimiento exegético obtenido) para convertirse, en su momento, en un productor/insertador de conocimiento en relación con un

[13] El nombre que lleva el último rango, *kilétuke*, significa "detrás del horizonte", en el sentido de algo imposiblemente lejano, que queda más allá de la mirada, debido a que se considera que la persona que ha llegado a este rango es tan potente que constituye una entidad extrasocial, una cuasi deidad cuya peligrosidad lo obliga a permanecer al margen de los asuntos y espacios cotidianos del mundo humano.

pupilo futuro. Una de las claves para entender la analogía que generan los propios isleños sobre los maestros y alumnos en relación con un padre y un hijo es la necesaria actitud de *rispek* profundo, no requerido, que tienen por cierto deberá manifestar el *temet ragwe* como condición indispensable para ser considerado como merecedor por el maestro con el que se acerca. Este mismo *rispek* es el que exigen los padres a los hijos en relación con la transmisión de información topogénica exclusiva del *metaviv* y *tutumwa* a los cuales pertenecen. Esta condicionalidad nos alerta sobre el hecho de que estas formas de transmisión no son inevitables sino contingentes e incluso arbitrarias: yo mismo he observado en diversas ocasiones cómo la falta percibida de *rispek* entre padres e hijos o bien entre maestros y alumnos prospectivos se convierte en una barrera infranqueable, la cual a veces resulta en la eventual muerte del padre o maestro sin jamás haber legado su conocimiento especializado a quienes lo anhelaban.

¿En qué consisten, pues, los conocimientos insertados o impartidos en el contexto de la relación maestro-*temet ragwe*?

Esta pregunta resulta clave debido a la confusión que provocan los supuestos sobre actividad cúltica y exégesis secreta que introdujo Codrington al análisis de esta institución. En breve, el conocimiento que se imparte se concentra sobre la forma de elaboración, por parte del *temet ragwe*, de uno de entre nueve posibles formas de tocado o máscara de cuerpo completo conocidos como *kwugar*. En un sentido estrecho, el *kwugar* se puede describir como un tocado colorido con el cual bailará el *temet ragwe* en el momento de celebrar su primer *lehtemet*. La elaboración del *kwugar* es un proceso que se prolonga durante noventa días, a lo largo de los cuales el maestro se interna en un lugar "sagrado/proscrito" del bosque (conocido como *ki le tuke*) para dar forma, lentamente, a través de canciones poderosas y técnicas ocultas de elaboración, al *kwugar*.

Al final de este proceso se da inicio al *lehtemet*, cuando el maestro presenta el *kwugar* al alumno, quien entonces bailará con él, transformándose, o más precisamente dando cuerpo momentáneamente, a un espíritu primordial, una entidad prehumana y fundamentalmente asocial propia del principio del cosmos.

Aquí, cabe advertir que el *kwugar* no es simplemente un artefacto, es decir un tocado ritual, ni una "máscara", sino la manifestación encarnada del espíritu primordial. Este tipo de espíritus (*kwugar*) se diferencian de los espíritus de los muertos (*temet*) en general, dado que representan fuerzas sobrenaturales prehumanas, y únicamente existen nueve de ellos, cada uno con su nombre y características particulares. La mayoría de los nombres de los nueve *kwugar* son considerados altamente sagrados y por lo tanto sujetos a la secrecía por parte de los miembros del *Hukwe*, razón por la cual omito su mención pormenorizada en este texto. Sin embargo, existen cuando menos dos *kwugar* cuyo apelativo es del dominio público; uno de ellos es el *kwugar Nelororor*, cuyo nombre se deriva de una expresión que se utiliza para indicar el color de los últimos rayos del sol poniente (*nelo* = sol; *roror* = algo en proceso de desaparecer). La centralidad otorgada a los colores del *kwguar*, mismos que se pueden observar en el rostro materializado del *kwugar*-máscara, resulta crucial por razones que ofrezco más adelante. Esta individuación de los *kwugar* se cifra en una serie de rasgos tangibles y visibles en su avatar material, es decir, en el atuendo y máscara que salen a relucir durante el *lehtemet.*

En suma, la elaboración de un *kwugar* implica la materialización de una fuerza sobrenatural y primordial que se sustrae a la red de relaciones que normalmente conectan al mundo tangible de los seres vivos con aquel de los muertos. El *kwugar* representa una entidad asocial por excelencia; una entidad, en efecto, sustraída al tiempo y al espacio ordinario del cosmos relacional.

El segundo tipo de relación *negemel tok* propia de las prácticas que dan forma al *Hukwe*, y la cual es condición indispensable para que se pueda organizar un *lehtemet*, es la que se da entre el patrocinador de un aspirante al *Hukwe* y el aspirante mismo. En contraste con la analogía padre-hijo que surge en referencia a la relación maestro-*temet ragwe*, esta segunda relación se describe como la que se da entre primos cruzados o primos hermanos (LT: *chichiak*), ya que en ella el patrocinador adquiere la persona del tío materno (*wuluk*) mientras que el *temet ragwe* es tratado como el sobrino materno del primero. Esta relación se cifra en el hecho de que el *wuluk* deberá producir los objetos de intercambio ritual necesarios para que el aspirante pueda acceder al *Hukwe* y adquirir su primer rango, o bien ascender hacia un rango superior dentro del *Hukwe*. Estos objetos consisten casi siempre en cerdos sacrificiales, pero también incluyen flechas mágicas, kava, esteras, y otros artefactos importantes. En este caso también se trata de una relación no mediada, ya que los valores de intercambio, dominados por la presentación de jabalíes, no se transfieren directamente del "tío" al "sobrino", sino que son recibidos por miembros del linaje del *temet ragwe*, preferiblemente aquellos que pertenezcan al *Hukwe*. Tal y como sucede durante transacciones de tierra y personas durante una alianza matrimonial, este flujo de objetos tiene la intención de establecer formalmente la posición del "tío materno" como patrocinador y por tanto proveedor del *temet ragwe* en el contexto del *lehtemet*. Por lo demás, es una relación entre sexos iguales (ambos de signo de género masculino), ya que es simétrica y de naturaleza generativa, debido a que su potencial productivo radica en la partición, o diferenciación, de la persona del *wuluk* a partir de su entrega de dones rituales. De tal modo, a ojos del *Hukwe* emerge una persona nueva, el candidato formalizado, el *temet ragwe* que ha sido producido a partir de la partición del "cuerpo" del *wuluk*, del cual, para efectos de las prescripciones del cosmos relacional, "salen" los dones en cuestión.

En este tipo de dinámicas se observan dos fenómenos que resultan cruciales para entender al *Hukwe* a partir de los principios rectores del cosmos relacional de Islas Torres. Primero, las relaciones generativas siempre contienen (comprenden dentro de sí, es decir "eclipsan") una concatenación más amplia de relaciones pasadas y futuras. Pasadas, porque la condición de existencia del "tío" y "sobrino" depende de una serie de relaciones previas de reciprocidad formal entre dos linajes; y futuras porque la partición de la persona del *wuluk* genera el potencial y la expectativa colectiva de futuras relaciones de intercambio y obligación entre los linajes en cuestión. El punto es que estas cadenas de obligaciones no se dan simplemente entre dos individuos en transacción, y en esto reside el segundo factor crucial, que es que las relaciones siempre se definen con respecto de toda una galaxia de roles de parentesco, y por definición son esfuerzos colectivos, y colectivamente reconocibles, ya que involucran al cuerpo colectivo de los linajes (*tutumwa*) y de las familias (*metaviv*) que se hallan "contenidas" y por lo tanto presentes, aunque de manera implícita, en el cuerpo y los roles de las personas en juego.

A partir de la explicación de estos principios se puede entender mejor que la relación entre tío y sobrino esté contenida, de manera simultánea, dentro de otra relación, que es la que opera entre el *wuluk* y el cuerpo agrupado de hombres que constituyen el *Hukwe*. La relación entre *wuluk* y *Hukwe* es una relación entre sexos iguales (ambas partes portan género masculino) y simétrica, ya que está mediada por objetos de intercambio, los jabalíes, que a su vez "eclipsan" a otra relación, a saber la que se da entre el esposo y la esposa que produjeron a cada animal. Esta última la portan (contienen, eclipsan) los jabalíes dentro de sus cuerpos mismos, toda vez que constituyen el resultado visible, empírico, de la crianza de la esposa adjunta a la capacidad transaccional del esposo. El valor de estos jabalíes es relacional en sentido estricto, y por lo tanto contingente.

Concatenaciones de personas, objetos y presencias

Los conceptos y procesos arriba descritos sobre la cualidad de las concatenaciones de personas que dan forma al *Hukwe* —y por lo tanto a los conocimientos y actos poderosos que del mismo emanan— nos refieren a una manifestación ideal del grupo, en tanto totalidad de los vivos contrapuesta al mundo y presencia de los espíritus. Esta manifestación es de una complejidad y escala que son radicalmente diferentes de las que plantea la noción "iniciática" que tiene por sustento básico la separación esencial entre individuo y sociedad.[14] Lo que aquí interesa es resaltar que el efecto acumulado, simultáneo y extenso de la gama de relaciones dentro de otras relaciones que conforman al *Hukwe* se manifiesta, de manera idiosincrática, dentro de la serie de danzas y actos de intercambio ritualizado que se dan dentro del orden predeterminado de cada *lehtemet*.

En breve, *lehtemet* representa la última fase de un proceso, un preámbulo, que necesariamente dura años, ya que consiste en el complejo ensamblaje de personas, lugares y transacciones que tienen que llevarse a cabo para poder generar las condiciones relacionales indispensables (incluyendo de manera prominente las de maestro-alumno y tío-sobrino que ya se mencionaron, pero también otras más) para la celebración de *nevetgë* de acuerdo con las prescripciones formales de este ciclo ritual. Dicho de otra manera, para que se pueda celebrar un *nevetgë* se tienen que ir dando una serie determinada de relaciones de parentesco e intercambio (ambas siendo mutuamente constitutivas) de las cuales surgen las personas del "tío materno" (es decir, de los patrocinadores rituales) y del "sobrino" (los aspirantes a rango ritual) que eventualmente se congregarán alrededor del *hara* en donde se llevará a cabo *lehtemet*.

En su fase más próxima a la danza ritual principal de *nevetgë*, unos tres meses antes del *lehtemet*, este proceso preparatorio se caracteriza por la lenta construcción de los *kwugar* en los *ki le tukwe*, los lugares prohibidos del bosque. Esta elaboración se puede entender

[14] Sin embargo —y esto es crucial—, no por ser radicalmente diferentes son incompatibles con las dinámicas mediante las cuales se tiende a organizar y producir la geografía política de las islas Torres en relación con el mundo contemporáneo y sus agentes. Por el contrario, la dinámica de la reproducción social en las islas Torres dota a esta comunidad isleña de herramientas que le permiten funcionar con un sistema particularmente bien apertrechado para entrar en contacto creativo con fuerzas exógenas de organización comunitaria, identitaria, política y geográfica.

mejor como la gradual transformación de diversos elementos (tintas vegetales, varillas, telas de araña) en una serie de rasgos tangibles, poderosos, que una vez conjuntados en torno al armazón del *kwugar* dan lugar a un objeto múltiple, compuesto de partes poderosas en sí, pero también unitario, a saber, el *kwugar* mismo. Este objeto unitario, en cuanto es portado/incorporado con el cuerpo de su creador (el *temet ragwe*, el que 'trabaja al espíritu'), a su vez dará presencia asombrosa a los avatares de las nueve entidades cósmicas primordiales que harán su entrada en el *hara* durante el momento clave de las danzas de *lehtemet*.

Conviene reiterar que los *kwugar* no son objetos simbólicos ni sagrados, sino el cuerpo mismo, es decir, la personificación momentánea, de espíritus primordiales asociales. Su materialización se hace posible en virtud de haber sido producto de relaciones de tipo tabú (*negemel tok*) dentro del *Hukwe*. Es decir que, vistos como producto del *Hukwe*, se presentan como un componente más de la concatenación genealógica de personas y objetos que conforman la red de relaciones que da forma a la comunidad. Desde esta perspectiva, los *kwugar* no son ancestros (*temet*, espíritus de los muertos), pero sí adquieren la cualidad de personas, en tanto poseen las facultades ontológicas básicas para ser considerados, de manera momentánea, como interlocutores dentro del horizonte del cosmos relacional de las islas. Esto es crucial, pues las entidades primordiales, en sí, no son parte del cosmos relacional de vivos y muertos; sólo a partir de su materialización, y su aparición dentro del *hara* en el momento que tienen que revelarse, es que adquieren realidad como interlocutores. En efecto, esto significa que el momento climático de *lehtemet* representa el momento en que los vivos entran en contacto con entidades extraordinarias y por lo demás lejanas de la cotidianeidad en la cual se desarrollan las relaciones entre personas, objetos personificados y espíritus ancestrales.

A este ciclo climático de cantos y danzas se le conoce como *newet*, el cual consiste en una seriación complicada de eventos que constituyen la fase final y pública del *lehtemet*. Este momento ceremonial es equivalente a las danzas *Tamate* de las islas Banks que describió Codrington y puede llegar a durar hasta tres días seguidos, según las circunstancias y ánimo del momento en que se celebra.[15]

El *newet*, en tanto espectáculo público, constituye el momento en que esos avatares primordiales entran, por un instante, dentro de un espacio colectivo, poderoso y por lo tanto espiritualmente controlado por los especialistas más eficaces del *Hukwe*. Este control del espacio ritual representa un imperativo categórico, ya que portar un *kwugar* fuera de los límites del *hara* amenazaría con dispersar por doquier el *mena* creativo-destructivo que rodea y permea a las entidades provenientes del cosmos primordial. Esto se trata de evitar a toda costa en vista de que tendría consecuencias nefastas para el mundo de los vivos. Algunos de los ejemplos que me han ofrecido diversos interlocutores isleños sobre estos efectos ayudan a echar luz sobre la noción de generación-destrucción que en este contexto específico se tiene sobre *mena*, toda vez que se refiere no a una fuerza sobrenatural simplemente mortífera, sino a la superabundancia cósmica propia del poder generativo del *kwugar*. En lugar de simplemente "matar", esta superabundancia podría dar por resultado el crecimiento desmedido, monstruoso incluso, de los ñames en el suelo, o bien de la genitalia de aquellos hombres o mujeres que entrasen en contacto con el poder desencadenado del *kwugar*.

Colocados dentro de los límites del espacio ritualmente controlado del *hara*, los *kwugar* funcionan como puntos de referencia para poner de manifiesto el cúmulo de relaciones que les han precedido y dado realidad. La potencia acumulada y generativa de este cúmulo relacional se manifiesta a la manera de una imagen total de la comunidad durante este contexto de alto drama ritual. En efecto, al margen

[15] Diversos interlocutores isleños me aseguran que en el pasado, cuando el *kastom* era más robusto, podía llegar a durar hasta un mes; sin embargo esto parece ser parte de la narrativa del "*kastom* como nostalgia" de la cual ya se habló en el capítulo 4.

de que representa uno de los contextos de conjunción más asombrosos entre el mundo de los vivos y de los no vivos, el *lehtemet* también constituye el escenario en el cual se pone de manifiesto, en toda su complejidad, el cosmos relacional isleño, a partir de la concentración en torno al *hara* de todos los linajes, de todas las relaciones pasadas, presentes y futuras que sustentan a los actores, los objetos y las presencias que emergen durante un *nevetgë*.

Actos de revelación

Con esto en mente se podrá comprender por qué no resulta ni preciso ni conveniente describir el *nevetgë* y el *lehtemet* como una ceremonia de tipo iniciático, de las características descritas por Van Gennep y Codrington y posteriormente repetidas por algunos de los observadores fuereños que se han aproximado en el pasado a los complejos rituales del norte de Vanuatu. Lejos de consistir en una ceremonia en la cual el individuo "inmaduro" es "socializado" e integrado a la "sociedad", la participación de los danzantes que realizan *lehtemet* consiste en su coparticipación —privilegiada, sí, en tanto se convierten en el centro de atención ceremonial, pero de ninguna manera individualizada— dentro de una serie de relaciones, transformaciones y revelaciones poderosas. Estas revelaciones se centran en torno a la entrada de los *kwugar* al *hara*, así como a la manifestación, en forma totalizada (es decir al mismo tiempo múltiple y unitaria) del cúmulo de relaciones que preceden y dan forma a la lógica del *lehtemet*, y por extensión al resto del cosmos relacional de los vivos. A su vez, *lehtemet* comprende una serie de transformaciones mediante las cuales los *kwugar* toman forma y pasan de ser artefactos poderosos para dar presencia y realidad a las nueve entidades cósmica primordiales mencionadas.

El propósito de esta encarnación de los espíritus primordiales no es la de exhibir la capacidad individual de control o poder sobrenatural del sobrino sobre el mundo sobrenatural, tal como se ha solido afirmar en caracterizaciones etnográficas anteriores sobre el *Tamate* de Islas Banks. La evocación de los *kwugar* como presencias visibles y tangibles representa, en cambio, la concentración momentánea de fuerzas sobrenaturales formidables que se revelan ante los matrilinajes de Islas Torres como interlocutores opuestos en una relación momentánea de reciprocidad con la colectividad de los isleños, es decir sus tres *tutumwa* y diversos *metaviv* totalizados en una sola entidad interlocutora, la cual representa al mundo (reunido) de los vivos frente al de los espíritus, el cual se concentra en torno a la agrupación de *kwugar*, en tanto interlocutores también fractales, múltiples pero unitarios. Es de esta manera que el *lehtemet* se debe entender como una ceremonia que genera un espacio-tiempo privilegiado dentro del cual se manifiesta, en un momento excepcional de intercambio ritualizado, el cúmulo de relaciones a partir de las cuales se constituye el todo social que es el cosmos relacional de Islas Torres, en contraposición con el mundo de los espíritus. En suma, este acto totalizador se realiza con la finalidad de "presentar", de hacer visible, a la totalidad del mundo de los vivos ante el mundo de los espíritus.

Lehtemet, 'hacer visible al espíritu', se refiere a todos los espíritus, no únicamente a los espíritus de los muertos; tiene la intención de servir como un contexto en el cual, durante un instante de asombro colectivo, el cuerpo agrupado de dividuos que constituyen el mapa relacional de las islas Torres concentran y hacen explícitas todas las relaciones —pasadas, presentes y futuras— en contraste y relación (toda relación siendo un contraste entre "nosotros" y los "otros") con el mundo de los espíritus. Es, en efecto, el acto relacional más poderoso de esta comunidad isleña. Su comprensión requiere, sin embargo, de un comentario más acerca de la condición de esos "otros" con los que entran en relación los vivos: a saber, una explicación sobre el carácter, la lógica existencial, del mundo de los espíritus y de las entidades que en él residen.

Los hombres de mayor rango del *Hukwe* en Lo, encarnando a espíritus no humanos durante una danza tipo *newet*. A petición de mis interlocutores isleños no he publicado imágenes de los **kwugar* por respeto al poder de los mismos. Sin embargo esta danza y los atuendos ofrecen una noción sobre la forma que obtienen los espacios de danza y los movimientos de los espíritus primordiales durante el *lehtemet*. (Foto: C. Mondragón, 1999)

El dualismo cosmológico y fuentes últimas de verdad

Desde finales del siglo XIX, las discusiones sobre la forma que asumen las relaciones en las islas del centro-norte de Vanuatu han notado una dualidad cosmológica que parece caracterizar el ordenamiento de los mundos sociales y espirituales de esta región.[16] Esta dualidad se cifra en una especie de principio de complementariedad opuesta que se hace evidente con más claridad en los ámbitos del intercambio mutuamente nutricio por medio del cual se configuran los matrilina-

[16] Véase: R.H. Codrington, *The Melanesians*, *op. cit.;* B. Deacon, *Malekula: A Vanishing People in the New Hebrides*, editado por C.H. Wedgewood, Londres, Routledge & Sons, 1934; y John Layard, *Stone Men of Malekula: The Small Island of Vao*, Londres, Chatto & Windus, 1942.

jes más importantes de cada sociedad. Un buen ejemplo reciente es el estudio de John Taylor sobre Raga (norte de la isla de Pentecost), en el que observa que estas disposiciones binarias y generativas parecen reflejar "una complementariedad ambivalente pero productiva" que parece actuar como "la característica arquitectónica fundamental del universo [...] cosmológico, metafísico y social".[17]

No obstante la observación de Taylor, en relación con el extenso registro etnográfico que se tiene acerca del "universo social", ha habido sólo discusión marginal sobre los ámbitos de lo "cosmológico" y lo "metafísico", a los cuales denomino el "mundo de los espíritus" y el "cosmos relacional" en relación con Islas Torres. La razón de este descuido quizás se deba al hecho de que la incertidumbre en el ámbito de "lo social" normalmente no se asocia con las cualidades aparentemente más abstractas o abstrusas de aquellas fuerzas intangibles, y con frecuencia invisibles, que habitan el cosmos más amplio.

Sin embargo, resulta apremiante la tarea de relacionar estas esferas, dado que el mundo de los espíritus es concebido por muchas de las sociedades del norte-centro de Vanuatu en tanto un modelo ideal de estabilidad y arraigo en relación con el caótico mundo de los vivos. En Islas Torres, esta contraposición de estados de estabilidad-inestabilidad ontológica se aplica a la mayoría de las cosas del mundo vivo, tanto en los complejos de personas-territorio como en el propio paisaje circundante, en el que elementos como las montañas o los arrecifes, así como los árboles, las piedras, los cultivos del huerto e incluso islas enteras, casi nunca son completamente fijos o estables.[18]

Para aterrizar mi argumento en el terreno específico que me interesa, en Islas Torres se sabe que los espíritus habitan un mundo invisible contiguo al mundo visible y tangible de los vivos, e incluso so-

[17] J. Taylor, *The Other Side. Ways of Being and Place in Vanuatu*, Honolulu, University of Hawai'i Press, 2008, pp. 96-97 y 95, respectivamente.

[18] Veáse C. Mondragón, "A weft of nexus: Changing notions of 'space' and geographical identity in Vanuatu, Oceania", en P. Kirby (ed.), *Boundless Worlds: An anthropological approach to movement,* Oxford, Berghahn Books, 2009, pp. 115-134.

brepuesto al mismo. Este mundo se conoce como *nePene*, y es el espacio-tiempo propio de los espíritus ancestrales tanto como de todas las demás entidades y fuerzas invisibles que representan presencias activas (es decir, imbuidas de capacidad agentiva) sobre el mundo de los vivos. Este espacio-tiempo, *nePene*, no es otro universo, pero sí otra realidad; representa un mundo especular, unido al nuestro pero poseedor de condiciones propias de existencia dentro de un cosmos más amplio. Por "mundo de los espíritus" me refiero, entonces, al mundo intangible y en gran medida invisible de las fuerzas espirituales, que no es un inframundo, porque se traslapa y convive con el mundo de los vivos.

Como tal, *nePene* abarca una multitud de fuerzas y presencias que no se relacionan exclusivamente con los espíritus de los muertos; pero sobre todo *nePene* se percibe como el mundo "real" en el cual se pone de manifiesto el orden correcto del cosmos; *nePene* es "real" porque constituye la fuente de la verdad/poder últimos en el cosmos, y por tanto para la existencia correcta de todos los seres, vivos y muertos.

Una de las formas más frecuentes mediante las cuales los isleños describen las cualidades del mundo de los espíritus es como el mundo verdadero, el de la realidad ordenada e ideal de la cual se dice que el mundo de los vivos representa las meras "sombras". Así, se sabe que los espíritus llevan a cabo los mismos actos cotidianos que los vivos: pescan, crían cerdos, atienden sus huertos y viven en aldeas, e incluso practican danzas rituales y tienen su propia versión de la economía monetaria, en la que cortan copra, manejan lanchas de motor y realizan transacciones con fantasmales barcos de carga. Estas asociaciones no son fácilmente visibles, pero con cierta frecuencia pueden percibirse oral o visualmente a través de pistas sutiles, fantasmagóricas, en relación con el medio ambiente circundante.

Es importante que los isleños de las Torres subrayan que esta noción de los mundos especulares sirve especialmente como un recordatorio de que debemos mantener un comportamiento del más estricto *rispek* si deseamos emular las formas correctas de lo verdadero y lo real. En consecuencia, indica la necesidad de luchar por emular y reconocer el "espíritu" subyacente de todas las cosas, el cual representa la fuente de verdad, legitimidad y poder del cosmos. Según la exégesis de los hombres de más alto rango y sabiduría en Islas Torres, el mundo de los espíritus representa la máxima fuente de verdad y poder para el mundo de los vivos. Como tal constituye el "espectro del Otro valorado de manera ambivalente" en la medida en que tiene "el poder tanto de otorgar como de retirar".[19]

El mundo de los espíritus requiere, por tanto, de formas de relación especiales, porque existe una interacción constante entre algunos de los lugares y las presencias relacionadas con ese mundo y los agentes vivos, humanos, del nuestro. Los humanos podemos ser a veces transgresores ignorantes o involuntarios de *nePene*, o bien formar parte de las pocas personas vivas informadas y poderosas que cuentan con la capacidad y la intención de trabar relaciones con las entidades y las fuerzas propias del otro mundo. De la necesidad de involucrarse con estas presencias, que suelen ser inquietantes, surgen las que la gente considera las formas "correctas" de vivir, de ser y de comportarse. En este caso, la corrección deriva su fuerza, su sustancia y su eficacia del orden de las cosas según se manifiesta en *nePene*.

Esto me lleva al fenómeno del reconocimiento, entendido como una declaración escenificada y muy poderosa de respeto y (re)establecimiento de la estabilidad en interacciones ritualizadas entre los vivos y los muertos.

El reconocimiento es una característica fundamental de las interconexiones entre los mundos de los vivos y de los muertos. Me refiero al reconocimiento como una forma privilegiada de establecer la posición de ciertos interlocutores, ya sean personas vivas o espíritus,

[19] D. Battaglia, *On the Bones of the Serpent. Person, Memory and Mortality in Sabarl Island Society*, Chicago, Chicago University Press, 1990, p. 38; el mismo pasaje es también citado en J. Taylor, *The Other Side*..., *op. cit.*, pp. 96-97.

en relación con el nexo de personas-lugares y espíritus en los que se arraigan la identidad y la presencia territoriales. Esta forma de reconocimiento no sólo es sinónimo de conducta respetuosa, sino de formas de habla y de lenguaje corporal correctos; tiene que ver con actos eficaces, poderosos, que reconocen, a través de un código visual de contención y revelación, la posición de un interlocutor determinado dentro de la red más amplia de lugares y personas en la que todos estamos inmersos.

Para expresarlo en términos que comunican de manera más adecuada el énfasis isleño sobre lo visual como clave de este proceso, el reconocimiento tiene que ver con respetar en tanto considerar, es decir, hacer algo visible ("hacer visible al espíritu"). La asociación que establezco aquí entre respetar como una forma de observar algo de cerca, de mirarlo dos veces, por así decirlo, no es accidental, sino que refleja metáforas isleñas de conciencia e involucramiento visual con diversos interlocutores, vivos y muertos por igual.

A lo largo de Vanuatu, una de las formas más comunes de visualizar el reconocimiento de una persona-lugar es a través de la imagen arquetípica del representante de cualquier linaje y territorio determinado de pie frente a la casa ritual de los hombres, el *nakamal*, a la que está atada su genealogía. El *nakamal* suele construirse cerca del principal terreno o claro ceremonial *(nasara)* perteneciente a dicho linaje o red de parentesco extendido. Esta imagen es icónica de la persona que establece/define su posición como representante de un cierto lugar y espacio genealógicos. Es una imagen que se basa directamente en la ficción de la estabilidad, de raíces y precedencia primordiales, y que subyace a sentidos territoriales y genealógicos de pertenencia.

El reconocimiento de una persona-lugar particular también implica el reconocimiento de las conexiones que atan a las concatenaciones de los vivos con las de los muertos. Esto se desprende de que las relaciones entre los vivos son un reflejo de las relaciones entre los vivos y los muertos, lo cual resulta lógico dado que los muertos representan el mundo "real", del cual no somos más que sombras imperfectas.

Aquí se puede regresar a la lógica de *lehtemet* y *nevetgë* en tanto casos ejemplares de los tipos de poderosa revelación controlada a los que me estoy refiriendo con la expresión "hacer visible al espíritu". En apartados anteriores de este capítulo, me he referido al momento en que los *kwugar* hacen su entrada al *hara* en tanto el momento climático de las danzas conocidas como *newet*, mismas que representan uno de los contextos clave del proceso de *lehtemet*. Ese es, en efecto, el momento de revelación pública de los *kwugar* y los *temet ragwe* transformados en espíritus primordiales.

Pero para ser precisos, el momento consagratorio de revelación del *lehtemet* ocurre no una sino dos veces. La primera no es pública. Se lleva a cabo un día antes de que comience el *newet*, y se le conoce como *had it ne temet* ('observar el *temet*'). En este momento, las madres directas (biológicas) de cada uno de los *temet ragwe* se trasladan a una zona apartada del bosque y se forman frente a una mampara improvisada de esterillas. De pronto la mampara se colapsa y las mujeres quedan por vez primera expuestas a la presencia y materialidad asombrosa de los espíritus primordiales; en voz de un experto ritual, en ese momento "sus ojos capturan la realidad del *kwugar*". En seguida, se espera que realicen una ofrenda especial, una clase de don sacrificial, en reconocimiento de la naturaleza sobrehumana de los colores y las texturas que componen las máscaras *kwugar*.

La segunda revelación, la del *newet*, ocurre más adelante, cuando los danzantes-*kwugar* salen de un encierro ritual en el cual han sido sometidos a varias formas de coerción física a manos de miembros de alto rango del *Hukwe*. En este punto que entran al *hara* comienzan a danzar, por lo que se ocultan y se revelan ante los ojos del público ahí congregado. Más aún, esta danza revelatoria la inician sosteniendo palos de bambú con piedras calientes dentro; la idea es que puedan demostrar que son capaces de sostener su fuerza con la mano y el brazo al tiempo que encarnan al *kwugar*. Si logran sostener su bambú hirviente con éxito, hacia el término de su danza introductoria se les cambia el bambú por un bastón ritual. Este bastón, que sirve de indicador básico para demostrar pertenencia al *Hukwe*, será parte íntima de su persona, intocable por cualquier otro que no tenga permiso expreso, toda vez que concentrará el *mena* del hombre poderoso hasta su muerte y más allá (el bastón suele ser enterrado junto con el muerto para evitar que contamine con su poder sobrenatural al mundo de los vivos).

Independientemente de su carácter restringido o público, el elemento más importante de ambos momentos de revelación controlada es que tengan la capacidad de atraer la mirada de los observadores hacia las cualidades materiales de los *kwugar.* Ello se debe a que la forma y la presencia de los espíritus primordiales se marcan en referencia a la eficacia que el *temet ragwe*, el creador del tocado, pueda generar a través de los patrones y los colores propios que imprime a este objeto durante el largo proceso de labor secreta en los sitios *ki le tukwe* del bosque. Si demuestran ser eficaces, los diseños y los patrones coloridos de la máscara se describirán como poderosos en tanto que su fabricación "no es humanamente posible". Esta es una referencia directa al hecho de que los colores del *kwugar* constituyen los colores "reales" propios del mundo de los espíritus, dado que el *kwugar* mismo proviene de ese otro mundo del cual los colores de nuestro mundo, del mundo de los vivos, representan una forma deslavada e imperfecta.

En efecto, lo que aquí sucede es que los muertos se trasladan al mundo de los vivos; es decir, entran en contacto con el "Otro" que constituye una mera sombra de su realidad, la realidad del mundo verdadero. Resulta especialmente relevante que esta visión se conoce, al menos en su primera iteración, como *had it ne temet*, "ver/mirar al espíritu", que es sinónimo de "mostrar consideración/respeto apropiados al espíritu".

La incertidumbre como condición para el ordenamiento del cosmos

Comencé este capítulo argumentando que el *Hukwe* no puede ser descrito como una agrupación cúltica e iniciática de especialistas rituales, toda vez que esa caracterización privilegia una interpretación reduccionista, cifrada en principios de control y secrecía cuasipolíticos emanados del imaginario euroamericano sobre la naturaleza del poder y de la socialización ritual del individuo, entendido como actor/creador singular opuesto a las acciones productivas de la red de personas en la cual se encuentra inmerso. Más aún, esa caracterización ofusca las conexiones mucho más extensas que operan entre los principios constitutivos del *Hukwe* y aquellos que dan forma al colectivo humano y físico de Islas Torres, incluyendo su paisaje cultural tangible e intangible (huertos, caseríos, espacios rituales, sitios de contacto entre los dos mundos sobrepuestos de los vivos y de los muertos).

La cantidad y diversidad de las relaciones que se exteriorizan y ocultan a lo largo de *lehtemet* no se limitan únicamente a los dos tipos de relación descritos anteriormente. Por el contrario, *lehtemet* representa un nexo específico de acción poderosa alrededor del cual se organiza la expresión, simultánea y secuencial, de toda una red de obligaciones y relaciones sociales que no son más que el reflejo de lo que las personas de Islas Torres entienden por su horizonte total de (re)producción existencial. Esta dinámica se concretiza a partir de una infinidad de transacciones y flujos calculados entre personas y objetos personificados, de los cuales la presentación pública de los *kwugar* es únicamente la manifestación más vistosa, puesto que es pública, pero de ninguna manera exclusiva o personalizada.

Acaso por esa razón la entidad ideal para facilitar semejante exposición de la totalidad del cosmos dual sea precisamente un espíritu primordial, entidad asocial y atemporal por excelencia.

Esta manera de abordar el ciclo del *nevetgë* invita a parafrasear a Marilyn Strathern cuando dice que, a final de cuentas, resulta irrelevante si optamos por definir a estos espectáculos melanesios como "ritos de paso" o de "iniciación", ya que son las transformaciones de género y de persona, pero sobre todo la reiteración y expresión de las relaciones pasadas, presentes y futuras que constituyen el horizonte social local, el propósito principal de estos eventos, a ojos de sus protagonistas.[20]

Las transformaciones propias del *nevetgë* no se limitan a un tipo único de secuencia ritual; ni siquiera se limitan a lo que identificaríamos comúnmente como ritual, pues las danzas y prácticas que acompañan al *lehtemet* son necesariamente incompletas, ya que las transformaciones que dan forma al espectáculo son en sí mismas inestables y coyunturales. En este sentido se puede decir que son transformaciones recursivas, en tanto no tienen un principio o fin, entre otras cosas porque no están atadas a ideas del tiempo "cíclicas" o "lineales", sino abiertas y creativas. Pensarlas de esta manera, en tanto fenómenos recursivos y abiertos, nos recuerda que el entorno social y físico del norte de Vanuatu es parte de un cosmos relacional que está en constante flujo; su constante (re)producción —a través de la producción de personas, cultivos, cosas, presencias— está organizada idealmente a partir de "sistemas" de parentesco que son todo menos estructurales, prescriptivos y permanentes. Es por todo esto que resulta problemático reducir el medio ambiente de Islas Torres, y por extensión las demás ecologías humanas de Melanesia insular, a la noción de un mundo "natural" contrapuesto a un mundo "cultural", separado y susceptible de caracterizaciones ontológicas fáciles.

Uno de los objetivos más amplios de la discusión y los materiales presentados en este capítulo ha sido complementar el argumento de anteriores capítulos en el sentido de que la incertidumbre y la inestabilidad son características clave del mundo y de la acción social en tanto que proveen contextos para: *1)* la reiteración de ideales

[20] M. Strathern, "The Mother's Brother's Child", en B. Juillerat (ed.), *Shooting the Sun. Ritual and Meaning in West Sepik*, Washington/Londres, Smithsonian Institution Press, 1993, pp. 191-205.

formales y deseados de certidumbre existencial (persona-territorio, las relaciones entre entidades vivas y no vivas), y *2)*, la revelación y el reconocimiento recursivo de fuentes elementales de verdad sociocósmica.

En estos contextos la incertidumbre es un valor retóricamente negativo, en el sentido de que es rechazado de manera pública, por todas las partes, debido a que introduce ambigüedades en la identificación de las posiciones de las personas-lugar que constituyen la red de nexos del mundo. En realidad, como hemos visto, la incertidumbre resulta una de las condiciones necesarias para que se generen constantemente los procesos de disputa y resolución de conflictos a partir de los cuales se definen y redefinen los sentidos de arraigo y pertenencia de las personas constitutivas del cosmos relacional. La incertidumbre es, pues, un valor negativo pero indispensable, pues es la condición que da lugar a la puesta en escena de los procedimientos mediante los cuales se reiteran, ordenan y transmiten las preguntas más importantes en la vida social de este archipiélago (¿quién soy?/¿quiénes somos? ¿cuál es nuestro sitio y genealogía de origen?, etcétera).

Las relaciones humano-ambientales, casi sobra decir, constituyen parte inseparable de estos procesos de ordenamiento y posicionamiento relacional de las personas-lugar en el cosmos relacional de Islas Torres y de muchas otras partes de Melanesia insular.

REFLEXIONES FINALES

Hacia una antropología ambiental multinaturalista

El principal objetivo de este libro ha sido ofrecer un bosquejo crítico de los principios mediante los cuales se generan y experimentan las relaciones humano-ambientales de una sociedad austronesia del Pacífico occidental. La comunidad en cuestión son los habitantes de Islas Torres, en el norte del archipiélago de Vanuatu, pero muchos de los materiales y la discusión que he desarrollado se pueden aplicar de manera más general al resto de los archipiélagos de Melanesia e incluso a partes de Indonesia oriental.

La perspectiva analítica de este estudio se deriva principalmente de los temas y problemas que arroja la antropología ambiental, entendida como una subdisciplina de la antropología social dedicada a la investigación de los entrelazamientos entre grupos humanos y el medio ambiente en el cual residen. Dado que la antropología ambiental incorpora aproximaciones muy diversas, cabe precisar los motivos detrás del enfoque crítico en el que me he basado para el desarrollo de este trabajo.

Por un lado, he desarrollado una aproximación cuyo léxico y conceptos serán familiares para los estudiosos de las relaciones humano-ambientales en el mundo austronesio, toda vez que versan sobre conceptos de la persona, el territorio y el paisaje propios de esa región cultural de Asia-Pacífico (véase nota 1 de la introducción). Inspirado en estos estudios regionales, mi propia aproximación ha tenido por telón de fondo la problematización de la dicotomía entre "naturaleza" y "cultura". En consecuencia, he adoptado el multinaturalismo como alternativa crítica para enfrentar los lugares comunes que se desprenden del naturalismo empiricista propio del canon científico y filosófico modernista. En breve, el multinaturalismo consiste en incorporar, de manera radical, los principios de existencia que subyacen a los cuerpos de experiencia y conocimiento medioambiental propios de sociedades no occidentales.

El reto que me he planteado en este estudio ha sido la aplicación de los principios analíticos del multinaturalismo a todas las esferas de producción y relación de los humanos de Islas Torres con su medio circundante —incluido el mundo de los espíritus. El propósito de este esfuerzo ha sido privilegiar una perspectiva isleña del medio ambiente en aras de darle su lugar a la ontología sobre la cual se basan los valores, las ideas y las acciones de los seres humanos de esta comunidad. El resultado ha sido un ensayo de antropología ambiental cuyos marcos de referencia dirigen nuestra mirada a formas de agencia y causalidad que apuntan hacia la concatenación relacional de una gama amplísima de entidades y fuerzas vitales.

Esta manera de aproximarse al estudio del medio ambiente contrasta con la forma en que actualmente se desarrolla la antropología ambiental en el contexto de los estudios mexicanos y latinoamericanos, toda vez que estos últimos siguen estando dominados por enfoques cientificistas. En particular, aún ejercen una fuerte influencia sobre la investigación antropológica en México los métodos y conceptos que dieron forma a la ecología cultural practicada por autores como Ángel Palerm, Roy Rappaport y Andrew Vayda, autores cuyo principal aporte intelectual sigue siendo relevante, pero que fue previo a las revoluciones epistemológicas que sufrieron la antropología y las ciencias sociales hacia el último cuarto del siglo XX y la primera década del XXI, mismas que dieron lugar al cuestionamiento definitivo de la división entre naturaleza y cultura.[1] El resultado es que a pesar de que llegan en ocasiones a reconocer la existencia de diferencias radicales entre regímenes de conocimiento tradicional y científico, la mayoría de los colegas mexicanos interesados en la antropología ambiental se sigue sustentando en la idea universalista de que existe una sola "naturaleza" sobre la cual actúan multitud de dinámicas "culturales". Este señalamiento puede antojarse categórico, pero una revisión de la literatura existente lo confirma.[2] El hecho es que mientras existen algunos colegas que han comenzado a esbozar ideas críticas del naturalismo empiricista, su influencia sigue siendo marginal a la discusión académica acerca del conocimiento y las relaciones ambientales en comunidades diversas, sobre todo campesinas e indígenas, de nuestro país.[3]

[1] Me refiero, grosso modo, al llamado "giro lingüístico" de los años setenta y ochenta, así como al más reciente "giro ontológico" del cual hablo más adelante. Con todo, resulta indispensable conocer las propuestas, las limitaciones y el legado de Rappaport y Vayda, para lo cual véase E. Messer y M. Lambek (eds.), *Ecology and the Sacred. Engaging the Anthropology of Roy A. Rappaport*, Ann Arbor, University of Michigan Press, 2001; B.B. Walters *et al.* (eds.), *Against the Grain. The Vayda Tradition in Human Ecology and Ecological Anthropology*, Lanham, AltaMira Press, 2009.

[2] La corriente de antropología ecológica de inspiración palermiana más relevante en México se sigue encontrando en la producción de los herederos directos de la obra de aquel prominente pensador, a saber, los colegas de la Universidad Iberoamericana en la ciudad de México. El ejemplo más prominente de esta corriente lo representa Alba González Jácome (véase por ejemplo su obra más reciente: *Historias varias. Un viaje en el tiempo con los agricultores mexicanos*, México, Universidad Iberoamericana, 2011). Sin embargo no es la excepción. Otra corriente que sigue siendo sumamente influyente en los estudios históricos y antropológicos sobre el conocimiento ambiental en Mesoamérica es la representada por Johanna Broda, cuyos esfuerzos por equiparar la "ciencia indígena" en relación con los estándares de la ciencia modernista han sido reiterados por autores tan diversos como Alfredo López-Austin o Gabriel Espinosa. Para un ejemplo reciente de esta corriente véanse los ensayos reunidos en B. von Mentz (coord.), *La relación hombre-naturaleza. Reflexiones sobre distintas perspectivas disciplinarias*, México, Centro de Investigaciones y Estudios Superiores en Antropología Social/Siglo XXI, 2012.

[3] Acaso los ejemplos más prominentes de esta preocupación reciente por ex-

En vista de las distancias que separan la aproximación a la antropología ambiental que he desarrollado en este estudio y el estado actual de esta subdisciplina en México, es con cierto optimismo que espero que esta monografía pueda motivar la discusión y retroalimentación intelectual con colegas nacionales interesados en desarrollar nuevas perspectivas para el estudio de las relaciones humano-ambientales en la antropología y las ciencias sociales de nuestro país.

El medio ambiente como cosmos relacional total

La otra fuente relevante de inspiración teórico-metodológica de la que me serví para la elaboración de este libro fue la literatura antropológica sobre Melanesia a la cual se suele identificar con el "giro ontológico".[4] Una revisión somera al aparato crítico de la presente

---

plorar los "saberes tradicionales" en México los encabezan autores como Arturo Argueta, del Centro Regional de Investigaciones Multidisciplinarias de la UNAM en Morelos, Paul Hersch Martínez, del Centro INAH Morelos, y Pedro Antonio Ortiz Báez, de la Universidad Autónoma de Tlaxcala. *Cf.* A. Argueta Villamar, E. Corona-M. y P. Hersch (coords.), *Saberes colectivos y diálogo de saberes en México*, Cuernavaca, Universidad Nacional Autónoma de México/Centro Regional de Investigaciones Multidisciplinarias/Universidad Iberoamericana-Puebla, 2011; P.A. Ortiz Báez, *Conocimientos campesinos y prácticas agrícolas en el centro de México. Hacia una antropología plural del saber*, México, Universidad Autónoma Metropolitana, Unidad Iztapalapa/Juan Pablos Editor, 2013.

[4] No existe un texto fundacional o canónico en relación con el llamado giro ontológico, pero es posible recuperar los elementos fundamentales de este debate, aún reciente y en estado de desarrollo, a partir de las siguientes referencias: P. Heywood, "Anthropology and what there is: Reflections on 'Ontology'", *Cambridge Anthropology*, vol., 30, núm. 1, 2012, pp. 143-151; M. Holbraad, *Truth in Motion. The Recursive Anthropology of Cuban Divination*, Chicago, Chicago University Press, 2012; M. Holbraad y M. Axel Pedersen, "Planet M: The intense abstraction of Marilyn Strathern", *Anthropological Theory*, vol. 9, núm. 4, 2009, pp. 371-394; S. Venkatesan *et al.*, "Ontology is just another word for culture: Motion tabled at the 2008 meeting of the group for debates in anthropological theory", *Critique of Anthropology*, vol. 30, núm. 2, 2010, pp. 152-200.

obra basta para constatar que he tirado del ideario de prominentes representantes de esta corriente, inclusive Marilyn Strathern, Roy Wagner, James Weiner, Stuart Kirsch, James Leach, Knut Rio, Debbora Battaglia y otros más. Conviene señalar que la obra diversa de estos colegas me ha servido para repensar las relaciones humano-ambientales desde una exploración pormenorizada de principios existenciales (*id est* ontológicos) de acción y producción social, entendida como acción generativa, según se manifiesta entre las sociedades del Pacífico occidental.

A partir de esa perspectiva, he desarrollado una serie de argumentos de alcance teórico sustentados en los materiales etnográficos propios de mi sitio de estudio. Mientras que el desarrollo de estos conceptos está arraigado en problemas y temas propios de la antropología oceanista y melanesista, tiene como uno de sus objetivos alimentar la conversación comparativista que busco generar entre las tradiciones de estudios austronesios y la antropología mexicana. Por esta razón, vale la pena ennumerarlos de manera puntual.

Entre los principales aportes teóricos que se derivan de la discusión de los materiales etnográficos contenidos en esta obra se pueden citar los siguientes. Primero, la reformulación del concepto panoceánico de *mana* (LT: *mena*) a partir de su exploración como componente clave en las relaciones generativas humano-ambientales, especialmente aquellas concernientes a la actividad hortícola y la manipulación ritual del clima, pero también en relación con nociones regionales de poder y eficacia. Otro concepto que resulta clave para el análisis de nociones austronesias de poder es el de *rispek*, el cual he desarrollado según las variantes propias que del mismo he observado en Islas Torres. Estas variantes apuntan hacia la importancia crítica que tiene el *rispek* en relación con formas de reconocimiento existencial, mismas que resultan indispensables para poder comprender las dinámicas de posicionamiento relacional a partir de las cuales entran en intercambios generativos las personas-lugar de esta y otras comunidades de Melanesia insular.

En este libro también he analizado la expresión persona-lugar en función de su manifestación y entendimiento en Islas Torres y la región más amplia de Islas Salomón y Vanuatu. Para esta tarea he sustituido la noción de identidad territorial con la de "identidad geográfica", según la propuso originalmente el geógrafo francés Joël Bonnemaison. Con este giro he buscado ampliar las definiciones existentes de paisajes y personas-lugar en Vanuatu y Melanesia, buscando llegar a un entendimiento de "medio ambiente" más extenso; un entendimiento que busca incorporar parajes marítimos tanto como fenómenos climáticos y, en última instancia, al mismo mundo de los espíritus, como partes de una totalidad medioambiental.

Para este procedimiento he retomado otro término del ideario de Bonnemaison, a saber, el de "red de nexos". Pero mientras que Bonnemaison lo utilizó como un referente casi lírico para reflexionar de manera general sobre la oposición de movimiento y arraigo que apuntala el sentido de pertenencia en Melanesia, en este libro he podido explotar el potencial analítico de "red de nexos" para desarrollar toda una serie de observaciones acerca de los flujos de personas, objetos y presencias que caracterizan el medio ambiente melanesio como un paisaje en constante transformación. En este contexto, el concepto de red de nexos me ha servido para definir y analizar en profundidad los estados de incertidumbre y arraigo que caracterizan la producción del espacio, del tiempo y de la persona en el norte de Vanuatu.

Finalmente, he complementado mi exploración de las redes de nexos con el concepto de "cosmos relacional". El resultado ha sido una aproximación sumamente amplia y sofisticada al medio ambiente en Melanesia. El cosmos relacional nos remite de nuevo a la multiforme red de nexos de paisajes, personas y flujos, pero hace énfasis en el hecho de que la organización de estas redes se cifra en torno a principios relacionales, es decir, en dinámicas de acción social derivadas de los principios de relación e intercambio idiosincráticos de las sociedades de esta región. Un cosmos relacional es un medio ambiente vivo, en la medida en que está siendo producido de manera constante a partir de actos de interlocución generativa entre personas, sitios y cosas personificadas; es indicativo de un universo cuya lógica no comprende un sistema cerrado de principios de existencia, sino que está constantemente abierto a la emergencia de nuevas formas sociales. En otras palabras, el cosmos relacional ofrece la oportunidad de incorporar actos creativos y no simplemente indicativos de una serie de reglas fijas, a la manera de una cosmología cerrada. En este tipo de universo la incertidumbre —concepto analítico absolutamente fundamental para el desarrollo de este trabajo— se convierte no en una anomalía, una oposición dualística en relación con el arraigo, sino en una condición existencial necesaria para la organización y realización de actos constantes de creatividad. Dicho de otra forma, en este tipo de universo lo incierto se vuelve condición para la acción social generativa, en tanto motiva la formación constante de nuevas concatenaciones de personas, paisajes y presencias.

En suma, al medio ambiente lo defino como un espaciotiempo potencialmente multiforme —terrestre, marítimo, climático e incluso espiritual— ordenado a partir de concatenaciones inestables, dado que están en estados siempre emergentes, de personas, cosas y lugares. Esta manera de imaginar el paisaje guarda el potencial para ampliar considerablemente las aproximaciones de la antropología ambiental, la geografía cultural y la persona, tanto en sociedades austronesias de Asia-Pacífico como en otras regiones del mundo. Esto se debe a que mi concepto del cosmos relacional es susceptible de entrar en conversación con otras tradiciones regionales a partir de los paisajes melanesios en la etnografía reciente de esa región.[5] En este contexto, ayuda a apuntalar la particular mane-

[5] Véase por ejemplo J. Weiner, *The Heart of the Pearlshell. The Mythological Dimensions of Foi Sociality*, Berkeley, University of California Press, 1988; D. Battaglia, *On the Bones of the Serpent. Person, Memory and Mortality in Sabarl Island Society*, Chicago, Chicago University Press, 1990; E. Hviding, *Guardians of Marovo Lagoon*, Honolulu, University of Hawai'i Press, 1996; S. Kirsch, *Reverse Anthro-*

ra en que la gente de Islas Torres, y por extensión de otras partes de la región más amplia de Vanuatu, Islas Salomón y Nueva Guinea insular, resuelven y perciben su medio ambiente; un medio ambiente que trasciende por mucho la reduccionista idea de "naturaleza", exógena y predecible, propia del ideario empiricista cuyos fundamentos he comentado al principio de esta reflexión.

Repensar el cambio climático en los contextos marítimos de Asia-Pacífico

Por último, cabe resumir las consecuencias que para la discusión sobre cambio climático y políticas ambientales en el Pacífico guardan los materiales que he presentado en los capítulos 8 y 9 de este libro. Me refiero al pormenorizado análisis que he presentado acerca de las experiencias melanesias de los paisajes altamente dinámicos que caracterizan casi toda la región marítima del Pacífico occidental.

Uno de los temas que recientemente se han vuelto de importancia para la discusión sobre los efectos del cambio climático es el de la adaptabilildad o adaptación inherente a diferentes sistemas humano-ambientales. Como he mencionado en el capítulo 9, el interés actual por este tema se deriva de la gradual admisión, a nivel de organismos internacionales, de la importancia del conocimiento indígena. Esta admisión se deriva en parte de la dificultad que supuso el objetivo previo de tratar de "mitigar" los efectos del cambio climático mediante una concertación global en materia de política ambiental. La imposibilidad de alcanzar consensos efectivos en ese rubro derivaron, en los últimos cinco a ocho años, en una cierta resignación en relación con la inevitabilidad del progreso del calentamiento glo-

pology. Indigenous Analysis of Social and Environmental Relations in New Guinea, Stanford, Stanford University Press, 2006; J. Leach, *Creative Land*, Oxford, Berghahn, 2003; K. Schneider, *Saltwater Sociality. An Ethnography of a Pororan Island, Bougainville, Papua New Guinea*, Oxford, Berghahn, 2012.

bal. En consecuencia ha habido un vuelco hacia los temas de resiliencia (la capacidad de resistencia propia de un ecosistema en relación con cambios potencialmente catastróficos) y la adaptabilidad climática relativa de diferentes sociedades y regiones culturales.

El proceso de reconocer los niveles de adaptabilidad de una sociedad particular suponen un acercamiento cuidadoso a las prácticas y saberes ambientales de la misma. En la actualidad, este tipo de acercamiento está ausente de la mayoría de los proyectos y el ideario de las principales instituciones internacionales dedicadas al diseño de la política climática en diferentes regiones del mundo.[6]

Una de las lecciones que se derivan del presente estudio es que el diseño de políticas ambientales debe incorporar de manera mucho más radical los valores, las formas de conocimiento y las prácticas ecológicas específicas a multitud de sociedades humanas que no operan a partir de paradigmas naturalistas propios de la ciencia moderna. Esta advertencia no es particularmente novedosa, pero sigue siendo marginal a la mayoría de los esquemas de política ambiental que actualmente se están implementando alrededor del mundo.[7] Esto es

[6] Un resumen útil en relación con el estado reciente de las discusiones en torno a la sustentabilidad y el conocimiento local se puede consultar en el número especial de la revista *Current Opinion in Environmental Sustainability*, *Open Issue: Planet Under Pressure*, R. Leemans (ed. invitado), vol. 4, núm. 1, marzo de 2012. Véase también, K. Galloway MacLean (ed.), *Advance Guard: Climate Change Impacts, Adaptation, Mitigation and Indigenous Peoples (A Compendium of Case Studies)*, Darwin, Australia, United Nations University/Institute of Advanced Studies/Traditional Knowledge Initiative, 2010; Z. Grossman y A. Parker (eds.), *Asserting Native Resilience: Pacific Rim Indigenous Nations Face the Climate Crisis,* Corvallis, Oregon State University Press, 2012; D.J. Nakashima *et al.* (eds.), *Weathering Uncertainty: Traditional Knowledge for Climate Change Assessment and Adaptation*, París, UNESCO, 2012.

[7] Una de las grandes excepciones en años recientes ha sido la UNESCO, cuyo programa de incorporación de conocimientos ambientales indígenas ha sido revolucionario y está marcando la pauta para muchas otras organizaciones. Véanse las referencias bibliográficas en la nota a pie anterior, así como las referencias a la UNESCO en el capítulo noveno de este libro.

especialmente evidente en relación con la multitud de ontologías propias de sociedades no-occidentales, de pequeña escala y por lo tanto mal llamadas primitivas o tribales, que residen en los márgenes geográficos y socioeconómicos de Asia-Pacífico. Estas sociedades suelen habitar en ecologías ricas en recursos naturales, pero están ubicadas en el seno de estados nacionales con problemas serios de pobreza, subdesarrollo institucional y corrupción. En estos contextos, las minorías étnicas suelen encontrarse subordinadas a la autoridad —frecuentemente discriminatoria— de otras etnias políticamente dominantes, cuyo interés por aproximarse a las sutilezas del conocimiento tradicional es prácticamente nulo.[8]

Por su parte, los organismos internacionales a cargo de diseñar estrategias de intervención ambientalistas difícilmente están equipados para entender e incorporar a cabalidad los saberes tradicionales de las miles de sociedades indígenas cuyo destino se percibe tan directamente ligado a los estragos de la crisis ambiental actual. El resultado son los equívocos que se observan hoy día en relación con una cantidad enorme de programas de política ambiental; esto incluye el dispendio monetario, pero también la violencia cultural y ecológica que se derivan de la falta de conocimiento de estas sociedades, a las cuales irónicamente se busca "auxiliar" pero se termina perjudicando o bien simplemente ignorando.

El Pacífico insular representa una de esas regiones idiosincráticamente marginales y ambientalmente vulnerables al calentamiento global, toda vez que está constituido por miles de islas pequeñas cuya magra altura les hace particularmente susceptibles a los efectos del alza en los niveles globales del mar. Por esta razón el Pacífico se ha denominado una de las líneas del frente del cambio climático: una macrorregión ecológica compuesta por "islas pequeñas en peligro". A la luz de estas caracterizaciones, las cuales son mediáticamente

[8] Tal es el caso de países como Indonesia, Malasia y Filipinas, por citar únicamente los principales países componentes del Sureste de Asia insular.

fáciles de diseminar en función de su reduccionismo y del sentido preclaro de urgencia que transmiten al imaginario metropolitano y global, se antoja difícil ofrecer datos que contradigan o bien ofrezcan una visión menos pesimista acerca del destino de estas sociedades.

Pero eso es precisamente lo que he tratado de lograr a partir de los datos que sobre las experiencias del medio ambiente en Islas Torres ofrezco en los capítulos 8 y 9 de este libro. Como se explica en aquellos capítulos, el gran dinamismo geofísico y marítimo de las islas del Pacífico occidental resulta un factor clave para comprender la manera en que se han conformado las experiencias medioambientales de las sociedades que allí habitan. Estas experiencias, y sus respectivos cuerpos de conocimiento ecológico tradicional, apuntan hacia un escenario mucho más complejo y resiliente que el que arroja la frase "islas pequeñas en peligro".

Como he explicado al final del capítulo 9, los pormenores físicos y humanos de estos parajes, muchos de los cuales están elevándose a causa de su situación tectónica, complican la idea de que las islas del Pacífico occidental —en las cuales reside casi el 80% de la población de Oceanía— no tienen salvación alguna y se hundirán dentro de poco tiempo. Mientras que ese en definitiva es el escenario para naciones insulares como Tuvalu, Kiribati y partes de Polinesia remota, no se puede generalizar la vulnerabilidad relativa de archipiélagos caracterizados por ecologías de atolón al resto del Pacífico. Por lo demás, la enorme creatividad y resiliencia de la gente de Islas Torres son comparables a las de muchas otras sociedades de Melanesia, del Sureste de Asia insular, e incluso de otras regiones del mundo caracterizadas por la presencia de islas pequeñas. Por eso resulta indispensable someter a una visión mucho mejor informada y crítica la lógica fácil que actualmente se está utilizando en relación con el diseño de políticas ambientales en todas las regiones marítimas de Asia-Pacífico.

Por otra parte, es imposible subestimar la importancia que para mi entendimiento de las dimensiones sociales del cambio climático en Melanesia ha tenido la noción de un cosmos relacional y emergente, un contexto humano-ambiental en constante transformación. Esta noción ha ido de la mano con la exploración de la condición de inestabilidad que permea la vida social y física de los isleños, razón por la cual es este tema con el que cerraré esta conclusión en los párrafos siguientes.

Estados de incertidumbre y orden sociocósmico

En el último capítulo del presente trabajo he abordado poderosos actos de ocultamiento y revelación en interacciones entre los vivos y los muertos en la Melanesia insular. Mi análisis ofrece perspectivas sobre el dualismo cosmológico que apuntala las cualidades cambiantes de las personas y el medio ambiente total de Islas Torres. En el caso del ciclo del *nevetgë*, estas revelaciones controladas se llevan a cabo a través de la aparición, repentina e inquietante, de espíritus primordiales cuya presencia evoca poderosas formas de reconocimiento existencial. Esta manifestación asombrosa de los espíritus permite a los isleños visualizar e interactuar por un momento con un aspecto del cosmos "verdadero", y en este sentido constituye un acto relacional de primera importancia.

La importancia que dan los isleños a estos momentos asombrosos de relación se cifra en que todo en nuestro mundo —personas, cosas, actos— posee un "espíritu" verdadero, último y fundamental. Así, la apariencia y el posicionamiento que tienen las cosas en el mundo de los vivos —el mundo visible, tangible que nos rodea— se cifra en el correcto ordenamiento de las cosas en el "otro" mundo. Según este ideal de orden sociocósmico, todo lo que somos y hacemos se cifra en el mundo de los espíritus; en un sentido literal, es el repositorio del "espíritu" de todas las cosas. Al margen de actos poderosos de revelación ritual, la relación entre ambos mundos es un fenómeno siempre presente, a flor de piel, toda vez que ambas existencias se encuentran sobrelapadas. Por eso, porque lo que aquí ocurre tiene su contraparte en el "allá", es que hay que guardar toda una serie de reglas de comportamiento y de actividad en relación con las cosas del medio ambiente circundante.

Estamos, pues, ante una ontología relacional. Los actos de revelación y reconocimiento que exploro en este libro constituyen actos de tipo relacional que sirven para reiterar y afirmar las posiciones relativas de vivos, muertos y presencias espirituales, en tanto interlocutores engarzados en cadenas constantes de intercambio y constitución mutua. Son actos, al fin, que facilitan la reiteración de ideales fundamentales de orden y autoridad sociocósmica propios de las sociedades del centro-norte de Vanuatu.

Al ser producto de un proceso relacional, el dualismo cosmológico que he descrito no es ni puede ser considerado como la estructura elemental de un universo estable. Siendo el andamiaje especular de un cosmos relacional, esta dualidad actúa como la condición de fondo de una realidad constituida por desplazamientos e intercambios coyunturales, cuyas formas cambian de acuerdo con la manera en que cambian las concatenaciones que configuarn el paisaje humano, físico y no humano del universo. La relación dualística entre mundos especulares resulta, pues, también procesual, siempre abierta a la innovación, a lo inesperado producto de los actos creativos y destructivos a partir de los cuales se produce el mundo.

Mitos de origen y de destino

A lo largo de este trabajo he desarrollado diversas tramas analíticas en torno al concepto de persona y de medio ambiente en Islas Torres. Como resultado de esta exploración han surgido visiones asombrosas de aquel microarchipiélago oceánico. Así, por ejemplo, en la percepción de algunos de sus habitantes estas islas consisten en pedazos flotantes de tierra en medio de un universo marítimo potencialmente infinito, en el cual todos los territorios humanos —inclusive lo que entendemos por sus masas continentales— pueden ser y son entendidos a la manera de islas. Más aún, las masas flotantes que componen el entorno de Islas Torres son de un suelo fértil y generoso que reverdece gracias a los principios esenciales del "crecimiento vivo" (*vavalëte*) que imparten a su entorno y a sí mismos los isleños mediante multitud de actos autopoiéticos.

Estas son algunas de las formas que toman la persona y el medio ambiente en esta comunidad extraordinaria de melanesios en el Pacífico occidental. Pero difícilmente agotan el tema de su percepción del mundo y de sí mismos. Sencillamente son demasiado abundantes los valores y las imágenes a partir de las cuales se piensan y se producen día con día los miembros de esta sociedad oceánica como para darles espacio en un solo libro.

Ante esta abundancia ontológica he decidido terminar mi actual narrativa regresando a un valor social al cual apenas dediqué algunas líneas. Me refiero al valor que se desprende de la condición de humildad, casi invisibilidad, que acompaña a toda fuente de poder y de plenitud vital. Al final del capítulo tercero, expliqué,

> [...] la idea de autorrepresentarse como "el último" es una manera de poner en evidencia la humildad de quien en realidad es poderoso, pues entre los principios de rango, poder y respeto que manejan las personas de Islas Torres, el poder no se ejerce mediante su despliegue descuidado y banal, sino a partir de cuidadosos y efímeros momentos de revelación pública, los cuales resultan tanto más impresionantes cuanto que se contrastan con la invisibilidad cotidiana del detentador del poder.

A partir de este valor podemos comenzar a comprender el enorme sentimiento de autosuficiencia, incluso alegría vital, que acompaña a la gente actual de estas islas, las "últimas" de un archipiélago cada vez más entrelazado con procesos y flujos provenientes de horizontes lejanos, globalizados e inciertos. Este optimismo vital no es un simple capricho lírico, una reacción defensiva ante las vicisitudes de un mundo que los percibe como seres remotos, pequeños y vulnerables; es un sentimiento que ha estado presente desde hace mucho tiempo en diversos ámbitos de la vida de Islas Torres, inclusive los mitos más elementales que los isleños se relatan a sí mismos acerca del origen del universo. Es por eso que acaso vale la pena concluir aquí, evocando esta historia de origen, cuya relevancia se desprende del sitio que desde sus inicios, y hasta la época actual, le han otorgado a su pequeño cosmos marítimo los isleños de Islas Torres.

> Todo estaba oscuro. Nada se movía. No había sonido alguno. Con violencia repentina, el ser creador partió en dos el bambú cósmico y la luz inundó la oscuridad del encierro original. Así fue como se separó el agua del cielo.
>
> Tiempo después, el ser creador dio forma a las montañas, aquellas grandes islas que se elevan, fértiles y verdes, por encima de las olas. Cuando terminó, de manera casi distraída, se limpió de las manos los grumos de tierra restantes. Estas diminutas migajas de suelo cayeron a la mar en una línea, y dieron forma a nuestras islas.

BIBLIOGRAFÍA

Adam, Barbara, "Perceptions of time", en Tim Ingold (ed.), *Companion Encyclopedia of Anthropology*, Londres, Routledge, 1994, pp. 550-526.

Allen, B.J. y R.M. Bourke, *Report of an Assessment of the Impact of Frost and Drought in Papua New Guinea*, Port Moresby, Australian Agency for International Development, 1997.

Allen, Jim y James F. O'Connell, "The long and short of it: archaeological approaches to determining when humans first colonized Australia and New Guinea", *Australian Archaeology, Shaping the Future Pasts: Papers in Honour of J. Peter White*, vol. 57 [número especial], diciembre de 2003, pp. 5-19.

———, "Getting from Sunda to Sahul", en G. Clark, F. Leach y S. O'Connor (eds.), *Islands of Inquiry. Colonisation, Seafaring and the Archaeology of Maritime Landscapes*, Canberra, Australian National University e-Press, 2008, pp. 31-46.

Allen, Michael R., *The Nduindui: A Study in the Social Structure of a New Hebridean Community*, Canberra, Australian National University, 1964.

———, "Kinship terminology and marriage in Vanua Lava and East Aoba", *Journal of the Polynesian Society,* vol. 73, núm. 3, 1964, pp. 315-323.

——— (ed.), *Vanuatu: Politics, Economics and Ritual in Island Melanesia*, Sydney, Academic Press, 1981.

Ammarell, Gene, "Sky calendars of the Indo-Malay archipelago: Regional diversity/local knowledge", *Indonesia*, vol. 45, 1988, pp. 85-104.

Argueta Villamar, Arturo, Eduardo Corona-M. y Paul Hersch (coords.), *Saberes colectivos y diálogo de saberes en México*, Cuernavaca, Universidad Nacional Autónoma de México/Centro Regional de Investigaciones Multidisciplinarias/Universidad Iberoamericana-Puebla, 2011.

Asian Development Bank, *Vanuatu: Economic Performance, Policy and Reform Issues*, Manila, Asian Development Bank, 1997 (Pacific Islands Economic Report, núm. 9).

Attali, Jacques, *Histoires du Temps,* París, Librairie Arthme Fayard, 1982.

Austen, L., "A note on Dr. Leach's 'Primitive Calendars'", *Oceania*, vol. 20, núm. 4, 1950, pp. 333-335.

Ballard, Chris, "Melanesia in review: Issues and events 1997. Irian Jaya", *The Contemporary Pacific,* vol. 10, 1998, pp. 433-441.

Ballard, Chris *et al.*, *The Sweet Potato in Oceania: a reappraisal,* Sydney, The University of Sydney, 2005 (Ethnology Monographs 19/Oceania Monograph 56).

Ballu, Valérie *et al.*, "Comparing the role of absolute sea-level rise and vertical tectonic motions in coastal flooding, Torres Islands (Vanuatu)", *Proceedings of the National Academy of Sciences*, vol. 108, núm. 32, 2011, pp. 13019-13022.

Barabas, Alicia M. (coord.), *Diálogos con el territorio. Simbolizaciones sobre el espacio en las culturas indígenas de México*, México, Instituto Nacional de Antropología e Historia/Conaculta, 2003.

Barnard, T.T., "The social organisation of Ambrim", *Man*, 1928, pp. 133-137.

Barnett, Jon y John Campbell, *Climate Change and Small Island States Power, Knowledge and the South Pacific,* Washington, D.C./Londres, Earthscan, 2010.

Barrau, Jacques, "L'humide et le sec: an essay on ethnobiological adaptation to contrastive environments in the Indo-Pacific area", *The Journal of the Polynesian Society*, vol. 74, núm. 3, 1965, pp. 329-346.

Barth, Fredrik, *Cosmologies in the Making,* Cambridge, Cambridge University Press, 1987.

Bateson, Gregory, *Naven: A Survey of the Problems Suggested by a Composite Picture of the Culture of a New Guinea Tribe Drawn from Three Points of View*, 2ª ed., Stanford, California University Press, 1958.

Battaglia, Debbora, *On the Bones of the Serpent. Person, Memory and Mortality in Sabarl Island Society*, Chicago, Chicago University Press, 1990.

———, "On practical nostalgia: Self-prospecting among urban Trobrianders", en D. Battaglia (ed.), *Rhetorics of Self-Making*, Berkeley, University of California Press, 1995.

Bedford, Richard, *New Hebridean Mobility. A Study of Circular Migration*, Canberra, Australian National University, 1973.

——— (ed.), *Population of Vanuatu: Analysis of the 1979 census,* Nouméa, South Pacific Commission, 1989 (Population monograph, 2).

Bensa, Alban, *Nouvelle-Calédonie, vers l'émancipation*, París, Gallimard, 1998 (Découvertes Gallimard: Histoire 85).

Biersack, Aletta, "Ginger gardens for the ginger woman: rites and passages in a Melanesian society", *Man* (N.S.), vol. 17, 1982, pp. 239-258.

———, "Histories in the making: Paiela and historical anthropology", *History and Anthropology,* núm. 5, 1990, pp. 63-85.

Birdsell, J.B., "The recalibration of a paradigm for the first peopling of greater Australia", en J. Allen, J. Golson y R. Jones (eds.), *Sunda and Sahul: Prehistoric Studies in Southeast Asia, Melanesia and Australia*, Londres, Academic Press, 1977, pp. 113-167.

Bloch, Maurice, "What goes without saying: the conceptualization of Zafimaniry society", en Adam Kuper (ed.), *Conceptualizing Society*, Londres/Nueva York, Routledge, 1992.

Bolton, Lissant, "Dancing in Mats: Extending *kastom* to women in Vanuatu", tesis de doctorado sin publicar, Manchester University, 1993.

———, "Place as the basis of group distinction", presentación no publicada presentada como ponencia para el Women's Studies 1997, Seminar Series: *Race, Place and Identity*, Canberra, Australia, 1997.

———, "Introduction", *Oceania, Special Issue. Fieldwork, Fieldworkers: Developments in Vanuatu Research*, vol. 70, núm. 1, 1999, pp. 1-8.

———, "Women, place and practice in Vanuatu: a view from Ambae", *Oceania*, vol. 70, 1996, pp. 43-55.

———, *Unfolding the Moon. Enacting Women's Kastom in Vanuatu*, Honolulu, University of Hawai'i Press, 2003.

———, "The museum as cultural agent: the Vanuatu Cultural Centre extension worker program", en C. Healy y A. Witcomb (eds.), *South Pacific Museums: Experiments in Culture*, Melbourne, Monash University e-Press, 2006.

———, "Resourcing Change: Fieldworkers, the Women's Culture Project and the Vanuatu Cultural Centre", en Nick Stanley (ed.), *The Future of Indigenous Museums. Perspectives from the Southwest Pacific*, Oxford, Berghahn, 2007, pp. 23-37.

Bonnemaison, Joël, *Système de migration et croissance urbaine a Port-Vila et Luganville (Nouvelles-Hébrides)*, París, ORSTOM, 1977 (Collection Travaux et Documents, 60).

———, *Custom and Money: Integration or Breakdown in Melanesian Systems of Food Production*, Canberra, Development Studies Centre/Australian National University, 1978.

———, *La dernière île*, París, Arléa-ORSTOM, 1986.

———, *The Tree and the Canoe,* Honolulu, University of Hawai'i Press, 1994.

———, "Graded societies and societies based on title: forms and rites of traditional political power in Vanuatu", en J. Bonnemaison *et al.* (eds.), *Arts of Vanuatu*, Bathurst, Crawford House Publishing, 1996, pp. 200-216.

———, "Les lieux de l'identité: vision du passé et identité culturelle dans les îles du sud et du centre de Vanuatu (Mélanésie)", en E. Bernus, J. Polet y G. Quéchon (eds.), *Autrepart. Empreintes du passé,* París, Éditions de l'Aube/ORSTOM, 1997 (Cahiers des sciences humaines, nouvelle série, 4).

Bonnemaison, Joël *et al.* (eds.), *Arts of Vanuatu*, Bathurst, Australia, Crawford House Publishing, 1996.

Borofsky, Robert, *Making History: Pukapukan and Anthropological Constructions of Knowledge*, Cambridge, Cambridge University Press, 1987.

Bourdieu, Pierre, "The attitude of the Algerian peasant toward time", en Julian Pitt Rivers (ed.), *Mediterranean Countrymen: Essays on the Social Anthropology of the Mediterranean*, París, Mouton, 1968.

———, *Outline of a Theory of Practice*, Cambridge, Cambridge University Press, 1977.

Brenneis, D.L. y F.R. Myers (eds.), *Dangerous Words: Language and politics in the Pacific*, Nueva York/Londres, New York University Press, 1984.

Broda, Johanna, "Astronomy, Cosmovision and Ideology in pre-Hispanic Mesoamerica", en A. Aveni y G. Urton (eds.), *Ethnoastronomy and Archaeoastronomy in the American Tropics, Annals of the New York Academy of Sciences,* vol. 385, Nueva York, The New York Academy of Sciences, 1982, pp. 81-110.

———, "Cosmovisión y observación de la naturaleza: el ejemplo del culto de los cerros", en Stanislaw Iwaniszeski y Lucrecia Maupomé (eds.), *Arqueoastronomía y etnoastronomía en Mesoamérica,* México, UNAM, 1991.

———, "Observación de la naturaleza y ciencia en el México prehispánico; algunas reflexiones generales y temáticas", en Brígida von Mentz (coord.), *La relación hombre-naturaleza,* México, CIESAS/Siglo XXI, 2012, pp. 102-135.

Brookfield, H.C. y D. Hart, *Melanesia: A Geographical Interpretation of an Island World,* Londres, Methuen, 1971.

Brosius, Peter J., "Endangered Forest, Endangered People: Environmentalist Representations of Indigenous Knowledge", *Human Ecology*, vol. 25, núm. 1, 1997, pp. 47-69.

———, "What counts as local knowledge in global environmental assessments and conventions?", en W.V. Reid *et al.* (eds.), *Bridging Scales and Knowledge Systems*, Washington D.C., Island Press, 2006, pp. 129-144.

Brown, I.W. y D.R. Fielder (eds.), *The Coconut Crab: Aspects of* Birgus Latro *Biology and Ecology in Vanuatu*, Canberra, Australian Centre for International Agricultural Research, 1991 (ACIAR Monograph, 8).

Brunton, Ron, "Kava and the daily dissolution of society on Tanna, New Hebrides", *Mankind*, vol. 12, núm. 2, 1979, pp. 93-103.

———, "Misconstrued order in Melanesian religion", *Man* (N.S.), vol. 15, 1980, pp. 112-128.

Capell, A. y John Layard, *Materials in Atchin, Malekula: Grammar, vocabulary and texts*, Canberra, The Australian National University-Department of Linguistics-Research School of Pacific Studies, 1980 (Pacific Linguistics Series D, 20).

Chappell, John, "Late Pleistocene coasts and human migrations in the Austral region", en Matthew Spriggs *et al.* (eds.), *A Community of Culture. The People and Prehistory of the Pacific*, Canberra, Australian National University-Department of Prehistory-Research School of Pacific Studies, 1993 (Occasional Papers in Prehistory, 21), pp. 43-48.

Cipolla, Carlo, *Le Macchine del Tempo*, Boloña, Societá Editrice il Mulino, 1981.

Clammer, John, "A critique of 'cognitive' development anthropology", *Anthropology Today,* vol. 16, núm. 5, 2000, pp. 1-3.

Codrington, R.H., *The Melanesians*, Oxford, The Clarendon Press, 1891.

Coiffier, Christian, "Traditional Housing and Architecture in Vanuatu", en Joël Bonnemaison *et al.* (eds.), *Arts of Vanuatu,* Bathurst, Australia, Crawford House Publishing, 1996, pp. 217-225.

Commonwealth Scientific and Industrial Research Organisation Australia, *The Environments of Vanuatu: A classification of the natural resources of Vanuatu and their current use as determined from Vanris [Vanuatu Resource Information System]*, Brisbane, Australian International Development Assistance Bureau, 1992.

Coombe, F.E. y H.J. Braunholtz, "Magical stones from Mota, Banks Islands", *Man*, 1934, pp. 34-35.

Coppet, Daniel de y André Iteanu (eds.), *Cosmos and Society in Oceania*, Oxford, Berg, 1995.

Crick, M., "Anthropology of knowledge", *Annual Review of Anthropology,* vol. 11, 1982, pp. 287-313.

Crook, Tony, "Growing Knowledge in Bolivip", tesis de doctorado sin publicar, Cambridge University, 1998.

———, *Exchanging Skin. Anthropological Knowledge, Secrecy and Bolivip, Papua New-Guinea*, Oxford, The British Academy, 2007.

Crowley, Terry, *Beach-la-Mar to Bislama: The Emergence of a National Language in Vanuatu*, Oxford, Clarendon Press, 1990 (Oxford Studies in Language Contact).

———, *A New Bislama Dictionary*, *Suva, Fiji and Vila*, Vanuatu, Institute of Pacific Studies-Pacific Languages Unit, 1995.

Cruikshank, Julie, *The Social Life of Stories. Narrative and Knowledge in the Yukon Territory*, Lincoln, University of Nebraska Press, 1998.
Crumley, Carole L., *Historical Ecology: Cultural Knowledge and Changing Landscapes*, Santa Fe, School of American Research Press, 1993.
Csordas, T., "Embodiment as a paradigm for anthropology", *Ethnos*, vol. 18, 1990, pp. 5-47.
Cuisinier, J., "Un calendrier de Savu", *Journal Asiatique*, vol. 144, 1956, pp. 111-119.
Curry, L. y R.W. Armstrong, "Atmospheric circulation of the tropical Pacific Ocean", *Geografiska Annaler*, vol. 41, 1959, pp. 245-255.
Curtis, Tim, "Tom's tambu house: spacing status and sacredness in South Malakula", *Oceania*, vol. 70, 1999, p. 60.
Damon, Frederick H., *From Muyuw to the Trobriands. Transformations Along the Northern Side of the Kula Ring*, Tucson, Arizona University Press, 1990.
Damon, Frederick H. y Roy Wagner (eds.), *Death Rituals and Life in the Societies of the Kula Ring*, DeKalb, Northern Illinois University Press, 1989.
Damon, Frederick H. y Mark Mosko (eds.), *On the Order of Chaos: Social Anthropology and the Science of Chaos*, Londres, Berghahn, 2005.
D'Arcy, Paul, *The People of the Sea. Environment and Society in the Pacific*, Honolulu, University of Hawai'i Press, 2006.
Day, Tony, "Landscape", en *Early Java*, copia mecanuscrita [sin fecha].
Deacon, Bernard, *Malekula: A Vanishing People in the New Hebrides*, editado por C.H. Wedgewood, Londres, Routledge & Sons, 1934.
Demian, Melissa, "Longing for completion: Toward an aesthetics of work in Suau", *Oceania*, vol. 52, núm. 3, 2000, pp. 94-109.
Dening, Greg, *Islands and Beaches. Discourse on a Silent Land: Marquesas 1774-1880*, Honolulu, University of Hawai'i Press, 1980.
Descola, Philippe y Gísli Pálsson (eds.), *Nature and Society. Anthropological Perspectives*, Londres, Routledge, 1996.
Diemberger, Hildegard *et al.*, "Climate Knowledges: Proxies, Processes, Politics", *Current Anthropology*, vol. 53, núm. 2, 2012, pp. 226-244.
Dove, Michael R. *et al.* (eds.), *Beyond the Sacred Forest. Complicating Conservation in Southeast Asia*, Durham, Duke University Press, 2011.
Dubois, M.-J., "Vanuatu seen from Maré", en J. Bonnemaison *et al.* (eds.), *Arts of Vanuatu*, Bathurst, Australia, Crawford House Publishing, 1996, pp. 79-82.
Durrad, W.J. "Notes on the Torres Islands", *Oceania*, vol. 10, 1940, pp. 389-403.
———, "Notes on the Torres Islands", *Oceania*, vol. 11, 1940-1941, pp. 75-201.

Dwyer, P. y M. Minnegal, "El Niño, Y2K and the 'short, fat lady': Drought and agency in a Lowland Papua New Guinean community", *The Journal of the Polynesian Society,* vol. 109, 2000, pp. 251-272.

Ecklund, Judith, *Marriage, Seaworms, and Songs: Ritualized responses to cultural change in Sasak life,* tesis de doctorado, Universidad de Cornell, 1977.

Ellen, Roy, "Forest Knowledge, forest transformation: Political contingency, historical ecology, and the renegotiation of nature in Central Seram", en Tania M. Li (ed.), *Transforming the Indonesian Uplands: Marginality, Power and Production*, Holanda, Harwood Academic Publishers, 1999, pp. 131-157.

Eriksen, Annelin, "Women on the Move: Women and the processes of modernity in post-colonial Vanuatu", tesis de maestría sin publicar, Department of Social Anthropology, Universidad de Bergen, Noruega, 1998.

———, *Gender, Christianity and Change in Vanuatu: An Analysis of Social Movements in North Ambrym*, Aldershot, Ashgate, 2008.

Errington, Shelley, "Some comments on style in the meanings of the past", *Journal of Asian Studies*, vol. 38, núm. 2, 1979, pp. 241-242.

Erskine, J.E., *Journal of a Cruise Among the Islands of the Western Pacific (in H.M.S. Havannah)*, 8 vols., Londres, John Murray, 1853.

Evans-Pritchard, E.E., "Nuer time-reckoning", *Africa*, vol. 12, 1939, pp. 189-216.

Fabian, Johannes, *Time and the Other: How anthropology makes its object*, Nueva York, Colombia University Press, 1983.

Farbotko, Carol y Heather Lazrus, "The first climate refugees? Contesting global narratives of climate change in Tuvalu", *Global Environmental Change,* vol. 22, 2012, pp. 382–390.

Feld, Steven y Keith Basso (eds.), *Senses of Place*, Santa Fe, NM, School of American Research Press, 1997.

Fernández de Quirós, Pedro, *Historia del descubrimiento de las regiones austriales hecho por el general Pedro Fernandez de Quirós*, 3 vols, editado por Justo Zaragoza, Madrid [sin pie de imprenta], 1876-1882.

Ferris, Elizabeth, Michael M. Cernea y Daniel Petz, *On the Front Line of Climate Change and Displacement: Learning from and with Pacific Island Countries,* Washington, D.C./Londres, The Brookings Institution-London School of Economics Project on Internal Displacement, 2011.

Finney, Ben, "The Pacific basin: an introduction", en *The History of Cartography,* vol. 2: *Cartography of traditional African, American, Arctic, Australian and Pacific Societies*, Chicago, University of Chicago Press, 1998.

Finucane, Melissa, *Why Science Alone Won't Solve the Climate Crisis: Managing Climate Risks in the Pacific*, Honolulu, East-West Center, 2009 (Analysis from the East-West Center, 89).

Firth, Raymond, "A Raga tale", *Man*, 1930, pp. 58-60.

———, *We, the Tikopia. A Sociological Study of Kinship in Primitive Polynesia*, edición abreviada, pref. de B. Malinowski, Boston, Mass., Beacon Press, 1957.

———, "Reflections on knowledge in an Oceanic setting", en Verena Keck (ed.), *Common Worlds and Single Lives*, Oxford, Berg, 1998, pp. 33-54.

Foale, Simon y Martha Macintyre, "Dynamic and flexible aspects of land and marine tenure at West Nggela: implications for a marine resource management", *Oceania*, vol. 52, núm. 3, 2001, pp. 30-43.

Forth, Gregory, "'Time' and the expression of temporality in Eastern Sumba", *Ethnos,* vol. 47, 1982, pp. 232-248.

———, "Time and temporal classification in Rindi, Eastern Sumba", *Bijdragen tot de taal-, land- en volkenkunde,* vol. 139, 1983, pp. 46-80.

Fortune, Reo, *Sorcerers of Dobu: The Social Anthropology of the Dobu Islanders of the Western Pacific*, 2ª ed., Londres, Routledge, 1963, pp. 107-109.

Foster, Robert J., *Social Reproduction and History in Melanesia. Mortuary Ritual, Gift Exchange, and Custom in the Tanga Islands*, Cambridge, Cambridge University Press, 1995.

Fox, Charles E., *Lord of the Southern Isles. Being the Story of the Anglican Mission in Melanesia 1849-1949*, Londres, A.R. Mowbray & Co., 1958.

Fox, James J., "The ceremonial system of Savu", en A.L. Becker y A.A. Yengoyan (eds.), *The Imagination of Reality: Essays in Southeast Asian Coherence Systems*, Norwood, NJ, Ablex, 1979.

Fox, James J. (ed.), *Inside Austronesian Houses. Perspectives on Domestic Designs for Living*, Canberra, Australian National University, 1993.

——— (ed.), *The Poetic Power of Place. Comparative Perspectives on Austronesian Ideas of Locality*, Canberra, Australian National University, 1997.

François, Alexandre, "On two atypical subordinating strategies in Lo-Toga and Hiw (Torres, Vanuatu)", en Isabelle Bril (ed.), *Clause Hierarchy and Clause Linking: The Syntax and Pragmatics interface*, Amsterdam, Benjamins, 2010, pp. 499-548.

———, "The dynamics of linguistic diversity: Egalitarian multilingualism and power imbalance among northern Vanuatu languages", *International Journal of the Sociology of Language*, vol. 2012, núm. 214, 2012, pp. 85-110.

Galipaud, Jean-Christophe, *Recherches archéologiques aux îles Torres: Premiers résultats de la mission réalisée du 9 au 23 Novembre 1990 dans les îles de Metoma, Tegua et Toga*, Port Vila, ORSTOM, 1996 (Rapport de Terrain 5).

Galipaud, Jean-Christophe e I. Lilley (eds.), *Le Pacifique de 5000 à 2000 avant le présent: Supplements à l'histoire d'une colonisation*, París, Éditions de institut de Recherche pour le Développement, 1999 (Collection: Colloques et seminars).

Galloway MacLean, Kirsty (ed.), *Advance Guard: Climate Change Impacts, Adaptation, Mitigation and Indigenous Peoples (A Compendium of Case Studies)*, Darwin (Australia), United Nations University/Institute of Advanced Studies/Traditional Knowledge Initiative, 2010.

Garanger, José, "Preface", en J. Bonnemaison *et al.* (eds.), *Arts of Vanuatu*, Bathurst, Australia, Crawford House Publishing, 1996, pp. 6-11.

Gell, Alfred, "Closure and multiplication: An essay on Polynesian cosmology and ritual", en D. de Coppet y A. Iteanu (eds.), *Cosmos and Society in Oceania,* Oxford, Berg, 1995, pp. 21-56.

———, *The Anthropology of Time: Cultural Construction of Mental Maps and Images,* Oxford, Berg, 1996.

———, "Strathernograms, or The Semiotics of Mixed Metaphors", en *The Art of Anthropology. Essays and Diagrams*, editado por Erich Hirsch, Londres, The Athlone Press, 1999, pp. 29-75.

———, *The Art of Anthropology*, editado por Eric Hirsch, Londres, The Athlone Press, 1999.

Gillespie, Susan, "Beyond Kinship: An Introduction", en R. Joyce y S. Gillespie (eds.), *Beyond Kinship: Social and Material Reproduction in House Societies*, Filadelfia, University of Pennsylvannia Press, 2000, pp. 53-72.

González Jácome, Alba, *Historias varias. Un viaje en el tiempo con los agricultores mexicanos*, México, Universidad Iberoamericana, 2011.

Green, Roger C. y M.M. Creswell (eds.), *Southeast Solomon Islands Culture History: A preliminary survey*, Wellington, The Royal Society of New Zealand, 1976 (Boletín, 11).

Grossman, Zoltán y Alan Parker (eds.), *Asserting Native Resilience: Pacific Rim Indigenous Nations Face the Climate Crisis,* Corvallis, Oregon State University Press, 2012.

Gudeman, Stephen, *Economics as Culture: Models and Metaphors*, Londres, Routledge, 1986.

Guiart, Jean, "Culture contact and the 'John Frum' movement on Tanna,

New Hebrides", *Southwestern Journal of Anthropology*, vol. 12, 1956, pp. 105-116.

———, *Espíritu Santo (Nouvelles Hébrides)*, París, Librairie Plon, 1958 (L'Homme. Cahiers d'Ethnologie, de Géographie et de Linguistique, 2).

Haley, Nicole, "Revisioning the past, remembering the future: Duna accounts of the world's end", *Oceania*, vol. 66, 1996, pp. 278-285.

Hartmann, B., "Rethinking climate refugees and climate conflict: rhetoric, reality and the politics of policy discourse", *Journal of International Devevlopment*, vol. 22, 2010, pp. 233-246.

Hau'ofa, Epeli *et al.*, *A New Oceania. Rediscovering Our Sea of Islands*, Fiji, University of the South Pacific, 1993.

Hess, Sabine, *Person and Place. Ideas, Ideals and the Practice of Sociality on Vanua Lava, Vanuatu*, Oxford, Berghahn Books, 2009.

Heywood, Paolo, "Anthropology and What There Is: Reflections on "Ontology", *Cambridge Anthropology,* vol. 30, núm. 1, 2012, pp. 143-151.

Hilder, Brett, *El viaje de Torres*, Madrid, Ministerio de Asuntos Exteriores, 1990.

Hilliard, David, *God's Gentlemen. A History of the Melanesian Mission, 1849-1942*, St. Lucia, University of Queensland Press, 1978.

Hocart, A.M., "Mana again", *Man*, vol. 22, 1922, pp. 139-141.

Hoffmann, Odile y Fernando I. Salmerón Castro, "Introducción. Entre representación y apropiación, las formas de ver y hablar del espacio", en Odile Hoffmann y Fernando I. Salmerón Castro (coords.), *Nueve estudios sobre el espacio. Representación y formas de apropiación*, México, Centro de Investigaciones y Estudios Superiores en Antropología Social, 1997, pp. 13-30.

Holbraad, Martin, *Truth in Motion. The Recursive Anthropology of Cuban Divination*, Chicago, Chicago University Press, 2012.

Holbraad, Martin y Morten Axel Pedersen, "Planet M : The intense abstraction of Marilyn Strathern", *Anthropological Theory*, vol. 9, núm. 4, 2009, pp. 371-394.

Hoskins, Janet, *The Play of Time: Kodi Perspectives on Calendars, History and Exchange,* Berkeley, University of California Press, 1993.

Howard, Alan y Robert Borofsky (eds.), *Developments in Polyensian Ethnology*, Honolulu, University of Hawai'i Press, 1989.

Huffman, Kirk, "Trading, cultural exchange and copyright: important aspects of Vanuatu arts", en J. Bonnemaison *et al.* (eds.), *Arts of Vanuatu*, Bathurst, Australia, Crawford House Publishing, 1996, pp. 182-194.

———, "The fieldworkers of the Vanuatu Cultural Centre and their contributions to the audiovisual collections", en Joël Bonnemaison *et al.*

(eds.), *Arts of Vanuatu*, Bathurst, Australia, Crawford House Publishing, 1996, pp. 290-294.

Hume, Lynn, "Church and Kastom on Maewo, Vanuatu", *Oceania,* vol. 56, 1986, pp. 304-312.

Hviding, Edvard, *Guardians of Marovo Lagoon: Practice, Place, and Politics in Maritme Melanesia*, Honolulu, University of Hawai'i Press, 1996 (Pacific Islands Monograph Series, 14).

———, "Nature, culture, magic, science: on meta-languages for comparison in cultural ecology", en Philippe Descola y Gísli Pálsson (eds.), *Nature and Society. Anthropological Perspectives*, Londres, Routledge, 1996, pp. 165-184.

Hviding, Edvard y Tim Bayliss-Smith, *Islands of Rainforest: Agroforestry, Logging and Eco-tourism in Solomon Islands*, Hampshire/Londres, Ashgate/School of Oriental and African Studies/Studies in Development Geography, 2000.

Hyslop, Catriona, "The linguistics of inhabiting space: spatial reference in the North- East Ambae language", *Oceania*, vol. 70, 1999, pp. 25-41.

Ingold, Tim, *The Perception of the Environment: Essays in livelihood, dwelling and skill,* Londres, Routledge, 2000.

Irwin, Geoffrey, *The Prehistoric Exploration and Colonisation of the Pacific*, Cambridge, Cambridge University Press, 1992.

———, "Pacific Seascapes, Canoe Performance, and a Review of Lapita Voyaging with Regard to Theories of Migration", *Asian Perspectives*, vol. 47, núm. 1, 2008, pp. 12-27.

Ivens, W.G., "The Place of Vui and Tamate in the Religion of Mota", *The Journal of the Royal Anthropological Institute of Great Britain and Ireland*, vol. 61, núm. 1, 1931, pp. 157-166.

Jebens, Holger (ed.), *Cargo, Cult & Culture Critique*, Honolulu, University of Hawai'i Press, 2004.

Johannes, R.E., *Words of the Lagoon. Fishing and Marine Lore in the Palau District of Micronesia*, Berkeley, University of California Press, 1981.

Jolly, Margaret, "Birds and banyans of South Pentecost: Kastom in anticolonial Struggle", *Mankind,* vol. 13, núm. 4, 1982, pp. 338-373.

———, "*Soaring Hawks and Grounded Persons:* the Politics of Rank and Gender in North Vanuatu", en M. Strathern y M. Godelier (eds.), *Big Men and Great Men: Personifications of Power in Melanesia*, Cambridge, Cambridge University Press, 1991, pp. 48-80.

———, Review article: "Foucault goes troppo", *The Journal of Pacific History*, vol. 27, núm. 2, 1992, pp. 237-243.

———, *Women of the Place: Kastom, colonialism and gender in Vanuatu*, Chur, Australia, Harwood Academic Press, 1994.
———, "Another time, another place", *Oceania*, vol. 69, 1999, pp. 282-299.
Josephides, Lisette, "Metaphors, metathemes, and the construction of sociality: A critique of the New Melanesian Ethnography", *Journal of the Royal Anthropological Society*, Nueva Serie, vol. 26, núm. 1, 1991, pp. 145-161.
Joyce, R. y Susan Gillespie (eds.), *Beyond Kinship: Social and Material Reproduction in House Societies*, Filadelfia, University of Pennsylvania Press, 2000.
Kahn, Miriam, *Always Hungry, Never Greedy: Food and the Expression of Gender in a Melanesian Society*, Cambridge, Cambridge University Press, 1986.
Keck, Verena (ed.), *Common Worlds and Single Lives: Constituting knowledge in Pacific societies,* Oxford, Berg, 1998.
Keesing, Roger, "Mota kinship terminology and marriage: a re-examination", *The Journal of the Polynesian Society*, vol. 73, núm. 3, 1964, pp. 294-301.
———, *Step Kin, In-laws, and Ethnoscience*, Pittsburgh, University of Pittsburgh Press, 1968.
———, *Kwaio Religion: The Living and the Dead in a Solomon Island Society*, Nueva York, Columbia University Press, 1982.
———, "Rethinking 'Mana'", *Journal of Anthropological Research*, vol. 40, núm. 1, 1984, pp. 137-156.
———, "Antrhopology as interpretative quest", *Current Anthropology*, vol. 28, núm. 2, 1987, pp. 161-176.
———, "Models, 'Folk' and 'Cultural': Paradigms Regained?", en D. Holland y N. Quinn (eds.), *Cultural Models in Language and Thought*, Cambridge, Cambridge University Press, 1987, pp. 369-394.
Keesing, Roger y Robert Tonkinson (eds.), *Reinventing Traditional Culture: The Politics of Kastom in Island Melanesia*. *Mankind* (edición especial), vol. 13, núm. 4, 1982.
———, "Introduction. Reinventing traditional culture: Kastom in Island Melanesia", en Roger Keesing y Robert Tonkinson (eds.), *Reinventing Traditional Culture: The Politics of Kastom in Island Melanesia*. *Mankind* (edición especial), vol. 13, núm. 4, 1982, p. 299.
Kirch, Patrick V., *The Lapita Peoples: Ancestors of the Oceanic World*, Oxford, Blackwell, 1997.
———, *On the Road of the Winds: An archaeological history of the Pacific*

Islands before European Contact, Berkeley/Londres, University of California Press, 2000.

Kirch, Patrick V. y Douglas E. Yen, *Tikopia: The Prehistory and Ecology of a Polynesian Outlier*, Honolulu, Bernice P. Bishop Museum, 1982 (Boletín, 238).

Kirch, Patrick V. y Roger C. Green, *Hawaiki: Ancestral Polynesia*, Honolulu, University of Hawai'i Press, 2001.

Kirkpatrick, J., *The Marquesan Notion of the Person*, Epping, Inglaterra, Bowker Publishing Company, 1983.

Kirsch, Stuart, *Reverse Anthropology. Indigenous Analysis of Social and Environmental Relations in New Guinea*, Stanford, Stanford University Press, 2006.

Knauft, Bruce, *From Primitive to Postcolonial in Melanesian Anthropology,* Ann Arbor, The University of Michigan Press, 1999.

Lane, Robert, "The New Hebrides: Land tenure without land policy", en R. Crocombe, *Land Tenure in the Pacific,* Melbourne, Oxford University Press, 1971.

Larmour, Peter (ed.), *Land Tenure in Vanuatu,* Suva, Fiji, The University of the South Pacific, 1984.

Lasseur, M., *La francophonie au Vanuatu: Géographie d'un choc culturel,* París, Pôle de Recherche pour l'Organisaion et la Diffusion de l'Information Géographique, 1997 (Collection mémoires et documents, 1).

Latour, Bruno, *We Have Never Been Modern*, Cambridge, Mass., Harvard University Press, 1993.

———, *Reassembling the Social: An Introduction to Actor-Network Theory*, Oxford, Oxford University Press, 2005.

Lawrence, Peter, *Road Belong Cargo. A Study of the Cargo Movement in the Southern Madang District, New Guinea*, Manchester, Manchester University Press, 1964.

———, *The Garia. An Ethnography of a Traditional Cosmic System in Papua New Guinea*, Manchester University Press, 1984.

Lawrence, Peter y M.J. Meggitt, *Gods, Ghosts and Men in Melanesia*, Oxford, Oxford University Press.

Layard, John, *Stone Men of Malekula: The Small Island of Vao*, Londres, Chatto & Windus, 1942.

Lazrus, Heather, "Sea change: anthropology and climate change in Tuvalu, South Pacific", en Susan A. Crate y Mark Nuttall (eds.), *Anthropology and Climate Change. From Encounters to Actions*, Walnut Creek, California, Left Coast Press, 2009, pp. 240-249.

———, "Sea Change: Island Communities and Climate Change", *Annual Review of Anthropology*, vol. 41, 2012, pp. 285-301.

Leach, Edmund, "Primitive Calendars", *Oceania*, vol. 20, núm. 4, 1950, pp. 245-262.

Leach, James, *Creative Land: Place and Procreation on the Rai Coast of Papua New Guinea*, Oxford, Berghahn, 2003.

———, "Modes of Creativity", en Eric Hirsch y Marilyn Strathern (eds.), *Transactions and Creations: New Economic Forms and the Stimulus of Melanesia*, Oxford, Berghahn, 2006, pp. 151-175.

Lebot, Vincent y Pierre Cabalion, *Les kavas de Vanuatu: Cultivars de Piper Methysticum Forst*, París, Éditions de l'ORSTOM, 1986 (Collection Travaux et documents, 205).

Lebot, Vincent, Mark Merlin y Lamont Lindstrom, *Kava. The Pacific Elixir: The definitive guide to its ethnobotany, history and chemistry*, Rochester, Vermont, Healing Arts Press, 1997.

Leemans, Rik (ed. invitado), *Current Opinion in Environmental Sustainability, Open Issue: Planet Under Pressure*, vol. 4, núm. 1, marzo de 2012.

Leenhardt, Maurice, *Do Kamo: Person and Myth in the Melanesian World*, trad. del francés por Basia Miller Gulati, pref. de Vincent Crapanzano, Chicago, University of Chicago Press, 1979.

Lévi-Strauss, Claude, "On manipulated sociological models", *Bijdragen tot de Taal-, Land-en Volkenkunde*, vol. 116, pp. 17-44.

Lindstrom, Lamont, "Spitting on Tanna", *Oceania*, vol. 50, 1980, pp. 228-234.

———, "Speech and Kava on Tanna", en Michael R. Allen (ed.), *Vanuatu: Politics, Economics and Ritual in Island Melanesia,* Sydney, Academic Press, 1981, pp. 379-393.

———, "Doctor, lawyer, wise man, priest: Big-men and knowledge in Melanesia", *Man* (N.S.), vol. 19, 1981, pp. 291-309.

———, "Leftemap kastom: The political history of tradition on Tanna (Vanuatu)", en Roger Keesing y Robert Tonkinson (eds.), *Reinventing Traditional Culture: The Politics of Kastom in Island Melanesia. Mankind* (número especial), vol. 13, núm. 4, 1982, p. 317.

———, *Knowledge and Power in a South Pacific Society,* Washington y Londres, Smithsonian Institution Press, 1990.

———, *Cargo Cult: Strange stories of desire from Melanesia and beyond*, Honolulu, University of Hawai'i Press, 1993.

Lini, Walter, *Beyond Pandemonium: From the New Hebrides to Vanuatu*, Wellington, Nueva Zelanda, Asia Pacific Books, 1980.

Lipset, David, "The tides: masculinity and climate change in coastal Papua Guinea", *Journal of the Royal Anthropological Institute,* vol. 17, 2011, pp. 20-43.

Lock, Margaret, "Cultivating the body: Anthropology and epistemologies of bodily Practice and knowledge", *Annual Review of Anthropology,* vol. 22, 1993, pp. 133-155.

Löffler, L., "The development of the Ambrym and Pentecost kinship systems", *Southwestern Journal of Anthropology*, vol. 26, 1960, pp. 52-66.

Luque, Miguel y Carlos Mondragón, "Faith, Fidelity and Fantasy. Don Pedro Fernández de Quirós and the 'foundation, government and sustenance' of *La Nueba Hierusalem* in 1606", *Journal of Pacific History*, vol. 40, núm. 2, 2005, pp. 133-148.

Lutz, Catherine, *Unnatural Emotions. Everyday Sentiments on a Micronesian Atoll and their Challenge to Western Theory*, Chicago, University of Chicago Press, 1988.

Lutz, Catherine y Lila Abu-Lhugod (eds.), *Language and the Politics of Emotion*, París/Cambridge, Éditions des Sciences de l'Homme/Cambridge University Press, 1990.

Mabonlala, Alfreda, "Dyed designs on Pentecost mats", en J. Bonnemaison *et al.* (eds.), *Arts of Vanuatu,* Bathurst, Australia, Crawford House Publishing, 1996, pp. 110-111.

MacClancy, Jeremy, *To Kill a Bird with Two Stones. A Short History of Vanuatu*, 3ª ed., Puerto Vila, Vanuatu Kaljoral Senta, 2002.

Maclellan, Nic *et al.*, *Owning Adaptation in the Pacific. Strengthening Governance of Climate Adaptation Finance*, Auckland, Oxfam New Zealand, 2007.

Mageo, Jeannette M., *Theorizing Self in Samoa: Emotions, Genders, and Sexuality,* Ann Arbor, The University of Michigan Press, 1998.

Malinowski, Bronislaw, "Lunar and seasonal calendar in the Trobriands", *Journal of the Royal Antrhopological Institute*, vol. 62, 1927, pp. 203-215.

———, *Los argonautas del Pacífico occidental: un estudio sobre comercio y aventura entre los indígenas de los archipiélagos de la Nueva Guinea melanésica*, trad. del inglés por A.J. Desmonts, Barcelona, Península, 1975.

Markham, Clements, *The Voyages of Pedro Fernandez de Quiros to 1606*, 2 vols., Londres, The Hakluyt Society, 1904.

McGregor, Andrew, *Land Use Profile: Root crops and self-sufficiency farming systems*, Port Vila, AusAID/Vanuatu Land Use Planning Project, 1999.

McKinnon, Susan, *From a Shattered Sun: Hierarchy, Gender, and Alliance in the Tanimbar Islands,* Madison, University of Wisconsin Press, 1991.

Messner, Ellen y Michael Lambek (eds.), *Ecology and the Sacred. Engaging the Anthropology of Roy A. Rappaport*, Ann Arbor, University of Michigan Press, 2001.

Meyssignac, B., D. Salas y Melia M. Becker, W. Llovel, A. Cazenave, "Tropical Pacific spatial trend patterns in observed sea level: internal variability and/or anthropogenic signature?", *Climate of the Past*, vol. 8, 2012, pp. 787-802.

Miles, Willliam, *Bridging Mental Boundaries in a Postcolonial Microcosm: Identity and development in Vanuatu*, Honolulu, University of Hawai'i Press, 1998.

Mimica, Jadran, *Intimations of Infinity: The Mythopoeia of the Iqwaye Counting System and Number*, Oxford, Berg, 1988.

Mimura, Noburo *et al.*, "Small Islands", en M.L. Parry, O.F. Canziani, J.P. Palutikof, P.J. van der Linden y C.E. Hanson (eds.), *Climate Change 2007: Impacts, Adaptation and Vulnerability. Contribution of Working Group II to the Fourth Assessment Report of the Intergovernmental Panel on Climate Change*, Cambridge, Cambridge University Press, 2007, pp. 687-716.

Mitchell, Jean, *Young People Speak… A report on the Vanuatu Young People's Project, Vanuatu Cultural Centre, April 1997 to June 1998*, Port Vila, Vanuatu Kaljoral Senta, 1999.

Mondragón, Carlos, "Of Winds, Worms and *Mana*: the Traditional Calendar of the Torres Islands, Vanuatu", *Oceania*, vol. 74, núm. 4, junio de 2004, pp. 289-308.

———, "Las percepciones oceánicas durante los primeros encuentros entre europeos y melanesios", serie *Cuadernos de Trabajo del Centro de Estudios de Asia y África*, México, El Colegio de México-Centro de Estudios de Asia y África, 2006, pp. 17-20.

———, "A Weft of Nexus: Changing notions of 'space' and geographical identity in Vanuatu, Oceania", en Peter Kirby (ed.), *Boundless Worlds: An anthropological approach to movement,* Oxford, Berghahn Books, 2009, pp. 115-134.

———, "Encarnando a los espíritus en la Melanesia: La innovación como continuidad en el norte de Vanuatu", en P. Fournier, C. Mondragón y W. Wiesheu (coords.), *Ritos de paso: Antropología y arqueología de las religiones*, vol. 3, México, Escuela Nacional de Antropología e Historia, 2009, pp. 121-149.

———, "Personas partibles, sociedades fractales. Reflexiones sobre escala y complejidad en Vanuatu", en B. Alcántara y F. Navarrete (eds.), *Sociedades amerindias, más allá del Estado*, México, Instituto de Investigaciones Históricas/Universidad Nacional Autónoma de México, 2011, pp. 145-168.

Mondragón, Carlos *et al.*, *Moana. Culturas de las islas del Pacífico*, México, Instituto Nacional de Antropología e Historia, 2010.

Mosko, Mark, *Quadripartite Structures. Categories, relations and homologies in Bush Mekeo culture*, Cambridge, Cambridge University Press, 1985.

———, "The Fractal Yam: Botanical Imagery and Human Agency in the Trobriands", *Journal of the Royal Anthropological Institute* (n.s.), vol. 15, 2009, pp. 679-700.

Munn, Nancy, *The Fame of Gawa. A Symbolic Study of Value Transformation in a Massim (Papua New Guinea) Society*, Cambridge, Cambridge University Press, 1986.

———, "The spatiotemporal transformations of Gawa canoes", *Journal de la Société des Océanistes,* vol. 33, 1986, pp. 39-53.

———, "An essay on the symbolic construction of memory in the Kaluli Gisalo", en Daniel de Coppet y André Iteanu (eds.), *Cosmos and Society in Oceania*, Oxford, Berg, 1995, pp. 83-104.

Nadasdy, Paul, "The anti-politics of TEK: the institutionalization of com-management discourse and practice", *Anthropologica*, vol. 47, núm. 2, 2005, pp. 215–232.

Nakashima, Douglas J. *et al.* (eds.), *Weathering Uncertainty: Traditional Knowledge for Climate Change Assessment and Adaptation*, París, Francia/Darwin, Australia, UNESCO/United Nations University, 2012.

Needham, Rodney, "Lineal equations in a two-section system: A problem in the social Structure of Mota (Banks Islands)", *The Journal of the Polynesian Society*, núm. 69, 1960, pp. 23-30.

———, "The Mota problem and its lessons", *Journal of the Polynesian Society,* vol. 73, núm. 3, 1964, pp. 302-313.

———, *Rethinking Kinship and Marriage*, Londres, Tavistock, 1971.

Neyret, J., *Pirogues océannienes. Tome I (Première partie: Mélanésie)*, París, Association des Amis des Musées de la Marine, 1959.

O'Connell, James F. y Jim Allen, "Dating the colonization of Sahul (Pleistocene Australia-New Guinea): a review of recent research", *Journal of Archaeological Science*, vol. 31, núm. 6, junio de 2004, pp. 835-853.

Ortiz Báez, Pedro Antonio, *Conocimientos campesinos y prácticas agrícolas en el centro de México. Hacia una antropología plural del saber*,

México, Universidad Autónoma Metropolitana-Unidad Iztapalapa/ Juan Pablos Editor, 2013.

Overing, Joanna y A. Passes (eds.), *The Anthropology of Love and Anger: The aesthetics of conviviality in native Amazonia*, Londres/Nueva York, Routledge, 2000.

Palmer, J.D. y J.E. Goodenough, "Mysterious monthly rhythms", *Natural History*, vol. 87, 1978.

Patterson, Mary, "Kinship, Marriage and Ritual in North Ambrym", tesis de doctorado, Department of Anthropology, Sydney, University of Sydney, 1976.

———, "Moving histories: an analysis of the dynamics of place in North Ambrym, Vanuatu", *The Australian Journal of Anthropology*, vol. 13, núm. 2, agosto de 2002, pp. 200-219.

———, "Enchanted economies in the Pacific and beyond", en Mary Patterson y Martha Macintyre (eds.), *Managing Modernity in the Western Pacific*, Queensland, University of Queensland Press, 2011, pp. 59-89.

Philibert, Jean-Marc, "Affluence, commodity consumption and self-image in Vanuatu", en R. Salisbury y E. Tooker (eds.), *Affluence and Cultural Survival*, Washington, D.C., American Ethnological Society, 1984, pp. 87-94.

———, "The Politics of Tradition: Towards a generic culture in Vanuatu", *Mankind*, vol. 16, núm. 1, 1986, pp.1-12.

———, "Consuming culture: A study of simple commodity consumption", en H. Rutz y B. Orslove (eds.), *The Social Economy of Consumption: Monographs in Economic Anthropology*, Lanham, MD, University of America, 1989, pp. 59-84.

———, "Social change in Vanuatu", en A.B. Robillard (ed.), *Social Change in the Pacific Islands*, Londres/Nueva York, Kegan Paul, 1992, pp. 54-73.

Quantin, P., *Atlas des sols de Vanuatu*, Port Vila, ORSTOM, 1981.

Reed, Adam, "Contested images and common strategies: Early colonial sexual politics in the Massim", en Lenore Manderson y Margaret Jolly (eds.), *Sites of Desire, Economies of Pleasure: Sexualities in Asia and the Pacific*, Chicago/Londres, The University of Chicago Press, 1997, pp. 48-71.

Regenvanu, Ralph, "Afterword: Vanuatu Perspectives on Research", *Oceania, Special Issue. Fieldwork, Fieldworkers: Developments in Vanuatu Research,* vol. 70, núm. 1, 1999, pp. 98-101.

Riches, D., "The holistic person; or, the ideology of egalitarianism", *The Journal of the Royal Anthropological Institute,* vol. 6, 2000, pp. 669-685.

Rio, Knut, "Standing Drums in Vanuatu: The cultural biography of a national symbol", tesis de maestría sin publicar, Universidad de Bergen, Noruega, 1997.

———, "A cultural biography of Ambrym standing drums", ponencia presentada en la conferencia *Walking about: travel, trade and movement in Vanuatu*, Canberra, Australian National University, Canberra, del 13 al 14 de octubre de 2000.

———, *The Power of Perspective: Social Ontology and Agency in Ambrym, Vanuatu*, Oxford, Berghahn, 2007.

Rivers, W.H.R., *The History of Melanesian Society,* 2 vols., Oosterhout, Países Bajos, Anthropological Publications, 1914 [1968].

———, "Descent and ceremonial in Ambrym", *Journal of the Royal Anthropological Institute,* vol. 45, 1915, pp. 229-233.

———, *Essays on the Depopulation of Melanesia*, Cambridge, Cambridge University Press, 1922.

Robin, Leonard, "Torres Island", en *Christmas 1894. Occasional Paper of the Melanesian Mission*, editado por J.R. Selwyn, Ludlow, Nueva Zelanda, C.A. Partridge, Printer, 1894 [transcrito por el rev. Terry Brown, obispo de Malaita, 2007].

Rodman, Margaret, *Masters of Tradition: Consequences of customary land tenure in Longana, Vanuatu*, Vancouver, University of British Columbia Press, 1987.

———, "Moving houses: residential mobility and the mobility of residences in Longana, Vanuatu", *American Anthropologist,* vol. 87, 1987, pp. 56-72.

———, "Empowering place: multivocality and multilocality", *American Anthropologist,* vol. 94, núm. 3, 1992, pp. 640-656.

———, "Breathing spaces: customary land tenure in Vanuatu", en R.G. Ward y E. Kingdon (eds.), *Land, Custom and Practice in the South Pacific*, Cambridge, Cambridge University Press, 1995, pp. 65-108.

———, "Portentous splendour: building the condominium of the New Hebrides", *History and Anthropology,* vol. 11, núm. 4, 1999, pp. 479-514.

Rodman, William, "The boars of Bali Ha'i: Pigs in paradise", en Joël Bonnemaison *et al.* (eds.), *Arts of Vanuatu*, Bathurst, Australia, Crawford House Publishing, 1996, pp. 158-167.

———, "When questions are answers: The message of anthropology, According to the people of Ambae", *American Anthropologist*, vol. 93, 1991, pp. 421-434.

Ross, Malcolm, Andrew Pawley y Meredith Osmond, *The Lexicon of Proto-Oceanic: The Culture and Environment of Ancestral Oceanic Society,* vol. 1: *Material Culture*, Canberra, Research School of Pacific and Asian Studies/Australian National University, 1998.

Rubinstein, Robert L., "Knowledge and political process on Malo", en M. Allen (ed.), *Vanuatu: Politics, Economics and Ritual in Island Melanesia,* Sydney, Academic Press, 1981, pp. 135-172.

Rudiak-Gould, Peter, "Promiscuous corroboration and climate change translation: a case study from the Marshall Islands", *Global Environmental Change*, vol. 22, pp. 46–54.

Rumsey, Alan, "Agency, personhood and the 'I' of discourse in the Pacific and beyond", *The Journal of the Royal Anthropological Institute*, vol. 6, 2000, pp. 101-115.

Sarawia, George, *They came to my island: The beginning of the mission in the Banks Islands*, Taroaniara (Islas Salomón), Diocese of Melanesia Press, 1968.

Scheffler, H.W., "Ambrym revisited: A preliminary report", *Southwestern Journal of Anthropology,* vol. 56, 1970, pp. 52-66.

Schneider, Katharina, *Saltwater Sociality. An Ethnography of a Pororan Island, Bougainville, Papua New Guinea*, Oxford, Berghahn, 2012.

Schröter, Susanne, "Creating time and society: the annual cycle of the people of Langa, in Eastern Indonesia", *Anthropos,* vol. 95, 2000, pp. 463-483.

Scott, Michael, *The Severed Snake: Matrilineages, Making Place, and a Melanesian Christianity in Southeast Solomon Islands*, Durham, Carolina Academic Press, 2007.

Senfi, Günter (ed.), *Referring to Space: Studies in Austronesian and Papuan Languages,* Oxford, Oxford University Press, 1997.

Sheppard, Peter J. y Richard Walter, "A revised model of Solomon Islands culture history", *Journal of the Polynesian Society,* vol. 115, núm. 1, 2006, pp. 47- 76.

Shore, Bradd, "Mana and Tapu", en Alan Howard y Robert Borofsky (eds.), *Developments in Polyensian Ethnology*, Honolulu, University of Hawai'i Press, 1989, pp. 137-174.

Shweder, R. y E. Bourne, "Does the concept of the person vary cross-culturally?", en A. Marsella, y Geoffrey White (eds.), *Cultural Conceptions of Mental Health and Therapy*, Dordrecht, Países Bajos, 1982, pp. 97-137.

Sillitoe, Paul, "Whether rain or shine: weather regimes from a New Guinea perspective", *Oceania*, vol. 64, 1994, pp. 246-270.

———, *An Introduction to the Anthropology of Melanesia. Culture and Tradition*, Cambridge, Cambridge University Press, 1998.

Smith, N. y C. Katz, "Grounding metaphor: Towards a spatialized politics", en M. Keith y S. Pile (eds.), *Place and the Politics of Identity*, Londres/Nueva York, 1993, pp. 67-83.

Sorum, Arne, "Growth and decay: Bedamini notions of sexuality", en Gilbert H. Herdt (ed.), *Ritualized Homosexuality in Melanesia,* Berkeley, University of California Press, 1984.

Speiser, Felix, *Ethnology of Vanuatu: An early twentieth century study*, trad. del alemán por D.Q. Stephenson, Bathurst, Australia, Crawford House Publishing, 1991 [1923].

Spriggs, Matthew, "Landscape, land use and political transformation in Southern Melanesia", en P.V. Kirch (ed.), *Island Societies: Archaeological Approaches to Evolution and Transformation*, Cambridge, Cambridge University Press, 1986, pp. 6-19.

———, *The Island Melanesians*, Oxford, Blackwell, 1997.

Strathern, Marilyn, *The Gender of the Gift: Problems with Women and Problems with Society in Melanesia*, Berkeley, University of California Press, 1988.

———, "Artifacts of history: Events and the interpretation of images", en *Culture and History in the Pacific*, en Jukka Siikala (ed.), Helsinki, The Finnish Anthropological Society, 1991 (Transactions, 27).

———, "The Mother's Brother's Child", en Bernard Juillerat (ed.), *Shooting the Sun. Ritual and Meaning in West Sepik*, Washington y Londres, Smithsonian Institution Press, 1993, pp. 191-205.

———, "The new modernities", en V. Keck (ed.), *Common Worlds and Single Lives: Constituting knowledge in Pacific societies*, Oxford/Nueva York, Berg, 1998, pp. 379-403.

Suggs, Robert, "Le calendrier lunaire marquisien", *Bulletin de la Société des Études Océaniennes (Polynésie Orientale),* núm. 273, 1997, pp. 105-121.

Tabani, Marc y Marcellin Abong (eds.), *Kago, Kastom and Kalja: The Study of Indigenous Movements in Melanesia Today,* Marsella, Pacific-Credo Publications, 2013 (Cahiers du Credo, 2).

Tannenbaum, Nicola, "Shan calendrical systems: The everyday use of esoteric Knowledge", *Mankind,* vol. 18, 1988, pp. 14-25.

Taylor, John P., *The Other Side. Ways of Being and Place in Vanuatu*, Honolulu, University of Hawai'i Press, 2008.

———, "The troubled histories of a stranger god: religious crossing, sacred power and Anglican colonialism in Vanuatu", *Comparative Studies in Society and History*, vol. 5, núm. 2, 2010, pp. 418-446.

Telban, Borut, "Body, being and identity in Ambonwari, Papua New Guinea", en Verena Keck (ed.), *Common Worlds and Single Lives: Consti-*

tuding Knowledge in Pacific Societies, Oxford, Berg, 1998, pp. 55-70.

Thomas, Nicholas, *Out of Time: History and evolution in anthropological discourse*, 2ª ed., Ann Arbor, The University of Michigan Press, 1989.

———, *In Oceania: Visions, artifacts, histories*, Durham, Duke University Press, 1997.

Thompson, E.P., "Time, work-discipline and industrial capitalism", *Past and Present*, vol. 38, 1967, pp. 56-97.

Tonkinson, Robert, "The exploitation of ambiguity: a New Hebrides case", en M. Lieber (ed.), *Exiles and Migrants in Oceania*, Honolulu: University of Hawai'i Press, 1977, pp. 269-295.

———, "Divination, replication and reversal in two New Hebridean societies", *Canberra Anthropology,* vol. 2, núm, 2, 1979, pp. 57-74.

———, "National identity and the problem of identity in Vanuatu", *Mankind Reinventing Traditional Culture: The Politics of Kastom in Island Melanesia,* vol. 13, núm. 4, 1982, pp. 306-315.

Toren, Christina, *Mind, Materiality and History: Explorations in Fijian Ethnography*, Londres, Routledge, 1999.

Tryon, Darrell, "Dialect chaining and the use of geographical space", en Joël Bonnemaison *et al.* (eds.), *Arts of Vanuatu*, Bathurst, Australia, Crawford House Publishing, 1996, pp. 170-181.

———, "Ni-Vanuatu Research and Researchers", *Oceania, Special Issue, Fieldwork, Fieldworkers: Developments in Vanuatu Research,* vol. 70, núm. 1, 1999, pp. 9-15.

United Nations Environment Program, "Pacific Island Villagers First Climate Change 'Refugees', UN Environment Builds Bridges Between Vulnerable Peoples in the Arctic and Small Islands", *UNEP Press Release*, diciembre de 2005.

Van Trease, Howard, *The Politics of Land in Vanuatu: From colony to independence*, Suva, Fiji, University of the South Pacific, 1987.

Van Gennep, Arnold, *The Rites of Passage,* trad. del francés por Monika Vizedom y Gabrielle Caffee, introducción por S.T. Kimball, Chicago, Chicago University Press, 1960.

Venkatesan, Soumhya *et al.*, "Ontology Is Just Another Word for Culture: Motion Tabled at the 2008 Meeting of the Group for Debates in Anthropological Theory", *Critique of Anthropology*, vol. 30, núm. 2, 2010, pp. 152-200.

Vienne, Bernard, *Gens de Motlav. Idéologie et pratique sociale en Mélanésie*, París, Musée de l'Homme, 1984 (Publication de la Société des Océanistes, 42).

———, "Masked faces from the country of the dead", en J. Bonnemaison *et al.* (eds.), *Arts of Vanatu*, Bathurst, Crawford House Publishing, 1996, pp. 234-246.

Viveiros de Castro, Eduardo, "Perspectivismo y multinaturalismo en la América indígena", en Montserrat Cañedo Rodríguez (ed.), *Cosmopolíticas. Perspectivas antropológicas*, Madrid, Trotta, 2013, pp. 417-456.

Von Mentz, Brigida (coord.), *La relación hombre-naturaleza. Reflexiones sobre distintas perspectivas disciplinarias*, México, Centro de Investigaciones y Estudios Superiores en Antropología Social/Siglo XXI, 2012.

Wagner, Roy, *The Invention of Culture*, Chicago, Chicago University Press, 1975.

———, *Asiwinarong: Ethos, Image, and Social Power Among the Usen Barok of New Ireland*, Princeton, Princeton University Press, 1986.

———, "The fractal person", en M. Godelier y M. Strathern (eds.), *Big Men and Great Men. Personifications of Power in Melanesia*, Cambridge, Cambridge University Press, 1991, pp. 159-173.

Walters, Bradley B. *et al.* (eds.), *Against the Grain. The Vayda Tradition in Human Ecology and Ecological Anthropology*, Lanham, AltaMira Press, 2009.

Wawn, William T., *The South Sea Islanders and the Queensland Labour Trade*, ed. e introd. de Peter Corris, Honolulu, University of Hawai'i Press, 1973.

Weightman, Barry, *Agriculture in Vanuatu: A historical review*, Cheam, Surrey, The British Friends of Vanuatu, 1989.

Weiner, James F., *The Heart of the Pearlshell. The Mythological Dimensions of Foi Sociality*, Berkeley, University of California Press, 1988.

———, *The Empty Place*, Bloomington, Indiana University Press, 1991.

Wenju, Cai *et al.*, "More extreme swings of the South Pacific convergence zone due to greenhouse warming", *Nature*, vol. 488, núm. 7411, 2012, pp. 365-369.

Wheatley, J.I., *A Guide to the Common Trees of Vanuatu: With lists of their Traditional uses and ni-Vanuatu names*, Port Vila, Department of Forestry, 1992.

White, Geoff y Lamont Lindstrom (eds.), *Chiefs Today. Traditional Pacific Leadership and the Postcolonial State*, Stanford, Stanford University Press, 1997.

Whitrow, G.J., *The Natural Philosophy of Time*, Oxford, Clarendon Press, 1980.

———, *Time in History: The evolution of our general awareness of time and temporal perspective*, Oxford, Clarendon Press, 1988.

Wittersheim, Éric, *Après l'indépendance. Le Vanuatu, une démocratie dans le Pacifique*, París, Aux lieux de terre, 2006.

Worsley, Peter, *Knowledges: What different peoples make of the world*, Londres, Profile Books, 1997.

Un entramado de islas
se terminó de imprimir en febrero de 2015
en los talleres de Master Copy, S.A. de C.V.,
Av. Coyoacán 1450, col. Del Valle.
03220 México, D.F.
Portada: Pablo Reyna
Tipografía y formación: Manuel O. Brito Alviso.
Cuidó la edición Cynthia Godoy, bajo la supervisión
de la Dirección de Publicaciones de
El Colegio de México.

Made in United States
North Haven, CT
17 October 2026

20543565R00275